深入理解 Android 虚拟机

张子言　编著

清华大学出版社
北　京

内容简介

本书循序渐进地讲解了 Android 虚拟机技术的基本知识，内容新颖、知识全面、讲解详细。全书分为 13 个章节，分别讲解了 Android 系统的基础知识、Android 系统的结构和核心框架、Java 虚拟机和 Dalvik 虚拟机的知识、实现程序编译和调试、Dalvik 的运作流程、DEX 优化和安全管理、Android 虚拟机生命周期管理和内存分配策略、虚拟机垃圾收集和线程管理、JNI 的基本原理、JIT 编译的基本过程和具体方法，以及虚拟机中的异常管理机制方面的知识。

本书定位于 Android 的初、中级用户，既可以作为初学者的参考书，也可以作为有一定基础的读者的拔高书。

图书在版编目(CIP)数据

深入理解 Android 虚拟机/张子言编著. --北京：清华大学出版社，2014
ISBN 978-7-302-34408-7

Ⅰ. ①深… Ⅱ. ①张… Ⅲ. ①移动终端—应用程序—程序设计 Ⅳ. ①TN929.53

中国版本图书馆 CIP 数据核字(2013)第 262524 号

责任编辑：魏 莹
装帧设计：杨玉兰
责任校对：王 晖
责任印制：王静怡

出版发行：清华大学出版社
网 址：http://www.tup.com.cn，http://www.wqbook.com
地 址：北京清华大学学研大厦 A 座 **邮 编**：100084
社 总 机：010-62770175 **邮 购**：010-62786544
投稿与读者服务：010-62776969，c-service@tup.tsinghua.edu.cn
质 量 反 馈：010-62772015，zhiliang@tup.tsinghua.edu.cn
课 件 下 载：http://www.tup.com.cn,010-62791865

印 刷 者：清华大学印刷厂
装 订 者：三河市溧源装订厂
经 销：全国新华书店
开 本：190mm×260mm **印 张**：27.5 **字 数**：666 千字
版 次：2014 年 1 月第 1 版 **印 次**：2014 年 1 月第 1 次印刷
印 数：1～3000
定 价：49.50 元

产品编号：049308-01

Android

前　言

进入21世纪以来，整个社会已经逐渐变得陌生了！生活和工作的快节奏令我们目不暇接，各种各样的信息充斥着我们的视野、撞击着我们的思维。追忆过去，Windows操作系统的诞生成就了微软公司的霸主地位，也造就了PC时代的繁荣。然而，以Android和iPhone手机为代表的智能移动设备的发明却敲响了PC时代的丧钟！移动互联网时代已经来临，谁会成为这些移动设备上的主宰？毫无疑问，它就是Android——PC时代的Windows!

3G的璀璨绚丽

随着3G的到来，无线带宽越来越高，使更多内容丰富的应用程序布置在手机上成为可能，如视频通话、视频点播、移动互联网冲浪、在线看书/听歌、内容分享等。为了承载这些数据应用及快速部署，手机的功能将会越来越智能，越来越开放，为了实现这些需求，必须有一个良好的开发平台来支持，在此由Google公司发起的OHA联盟走在了业界的前列，2007年11月推出了开放的Android平台，任何公司及个人都可以免费获取到源代码及开发SDK。由于其开放性和优异性，Android平台得到了业界广泛的支持，其中包括各大手机厂商和著名的移动运营商等。继2008年9月第一款基于Android平台的手机G1发布后，预计三星、摩托罗拉、索爱、LG、华为等公司都将推出Gflg～Android平台的手机，中国移动也将联合各手机厂商共同推出基于Android平台的OPhone。按目前的发展态势，我们有理由相信，Android平台能够在短时间内跻身智能手机开发平台的前列。

自从公元2009年3G牌照在国内发放后，3G、Android、iPhone、Google、苹果、手机软件、移动开发等词越来越充斥于耳。随着3G网络的大规模建设和智能手机的迅速普及，移动互联网时代已经微笑着迎面而来。

作为以创新的搜索引擎技术而一跃成为互联网巨头的Google公司，无线搜索成为其进军移动互联网的一块基石。Android操作系统是Google公司最具杀伤力的武器之一。苹果公司以其天才的创新，使得iPhone在全球迅速拥有了数百万忠实“粉丝”，而Android作为第一个完整、开放、免费的手机平台，使开发者在为其开发程序时拥有更大的自由。与Windows Mobile、Symbian等厂商不同的是，Android操作系统免费向开发人员提供，这样可节省近三成成本，得到了众多厂商与开发者的拥护。自从进入2011年后，Android就一直是市场占有率最高的智能手机系统。并且Android的成功也造就了使用Android系统的手机制造商，现在三星借助Android这个东风，已经成为世界上发货量最大的手机制造商。

巨大的优势

从技术角度而言，Android与iPhone相似，采用WebKit浏览器引擎，具备触摸屏、高级图形显示和上网功能，用户能够在手机上查收电子邮件、搜索网址和观看视频节目等。Android手机比iPhone等其他手机更强调搜索功能，界面更强大，可以说是一种融入了全部Web应用的开发平台。Android的版本包括Android 1.1、Android 1.5、Android 1.6、Android 2.0……当前的最新版本是Android 4.2。随着版本的更新，从最初的触屏到现在的多点触摸，从普通的联系人到现在的数据同步，从简单的GoogleMap到现在的导航系统，从基本的网页浏览到现在的HTML 5，这都说明Android已经逐渐稳定，而且功能越来越强大。此外，Android平台不仅支持Java、C、C++等主流的编程语言，还支持Ruby、Python等脚本语言，甚至Google公司专为Android的应用开发推出了Simple语言，这使得Android有着非常广泛的开发群体。

本书的内容

本书循序渐进地详细讲解了Android虚拟机技术的基本知识，内容新颖、知识全面、讲解详细，全书共分13章。Android虚拟机技术博大精深，需要程序员具备极高的水准和开发经验。笔者从事Android开发也是短短数载，也不可能完全掌握Android优化技术。本书尽可能地将Android虚拟机技术的核心内容展现给读者，本书主要讲解了如下所示的核心内容。

- Android系统框架结构。
- Java虚拟机和Dalvik虚拟机原理。
- 程序编译和调试。
- Dalvik的运作流程和核心机制。
- DEX优化技术。
- 安全管理的基本知识。
- Android虚拟机生命周期管理。
- 虚拟机内存分配策略。
- 虚拟机的垃圾收集机制。
- 线程管理机制和框架。
- JNI层的原理和核心理念。
- JIT编译的基本过程。

科学的学习方法

不要认为学习Android技术是一件很困难的事情，不断寻找规律，学习新知识和新技能，积累经验，这几乎是每一个电脑高手的成长之路。中国有句古话："授人以鱼，不如授人以渔"，说的是传授给人既有知识，不如传授给人学习知识的方法。通过本书，我们将告诉读者学习的方法，并介绍一条比较清晰的学习之路。

(1) 积极的心态

无论是知识还是技能，智者之所以能够更好更快地掌握这些知识和技能，在很大程度上得益于良好的学习方法。人们常说：兴趣是最好的老师，压力是前进的动力，要想获得一个积极的心态，最好能对学习对象保持浓厚的兴趣。如果暂时提不起兴趣，那么就重视来自工作或生活的压力，把它们转为化为学习的动力。

(2) 注重实践

读者在学习本书的过程中，建议学完理论后，进行实际操作。首先学习书中的理论，再动手调试本书中的实例，然后用模拟器运行书中的例子，只有这样才能做到印象深刻，才能真正理解 Android 网络的基本知识。这样当在实际应用中遇到其他类似问题时，才能做到熟能生巧、触类旁通。

(3) 善用资源，学以致用

对于计算机网络技术，除了少部分专业人士外，大部分人学习网络的目的是为了应用，通过网络解决工作中的问题并提高工作效率。“解决问题”常常是促使人学习的一大动机，带着问题学习，不但进步快，而且很容易对网络产生更大的兴趣，从而获得持续的进步。

本书特色

本书的内容相当丰富，内容覆盖全面，满足了 Android 虚拟机技术人员成长道路上的方方面面。我们的目标是通过一本图书，提供多本图书的价值，读者可以根据自己的需要有选择地阅读，以完善本人的知识和技能结构。在内容的编写上，本书具有以下特色。

(1) 结构合理

从用户的实际需要出发，科学安排知识结构，内容由浅入深，叙述清楚，并附有相应的总结和练习，具有很强的知识性和实用性，反映了当前 Android 虚拟机技术的发展和应用水平。同时全书精心筛选的最具代表性、读者最关心的知识点，几乎包括 Android 虚拟机技术的所有方面。

(2) 易学易懂

本书条理清晰、语言简洁，可帮助读者快速掌握每个知识点；每个部分既相互连贯又自成体系，使读者既可以按照本书编排的章节顺序进行学习，也可以根据自己的需求对某一章节进行有针对性的学习。

(3) 实用性强

本书彻底摒弃枯燥的理论和简单的操作，注重实用性和可操作性，本书将 Android 虚拟机技术的理论融合到实际的操作环境中，使用户掌握相关的操作技能的同时，还能学习到相应的开发知识。

本书的读者对象

本书在内容安排上由浅入深，在写作上运用剥洋葱式的分解，非常适合于入门 Android 开发技术的初学者，同时也适合于具有一定 Android 开发基础，想对 Android 开发技术进一步了解和掌握的中级学者。如果你是以下类型的学者，此书会带领你迅速进入 Android 的开发领域。

- 有一定 Android 开发经验的读者。
- 从事 Android 开发的研究人员和工作人员。
- 有一定 Android 开发基础，想快速学会 Android 高级技术的读者。
- 有一定 Android 开发开发基础，需要加深对 Android 技术核心进一步了解和掌握的程序员。

- 高等院校相关专业的学生，或需要编写论文的学生。
- 企业和公司在职人员、需要提高学习或工作需要的程序员。
- 从事Android移动网络开发等相关工作的技术人员。

在本书的写作过程中得到了清华大学出版社工作人员的大力支持，在此特意感谢各位编辑老师们的指点和付出的汗水。另外，笔者毕竟水平有限，书中纰漏和不尽如人意之处在所难免，诚请读者提出意见或建议，以便修订并使之更臻完善。

编　者

目　　录

第 1 章　Android 系统介绍

Android 是 2007 年才推出的一款智能手机平台，它是建立在 Linux 的开源基础之上，能够迅速建立手机软件的解决方案。虽然 Android 的外形比较简单，但是其功能十分强大，当前已经成了一个新兴的热点，并且成了市场占有率排名第一的智能手机操作系统。本章将简单介绍 Android 系统的相关知识，让读者了解 Android 的发展之路。

1.1　Android 是一款智能手机

其实在 Android 系统诞生之前，智能手机就已经大大丰富了人们的生活，受到了广大手机用户的追捧。各大手机厂商在利益的驱动之下，纷纷建立了自己的智能手机操作系统来抢夺市场份额。Android 系统就是在这个风起云涌的历史背景下诞生的。

1.1.1　什么是智能手机

智能手机是指具有像个人电脑那样强大的功能，拥有独立的操作系统，用户可以自行安装游戏等第三方服务商提供的程序，并且可以通过移动通信网络来接入无线网络。在 Android 系统诞生之前，市面上已经有了多款智能手机产品，例如，Symbian 和微软公司的 Windows Mobile 系列等。

一般来说，智能手机必须具备下面的功能标准。

(1) 操作系统必须支持新应用的安装。

(2) 高速处理芯片。

(3) 支持播放式的手机电视。

(4) 大存储芯片和存储扩展能力。

(5) 支持 GPS 导航。

根据上述标准，手机联盟公布了如下智能手机的主要特点。

(1) 具备普通手机的所有功能，例如，可以进行正常的通话和收发短信等基本的手机应用。

(2) 是一个开放性的操作系统，在系统上可以安装更多的应用程序，从而实现功能的无限扩充。

(3) 具备上网功能。

(4) 具备PDA的功能，能够实现个人信息管理，日程记事，任务安排，多媒体应用，浏览网页。

(5) 可以根据个人需要扩展机器的功能。

(6) 扩展性能强，并且可以支持第三方软件。

1.1.2 当前主流的智能手机系统

在当今市面中最主流的智能手机系统当属微软、塞班、PDA、黑莓、苹果和本书的主角Android。

1. 微软的Windows Mobile

Windows Mobile是微软公司的一款杰出产品，Windows Mobile将用户熟悉的Windows桌面扩展到了个人设备中。使用Windows Mobile操作系统的设备主要有PPC手机、PDA、随身音乐播放器等。Windows Mobile操作系统有三种，分别是Windows Mobile Standard、Windows Mobile Professional、Windows Mobile Classic。

2. 塞班系统Symbian

塞班系统是由诺基亚、索尼爱立信、摩托罗拉、西门子等几家大型移动通信设备商共同出资组建的一个合资公司。该公司专门研发手机操作系统，现已被诺基亚全额收购。Symbian有着良好的界面，采用内核与界面分离技术，对硬件的要求比较低，支持C++，Visual Basic和J2ME。目前根据人机界面的不同，Symbian的UI(User Interface 用户界面)平台分为Series60、Series80、Series90、UIQ等。其中Series60主要是用在数字键盘的手机，Series80是为完整键盘设计的，Series90则是为触控笔方式而设计的。

注意：(1) 2010年9月，诺基亚公司宣布将从2011年4月起从Symbian基金会(Symbian Foundation)手中收回Symbian操作系统控制权。由此看来，诺基亚公司在2008年全资收购塞班公司之后希望继续扩大塞班影响力的愿望并没有实现。

(2) 在苹果和Android的强大市场攻势下，诺基亚公司在2011年2月11日宣布与微软公司达成广泛战略合作关系，并将Windows Phone作为其主要的智能手机操作系统。这家芬兰手机巨头试图通过结盟扭转颓势。截止本书成稿时，诺基亚和微软公司联合推出了最新版本Windows Phone 8。

(3) 2011年8月15日，谷歌和摩托罗拉移动公司共同宣布，谷歌公司将以每股40.00美元现金收购摩托罗拉移动公司，总额约125亿美元，相比摩托罗拉移动公司股份的收盘价溢价了63%，双方董事会都已全票通过该交易。谷歌公司的CEO拉里·佩奇表示，摩托罗拉移动公司将完全专注于Android系统，收购摩托罗拉移动公司之后，将增强整个Android生态系统。佩奇同时表示，Android将继续开源，收购的一个目的是为了获得专利。

3. Palm

Palm 是流行的个人数字助理(PDA，又称掌上电脑)的传统名字。从广义上讲，Palm 是 PDA 的一种，是 Palm 公司发明的。而从狭义上讲，Palm 是 Palm 公司生产的 PDA 产品，区别于 SONY 公司的 Clie 和 Handspring 公司的 Visor/Treo 等其他运行 Palm 操作系统的 PDA 产品。其显著特点之一是写入装置输入数据的方法，用户能够点击显示器上的图标选择输入的项目。2009 年 2 月 11 日，Palm 公司 CEO Ed Colligan 宣布以后将专注于 WebOS 和 Windows Mobile 的智能设备，而将不会再有基于"Palm OS"的智能设备推出，除了 Palm Centro 会在以后和其他运营商合作时继续推出。

4. 黑莓 BlackBerry

BlackBerry 是加拿大 RIM 公司推出的一种移动电子邮件系统终端，其特色是支持推动式电子邮件、手提电话、文字短信、互联网传真、网页浏览及其他无线资讯服务，它的最大优势是收发邮件。正因为这一优势，所以特别收到了商务用户的青睐。

5. iOS

iOS 作为苹果移动设备 iPhone 和 iPad 的操作系统，在 App Store 的推动下，成为世界上引领潮流的操作系统之一。原本这个系统名为"iPhone OS"，直到 2010 年 6 月 7 日，在 WWDC 大会上宣布改名为"iOS"。iOS 的用户界面的概念基础上是能够使用多点触控直接操作。控制方法包括滑动、轻触开关及按键。与系统交互包括滑动(Swiping)、轻按(Tapping)、挤压(Pinching，通常用于缩小)及反向挤压(Reverse Pinching or unpinching 通常用于放大)。此外通过其自带的加速器，可以令其旋转设备改变其 y 轴以令屏幕改变方向，这样的设计令 iPhone 更便于使用。

从最初的 iPhone OS，演变至最新的 iOS 系统，iOS 成为苹果新的移动设备操作系统，横跨 iPod Touch、iPad、iPhone，成为苹果最强大的操作系统。甚至新一代的 Mac OS X Lion 也借鉴了 iOS 系统的一些设计，可以说 iOS 是苹果的又一个成功的操作系统，能给用户带来极佳的使用体验。

6. Android

Android 是我们本书的主角，是谷歌公司于 2007 年 11 月 5 日宣布的基于 Linux 平台的开源手机操作系统的名称。Android 平台由操作系统、中间件、用户界面和应用软件组成，号称是首个为移动终端打造的真正开放和完整的移动软件。

1.2 Android 的巨大优势

从 2007 年 11 月 5 日诞生起，到 2011 年 7 月，安卓系统在智能手机的占有率高达 43%，位居智能手机系统占有率排行榜的第一位。并且随着各大厂商新产品的推出，必然会继续巩固这一地位。为什么安卓能在这么多的智能系统中脱颖而出，成为市场占有率第一的手机系统呢？要想分析其原因，需要先了解它的巨大优势，分析究竟是哪些优点吸引了厂商和消费者的青睐。

(1) 第一个优势——系出名门

Android 是出身于 Linux 家族，是一款号称开源的手机操作系统。当 Android"一炮走红"之后，各大手机联盟纷纷加入，并且都推出了各自系列产品。这个联盟由包括中国移动、三星、摩托罗拉、高通、宏达电和T-Mobile等在内的30多家技术和无线应用的领军企业组成。通过与运营商、设备制造商、开发商和其他有关各方结成深层次的合作伙伴关系，希望借助建立标准化、开放式的移动电话软件平台，在移动产业内形成一个开放式的生态系统。

(2) 第二个优势——开发团队的支持

Android的研发队伍阵容豪华，包括摩托罗拉、Google、HTC(宏达电子)、PHILIPS、T-Mobile、高通、魅族、三星、LG以及中国移动公司在内的34家企业，他们都将基于该平台开发手机的新型业务，应用之间的通用性和互联性将在最大程度上得到保持。

(3) 第三个优势——诱人的奖励机制

谷歌公司为了提高程序员的开发积极性，不但为他们提供了一流硬件的设置和一流的软件服务，而且还采取了振奋人心的奖励机制，定期召开比赛，创意和应用夺魁者将会得到重奖。

(4) 第四个优势——开源

开源意味着对开发人员和手机厂商来说，Android是完全无偿免费使用的。因为源代码公开的原因，所以吸引了全世界各地无数程序员的热情。于是很多手机厂商都纷纷采用Android作为自己产品的系统，甚至包括很多山寨厂商。而对于开发人员来说，众多厂商的采用就意味着人才需求大，所以纷纷加入到Android的开发大军中来。

1.3 在电脑上启动Android虚拟机

要想在电脑中启动Android虚拟机，需要做很多事情。本节将详细介绍在Windows环境下搭建启动Android虚拟机的基本过程。

1.3.1 安装Android SDK

在Android虚拟机前，一定需要先确定基于Android应用软件所需要的开发环境，具体要求如表1-1所示。

表1-1 开发系统的需求参数

项目	版本要求	说明	备注
操作系统	Windows XP/Windows7/Windows 8	根据自己的电脑自行选择	选择自己最熟悉的操作系统
软件开发包	Android SDK	选择最新版本的SDK	截至目前，最新手机版本是4.5，最普及的版本是2.3
IDE	Eclipse IDE+ADT	Eclipse 3.3以上版本和ADT(Android Development Tools)开发插件	选择for Java Developer
其他	JDK Apache Ant	Java SE Development Kit 5或6	不能选择单独的JRE进行安装，必须要有JDK

Android开发工具是由多个开发包组成的，其中最主要的开发包如下。

- JDK：可以到网址 http://www.oracle.com/technetwork/java/javase/downloads/index.html

下载。

- ❑ Eclipse：可以到网址 http://www.eclipse.org/downloads/ 下载 Eclipse IDE for Java Developers。
- ❑ Android SDK：可以到网址 http://developer.android.com 下载。
- ❑ 下载对应的开发插件。

1.3.2　安装 JDK、Eclipse、Android SDK

本书所介绍的 Android 的安装是以 Windows 7 为平台，安装的软件为 JDK 1.6 、Eclipse 3.3、ADT1.5、Android SDK 4.0。下面具体介绍各个软件的安装步骤，并且在配套的视频中有更详细的介绍。

1．安装 JDK

安装 Eclipse 的开发环境需要 JRE 的支持，在 Windows 上安装 JRE/JDK 非常简单。

(1) 在 Oracle 公司的官方网站下载，网址为 http://www.oracle.com/technetwork/java/javase/downloads/index.html，如图 1-1 所示。

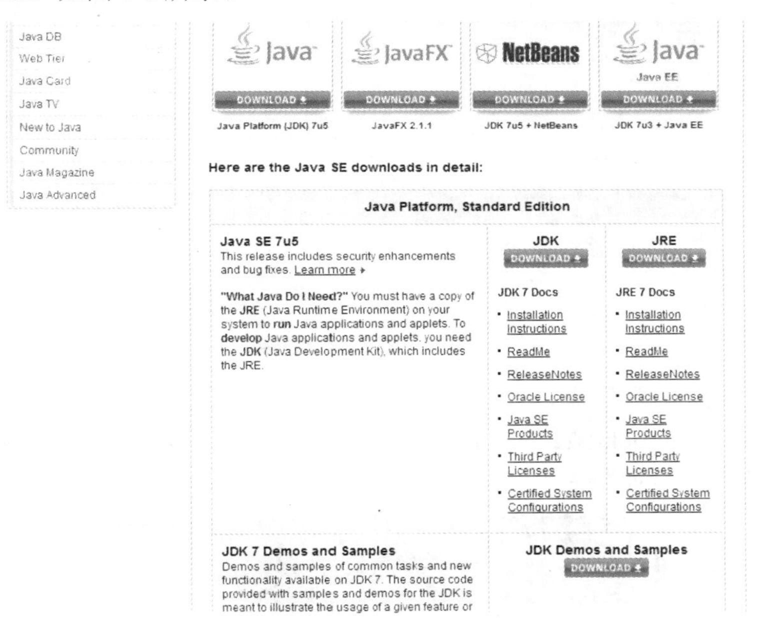

图 1-1　Oracle 官方下载页面

(2) 在图 1-1 中可以看到 JDK 有很多版本，运行 Eclipse 时虽然只需要 JRE 就可以了，但是在开发 Android 应用程序的时候，是需要完整的 JDK(JDK 已经包含了 JRE)，且要求其版本在 1.5 以上，这里选择 Java SE (JDK) 6，其下载页面如图 1-2 所示。

(3) 在图 1-2 中找到 JDK 6 Update 22，单击其右侧的 Download 按钮后弹出填写登录信息界面，在此输入你的账号信息，如果没有账号可以免费注册一个，然后单击 Continue 按钮，如图 1-3 所示。

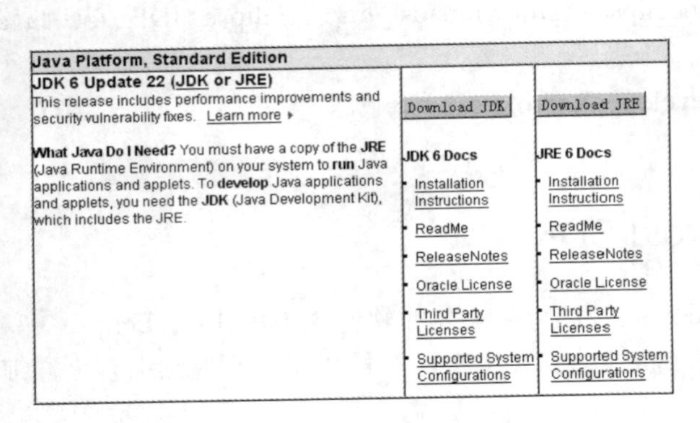

图 1-2　JDK 的下载页面

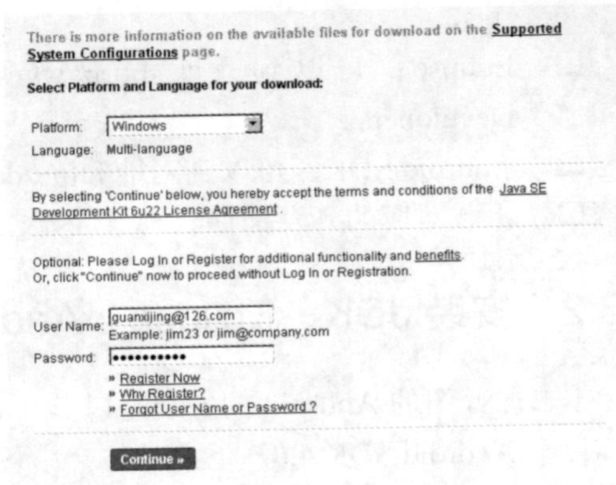

图 1-3　输入账号信息

(4) 来到选择操作系统和语言界面，在此首先选择 Windows，然后单击 Download 按钮，如图 1-4 所示。

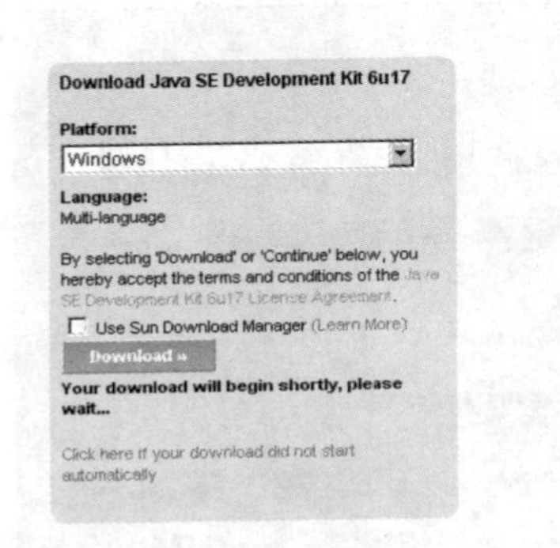

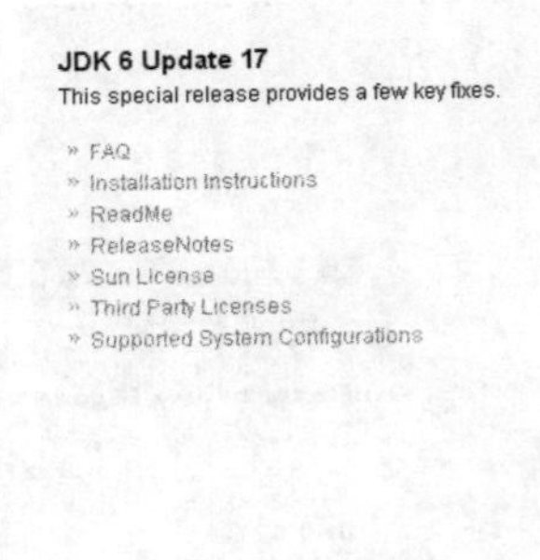

图 1-4　选择 Windows

经过上述操作后，开始下载安装文件 jdk-6u22-windows-i586.exe。

(5) 下载完成后双击 jdk-6u22-windows-i586.exe 开始进行安装，将弹出安装向导对话框，在此单击【下一步】按钮，如图 1-5 所示。

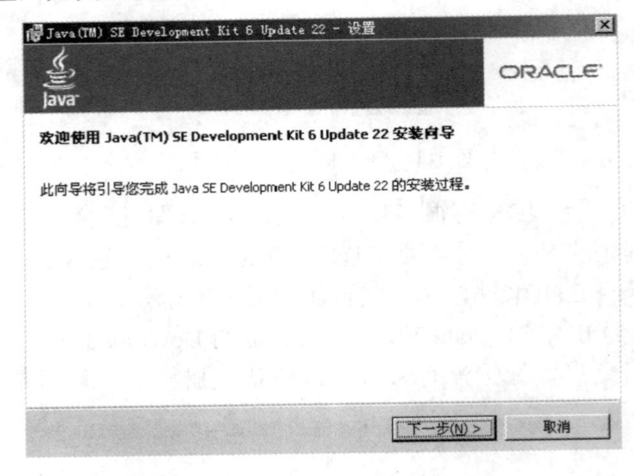

图 1-5　安装向导对话框

(6) 弹出【自定义安装】界面，在此选择文件的安装路径，如图 1-6 所示。

(7) 单击【下一步】按钮，开始进行安装，如图 1-7 所示。

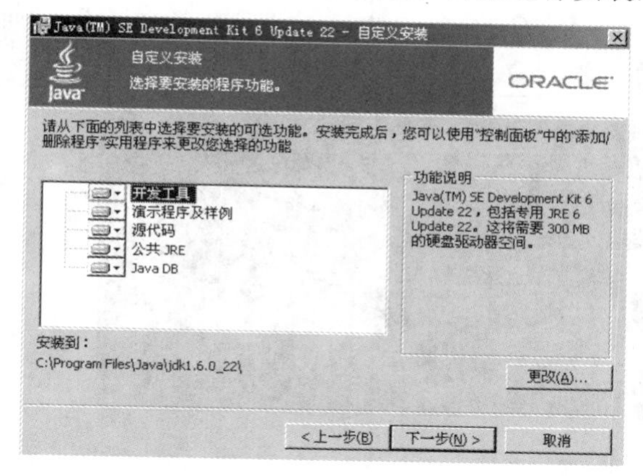

图 1-6　【自定义安装】界面

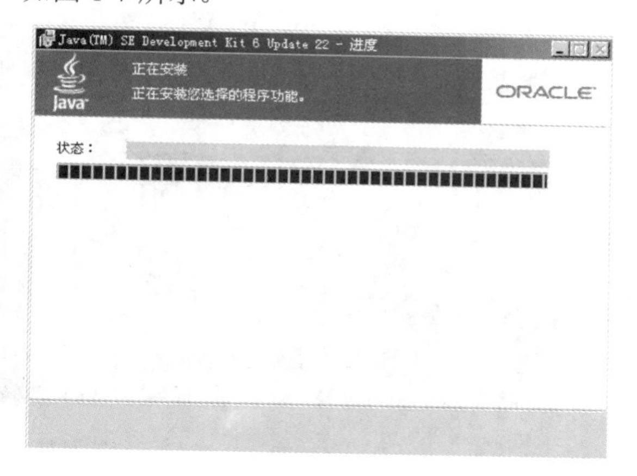

图 1-7　开始安装

(8) 完成后弹出【目标文件夹】界面，在此选择要安装的位置，如图 1-8 所示。

(9) 单击【下一步】按钮后继续开始安装，如图 1-9 所示。

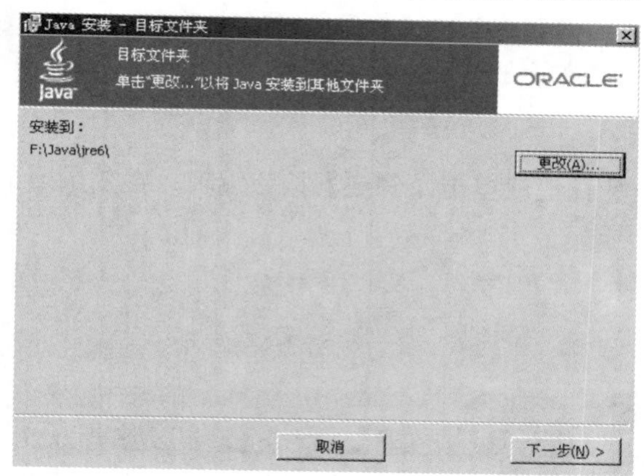

图 1-8　【目标文件夹】界面

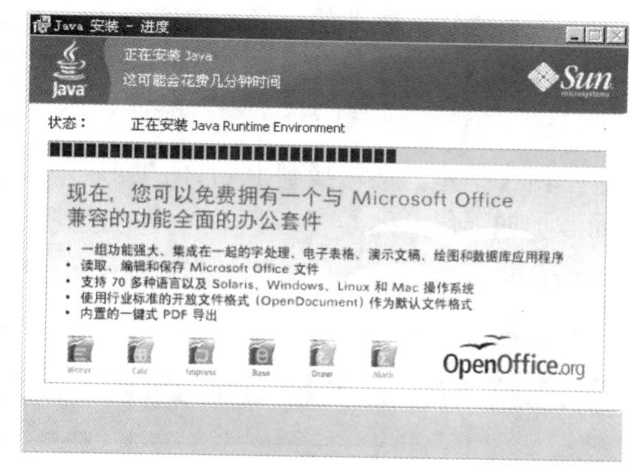

图 1-9　继续安装

(10) 完成后弹出【完成】界面，单击【完成】按钮，完成整个安装过程，如图 1-10 所示。

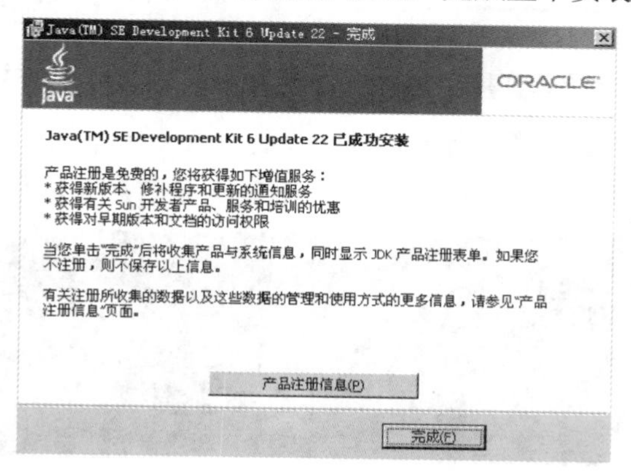

图 1-10　完成安装

注意：完成安装后可以检测软件的安装是否成功，具体方法是依次单击【开始】|【运行】，在运行框中输入“cmd”并按Enter键，在打开的CMD窗口中输入“java –version”，如果显示如图1-11所示的提示信息，则说明安装成功。

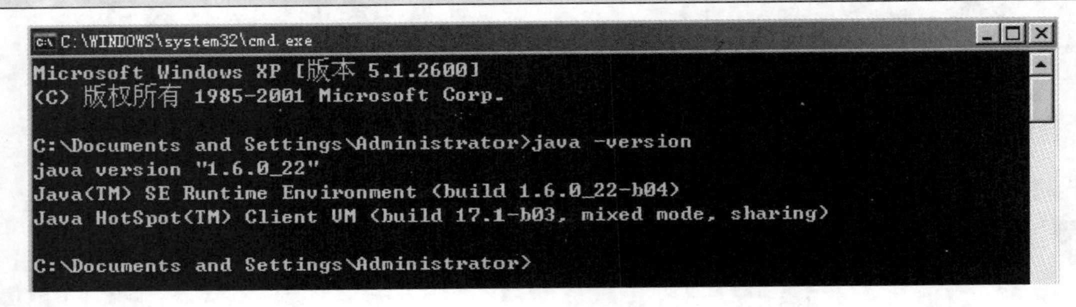

图1-11　CMD窗口

如果没有安装成功，需要将其目录的绝对路径添加到系统的PATH中。具体做法如下。

(1) 右击【我的电脑】，在弹出的快捷菜单中选择【属性】|【高级】命令，单击下面的【环境变量】，在下面的【系统变量】处选择【新建】，在【变量名】处输入“JAVA_HOME”，【变量值】中输入刚才的目录，比如C:\Program Files\Java\jdk1.6.0_22，如图1-12所示。

(2) 再次新建一个变量名为classpath，其变量值如下。

```
.;%JAVA_HOME%/lib/rt.jar;%JAVA_HOME%/lib/tools.jar
```

单击【确定】按钮找到PATH的变量，双击变量值或单击【确定】按钮编辑，在变量值最前面添加如下值。

```
%JAVA_HOME%/bin;
```

具体如图1-13所示。

编辑系统变量
变量名(N): JAVA_HOME
变量值(V): F:\Java\jdk1.6.0_22
确定　取消

图1-12　设置系统变量

图1-13　设置系统变量

(3) 再依次单击【开始】|【运行】，在“运行”文本框中输入“cmd”并按Enter键，在打开的CMD窗口中输入“java –version”，如果显示如图1-14所示的提示信息，则说明安装成功。

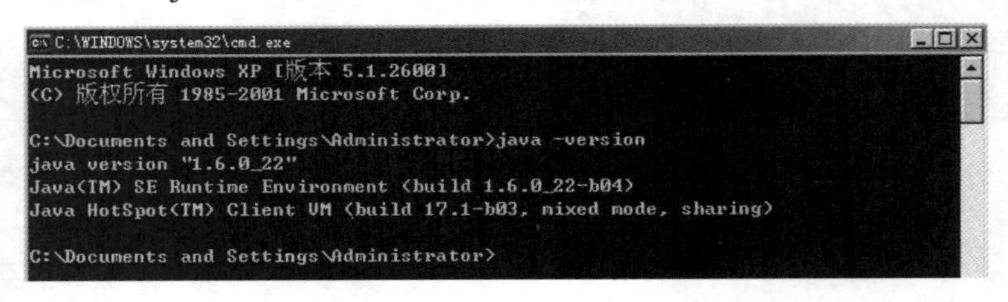

图1-14　CMD界面

注意：上述变量是按照编者本人的安装路径设置的，安装的 JDK 路径是 C:\Program Files\Java\jdk1.6.0_22。

2. 安装 Eclipse

在安装好 JDK 后，就可以接着安装 Eclipse 了，具体步骤如下。

(1) 打开 Eclipse 的官方下载页面 http://www.eclipse.org/downloads/，如图 1-15 所示。

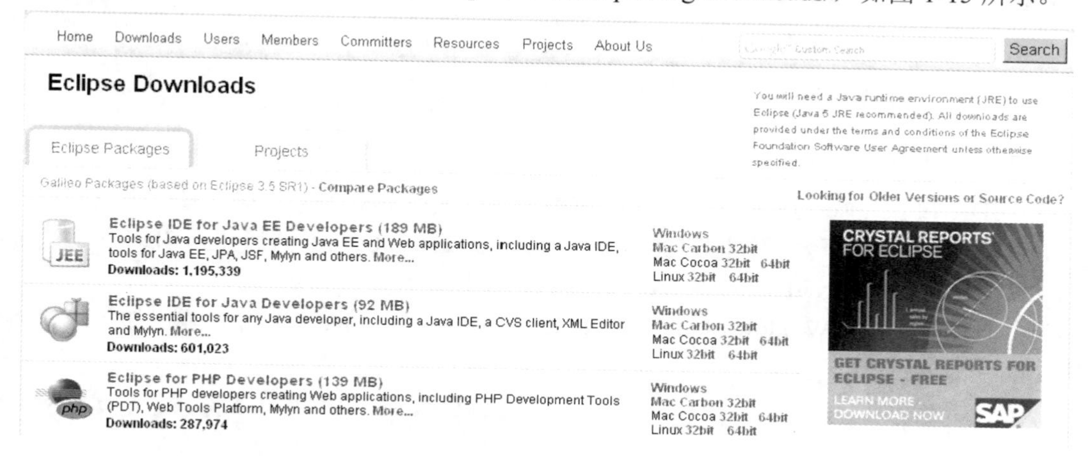

图 1-15 下载页面

(2) 在图 1-15 所示界面中选择 Eclipse IDE for Java Developers (92 MB)，来到其下载的镜像页面，在此只需选择离用户最近的镜像即可(一般推荐的下载速度就不错)，如图 1-16 所示。

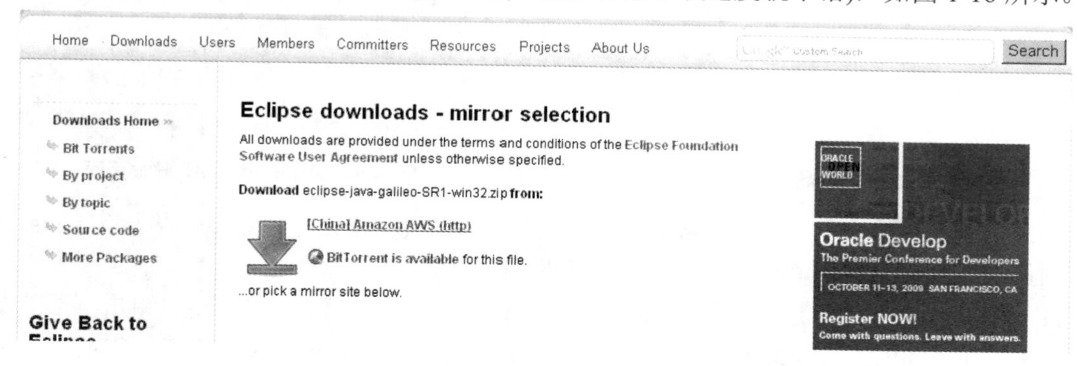

图 1-16 选择镜像

(3) 下载完成后，先找到下载的压缩包 eclipse-java-galileo-SR1-win32.zip。

注意：解压 Eclipse 下载的压缩文件后就可以使用，而无须执行安装程序，不过在使用前一定要先安装 JDK。在此假设 Eclipse 解压后存放的目录为 F:\eclipse。

(4) 进入解压后的目录，此时可以看到一个名为"eclipse.exe"的可执行文件，双击此文件直接运行，Eclipse 能自动找到用户先期安装的 JDK 路径，启动界面如图 1-17 所示。

(5) 因为是安装后第一次启动 Eclipse，所以会看到选择工作空间的提示，如图 1-18 所示。

图 1-17　Eclipse 的启动界面

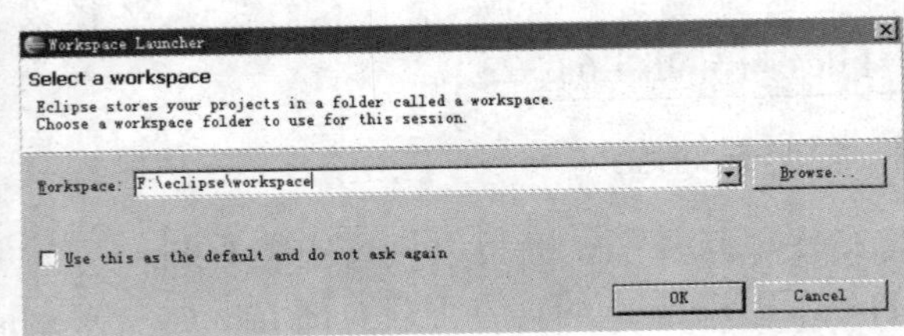

图 1-18　选择工作空间

此时单击 OK 按钮，完成 Eclipse 的安装。

3. 安装 Android SDK

完成 JDK 和 Eclipse 的安装后，接下来需要下载安装 Android 的 SDK，具体步骤如下。

(1) 打开 Android 开发者社区网址 http://developer.android.com/，然后转到 SDK 下载页面(网址是 http://developer.android.com/sdk/index.html)，如图 1-19 所示。

(2) 在此选择用于 Windows 平台的链接 android-sdk_r20-windows.zip，弹出如图 1-20 所示的对话框。

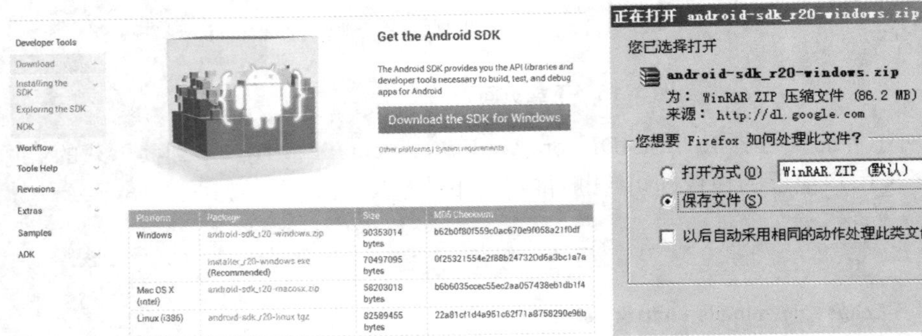

图 1-19　SDK 下载页面　　　　图 1-20　Android SDK 下载页面

下载后解压压缩文件，假设下载后的文件解压存放在 F:\android\目录下，并将其 tools 目录的绝对路径添加到系统的 PATH 中，具体操作步骤如下。

(1) 右击【我的电脑】，在弹出的快捷菜单中选择【属性】|【高级】命令，单击下面的【环境变量】，在下面的【系统变量】处选择【新建】，在【变量名】处输入“SDK_HOME”，【变量值】中输入刚才的目录，比如 F:\android-sdk-windows，如图 1-21 所示。

(2) 找到 PATH 的变量，双击【编辑】按钮，在变量值最前面加上%SDK_HOME%\tools;，如图 1-22 所示。

图 1-21　设置系统变量

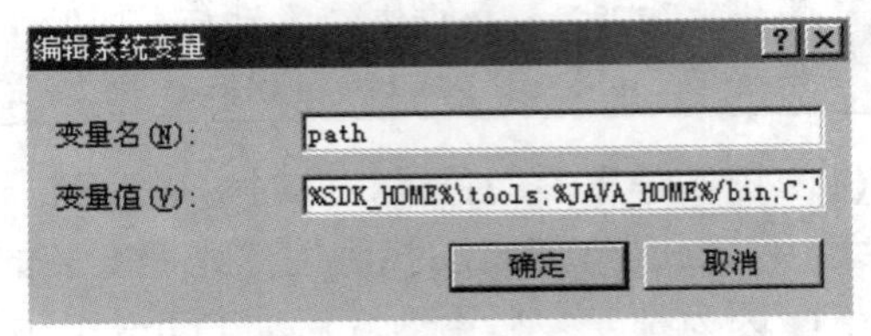

图 1-22　设置系统变量

(3) 再依次单击【开始】|【运行】，在【运行】文本框中输入“cmd”并按 Enter 键，在打开的 CMD 窗口中输入一个测试命令，例如 android -h，如果显示如图 1-23 所示的提示信息，则说明安装成功。

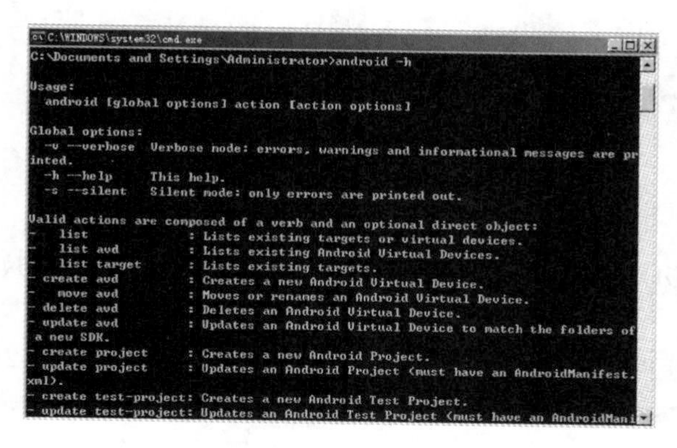

图 1-23　提示信息

4．安装 ADT

Android 为 Eclipse 定制了一个专用插件 Android Development Tools(ADT)，此插件为用户提供了一个开发 Android 应用程序的综合环境。ADT 扩展了 Eclipse 的功能，可以让用户快速地建立 Android 项目，创建应用程序界面。要安装 Android Development Tools plug-in，需要首先打开 Eclipse IDE，然后进行如下操作。

(1) 打开 Eclipse 后，依次单击菜单栏中的 Help | Install New Software...选项，如图 1-24 所示。

(2) 在弹出的对话框中单击 Add 按钮，如图 1-25 所示。

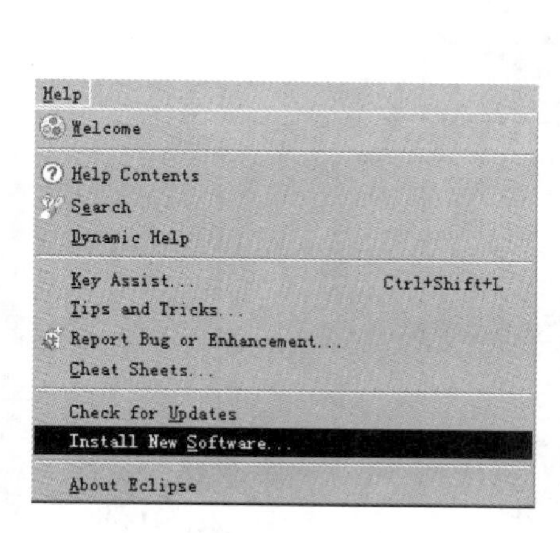

图 1-24　添加插件

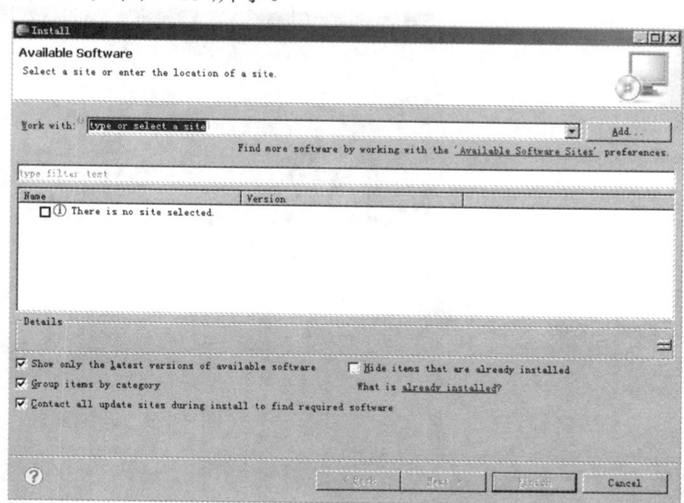

图 1-25　添加插件

(3) 在弹出的 Add Site 对话框中分别输入名字和地址，名字可以自己命名，例如“123”，但是在 Location 中必须输入插件的网络地址“http://dl-ssl.google.com/Android/eclipse/”，单击 OK 按钮，如图 1-26 所示。

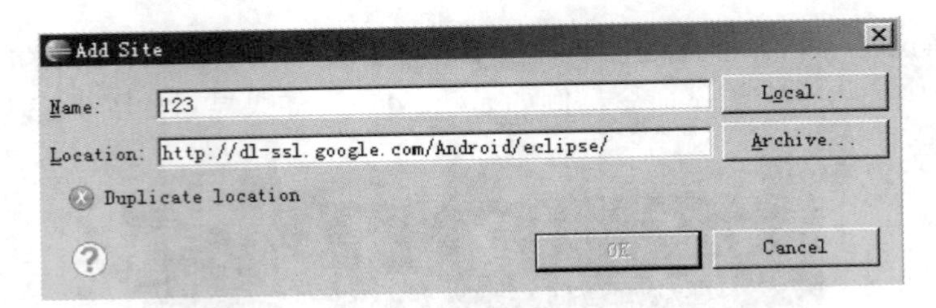

图1-26　设置地址

(4) 单击OK按钮，此时在Install界面将会显示系统中可用的插件，如图1-27所示。

(5) 选中Android DDMS和Android Development Tools，然后单击Next按钮来到安装界面，如图1-28所示。

(6) 选择I accept选项，单击Finish按钮，开始进行安装，如图1-29所示。

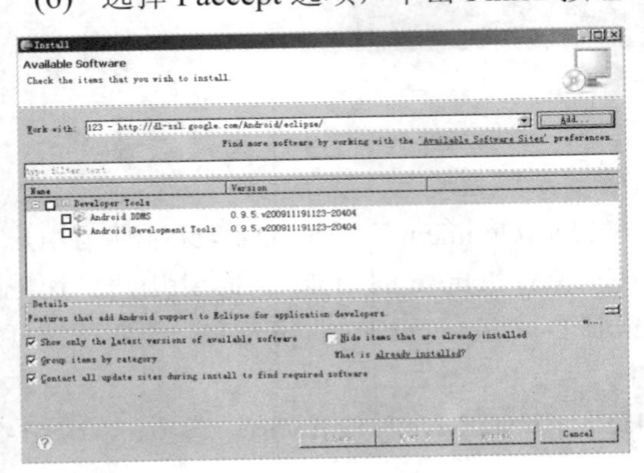

图1-27　插件列表

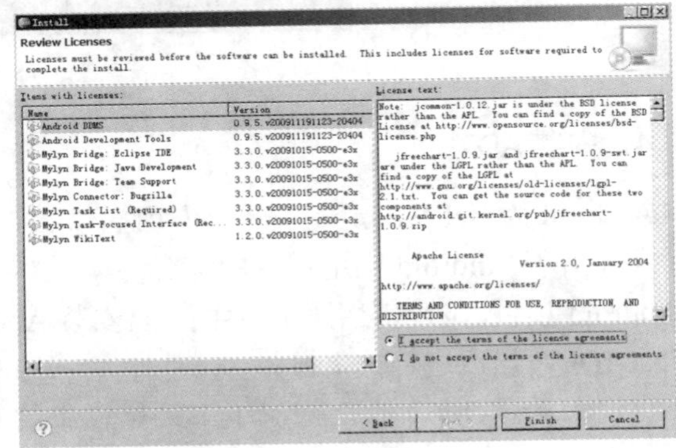

图1-28　插件安装界面

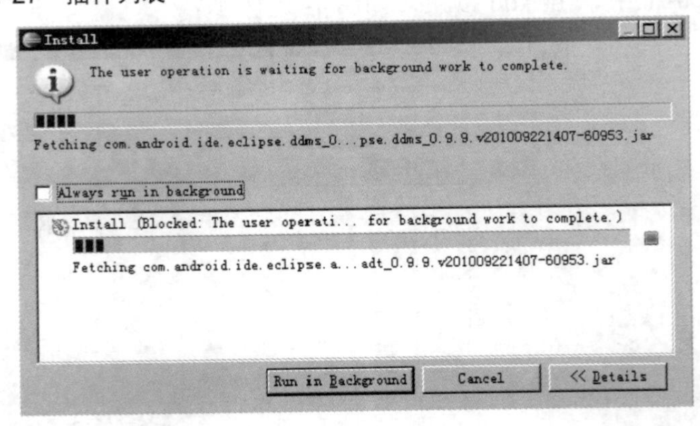

图1-29　开始安装

注意： 在上面的步骤中，可能会发生“计算插件占用资源”的情况，整个计算过程有点慢。完成后会提示重启Eclipse来加载插件，重启后就可以使用了。并且不同版本的Eclipse安装插件的方法和步骤是不同的，但是都大同小异，读者可以根据操作提示能够自行解决。

1.3.3　设定Android SDK Home

当完成上述插件装备工作后，此时还不能使用Eclipse创建Android项目，我们还需要在

Eclipse 中设置 Android SDK 的主目录。

(1) 打开 Eclipse，在菜单中依次单击 Window | Preferences 项，如图 1-30 所示。

(2) 在弹出的界面左侧可以看到 Android 项，选中 Android 选项，在右侧设定 Android SDK 所在目录为 SDK Location，单击 OK 按钮完成设置，如图 1-31 所示。

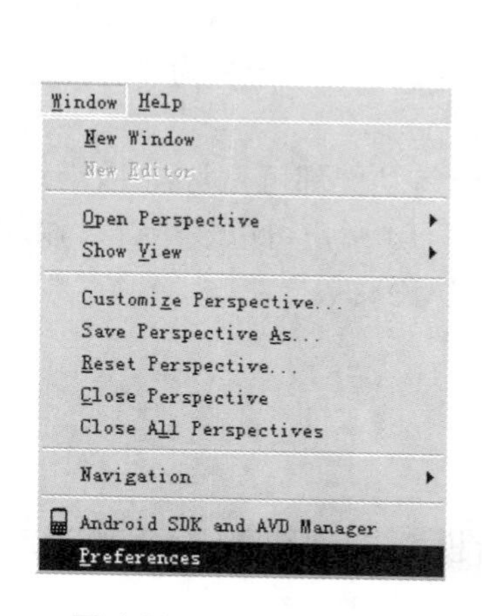

图 1-30　Preferences 项

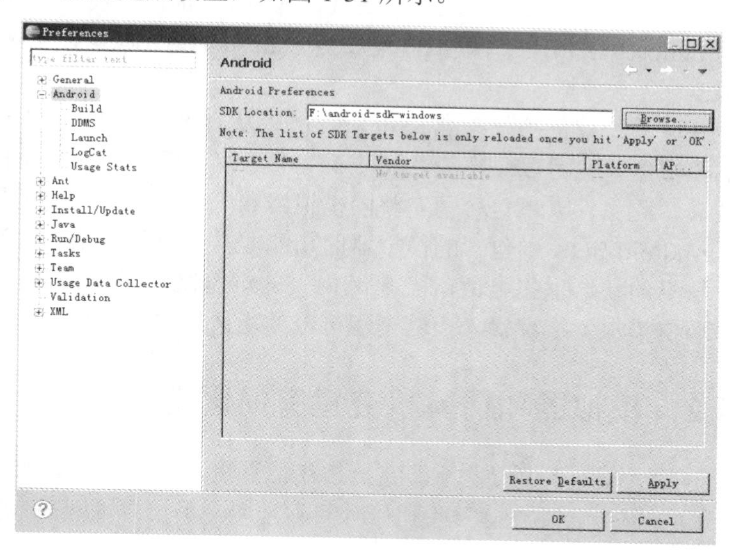

图 1-31　Preferences 窗口

1.4　Android 模拟器

我们都知道程序开发需要调试，只有经过调试后才能知道程序能否正确运行。作为一款手机系统，怎么样才能在电脑平台上调试 Android 程序呢？不用担心，谷歌公司为我们提供了模拟器来解决我们担心的问题。所谓模拟器，就是指在电脑上模拟安卓系统，可以用这个模拟器来调试并运行开发的 Android 程序。开发人员不需要一个真实的 Android 手机，只要通过电脑即可模拟运行一个手机，即可开发出应用在手机上的程序。模拟器在电脑上的运行效果如图 1-32 所示。

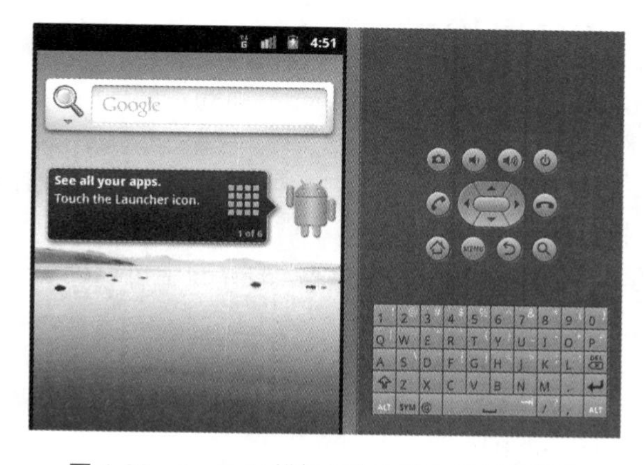

图 1-32　Android 模拟器在电脑上的运行效果

1.4.1 Android 模拟器简介

对于 Android 程序的开发人员来说，模拟器的推出给开发人员在开发上和测试上带来了很大的便利。无论在 Windows 下还是 Linux 下，Android 模拟器都可以顺利运行，并且利用官方提供的 Eclipse 插件，可将模拟器集成到 Eclipse 的 IDE 环境。当然，也可以从命令行启动 Android 模拟器。

获取模拟器的方法非常简单，既可以从官方站点(http://developer.Android.com/)免费下载单独的模拟器，也可以先下载 Android SDK，解压后在其 SDK 的根目录下有一个名为“tools”的文件夹，此文件夹下包含了完整的模拟器和一些非常有用的工具。

Android SDK 中包含的模拟器的功能非常齐全，电话本、通话等功能都可正常使用(当然你没办法真的从这里打电话)，甚至其内置的浏览器和 Maps 都可以联网。用户可以使用键盘输入，鼠标单击模拟器按键输入，甚至还可以使用鼠标单击、拖动屏幕进行操纵。

1.4.2 模拟器和仿真机究竟有何区别

当然 Android 模拟器不能完全替代仿真机，具体来说有如下差异。

- 模拟器不支持呼叫和接听实际来电，但可以通过控制台模拟电话呼叫(呼入和呼出)。
- 模拟器不支持 USB 连接。
- 模拟器不支持相机/视频捕捉。
- 模拟器不支持音频输入(捕捉)，但支持输出(重放)。
- 模拟器不支持扩展耳机。
- 模拟器不能确定连接状态。
- 模拟器不能确定电池电量水平和交流充电状态。
- 模拟器不能确定 SD 卡的插入/弹出。
- 模拟器不支持蓝牙。

1.4.3 创建 Android 虚拟设备(AVD)

下面开始介绍创建 Android 虚拟设备的基本方法。

(1) 首先打开 Eclipse，如图 1-33 所示。

(2) 在弹出的 Android SDK and AVD Manager 界面的左侧导航中选择 Virtual device 选项，如图 1-34 所示。

在 Virtual device 列表中列出了当前已经安装的 AVD 版本，可以通过右侧的按钮来创建、删除或修改 AVD。主要按钮的具体说明如下。

New...：创建新的 AVD，单击此按钮在弹出的界面中可以创建一个新 AVD，如图 1-35 所示。

Edit...：修改已经存在的 AVD。

Delete...：删除已经存在的 AVD。

Start...：启动一个 AVD 模拟器。

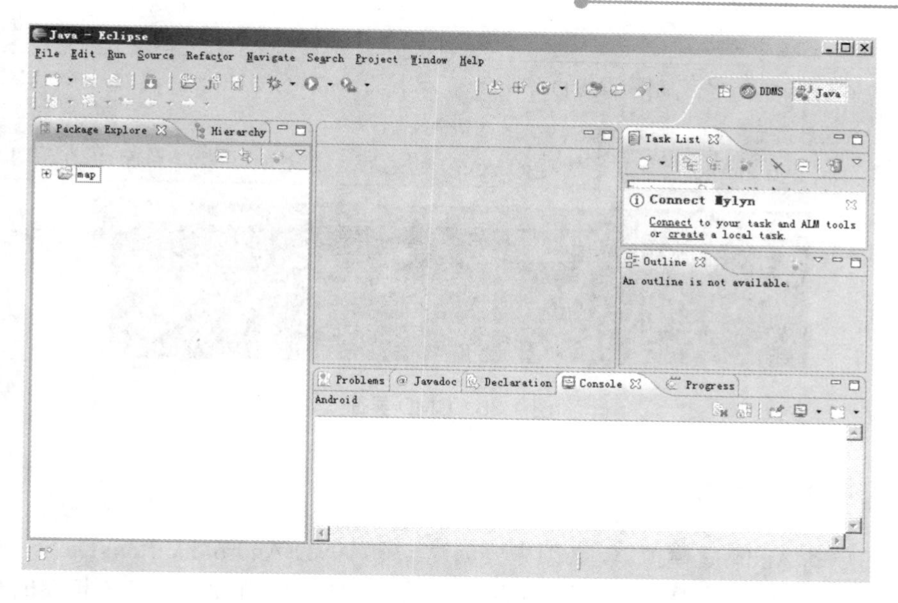

图 1-33　打开 Eclipse

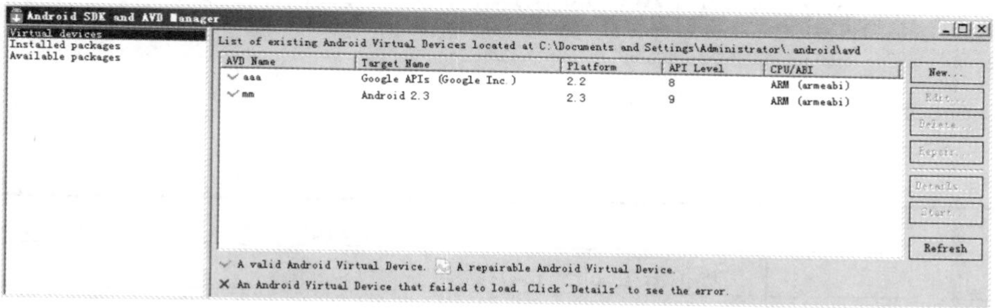

图 1-34　Android SDK and AVD Manager 界面

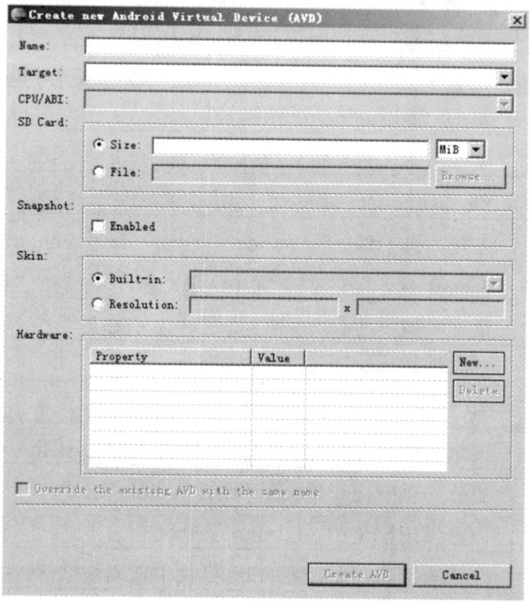

图 1-35　新建 AVD 界面

注意：可以在 CMD 中创建或删除 AVD，例如可以按照如下 CMD 命令创建一个 AVD。

```
android create avd --name <your_avd_name> --target <targetID>
```

其中“your_avd_name”是需要创建的 AVD 的名字，在 CMD 窗口界面中的如图 1-36 所示。

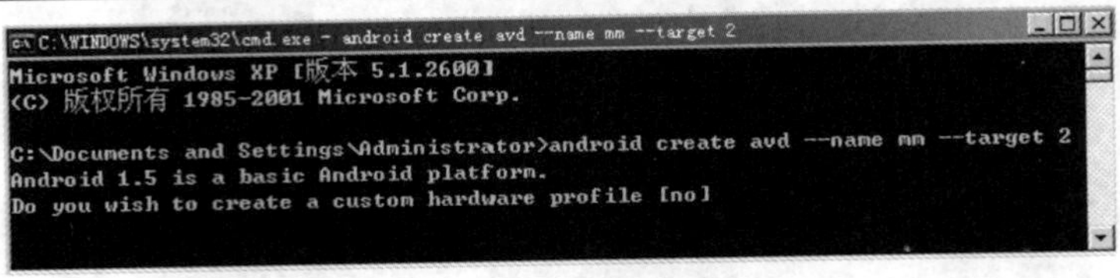

```
C:\WINDOWS\system32\cmd.exe - android create avd --name mm --target 2
Microsoft Windows XP [版本 5.1.2600]
(C) 版权所有 1985-2001 Microsoft Corp.

C:\Documents and Settings\Administrator>android create avd --name mm --target 2
Android 1.5 is a basic Android platform.
Do you wish to create a custom hardware profile [no]
```

图 1-36　CMD 界面

1.4.4　模拟器的总结

要正确的启动 Android 模拟器，必须先要创建一个 AVD(Android Virtual Device 虚拟设备)，读者可以利用 AVD 创建基于不同版本的模拟器。有关创建和使用 Android 模拟器的知识请读者参考本书第 2 章中的知识。在此对 Android 模拟器的参数进行简单总结，其参数格式如下：

```
emulator [option] [-qemu args]
```

其中，option 选项的具体说明如表 1-2 所示。

表 1-2　模拟器选项

选　项	功能描述
-sysdir <dir>	为模拟器在<dir>目录中搜索系统硬盘镜像
-system <file>	为模拟器从<file>文件中读取初始化系统镜像
-datadir <dir>	设置用户数据写入的目录
-kernel <file>	为模拟器设置使用指定的模拟器内核
-ramdisk <file>	设置内存 RAM 镜像文件(默认为<system>/ramdisk.img)
-image <file>	废弃，使用-system <file>替代
-init-data <file>	设置初始化数据镜像(默认为 <system>/userdata.img)
-initdata <file>	和 “-init-data <file>”使用方法一致
-data <file>	设置数据镜像(默认为<datadir>/userdata-qemu.img)
-partition-size <size>	system/data 分区容量大小(MB)
-cache <file>	设置模拟器缓存分区镜像(默认为零时文件)
-no-cache	禁用缓存分区
-nocache	与“-no-cache”的使用方法相同
-sdcard <file>	指定模拟器 SDCard 镜像文件(默认为<system>/sdcard.img)
-wipe-data	清除并重置用户数据镜像(从 initdata 复制)
-avd <name>	指定模拟器使用 Android 虚拟设备
-skindir <dir>	设置模拟器皮肤，在<dir>目录中搜索皮肤(默认为<system>/skins 目录)
-skin <name>	选择使用给定的皮肤

续表

选　项	功能描述
-no-skin	不适用任何模拟器皮肤
-noskin	与“-no-skin”的使用方法相同
-memory <size>	物理 RAM 内存大小(MB)
-netspeed <speed>	设置最大网络下载、上传速度
-netdelay <delay>	网络时延模拟
-netfast	禁用网络形态
-tarce <name>	代码配置可用
-show-kernel	显示内核信息
-shell	在当前终端中使用根 Shell 命令
-no-jni	Dalvik 运行时禁用 JNI 检测
-nojni	与“-no-jni”的使用方法相同
-logcat <tag>	输出给定 tag 的 Logcat 信息
-no-audio	禁用音频支持
-noaudio	与“-no-audio”的用法相同
-audio <backend>	使用指定的音频 backend
-audio-in <backend>	使用指定的输入音频 backend
-audoi-out <backend>	使用指定的输出音频 backend
-raw-keys	禁用 Unicode 键盘翻转图
-radio	重定向无线模式接口到个性化设备
-port <port>	设置控制台使用的 TCP 端口
-ports <consoleport>,<adbport>	设置控制台使用的 TCP 端口和 ADB 调试桥使用的 TCP 端口
-onion <image>	在屏幕上层使用覆盖 PNG 图片
-onion-alpha <%age>	指定上层皮肤半透明度
-onion-rotation 0|1|2|3	指定上层皮肤旋转
-scale <scale>	调节模拟器窗口尺寸(三种：1.0-3.0、dpi、auto)
-dpi-device <dpi>	设置设备的 resolution (dpi 单位默认 165)
-http-proxy <proxy>	通过一个 HTTP 或 HTTPS 代理来创建 TCP 连接
-timezone <timezone>	使用给定的时区，而不是主机默认的
-dns-server <server>	在模拟系统上使用给定的 DNS 服务
-cpu-delay <cpudelay>	调节 CUP 模拟
-no-boot-anim	禁用动画来快速启动
-no-window	禁用图形化窗口显示
-version	显示模拟器版本号
-report-console <socket>	向远程 socket 报告控制台端口
-gps <device>	重定向 GPS 导航到个性化设备
-keyset <name>	指定按键设置文件名
-shell-serial <device>	根 shell 的个性化设备
-old-system	支持旧版本(pre 1.4)系统镜像
-tcpdump <file>	把网络数据包捕获到文件中
-bootchart <timeout>	bootcharting 可用

续表

选　项	功能描述
-qemu args....	向 qemu 传递参数
-qemu -h	显示 qemu 帮助
-verbose	与“-debug-init”的使用方法相同
-debug <tags>	可用、禁用调试信息
-debug-<tag>	使指定的调试信息可用
-debug-no-<tag>	禁用指定的调试信息
-help	打印出该帮助文档
-help-<option>	打印出指定 option 的帮助文档
-help-disk-images	关于硬盘镜像帮助
-help-keys	支持按钮捆绑(手机快捷键)
-help-debug-tags	显示出-debug <tag>命令中的 tag 可选值
-help-char-devices	个性化设备说明
-help-environment	环境变量
-help-keyset-file	指定按键绑定设置文件
-help-virtula-device	虚拟设备管理
-help-sdk-images	当使用 SDK 时关于硬盘镜像的信息
-help-build-images	当构建 Android 时，关于硬盘镜像的信息
-help-all	打印出所有帮助

1.5　搭建环境过程中的常见问题

在搭建完成开发环境后，下面总结在搭建 Android SDK 环境过程中出现过的问题，帮助读者快速成功搭建 Android 开发环境。

1.5.1　不能在线更新

在安装 Android 后，需要更新为最新的资源和配置。但是在启动 Android 后，经常会不能更新，弹出如图 1-37 所示的错误提示。

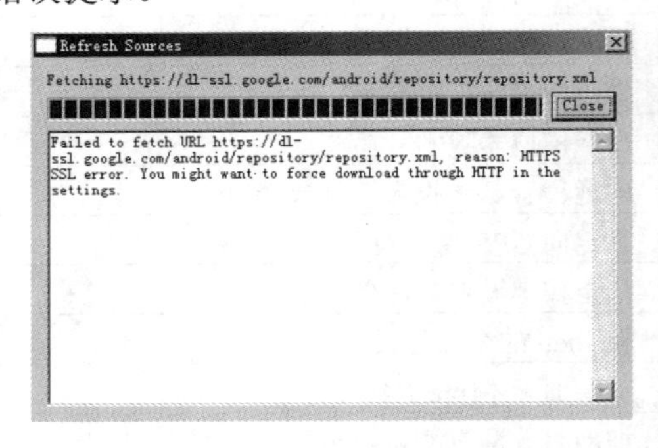

图 1-37　不能更新

Android 默认的在线更新地址是 https://dl-ssl.google.com/android/eclipse/，但是经常会出现错误。如果此地址不能更新，可以自行设置更新地址，修改为 http://dl-ssl.google.com/android/repository/repository.xml。具体操作方法如下。

(1) 单击 Android 左侧的 Available Packages 选项，然后单击下面的 Add Site...按钮。如图 1-38 所示。

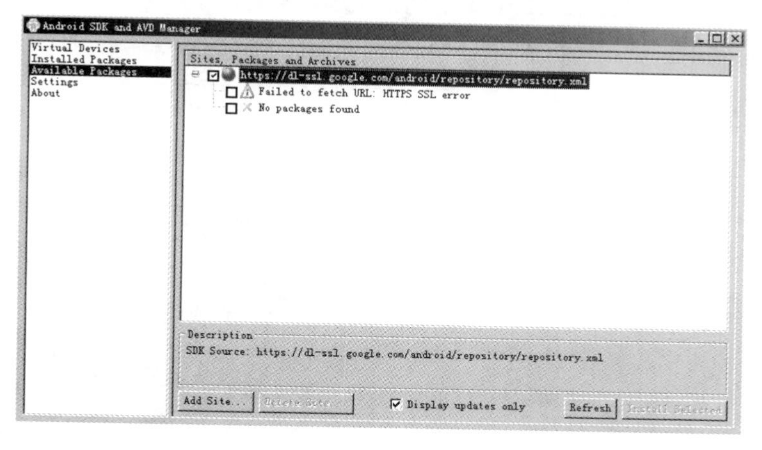

图 1-38　Available Packages 界面

(2) 在弹出的 Add Site URL 对话框中输入如下修改后的地址，如图 1-39 所示。

```
http://dl-ssl.google.com/android/repository/repository.xml
```

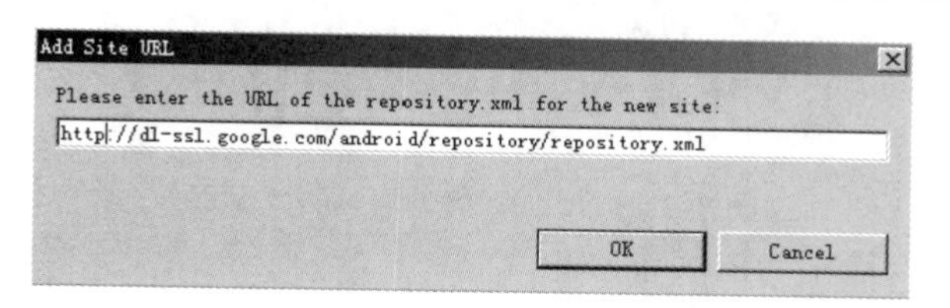

图 1-39　修改地址

(3) 单击 OK 按钮完成设置，此时就可以使用更新功能了，如图 1-40 所示。

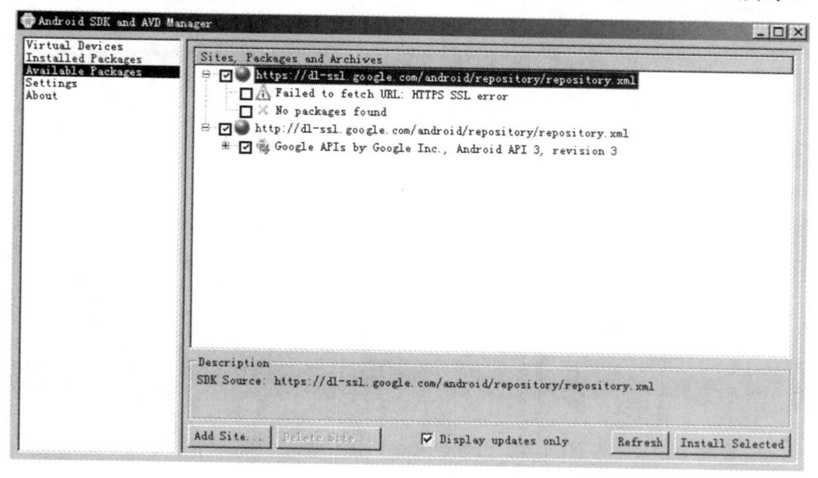

图 1-40　完成设置

1.5.2 显示“Project name must be specified”提示

在 Eclipse 中新建 Android 工程时，一直显示“Project name must be specified”提示，如图 1-41 所示。

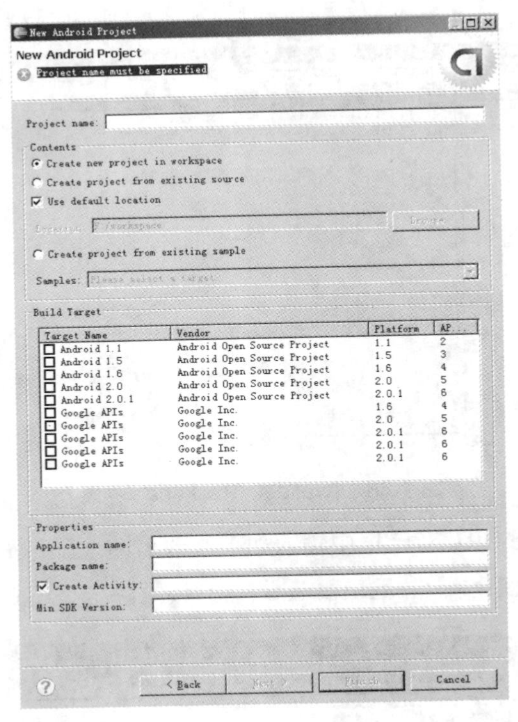

图 1-41 New Android Project 窗口

造成上述问题的原因是 Android 没有更新完成，需要进行完全更新。具体方法如下。

(1) 打开 Android，选择左侧的 Installed Packages，如图 1-42 所示。

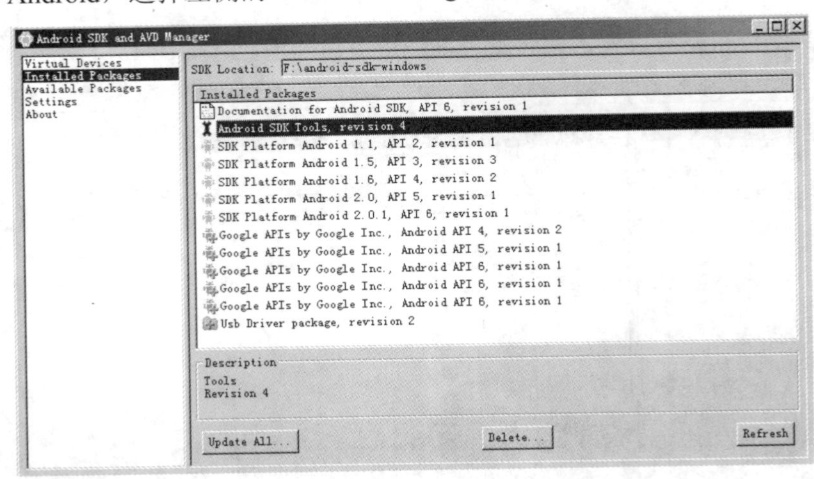

图 1-42 Installed Packages 界面

(2) 右侧列表中选择“Android SDK Tools ,revision11”，在弹出窗口中选择 Accept，最后

单击 Install Accepted 按钮开始安装更新，如图 1-43 所示。

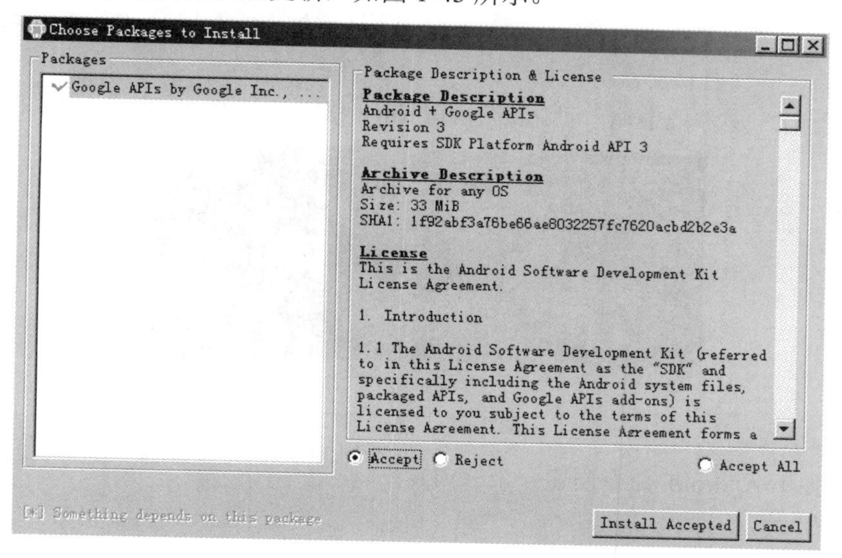

图 1-43　选择更新

1.5.3　Target 列表中没有 Target 选项

通常来说，当 Android 开发环境搭建完毕后，在 Eclipse 工具栏中依次单击 Window | Preferences 命令，单击左侧的 Android 项后会在 Preferences 中显示存在的 SDK Targets，如图 1-44 所示。

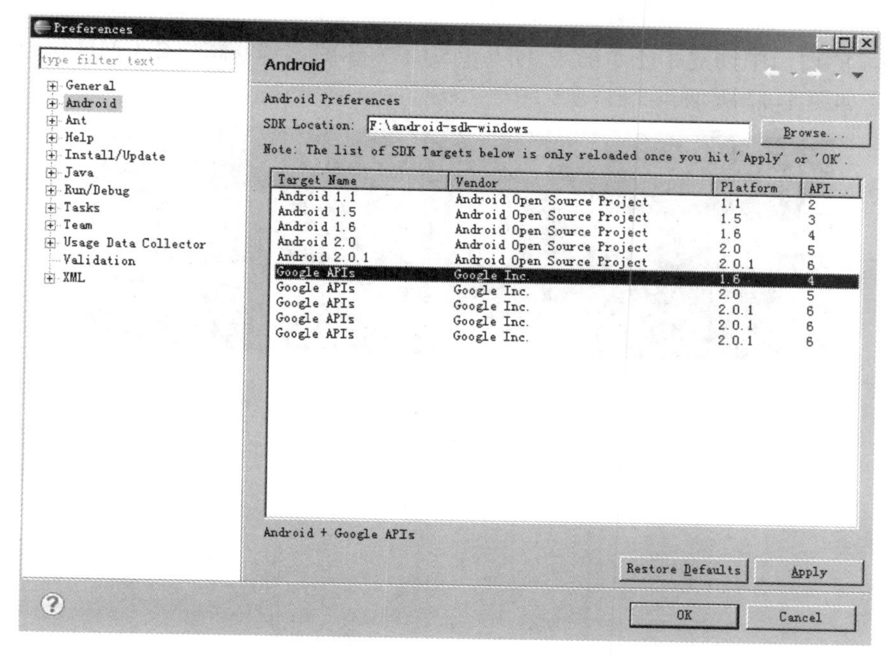

图 1-44　SDK Targets 列表

但是往往因为各种原因，会不显示 SDK Targets 列表，并且在图 1-44 中也不显示，并输出

"Failed to find an AVD compatible with target"错误提示。

造成上述问题的原因是没有创建 AVD 成功，此时需要手工安装来解决这个问题，当然前提是 Android 更新完毕。具体解决方法如下。

(1) 在"运行"文本框中输入"cmd"，按 Enter 键，打开 CMD 窗口，如图 1-45 所示。

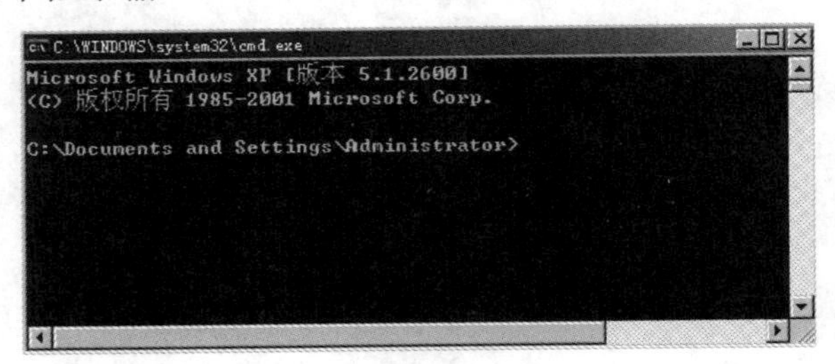

图 1-45 CMD 窗口

(2) 使用如下 Android 命令创建一个 AVD。

```
android create avd --name <your_avd_name> --target <targetID>
```

其中"your_avd_name"是需要创建的 AVD 的名字，CMD 窗口中的内容如图 1-46 所示。

```
C:\WINDOWS\system32\cmd.exe - android create avd --name aa --target 3
Microsoft Windows XP [版本 5.1.2600]
(C) 版权所有 1985-2001 Microsoft Corp.

C:\Documents and Settings\Administrator>android create avd --name aa --target 3
Android 1.6 is a basic Android platform.
Do you wish to create a custom hardware profile [no]
```

图 1-46 CMD 窗口

在图 1-46 的窗口中创建了一个名为 aa，target ID 为 3 的 AVD，然后在 CMD 窗口中输入"n"，即完成操作，如图 1-47 所示。

```
C:\WINDOWS\system32\cmd.exe
Microsoft Windows XP [版本 5.1.2600]
(C) 版权所有 1985-2001 Microsoft Corp.

C:\Documents and Settings\Administrator>android create avd --name aa --target 3
Android 1.6 is a basic Android platform.
Do you wish to create a custom hardware profile [no]n
Created AVD 'aa' based on Android 1.6, with the following hardware config:
hw.lcd.density=160

C:\Documents and Settings\Administrator>
```

图 1-47 CMD 窗口

第 2 章　Android 系统的结构

Android 系统涉及的功能比较多，在学习这些开发知识前，读者需要先了解和 Android 系统结构相关的一些知识。本章将简要讲解 Android 系统的结构的基础知识，为读者学习本书后面的高级知识打下基础。

2.1　Android 安装文件简介

当我们下载并安装 Android SDK 后，会在安装目录中看到一些安装文件。这些文件具体是干什么用的呢？在本节的内容中，将一一为读者解开谜题。

2.1.1　Android SDK 目录结构

安装 Android SDK 后的目录结构如图 2-1 所示。

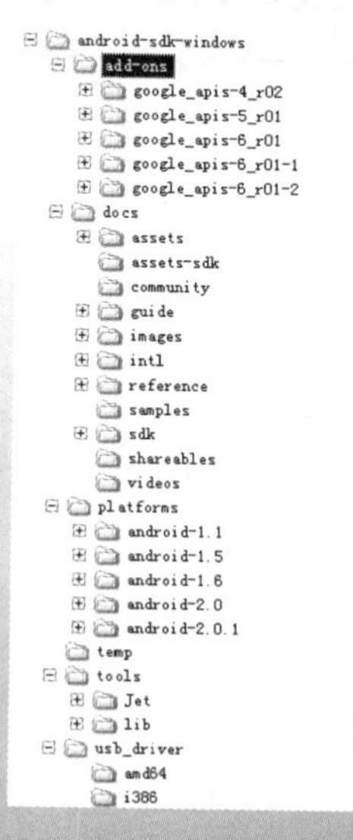

图 2-1　Android SDK 安装后的目录结构

- add-ons：里面包含了官方提供的 API 包，最主要的是 Map 的 API。
- docs：里面包含了文档，即帮助文档和说明文档。
- platforms：针对每个版本的 SDK 版本提供了和其对应的 API 包以及一些示例文件，其中包含了各个版本的 Android，如图 2-2 所示。

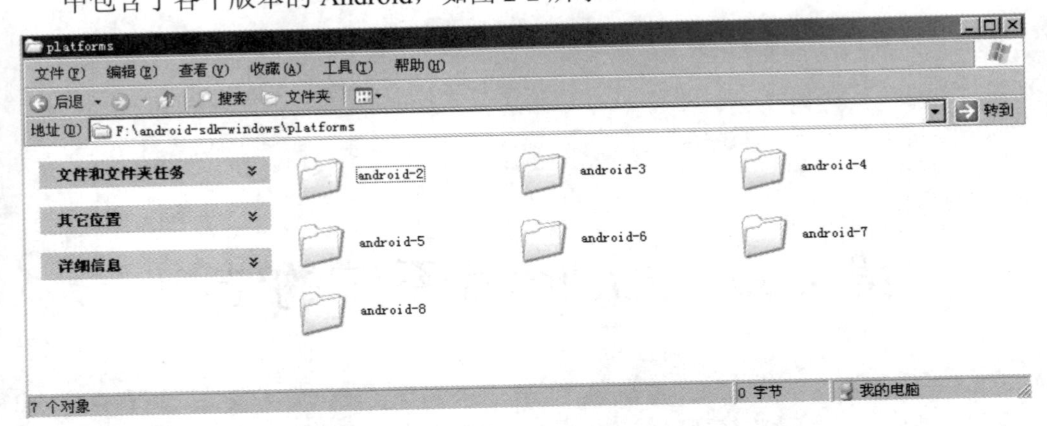

图 2-2　platforms 目录项

- temp：里面包含了一些常用的文件模板。
- tools：包含了一些通用的工具文件。
- usb_driver：包含了 AMD64 和 X86 下的驱动文件。
- SDK Setup.exe：Android 的启动文件。

2.1.2　android.jar 及内部结构

在 platforms 目录下的每个 Android 版本中，都有一个名为 android.jar 的文件。例如 platforms\android-8 中的内容如图 2-3 所示。

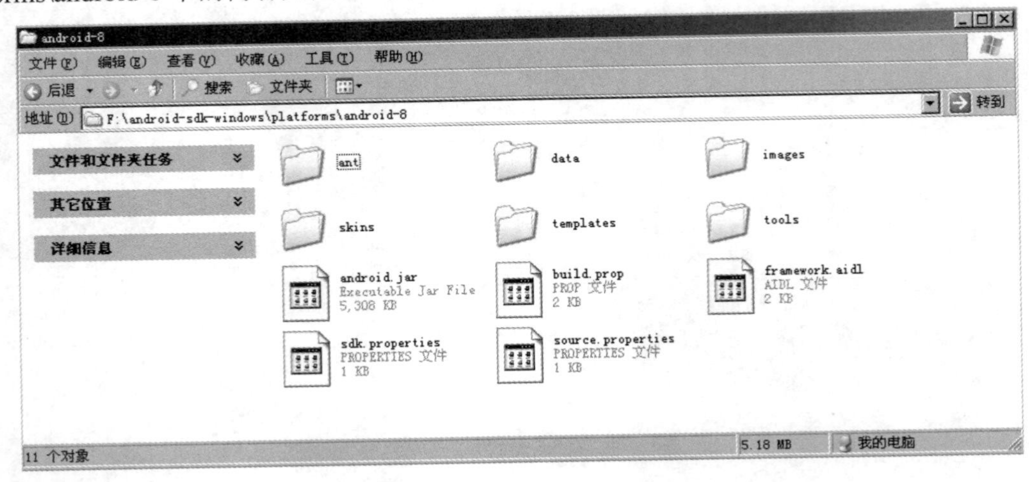

图 2-3　android.jar 文件所在目录

文件 android.jar 是一个标准的压缩包，里面包含了编译后的压缩文件和全部的 API。使用解压缩工具可以打开此压缩文件，解压后可以看到其内部结构分别如图 2-4 和图 2-5 所示。

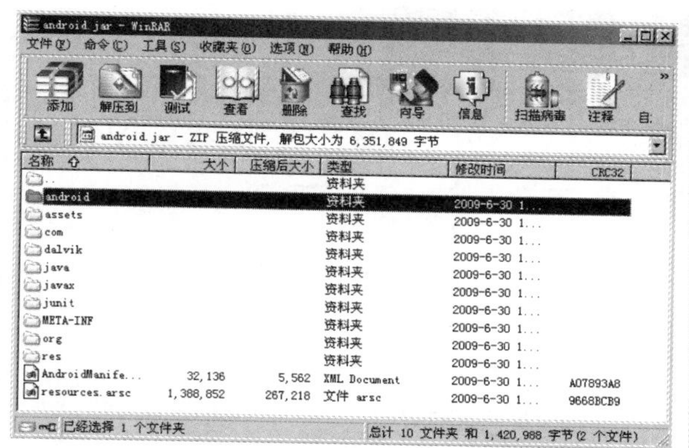

图 2-4　android.jar 文件结构

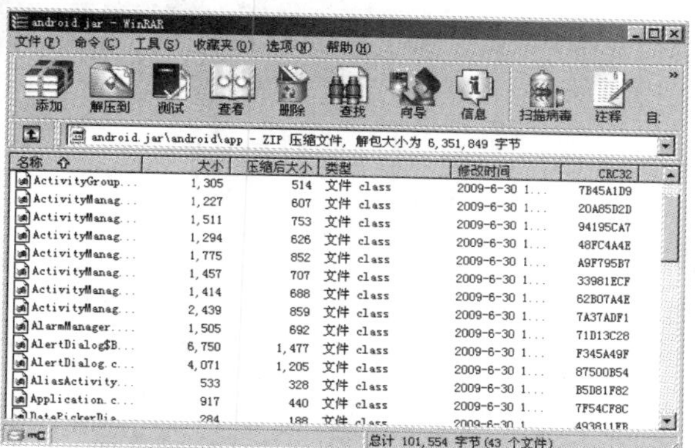

图 2-5　android.jar 文件结构

2.1.3　SDK 帮助文档

要想深入理解各个文件包内包含的 API 的具体用法，就必须学会阅读和查找 SDK 帮助文档。读者可以使用浏览器打开 docs 目录下的文件 index.html，如图 2-6 所示。

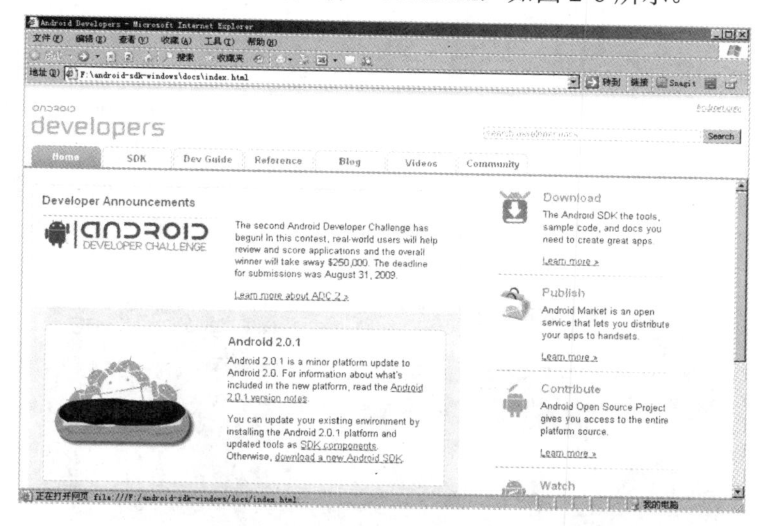

图 2-6　SDK 文档主页

在图 2-6 所示的主页中，介绍了 Android 基本概念和当前常用版本，在右侧和顶端的导航中列出了一些常用的链接。此 SDK 文件对于初学者来说十分重要，可以帮助读者解决很多常见的问题，是一个很好的学习文档和帮助文档。

单击导航中的 Dev Guide 按钮打开如图 2-7 所示的界面。

在图 2-7 所示的页面中，左侧是目录索引超链接，单击某个超链接后，可以在右侧界面中显示对应的说明信息。下面我们对各个索引目录超链接进行简单的介绍。

如果要想迅速地理解一个问题或知识点，可以在搜索对话框中对 SDK 进行检索。当然，很多热心的程序员和学者对 SDK 进行了翻译，网络上有了很多 SDK 中文版，感兴趣的读者可以从网络中获取。

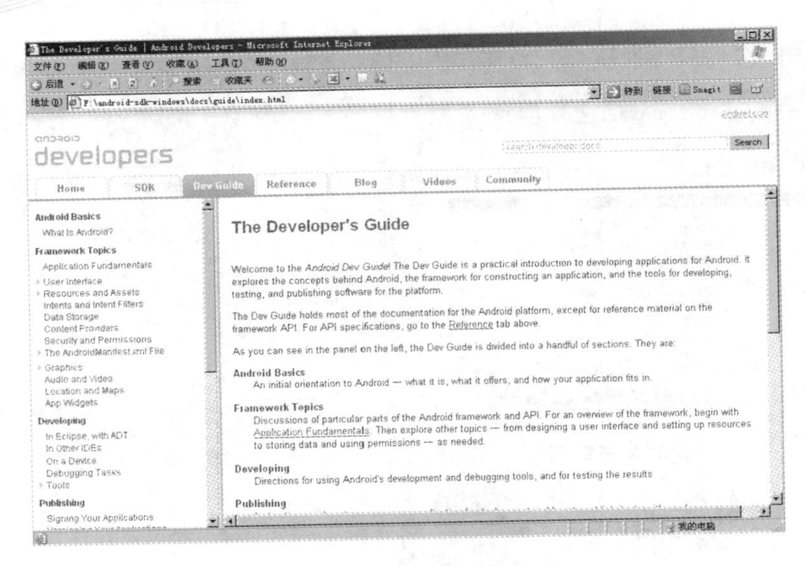

图 2-7　SDK 文档索引

2.1.4　解析 Android SDK 实例

在 Android SDK 的安装目录中有一个名为“samples”的子目录，在里面保存了几个比较具有代表性的演示实例，这些实例从不同的方面展示了 SDK 的特性及其强大的功能。例如在里面有一个名为“JetBoy”的项目，此项目是一款具备声音支持的游戏实例，模拟演示了如何在游戏中集成 SONiVOX 的 audioINSIDE 技术的过程，此技术是 SONiVOX 捐赠给手机联盟的。此实例可以完美地播放背景音乐和场景，实现子弹击碎飞来的障碍物等一系列的效果。执行后效果如图 2-8 所示。

图 2-8　JetBoy 演示

2.2　分析 Android 的系统架构

本节将详细地讲解 Android 应用程序的核心构成部分，为读者学习本书后面的网络应用开发打下基础。

2.2.1 Android 体系结构介绍

Android 作为一个移动设备的平台，其软件层次结构包括操作系统(OS)、中间件(MiddleWare)和应用程序(Application)。根据 Android 的软件框图，其软件层次结构自下而上分为以下 4 层。

(1) 操作系统层(OS)。

(2) 各种库(Libraries)和 Android 运行环境(RunTime)。

(3) 应用程序框架(Application Framework)。

(4) 应用程序(Application)。

上述各个层的具体结构如图 2-9 所示。

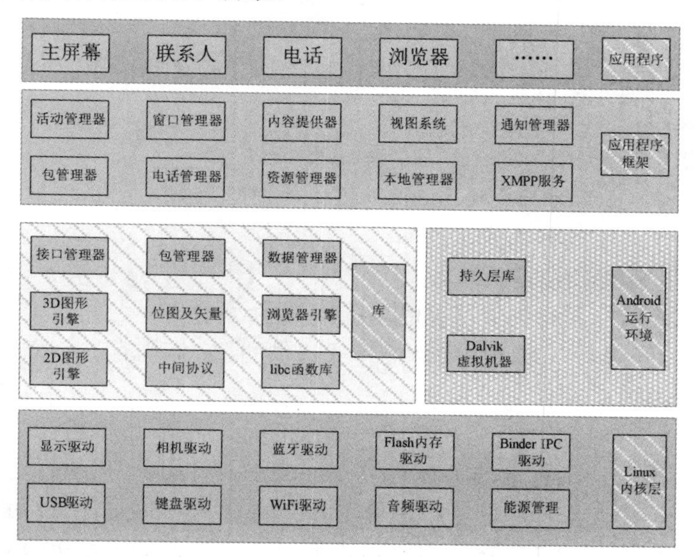

图 2-9 Android 操作系统的组件结构图

1. 操作系统层(OS)

Android 使用 Linux 2.6 作为操作系统，Linux 2.6 是一种标准的技术，也是一个开放的操作系统。Android 对操作系统的使用包括核心和驱动程序两部分，Android 的 Linux 核心为标准的 Linux 2.6 内核，Android 更多的是需要一些与移动设备相关的驱动程序。主要的驱动如下。

- 显示驱动(Display Driver)：常用基于 Linux 的帧缓冲(Frame Buffer)驱动。
- Flash 内存驱动(Flash Memory Driver)：是基于 MTD 的 Flash 驱动程序。
- 照相机驱动(Camera Driver)：常用基于 Linux 的 v4l(Video for Linux 的缩写)驱动。
- 音频驱动(Audio Driver)：常用基于 ALSA(Advanced Linux Sound Architecture，高级 Linux 声音体系)驱动。
- WiFi 驱动(Camera Driver)：基于 IEEE 802.11 标准的驱动程序。
- 键盘驱动(KeyBoard Driver)：作为输入设备的键盘驱动。
- 蓝牙驱动(Bluetooth Driver)：基于 IEEE 802.15.1 标准的无线传输技术。
- Binder IPC 驱动：Android 一个特殊的驱动程序，具有单独的设备节点，提供进程间通信的功能。

- Power Management(能源管理)：管理电池电量等信息。

2. 各种库(Libraries)和 Android 运行环境(RunTime)

本层次对应一般嵌入式系统，相当于中间件层次。Android 的本层次分成两个部分，一个是各种库，另一个是 Android 运行环境。本层的内容大多是使用 C 和 C++实现的。其中包含的各种库如下。

- C 库：C 语言的标准库，也是系统中一个最为底层的库，C 库是通过 Linux 的系统调用来实现。
- 多媒体框架(MediaFrameword)：这部分内容是 Android 多媒体的核心部分，基于 PacketVideo(PV)的 OpenCORE，从功能上本库一共分为两大部分，一个部分是音频、视频的回放(PlayBack)，另一部分则是音视频的纪录(Recorder)。
- SGL：2D 图像引擎。
- SSL：SSL(Secure Socket Layer)位于 TCP/IP 协议与各种应用层协议之间，为数据通信提供安全支持。
- OpenGL ES 1.0：提供了对 3D 的支持。
- 界面管理工具(Surface Management)：提供了对管理显示子系统等功能。
- SQLite：一个通用的嵌入式数据库。
- WebKit：网络浏览器的核心。
- FreeType：表示位图和矢量字体的功能。

Android 的各种库一般是以系统中间件的形式提供的，它们均有的一个显著特点就是与移动设备的平台的应用密切相关。

Android 运行环境主要是指的虚拟机技术——Dalvik。Dalvik 虚拟机和一般 Java 虚拟机(Java VM)不同，它执行的不是 Java 标准的字节码(Bytecode)而是 Dalvik 可执行格式(.dex)中的执行文件。在执行过程中，每一个应用程序即一个进程(Linux 的一个 Process)。二者最大的区别在于 Java VM 是以基于栈的虚拟机(Stack-based)，而 Dalvik 是基于寄存器的虚拟机(Register-based)。显然，后者最大的好处在于可以根据硬件实现更大的优化，这更适合移动设备的特点。

3. 应用程序(Application)

Android 的应用程序主要是用户界面(User Interface)方面的，通常用 Java 语言编写，其中还可以包含各种资源文件(放置在 res 目录中)。Java 程序及相关资源经过编译后，将生成一个 APK 包。Android 本身提供了主屏幕(Home)、联系人(Contact)、电话(Phone)、浏览器(Browers)等众多的核心应用。同时应用程序的开发者还可以使用应用程序框架层的 API 实现自己的程序。这也是 Android 开源的巨大潜力的体现。

4. 应用程序框架(Application Framework)

Android 的应用程序框架为应用程序层的开发者提供 APIs，它实际上是一个应用程序的框架。由于上层的应用程序是以 Java 构建的，因此本层次提供的首先包含了 UI 程序中所需要的各种控件，例如 Views(视图组件)，其中又包括了 List(列表)、Grid(栅格)、Text Box(文本框)、Button(按钮)等，甚至一个嵌入式的 Web 浏览器。

一个基本的 Android 应用程序可以利用应用程序框架中的以下五个部分。

- Activity(活动)

- ❑ Broadcast Intent Receiver(广播意图接收者)
- ❑ Service(服务)
- ❑ Content Provider(内容提供者)
- ❑ Intent and Intent Filter(意图和意图过滤器)

2.2.2　Android 工程文件结构

Android 的应用工程文件主要由以下部分组成。

- ❑ src 文件：项目源文件都保存在这个目录里面。
- ❑ R.java 文件：这个文件是 Eclipse 自动生成的，开发人员不需要去修改里边的内容。
- ❑ Android Library：这个是应用运行的 Android 库。
- ❑ assets 目录：里面主要放置多媒体等一些文件。
- ❑ res 目录：里面主要放置用到的资源文件。
- ❑ drawable 目录：主要放置用到的图片资源。
- ❑ layout 目录：主要放置用到的布局文件，这些布局文件都是 XML 文件。
- ❑ values 目录：主要放置字符串(strings.xml)、颜色(colors.xml)、数组(arrays.xml)。
- ❑ Androidmanifest.xml：相当于应用的配置文件。在这个文件里边，必须声明应用的名称，应用所用到的 Activity、Service，以及 receiver 等。

在 Eclipse 中，一个基本的 Android 项目的目录结构如图 2-10 所示。

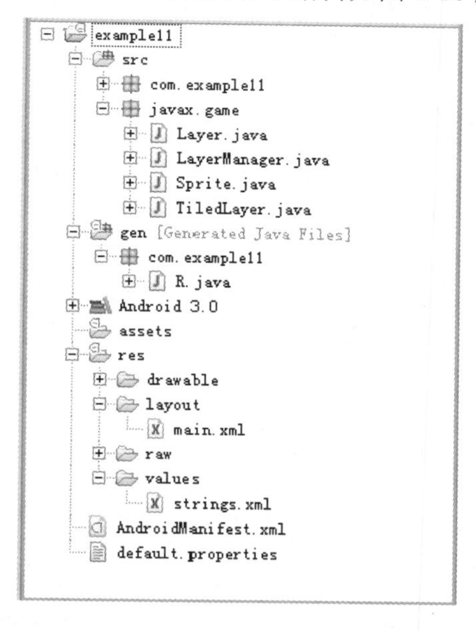

图 2-10　Android 项目的目录结构

1. src 目录

与一般的 Java 项目一样，“src”目录下保存的是项目的所有包及源文件(.java)，“res”目录下包含了项目中的所有资源。例如，程序图标(drawable)、布局文件(layout)和常量(values)等。不同的是，在 Java 项目中没有“gen”目录，也没有每个 Android 项目都必须有的 AndroidManfest.xml 文件。

“.java”格式文件是在建立项目时自动生成的，这个文件是只读模式，不能更改。R.java文件是定义该项目所有资源的索引文件。先来看看HelloAndroid项目的R.java文件，例如下面的代码：

```
package com.yarin.Android.HelloAndroid;
public final class R {
   public static final class attr {
   }
   public static final class drawable {
      public static final int icon=0x7f020000;
   }
   public static final class layout {
      public static final int main=0x7f030000;
   }
   public static final class string {
      public static final int app_name=0x7f040001;
      public static final int hello=0x7f040000;
   }
}
```

从上述代码中可以看到定义了很多常量，并且会发现这些常量的名字都与res文件夹中的文件名相同，这再次证明.java文件中所存储的是该项目所有资源的索引。有了这个文件，在程序中使用资源将变得更加方便，用户可以很快地找到要使用的资源。由于这个文件不能被手动编辑，所以当我们在项目中加入了新的资源时，只需刷新一下该项目，.java文件便会自动生成所有资源的索引。

2. 文件AndroidManfest.xml

在文件AndroidManfest.xml中包含了该项目中所使用的Activity、Service、Receiver，下面是HelloAndroid项目中的AndroidManfest.xml文件。

```
<?xml version="1.0" encoding="utf-8"?>
<manifest xmlns:android="http://schemas.android.com/apk/res/android"
     package="com.yarin.Android.HelloAndroid"
     android:versionCode="1"
     android:versionName="1.0">
   <application android:icon="@drawable/icon"
android:label="@string/app_name">
      <activity android:name=".HelloAndroid"
              android:label="@string/app_name">
         <intent-filter>
            <action android:name="android.intent.action.MAIN" />
            <category android:name="android.intent.category.LAUNCHER" />
         </intent-filter>
      </activity>
   </application>
   <uses-sdk android:minSdkVersion="5" />
</manifest>
```

在上述代码中，intent-filter描述了Activity启动的位置和时间。每当一个Activity(或者操作系统)要执行一个操作时，它将创建出一个Intent的对象，这个Intent对象能承载的信息可描述你想做什么，你想处理什么数据，数据的类型，以及一些其他信息。而 Android 则会和每个 Application 所暴露的 intent-filter 的数据进行比较，找到最合适 Activity 来处理调用者所指定的数据和操作。下面我们来仔细分析一下 AndroidManfest.xml 文件，如表 2-1 所示。

表 2-1　AndroidManfest.xml 分析

参　数	说　明
manifest	根节点，描述了 package 中所有的内容
xmlns:android	包含命名空间的声明。xmlns:android=http://schemas.android.com/apk/res/android，使得 Android 中各种标准属性能在文件中使用，提供了大部分元素中的数据
Package	声明应用程序包
application	包含 package 中 application 级别组件声明的根节点。此元素也可包含 application 的一些全局和默认的属性，如标签、icon、主题、必要的权限等。一个 manifest 能包含零个或一个此元素(不能大余一个)
android:icon	应用程序图标
android:label	应用程序名
Activity	用来与用户交互的主要工具。Activity 是用户打开一个应用程序的初始页面，大部分被使用到的其他页面也由不同的 activity 所实现，并声明在另外的 activity 标记中。注意，每一个 activity 必须有一个<activity>标记对应，无论它给外部使用或是只用于自己的 package 中。如果一个 activity 没有对应的标记，你将不能运行它。另外，为了支持运行时查找 Activity，可包含一个或多个<intent-filter>元素来描述 activity 所支持的操作
android:name	应用程序默认启动的 activity
intent-filter	声明了指定的一组组件支持的 Intent 值，从而形成了 Intent Filter。除了能在此元素下指定不同类型的值，属性也能放在这里来描述一个操作所需的唯一标签、icon 和其他信息
action	组件支持的 Intent action
category	组件支持的 Intent Category。这里指定了应用程序默认启动的 activity
uses-sdk	该应用程序所使用的 sdk 版本相关

3. 常量的定义文件

下面我们看看资源文件中一些常量的定义，如 String.xml，例如下面的代码：

```
<?xml version="1.0" encoding="utf-8"?>
<resources>
    <string name="hello">Hello World, HelloAndroid!</string>
    <string name="app_name">HelloAndroid</string>
</resources>
```

上述的代码非常简单，只定义了两个普通的字符串资源。

接下来我们来分析 HelloAndroid 项目的布局文件(layout)，首先打开文件 res\layout\main.xml，其代码如下。

```
<?xml version="1.0" encoding="utf-8"?>
```

```
<LinearLayout xmlns:android="http://schemas.android.com/apk/res/android"
  android:orientation="vertical"
    android:layout_width="fill_parent"
    android:layout_height="fill_parent"
    >
<TextView
    android:layout_width="fill_parent"
    android:layout_height="wrap_content"
    android:text="@string/hello"
    />
</LinearLayout>
```

在上述代码中，有以下几个布局和参数。

- <LinearLayout></LinearLayout>：线性版面配置，在这个标签中，所有元件都是按由上到下的顺序排列的。
- android:orientation：表示这个介质的版面配置方式是从上到下垂直地排列其内部的视图。
- android:layout_width：定义当前视图在屏幕上所占的宽度，fill_parent 即填充整个屏幕。
- android:layout_height：定义当前视图在屏幕上所占的高度，fill_parent 即填充整个屏幕。
- wrap_content：随着文字栏位的不同而改变这个视图的宽度或高度。

在上述布局代码中，使用了一个 TextView 来配置文本标签 Widget(构件)，其中设置的属性 android:layout_width 为整个屏幕的宽度，android:layout_height 可以根据文字来改变高度，而 android:text 则设置了这个 TextView 要显示的文字内容，这里引用了@string 中的 hello 字符串，即 String.xml 文件中的 hello 所代表的字符串资源。hello 字符串的内容"Hello World, Hello Android!"这就是我们在 Hello Android 项目运行时看到的字符串。

注意：上面介绍的文件只是主要文件，在项目中需要我们自行编写。在项目中还有很多其他的文件，因为那些文件很少需要我们特意编写，所以在此就不进行讲解了。

2.2.3 应用程序的生命周期

程序也如同自然界的生物一样，有自己的生命周期。应用程序的生命周期即程序的存活时间，也就是说在什么时间内有效。Android 是一构建在 Linux 上的开源移动开发平台，在 Android 中，多数情况下每个程序都是在各自独立的 Linux 进程中运行的。当一个程序或其某些部分被请求时，它的进程就“出生”了；当这个程序没有必要再运行下去且系统需要回收这个进程的内存用于其他程序时，这个进程就“死亡”了。可以看出，Android 程序的生命周期是由系统控制而非程序自身控制的。这和我们编写桌面应用程序时的思维有些不同，一个桌面应用程序的进程也是在其他进程或用户请求时被创建，但是往往是在程序自身收到关闭请求后执行一个特定的动作(比如从 main 函数中返回)而导致进程结束的。要想做好某种类型的程序或者某种平台下的程序开发，最关键的就是要弄清楚这种类型的程序或整个平台下的程序的一般工作模式并熟记在心。在 Android 中，程序的生命周期控制就是属于这个范畴。

开发人员必须理解不同的应用程序组件，尤其是 Activity、Service 和 Intent Receiver。了解这些组件是如何影响应用程序的生命周期的，这非常重要。如果不正确地使用这些组件，可能会导致系统终止正在执行重要任务的应用程序进程。

一个常见的进程生命周期漏洞的例子是 Intent Receiver(意图接收器)，当 Intent Receiver 在 onReceive 方法中接收到一个 Intent(意图)时，它会启动一个线程，然后返回。一旦返回，系统将认为 Intent Receiver 不再处于活动状态，因而 Intent Receiver 所在的进程也就不再有用了(除非该进程中还有其他的组件处于活动状态)。因此，系统可能会在任意时刻终止该进程以回收占有的内存。这样进程中创建出的那个线程也将被终止。解决这个问题的方法是从 Intent Receiver 中启动一个服务，让系统知道进程中还有处于活动状态的工作。为了使系统能够正确决定在内存不足时应该终止哪个进程，Android 根据每个进程中运行的组件及组件的状态把进程放入一个 Importance Hierarchy(重要性分级)中。进程的类型按重要程度排序包括以下几项。

1. 前台进程(Foreground)

前台进程与用户当前正在做的事情密切相关。不同的应用程序组件能够通过不同的方法将其宿主进程移到前台。在如下的任何一个条件下：进程正在屏幕的最前端运行一个与用户交互的活动(Activity)，它的 onResume 方法被调用；或进程有一正在运行的 Intent Receiver(它的 IntentReceiver.onReceive 方法正在执行)；或进程有一个服务(Service)，并且在服务的某个回调函数(Service.onCreate、Service.onStart 或 Service.onDestroy)内有正在执行的代码，系统将把进程移动到前台。

2. 可见进程(Visible)

可见进程有一个可以被用户从屏幕上看到的活动，但不在前台(它的 onPause 方法被调用)。例如，如果前台的活动是一个对话框，以前的活动就隐藏在对话框之后，就会现这种进程。可见进程非常重要，一般不允许被终止，除非是为了保证前台进程的运行而不得不终止它。

3. 服务进程(Service)

服务进程拥有一个已经用 startService 方法启动的服务。虽然用户无法直接看到这些进程，但它们做的事情却是用户所关心的(如后台 MP3 回放或后台网络数据的上传下载)。因此，系统将一直运行这些进程，除非内存不足以维持所有的前台进程和可见进程。

4. 后台进程(Background)

后台进程拥有一个当前用户看不到的活动(它的 onStop 方法被调用)。这些进程对用户体验没有直接的影响。如果它们正确执行了活动生命周期，系统可以在任意时刻终止该进程以回收内存，并提供给前面三种类型的进程使用。系统中通常有很多这样的进程在运行，因此要将这些进程保存在 LRU 列表中，以确保当内存不足时用户最近看到的进程最后一个被终止。

5. 空进程(Empty)

空进程是不拥有任何活动的应用程序组件的进程。保留这种进程的唯一原因是在下次应用程序的某个组件需要运行时，不需要重新创建进程，这样可以提高启动速度。

系统将以进程中当前处于活动状态组件的重要程度为基础对进程进行分类。进程的优先级可能也会根据该进程与其他进程的依赖关系而增长。例如，如果进程 A 通过在进程 B 中设置 Context.BIND_AUTO_CREATE 标记或使用 ContentProvider 被绑定到一个服务(Service)，那么进程 B 在分类时至少要被看成与进程 A 同等重要。例如 Activity 的状态转换图如图 2-11 所示。

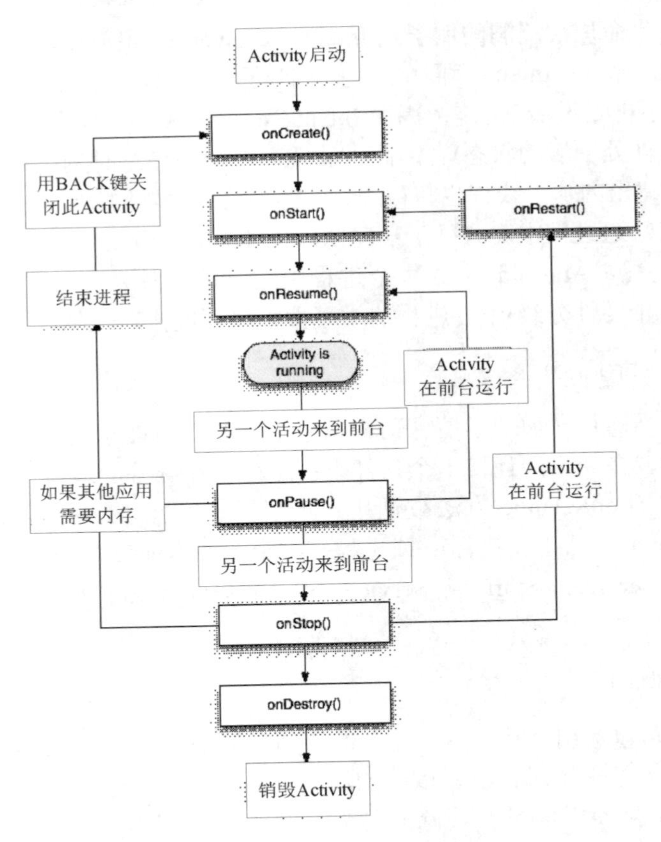

图 2-11　Activity 状态转换图

图 2-11 所示的状态变化是由 Android 内存管理器决定的，Android 会首先关闭那些包含 Inactive Activity 的应用程序，然后关闭 Stopped(已停止)状态的程序。在极端情况下，会移除 Paused(暂停)状态的程序。

2.3　简析 Android 内核

虽然本书的主要内容是讲解 Android 虚拟机的知识，但是为了让读者更加深入了解每一个网络领域的具体原理，需要讲一些底层和内核方面的知识作为补充和铺垫，所以很有必要为读者讲解一些 Android 内核源码和驱动开发方面的知识。

2.3.1　Android 继承于 Linux

Android 是在 Linux 2.6 的内核基础之上运行的，提供的核心系统服务包括安全、内存管理、进程管理、网络组和驱动模型等内容。Android 内核部分还相当于一个介于硬件层和系统中其他软件组之间的一个抽象层次。但是严格来说它不算是 Linux 操作系统。

因为 Android 内核是由标准的 Linux 内核修改而来的，所以继承了 Linux 内核的诸多优点，保留了 Linux 内核的主题架构。同时 Android 按照移动设备的需求，在文件系统、内存管理、进程间通信机制和电源管理方面进行了修改，添加了相关的驱动程序和必要的新功能。但是和其他精简的 Linux 系统相比，例如 uClinux，Android 在很大程度上保留了 Linux 的基本架构，因此 Android 的应用性和扩展性更强。

2.3.2　Android 内核和 Linux 内核的区别

Android 系统的系统层面的底层是 Linux，并且在中间加上了一个叫作 Dalvik 的 Java 虚拟机，这从表面层看是 Android 运行库。每个 Android 应用都运行在自己的进程上，享有 Dalvik 虚拟机为它分配的专有实例。为了支持多个虚拟机在同一个设备上高效运行，Dalvik 被改写过。

Dalvik 虚拟机执行的是 Dalvik 格式的可执行文件(.dex)——该格式经过优化，以将内存耗用降到最低。Java 编译器将 Java 源文件转为 class 文件，class 文件又被内置的 dx 工具转化为 dex 格式文件，这种文件在 Dalvik 虚拟机上注册并运行。

Android 系统的应用软件都是运行在 Dalvik 上的 Java 软件，而 Dalvik 是运行在 Linux 中的，在一些底层功能——比如线程和低内存管理方面，Dalvik 虚拟机是依赖 Linux 内核的。由此可见，Android 是运行在 Linux 上的操作系统，但是它本身不能算是 Linux 的某个版本。

Android 内核和 Linux 内核的差别主要体现在如下 11 个方面。

(1)　Android Binder

Android Binder 是基于 OpenBinder 框架的一个驱动，用于提供 Android 平台的进程间通信(IPC, inter-process communication)。原来的 Linux 系统上层应用的进程间通信主要是 D-bus(desktop bus)，采用消息总线的方式来进行 IPC。

其源代码位于 drivers/staging/android/binder.c。

(2)　Android 电源管理(PM)

Android 电源管理是一个基于标准 Linux 电源管理系统的轻量级 Android 电源管理驱动，针对嵌入式设备做了很多优化。利用锁和定时器来切换系统状态，控制设备在不同状态下的功耗，以达到节能的目的。

其源代码位于分别位于如下文件：

```
kernel/power/earlysuspend.c
kernel/power/consoleearlysuspend.c
kernel/power/fbearlysuspend.c
kernel/power/wakelock.c
kernel/power/userwakelock.c
```

(3)　低内存管理器(Low Memory Killer)

Android 中的低内存管理器和 Linux 标准的 OOM(Out Of Memory)相比，其机制更加灵活，可以根据需要杀死进程来释放需要的内存。Low memory killer 的代码非常简单，里面的关键是函数 Lowmem_shrinker()。作为一个模块在初始化时调用 register_shrinke 注册一个 Lowmem_shrinker，它会被 vm 在内存紧张的情况下调用。Lowmem_shrinker 完成具体操作。简单说就是寻找一个最合适的进程杀死，从而释放它占用的内存。

其源代码位于 drivers/staging/android/lowmemorykiller.c。

(4)　匿名共享内存(Ashmem)

匿名共享内存为进程间提供大块共享内存，同时为内核提供回收和管理这个内存的机制。如果一个程序尝试访问 Kernel 释放的一个共享内存块，它将会收到一个错误提示，然后重新分配内存并重载数据。

其源代码位于 mm/ashmem.c。

(5) Android PMEM(Physical)

PMEM 用于向用户空间提供连续的物理内存区域，DSP 和某些设备只能工作在连续的物理内存上。驱动中提供了 mmap、open、release 和 ioctl 等接口。

其源代码位于 drivers/misc/pmem.c。

(6) Android Logger

Android Logger 是一个轻量级的日志设备，用于抓取 Android 系统的各种日志，是 Linux 所没有的。

其源代码位于 drivers/staging/android/logger.c。

(7) Android Alarm

Android Alarm 提供了一个定时器用于把设备从睡眠状态唤醒，同时它也提供了一个即使在设备睡眠时也会运行的时钟基准。

其源代码位于如下文件：

```
drivers/rtc/alarm.c
drivers/rtc/alarm-dev.c
```

(8) USB Gadget 驱动

此驱动是一个基于标准 Linux USB gadget 驱动框架的设备驱动，Android 的 USB 驱动是基于 gadget 框架的。

其源代码位于如下文件：

```
drivers/usb/gadget/android.c
drivers/usb/gadget/f_adb.c
drivers/usb/gadget/f_mass_storage.c
```

(9) Android Ram Console

为了提供调试功能，Android 允许将调试日志信息写入一个被称为 RAM Console 的设备里，它是一个基于 RAM 的 Buffer。

其源代码位于 drivers/staging/android/ram_console.c。

(10) Android timed device

Android timed device 提供了对设备进行定时控制功能，目前仅仅支持 vibrator 和 LED 设备。

其源代码位于 drivers/staging/android/timed_output.c(timed_gpio.c)。

(11) Yaffs2 文件系统

在 Android 系统中，采用 Yaffs2 作为 MTD NAND Flash 文件系统。Yaffs2 是一个快速稳定的应用于 NAND 和 NOR Flash 的跨平台的嵌入式设备文件系统，同其他 Flash 文件系统相比，Yaffs2 使用更小的内存来保存其运行状态，因此它占用内存小；Yaffs2 的垃圾回收非常简单而且快速，因此能达到更好的性能；Yaffs2 在大容量的 NAND Flash 上性能表现尤为明显，非常适合大容量的 Flash 存储。

其源代码位于 fs/yaffs2/目录。

2.4　简析 Android 源码

源码分析是深入掌握 Android 网络应用知识的前提工作，本节将简单讲解分析 Android 源码的基本知识，为读者学习本书后面的知识打下基础。

2.4.1　获取并编译 Android 源码

在分析 Android 源码之前，需要先下载获取 Android 源码。读者可以登录 http://source.android.com/ 获取 Android 的源码，在网页 http://source.android.com/source/ downloading.html 中详细介绍了获取 Android 源码的方法，如图 2-12 所示。

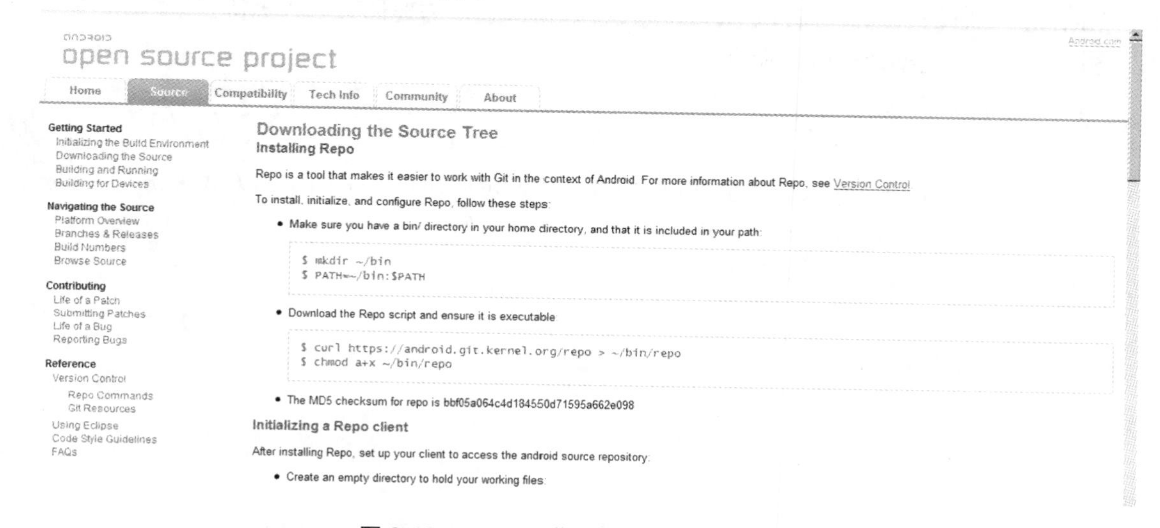

图 2-12　Linux 下获取 Android 源码的方法

在下载源码时，需要使用 repo 或 git 工具来实现。接下来将详细介绍使用工具获取 Android 源码的流程。

(1) 创建源代码下载目录，命令如下。

```
mkdir /work/android-froyo-r2
```

(2) 用 repo 工具初始化一个版本，假如是 Android 2.2r2，则命令如下。

```
cd /work/android-froyo-r2
repo init -u git://android.git.kernel.org/platform/manifest.git -b froyo
```

在初始化过程中会显示相关的版本的 TAG 信息，同时会提示输入用户名和邮箱地址，上面的命令初始化的是 android 2.2 froyo 的最新版本。

(3) 因为 Android 2.2(因为从 2.2 版本以后是主要针对平板应用的升级，所以在此以 2.2 版本进行探讨)有很多个版本，这些版本信息可以从 TAG 信息中看出来。当前 froyo 的所有版本信息如下。

```
* [new tag]         android-2.2.1_r1 -> android-2.2.1_r1
* [new tag]         android-2.2_r1 -> android-2.2_r1
```

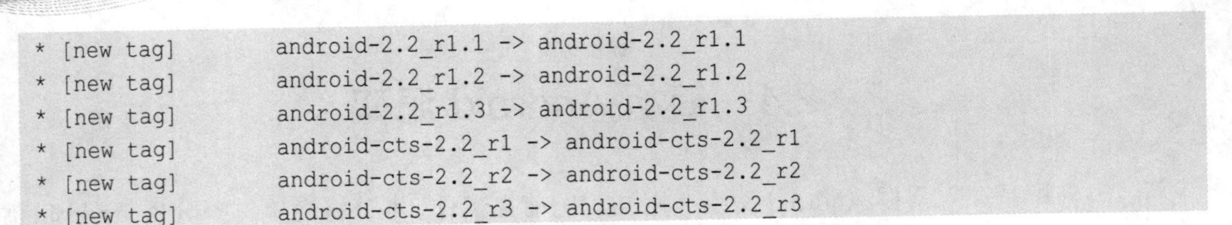

```
* [new tag]         android-2.2_r1.1 -> android-2.2_r1.1
* [new tag]         android-2.2_r1.2 -> android-2.2_r1.2
* [new tag]         android-2.2_r1.3 -> android-2.2_r1.3
* [new tag]         android-cts-2.2_r1 -> android-cts-2.2_r1
* [new tag]         android-cts-2.2_r2 -> android-cts-2.2_r2
* [new tag]         android-cts-2.2_r3 -> android-cts-2.2_r3
```

每次下载的都是最新的版本，当然也可以根据TAG信息下载某一特定的版本。例如下面的命令：

```
repo init -u git://android.git.kernel.org/platform/manifest.git -b android-cts-2.3_r1
```

(4) 开始下载源码，命令如下。

```
repo sync
```

froyo版本的代码很大，超过2G，下载过程非常漫长，需要读者耐心等待。

(5) 最后一步是编译代码，命令如下。

```
cd /work/android-froyo-r2
make
```

上述repo获取的方式获取源码的速度非常慢，我们可以通过网页浏览的方式来访问Android代码库，其浏览路径是http://android.git.kernel.org/，界面如图2-13所示。

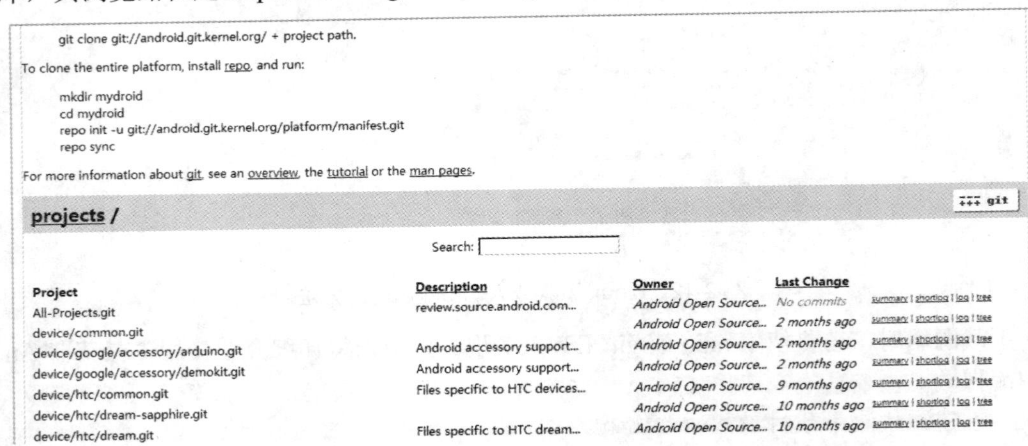

图2-13 页面浏览方式访问Android代码库

注意：因为上述获取Android源码的过程非常缓慢，所以一般建议不要使用repo来下载Android源码，建议直接登录http://www.androidin.com/bbs/pub/cupcake.tar.gz来下载，解压出来的“cupcake”中也有“.repo”文件夹，此时可以通过repo sync来更新cupcake代码。命令如下。

```
tar -xvf  cupcake.tar.gz
```

2.4.2 Android对Linux的改造

Android内核是基于Linux 2.6内核的，这是一个增强的内核版本，除了修改部分Bug外，还提供了用于支持Android平台的设备驱动。Android不但使用了Linux内核的基本功能，而且对 Linux 进行了改造，以实现更为强大的通信功能。

Android 中的 Linux 内核与驱动结构如图 2-14 所示。

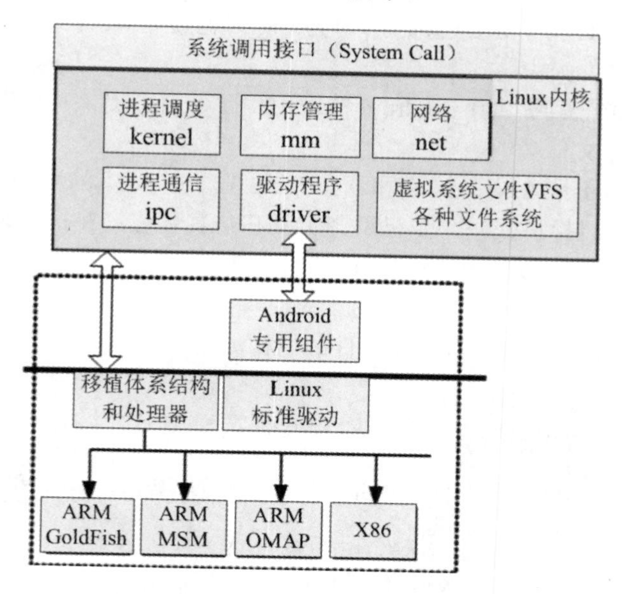

图 2-14　Android 中的 Linux 内核与驱动结构

2.4.3　为 Android 构建 Linux 的操作系统

如果我们以一个原始的 Linux 操作系统为基础，改造成为一个适合于 Android 的系统，所做的工作其实非常简单——仅仅是增加适用于 Android 的驱动程序。在 Android 中有很多 Linux 系统的驱动程序，将这些驱动程序移植到新系统的步骤非常简单，具体来说有以下三个步骤。

(1)　编写新的源代码。

(2)　在 KConfig 配置文件中增加新内容。

(3)　在 Makefile 中增加新内容。

在 Android 系统中，通常会使用 FrameBuffer 驱动、Event 驱动、Flash MTD 驱动、WiFi 驱动、蓝牙驱动和串口等驱动程序。并且还需要音频、视频、传感器等驱动和 sysfs 接口。移植的过程就是移植上述驱动的过程，我们的工作是在 Linux 下开发适用于 Android 的驱动程序，并移植到 Android 系统。

在 Android 中添加扩展驱动程序的基本步骤如下。

(1)　在 Linux 内核中移植硬件驱动程序，实现系统调用接口。

(2)　把硬件驱动程序的调用在 HAL 中封装成 Stub。

(3)　为上层应用的服务实现本地库，由 Dalv 让虚拟机调用本地库来完成上层 Java 代码的实现。

(4)　最后编写 Android 应用程序，提供 Android 应用服务和用户操作界面。

2.4.4　分析 Android 源码结构

可以将 Android 源码的全部工程分为如下三个部分。

- ❑ Core Project：核心工程部分，这是建立Android系统的基础，被保存在根目录的各个文件夹中。
- ❑ External Project：扩展工程部分，可以使其他开源项目具有扩展功能，被保存在“external”文件夹中。
- ❑ Package：包部分，提供了Android的应用程序、内容提供者、输入法和服务，被保存在“package”文件夹中。

无论是Android 1.5还是Android 2.2和Android 2.3，各个版本的源码目录基本类似。在里面包含了原始Android的目标机代码、主机编译工具和仿真环境。在接下来的内容中，将简单介绍Android源码的目录结构，并注释了常用目录的含义。

(1) 第一级目录

解压缩代码包后，第一级别的目录和文件的结构如下。

```
|- Makefile          (全局的Makefile)
|- bionic            (Bionic含义为仿生，这里面是一些基础的库的源代码)
|- bootloader        (引导加载器)
|- build             (build目录中的内容不是目标所用的代码，而是编译和配置所需要的脚本和工具)
|- dalvik            (JAVA虚拟机)
|- development       (程序开发所需要的模板和工具)
|- external          (目标机器使用的一些库)
|- frameworks        (应用程序的框架层)
|- hardware          (与硬件相关的库)
|- kernel            (Linux2.6的源代码)
|- packages          (Android的各种应用程序)
|- prebuilt          (Android在各种平台下编译的预置脚本)
|- recovery          (与目标的恢复功能相关)
`- system            (Android的底层的一些库)
```

- ❑ Makefile：是整个Android编译所需要的真正的Makefile，它被顶层目录的Makefile引用。
- ❑ Makefile目录下的envsetup.sh：是一个在使用仿真器运行的时候，用于设置环境的脚本。
- ❑ dalvik目录：提供Android Java应用程序运行的基础——JAVA虚拟机。

(2) development目录

展开development目录后，里面的同一个级别的目录结构如下。

```
development
|- apps                  (Android应用程序的模板)
|- build                 (编译脚本模板)
|- cmds
|- data
|- docs
|- emulator              (仿真相关)
|- host                  (包含windows平台的一些工具)
|- ide
|- pdk
|- samples               (一些示例程序)
|- simulator             (大多是目标机器的一些工具)
`- tools
```

- ❑ 目录“emulator”：里面的“qemud”是使用 QEMU 仿真时目标机器运行的后台程序，“skins”是仿真时的手机界面。
- ❑ 目录“samples”：在里面包含了很多 Android 简单工程，这些工程为开发人员学习开发 Android 程序提供了很大的便利，可以作为模板使用。

(3)　external 目录

展开 external 目录后，里面的同一个级别的目录结构如下。

```
external/
|- aes
|- apache-http
|- bluez
|- clearsilver
|- dbus
|- dhcpcd
|- dropbear
|- elfcopy
|- elfutils
|- emma
|- esd
|- expat
|- fdlibm
|- freetype
|- gdata
|- giflib
|- googleclient
|- icu4c
|- iptables
|- jdiff
|- jhead
|- jpeg
|- libffi
|- libpcap
|- libpng
|- libxml2
|- netcat
|- netperf
|- neven
|- opencore
|- openssl
|- oprofile
|- ping
|- ppp
|- protobuf
|- qemu
|- safe-iop
|- skia
|- sonivox
|- sqlite
|- srec
|- strace
|- tagsoup
```

```
|- tcpdump
|- tinyxml
|- tremor
|- webkit
|- wpa_supplicant
|- yaffs2
`- zlib
```

在上述external目录中，每个目录都表示Android目标系统中的一个模块，这些模块可能由一个或者多个库构成。其中常用目录的具体说明如下。

- opencore：是Android多媒体框架的核心。
- webkit：是Android网络浏览器的核心。
- sqlite：是Android数据库系统的核心。
- openssl：是Secure Socket Layer，表示一个网络协议层，用于为数据通信提供安全支持。

(4) frameworks目录

展开frameworks目录后，里面的同一个级别的目录如下。

```
frameworks/
|- base
|- opt
`- policies
```

- frameworks：是Android应用程序的框架。
- hardware：是一些与硬件相关的库。
- kernel：是Linux 2.6的源代码。

(5) packages目录

展开packages目录后，发现里面包含了两个目录，其中目录"apps"中保存了Android中的各种应用程序，目录"providers"中保存的是一些内容提供者的信息，即在Android中的一个数据源。packages目录展开后的具体结构如下。

```
packages/
|- apps
|   |- AlarmClock
|   |- Browser
|   |- Calculator
|   |- Calendar
|   |- Camera
|   |- Contacts
|   |- Email
|   |- GoogleSearch
|   |- HTMLViewer
|   |- IM
|   |- Launcher
|   |- Mms
|   |- Music
|   |- PackageInstaller
|   |- Phone
|   |- Settings
|   |- SoundRecorder
```

```
|    |- Stk
|    |- Sync
|    |- Updater
|    `- VoiceDialer
`- providers
    |- CalendarProvider
    |- ContactsProvider
    |- DownloadProvider
    |- DrmProvider
    |- GoogleContactsProvider
    |- GoogleSubscribedFeedsProvider
    |- ImProvider
    |- MediaProvider
    `- TelephonyProvider
```

目录“packages”中两个目录的内容大多数都是使用 Java 编写的程序，各个文件夹的层次结构是类似的。

(6)　prebuilt 目录

展开 prebuilt 目录后的同级别目录结构如下。

```
prebuilt/
|- Android.mk
|- android-arm
|- common
|- darwin-x86
|- linux-x86
`- windows
```

(7)　system 目录

展开 system 目录后，两个级别的目录结构如下。

```
system/
|- bluetooth
|    |- bluedroid
|    `- brfpatch
|- core
|    |- Android.mk
|    |- README
|    |- adb
|    |- cpio
|    |- debuggerd
|    |- fastboot
|    |- include                    (各个库接口的头文件)
|    |- init
|    |- libctest
|    |- libcutils
|    |- liblog
|    |- libmincrypt
|    |- libnetutils
|    |- libpixelflinger
|    |- libzipfile
|    |- logcat
|    |- logwrapper
```

```
|   |- mkbootimg
|   |- mountd
|   |- netcfg
|   |- rootdir
|   |- sh
|   `- toolbox
|- extras
|   |- Android.mk
|   |- latencytop
|   |- libpagemap
|   |- librank
|   |- procmem
|   |- procrank
|   |- showmap
|   |- showslab
|   |- sound
|   |- su
|   |- tests
|   `- timeinfo
`- wlan
    `- ti
```

2.4.5 编译 Android 源码

编译 Android 源码的方法非常简单，只需要使用 Android 源码主目录下的 Makefile 文件并执行 make 命令即可实现。在编译 Android 源码前，需要先确定已经完成同步工作。进入 Android 源码目录后使用 make 命令进行编译，下面是使用此命令的格式。

```
make
```

编译 Android 源码可以得到"~/project/android /cupcake/out"目录，编译过程会有点慢，需要耐心等待。

虽然编译方法非常简单，但是作为初学者来说很容易出错，其中常见的编译错误有如下几种。

1) 缺少必要的软件

进入 Android 目录，使用 make 命令编译，可能会出现如下错误提示。

```
host C: libneo_cgi <= external/clearsilver/cgi/cgi.c
external/clearsilver/cgi/cgi.c:22:18: error: zlib.h: No such file or directory
```

上述错误是因为缺少 zlib1g-dev，需要使用 apt-get 命令从软件仓库中安装 zliblg-dev，具体命令如下。

```
sudo apt-get install zlib1g-dev
```

同理，我们必须安装下面的软件，否则也会出现上述类似的错误。

```
sudo apt-get install flex
sudo apt-get install bison
sudo apt-get install gperf
sudo apt-get install libsdl-dev
sudo apt-get install libesd0-dev
```

```
sudo apt-get install libncurses5-dev
sudo apt-get install libx11-dev
```

2)　没有安装 Java 环境 JDK

当安装所有上述软件后，运行 make 命令再次编译 Android 源码。如果在之前忘记安装 Java 环境 JDK，则此时会出现很多 Java 文件无法编译的错误，如果打开 Android 的源码，可以看到在如下目录中下发现有很多 Java 源文件。

```
android/dalvik/libcore/dom/src/test/java/org/w3c/domts
```

这充分说明在编译 Android 之前必须先安装 Java 环境 JDK，安装流程如下。

(1)　从 Oracle 官方网站下载 jdk-6u16-linux-i586.bin 文件，然后安装。

在 Ubuntu 8.04 中，“/etc/profile”文件是全局的环境变量配置文件，适用于所有的 shell。在登录 Linux 系统时应该先启动“/etc/profile”文件，然后再启动用户目录下的“~/.bash_profile”、“~/.bash_login”或“~/.profile”文件中的其中一个，执行的顺序和上面的排序一样。如果“~/.bash_profile”文件存在的话，则还会执行“~/.bashrc”文件。在此只需要把 JDK 的目录放到“/etc/profile”目录下即可。

```
JAVA_HOME=/usr/local/src/jdk1.6.0_16
PATH=$PATH:$JAVA_HOME/bin:/usr/local/src/android-sdk-linux_x86-1.1_r1/tools:~/bin
```

(2)　重新启动机器，输入 java –version 命令，输出下面的信息则表示配置成功。

```
ava version "1.6.0_16"
Java(TM) SE Runtime Environment (build 1.6.0_16-b01)
Java HotSpot(TM) Client VM (build 13.2-b01, mixed mode, sharing)
```

当成功编译 Android 源码后，在终端会输出如下提示。

```
Target system fs image: out/target/product/generic/obj/PACKAGING/systemimage_unopt_
intermediates/system.img
Install system fs image: out/target/product/generic/system.img
Target ram disk: out/target/product/generic/ramdisk.img
Target userdata fs image: out/target/product/generic/userdata.img
Installed file list: out/target/product/generic/installed-files.txt
root@dfsun2009-desktop:/bin/android#
```

2.4.6　运行 Android 源码

当编译完整个项目后，需要在系统中安装模拟器后才能观看编译后的运行效果，当前最新模拟器的下载地址为 http://developer.android.com/sdk/index.html，如图 2-15 所示。

解压后需要把目录/usr/local/src/android-sdk-linux_x86-1.1_r12/tools 加入到系统环境变量/etc/profile 中。然后找到编译后 Android 的目录文件 out，此时会发现在 android/out/host/linux-x86/bin 目录下多了很多应用程序，这些应用程序就是 Android 得以运行的基础，所以我们需要把这个目录也添加到系统 PATH 下，并在$HOME/.profile 文件中加入如下内容。

```
PATH="$PATH:$HOME/android/out/host/linux-x86/bin"
```

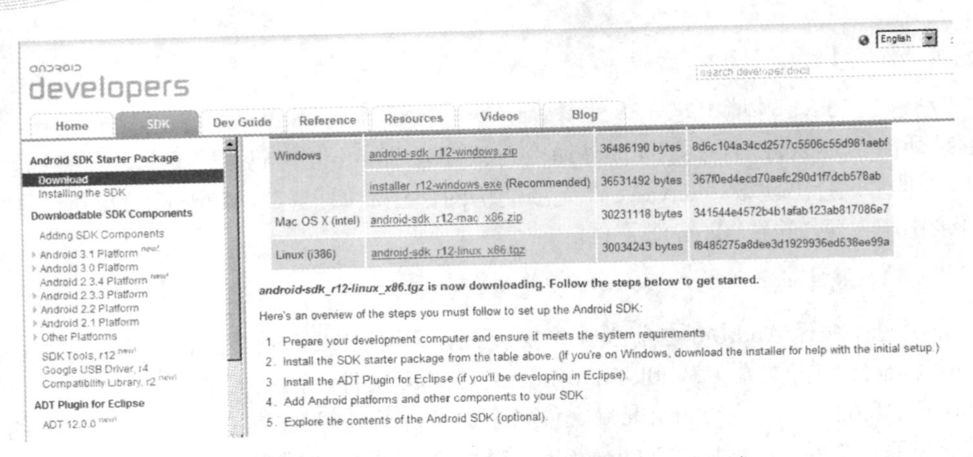

图 2-15　最新 SDK 的下载页面

接下来需要把 Android 的镜像文件加载到 emulator 中，使 emulator 可以看到 Android 运行的实际效果，然后在“$HOME/.profile”文件中加入如下内容。

```
ANDROID_PRODUCT_OUT=$HOME/android/out/target/product/generic
export ANDROID_PRODUCT_OUT
```

然后重新启动机器，此时就可以进入到模拟器目录中并启动模拟器。

```
cd $HOME/android/out/target/product/generic
emulator -image system.img -data userdata.img -ramdisk ramdisk.img
```

上述流程是在 Linux 下运行 Android 程序的方法，和本书第一章介绍的在 Windows 下搭建 Android 开发环境，并运行 Android 程序的方法完全不同。

2.5　实践演练——演示两种编译 Android 程序的方法

Android 编译环境本身比较复杂，并且不像普通的编译环境那样只有顶层目录下才有 Makefile 文件，而其他的每个 component 都使用统一标准的 Android.mk 文件。不过这并不是我们熟悉的 Makefile，而是经过 Android 自身编译系统的很多处理。所以说要真正理清楚其中的联系还比较复杂，不过这种方式的好处在于，编写一个新的 Android.mk 给 Android 增加一个新的 Component 会变得比较简单。为了使读者更加深入地理解在 Linux 环境下编译 Android 程序的方法，在接下来的内容中，将分别演示两种编译 Android 程序的方法。

2.5.1　编译 Native C 的 helloworld 模块

编译 Java 程序可以直接采用 Eclipse 的集成环境来完成，实现方法非常简单，在此就不再重复了。接下来主要针对 C/C++来说明，将通过一个例子来说明如何在 Android 中增加一个 C 程序的 Hello World。

(1) 在 $(YOUR_ANDROID)/development 目录下创建一个名为“hello”的目录，并用 $(YOUR_ANDROID)指向 Android 源代码所在的目录。

```
- # mkdir $(YOUR_ANDROID)/development/hello
```

(2) 在目录$(YOUR_ANDROID)/development/hello/下编写一个名为“hello.c”的 C 语言文件，文件 hello.c 的代码如下。

```
#include <stdio.h>
int main()
{
   printf("Hello World!\n");//输出 Hello World
return 0;
}
```

(3) 在目录$(YOUR_ANDROID)/development/hello/下编写 Android.mk 文件。这是 Android Makefile 的标准命名，不能更改。文件 Android.mk 的格式和内容可以参考其他已有的 Android.mk 文件的写法，针对 helloworld 程序的 Android.mk 文件内容如下。

```
LOCAL_PATH:= $(call my-dir)
include $(CLEAR_VARS)
LOCAL_SRC_FILES:= \
   hello.c
LOCAL_MODULE := helloworld
include $(BUILD_EXECUTABLE)
```

- LOCAL_SRC_FILES：用来指定源文件用；
- LOCAL_MODULE：指定要编译的模块的名字，在下一步骤编译时将会用到；
- include $(BUILD_EXECUTABLE)：表示要编译成一个可执行文件，如果想编译成动态库则可用 BUILD_SHARED_LIBRARY，这些具体用法可以在$(YOUR_ANDROID)/build/core/config.mk 中查到。

(4) 回到 Android 源代码顶层目录进行编译。

```
# cd $(YOUR_ANDROID) && make helloworld
```

在此需要注意，make helloworld 中的目标名 helloworld 就是上面 Android.mk 文件中由 LOCAL_MODULE 指定的模块名。最终的编译结果如下。

```
target thumb C: helloworld <= development/hello/hello.c
target Executable: helloworld (out/target/product/generic/obj/EXECUTABLES/helloworld_intermediates
/LINKED/helloworld)
target Non-prelinked: helloworld (out/target/product/generic/symbols/system/bin/helloworld)
target Strip: helloworld (out/target/product/generic/obj/EXECUTABLES/helloworld_intermediates
/helloworld)
Install: out/target/product/generic/system/bin/helloworld
```

(5) 如果和上述编译结果相同，则编译后的可执行文件存放在如下目录：

```
out/target/product/generic/system/bin/helloworld
```

这样通过 adb push 将它传送到模拟器上，再通过 adb shell 登录到模拟器终端后就可以执行了。

2.5.2 手工编译 C 模块

在前面讲解了通过标准的 Android.mk 文件来编译 C 模块的具体流程，其实我们可以直接运用gcc命令行来编译C程序，这样可以更好地了解Android编译环境的细节。具体流程如下。

(1) 在Android编译环境中，提供了showcommands选项来显示编译命令行，我们可以通过打开这个选项来查看一些编译时的细节。

(2) 在具体操作之前需要使用如下命令把前面中的helloworld模块清除。

```
# make clean-helloworld
```

上面的“make clean-$(LOCAL_MODULE)”命令是Android编译环境提供的make clean方式。

(3) 使用showcommands选项重新编译helloworld，具体命令如下。

```
# make helloworld showcommands
build/core/product_config.mk:229: WARNING: adding test OTA key
target thumb C: helloworld <= development/hello/hello.c
prebuilt/linux-x86/toolchain/arm-eabi-3.2.1/bin/arm-eabi-gcc
 -I system/core/include
-I hardware/libhardware/include
-I hardware/ril/include
-I dalvik/libnativehelper/include
-I frameworks/base/include
-I external/skia/include
-I out/target/product/generic/obj/include
-I bionic/libc/arch-arm/include
-I bionic/libc/include
-I bionic/libstdc++/include
-I bionic/libc/kernel/common
-I bionic/libc/kernel/arch-arm
-I bionic/libm/include
-I bionic/libm/include/arch/arm
-I bionic/libthread_db/include
-I development/hello
-I out/target/product/generic/obj/EXECUTABLES/helloworld_intermediates
-c    -fno-exceptions  -Wno-multichar  -march=armv5te  -mtune=xscale  -msoft-float  -fpic
-mthumb-interwork
-ffunction-sections -funwind-tables -fstack-protector
-D__ARM_ARCH_5__ -D__ARM_ARCH_5T__
-D__ARM_ARCH_5E__ -D__ARM_ARCH_5TE__ -include system/core/include/arch/linux-arm/AndroidConfig.h
-DANDROID -fmessage-length=0 -W -Wall -Wno-unused -DSK_RELEASE -DNDEBUG -O2 -g -Wstrict-
aliasing=2-finline-functions -fno-inline-functions-called-once -fgcse-after-reload -frerun
-cse-after-loop -frename- registers -DNDEBUG -UDEBUG -mthumb -Os -fomit-frame-pointer
-fno-strict-aliasing -finline-limit=64
-MD -o
 out/target/product/generic/obj/EXECUTABLES/helloworld_intermediates/hello.o
development/hello/hello.c

target  Executable:  helloworld  (out/target/product/generic/obj/EXECUTABLES/helloworld_
intermediates
/LINKED/helloworld)
prebuilt/linux-x86/toolchain/arm-eabi-3.2.1/bin/arm-eabi-g++ -nostdlib -Bdynamic
-Wl,-T,build/core/armelf.x
-Wl,-dynamic-linker,/system/bin/linker
```

```
-Wl,--gc-sections
-Wl,-z,nocopyreloc
-o   out/target/product/generic/obj/EXECUTABLES/helloworld_intermediates/LINKED/helloworld
-Lout/target/product/generic/obj/lib
-Wl,-rpath-link=out/target/product/generic/obj/lib -lc -lstdc++
-lm out/target/product/generic/obj/lib/crtbegin_dynamic.oout/target/product/generic obj/
EXECUTABLES/helloworld_intermediates/hello.o
-Wl,--no-undefined
prebuilt/linux-x86/toolchain/arm-eabi-3.2.1/bin/../lib/gcc/arm-eabi/3.2.1/interwork/libgc
c.a out/target/product/generic/obj/lib/crtend_android.o
target Non-prelinked: helloworld (out/target/product/generic/symbols/system/bin/helloworld)
out/host/linux-x86/bin/acp -fpt out/target/product/generic/obj/EXECUTABLES/helloworld_
intermediates/LINKED/helloworld out/target/product/generic/symbols/system/bin/helloworld
target Strip: helloworld (out/target/product/generic/obj/EXECUTABLES/helloworld_intermediates/
helloworld)
out/host/linux-x86/bin/soslim   --strip   --shady   --quiet   out/target/product/generic/
symbols/system/bin/helloworld                                                    --outfile
out/target/product/generic/obj/EXECUTABLES/helloworld_intermediates/helloworld

Install: out/target/product/generic/system/bin/helloworld

out/host/linux-x86/bin/acp   -fpt   out/target/product/generic/obj/EXECUTABLES/helloworld_
intermediates/helloworld out/target/product/generic/system/bin/helloworld
```

从上述命令行可以看到，Android 编译环境所用的交叉编译工具链如下：

prebuilt/linux-x86/toolchain/arm-eabi-3.2.1/bin/arm-eabi-gcc

其中参数“-I”和“-L”分别指定了所用的 C 库头文件和动态库文件路径分别是“bionic/libc/include”和“out/target/product/generic/obj/lib”，其他还包括很多编译选项以及-D所定义的预编译宏。

(4) 此时就可以利用上面的编译命令来手工编译 helloworld 程序，首先手工删除上次编译得到的 helloworld 程序。

```
# rm out/target/product/generic/obj/EXECUTABLES/helloworld_intermediates/hello.o
# rm out/target/product/generic/system/bin/helloworld
```

然后再用 gcc 编译以生成目标文件。

```
#prebuilt/linux-x86/toolchain/arm-eabi-3.2.1/bin/arm-eabi-gcc -I bionic/libc/arch-arm/
include -I bionic/libc/include -I bionic/libc/kernel/common
-I bionic/libc/kernel/arch-arm
-c  -fno-exceptions -Wno-multichar -march=armv5te -mtune=xscale -msoft-float -fpic -mthumb-
interwork
-ffunction-sections -funwind-tables -fstack-protector
-D__ARM_ARCH_5__ -D__ARM_ARCH_5T__ -D__ARM_ARCH_5E__
-D__ARM_ARCH_5TE__
-include system/core/include/arch/linux-arm/AndroidConfig.h -DANDROID -fmessage-length=0 -W
-Wall  -Wno-unused  -DSK_RELEASE  -DNDEBUG  -O2  -g  -Wstrict-aliasing=2  -finline-functions
-fno-inline-functions-called-once  -fgcse-after-reload  -frerun-cse-after-loop  -frename-
registers -DNDEBUG -UDEBUG -mthumb -Os -fomit-frame-pointer -fno-strict-aliasing -finline-
limit=64
-MD -o out/target/product/generic/obj/EXECUTABLES/helloworld_intermediates/hello.o
development/hello/hello.c
```

如果此时与Android.mk编译参数进行比较，会发现上面主要减少了不必要的参数“-I”。

(5) 接下来开始生成可执行文件。

```
#prebuilt/linux-x86/toolchain/arm-eabi-3.2.1/bin/arm-eabi-gcc -nostdlib -Bdynamic
-Wl,-T,build/core/armelf.x
-Wl,-dynamic-linker,/system/bin/linker
-Wl,--gc-sections
-Wl,-z,nocopyreloc -o
out/target/product/generic/obj/EXECUTABLES/helloworld_intermediates/LINKED/helloworld
-Lout/target/product/generic/obj/lib
-Wl,-rpath-link=out/target/product/generic/obj/lib
-lc -lm  out/target/product/generic/obj/EXECUTABLES/helloworld_intermediates/hello.o
 out/target/product/generic/obj/lib/crtbegin_dynamic.o
-Wl,--no-undefined  ./prebuilt/linux-x86/toolchain/arm-eabi-3.2.1/bin/../lib/gcc/arm-eabi/
3.2.1/interwork/libgcc.a out/target/product/generic/obj/lib/crtend_android.o
```

在此需要特别注意的是参数“-Wl,-dynamic-linker,/system/bin/linker”，它指定了Android专用的动态链接器是“/system/bin/linker”，而不是平常使用的ld.so。

(6) 最后可以使用命令file和readelf来查看生成的可执行程序。

```
# file out/target/product/generic/obj/EXECUTABLES/helloworld_intermediates/ LINKED/helloworld
out/target/product/generic/obj/EXECUTABLES/helloworld_intermediates/LINKED/helloworld: ELF
32-bit
LSB executable, ARM, version 1 (SYSV), dynamically linked (uses shared libs), not stripped
#  readelf -d out
/target/product/generic/obj/EXECUTABLES/ helloworld_intermediates/LINKED/helloworld |grep NEEDED
0x00000001 (NEEDED) Shared library: [libc.so]
0x00000001 (NEEDED) Shared library: [libm.so]
```

这就是ARM格式的动态链接可执行文件，在运行时需要libc.so和libm.so。当提示“not stripped”时表示它还没被STRIP(剥离)。嵌入式系统中为节省空间通常将编译完成的可执行文件或动态库进行剥离，即去掉其中多余的符号表信息。在前面“make helloworld showcommands”命令的最后我们也可以看到，Android编译环境中使用了“out/host/linux-x86/bin/soslim”工具进行STRIP。

第 3 章　虚拟机概述

虚拟机(Virtual Machine)是指通过软件模拟的具有完整硬件系统功能的、运行在一个完全隔离的环境中的完整计算机系统。本章将简要讲解虚拟机技术的基本知识，为读者步入本书后面的学习打下基础。

3.1　虚拟机的作用

通过虚拟机软件，可以在一台物理计算机上模拟出一台或多台虚拟的计算机，这些虚拟机就像真正的计算机那样进行工作，例如可以安装操作系统、安装应用程序、访问网络资源等。对于我们而言，它只是运行在我们物理计算机上的一个应用程序，但是对于在虚拟机中运行的应用程序而言，它就是一台真正计算机。因此当在虚拟机中进行软件评测时，系统一样可能会崩溃；但是崩溃的只是虚拟机上的操作系统，而不是物理计算机上的操作系统，并且，使用虚拟机的“Undo”(恢复)功能，可以马上恢复虚拟机到安装软件之前的状态。

在现实应用中，对于一般计算机用户来说，使用虚拟机最常见的情形是安装双系统。例如在 Windows 平台上安装一个虚拟机，然后在这个虚拟机中安装 Linux 操作系统或 iOS 系统，这样就实现了双系统功能。

3.2　Java 虚拟机

本书之所以特意讲解 Java 虚拟机的知识，是因为 Android 虚拟机和 Java 虚拟机密切相关，两者只是稍有差别而已。通过对 Java 虚拟机的介绍，能够帮助读者在脑海中形成一个鲜明的横向对比。

3.2.1　理解 Java 虚拟机

JVM(Java 虚拟机)是 Java Virtual Machine 的缩写，它是一个虚构出来的计算机，是通过在实际的计算机上仿真模拟各种计算机功能来实现的。Java 虚拟机有自己完善的硬件架构，如处理器、堆栈、寄存器等，还具有相应的指令系统。JVM 虚拟机的运作结构如图 3-1 所示。

从图 3-1 中可以看到，JVM 是运行在操作系统之上的，它与硬件没有直接的交互。我们再来看下 JVM 有哪些组成部分，如图 3-2 所示。

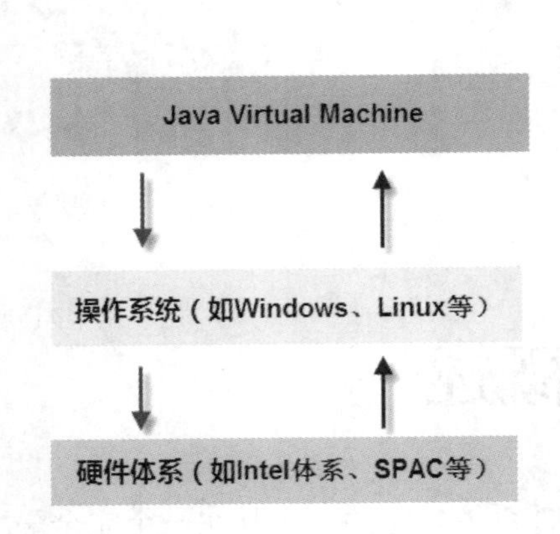

图 3-1　JVM 虚拟机的运作结构

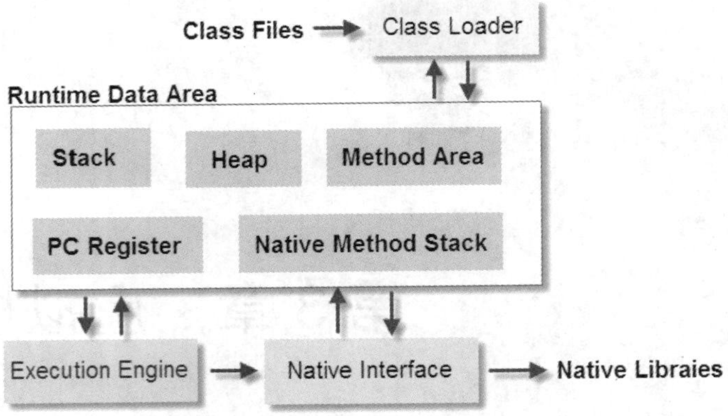

图 3-2　JVM 构成图

1. 为什么要使用 Java 虚拟机

Java 语言的一个非常重要的特点就是与平台的无关性，而使用 Java 虚拟机是实现这一特点的关键。一般的高级语言如果要在不同的平台上运行，至少需要编译成不同的目标代码。而引入 Java 语言虚拟机后，Java 语言在不同平台上运行时不需要重新编译。Java 语言使用模式 Java 虚拟机屏蔽了与具体平台相关的信息，使得 Java 语言编译程序只需生成在 Java 虚拟机上运行的目标代码(字节码)，就可以在多种平台上不加修改地运行。Java 虚拟机在执行字节码时，把字节码解释成具体平台上的机器指令执行。

2. 谁需要了解 Java 虚拟机

Java 虚拟机是 Java 语言底层实现的基础，对 Java 语言感兴趣的读者来说，很有必要对 Java 虚拟机有一个大概的了解。因为这不但有助于读者理解 Java 语言的一些性质，而且也有助于使用 Java 语言。对于要在特定平台上实现 Java 虚拟机的软件人员，Java 语言的编译器作者以及要用硬件芯片实现 Java 虚拟机的人来说，则必须深刻理解 Java 虚拟机的规范。另外，如果你想扩展 Java 语言，或是把其他语言编译成 Java 语言的字节码，你也需要深入地了解 Java 虚拟机。

3.2.2　Java 虚拟机的数据类型

Java 虚拟机可以支持下面的 Java 语言的基本数据类型。

- byte：1 字节有符号整数的补码。
- short：2 字节有符号整数的补码。
- int：4 字节有符号整数的补码。
- long：8 字节有符号整数的补码。
- float：4 字节 IEEE754 单精度浮点数。
- double：8 字节 IEEE754 双精度浮点数。
- char：2 字节无符号 Unicode 字符。

- object：对一个 Java Object(对象)的 4 字节引用。
- returnAddress：4 字节，用于 jsr/ret/jsr-w/ret-w 指令。

几乎所有的 Java 类型检查都是在编译时完成的，上述列出的原始数据类型数据在 Java 程序执行时不需要用硬件标记。操作这些原始数据类型数据的字节码(指令)本身就已经指出了操作数的数据类型，例如 iadd、ladd、fadd 和 dadd 指令都是把两个数相加，其操作数类型是 int、long、float 和 double。虚拟机没有给 boolean(布尔)类型设置单独的指令。boolean 型的数据是由 integer 指令，包括 integer 返回来处理的。boolean 型的数组则是用 byte 数组来处理的。虚拟机使用 IEEE754 格式的浮点数。不支持 IEEE 格式的较旧的计算机，在运行 Java 数值计算程序时，可能会非常慢。

虚拟机的规范对于 object 内部的结构没有任何特殊的要求。在 Oracle 公司的实现中，对 object 的引用是一个句柄，其中包含一对指针：一个指针指向该 object 的方法表，另一个指向该 object 的数据。用 Java 虚拟机的字节码表示的程序应该遵守类型规定。Java 虚拟机的实现应拒绝执行违反了类型规定的字节码程序。Java 虚拟机由于字节码定义的限制似乎只能运行于 32 位地址空间的机器上。但是可以创建一个 Java 虚拟机，它自动地把字节码转换成 64 位的形式。从 Java 虚拟机支持的数据类型可以看出，Java 对数据类型的内部格式进行了严格规定，这样使得各种 Java 虚拟机的实现对数据的解释是相同的，从而保证了 Java 的与平台无关性和可移植性。

3.2.3　Java 虚拟机的体系结构

Java 虚拟机由如下五个部分组成。

- 一组指令集。
- 一组寄存器。
- 一个栈。
- 一个无用单元收集堆(Garbage-collected-heap)。
- 一个方法区域。

这五部分是 Java 虚拟机的逻辑成分，不依赖任何实现技术或组织方式，但它们的功能必须在真实机器上以某种方式实现。在接下来的内容中，将简要介绍上述组成部分的基本知识，更加详细的知识读者可以参阅本书后面的内容。

1. Java 指令集

Java 虚拟机支持大约 248 个字节码，每个字节码执行一种基本的 CPU 运算，例如把一个整数加到寄存器、子程序转移等。Java 指令集相当于 Java 程序的汇编语言。

Java 指令集中的指令包含一个单字节的操作符，用于指定要执行的操作，还有 0 个或多个操作数，提供操作所需的参数或数据。许多指令没有操作数，仅由一个单字节的操作符构成。

虚拟机的内层循环的执行过程如下。

```
do{
取一个操作符字节;
根据操作符的值执行一个动作;
}while(程序未结束)
```

因为指令系统的简单性，所以使得虚拟机执行的过程十分简单，这样有利于提高执行的效率。指令中操作数的数量和大小是由操作符决定的。如果操作数比一个字节大，那么它存储的

顺序是高位字节优先。假如一个 16 位的参数存放时占用两个字节，其值为

```
第一个字节*256+第二个字节
```

字节码指令流一般只是字节对齐的，但是指令 tabltch 和 lookup 例外，在这两条指令内部要求强制的 4 字节边界对齐。

2. 寄存器

Java 虚拟机的寄存器用于保存机器的运行状态，与微处理器中的某些专用寄存器类似，所有寄存器都是 32 位的。在 Java 虚拟机中有如下 4 种寄存器。

- pc：Java 程序计数器。
- optop：指向操作数栈顶端的指针。
- frame：指向当前执行方法的执行环境的指针。
- vars：指向当前执行方法的局部变量区第一个变量的指针。

Java 虚拟机是栈式的，它不定义或使用寄存器来传递或接受参数，其目的是为了保证指令集的简洁性和实现时的高效性，特别是对于寄存器数目不多的处理器。

3. 栈

Java 虚拟机中的栈有三个区域，分别是局部变量区、运行环境区、操作数区。

1) 局部变量区

每个 Java 方法使用一个固定大小的局部变量集，它们按照与 Vars 寄存器的字偏移量来寻址。局部变量都是 32 位的。长整数和双精度浮点数占据了两个局部变量的空间，却按照第一个局部变量的索引来寻址。(例如，一个具有索引 n 的局部变量，如果是一个双精度浮点数，那么它实际占据了索引 n 和 n+1 所代表的存储空间。)虚拟机规范并不要求在局部变量中的 64 位的值是 64 位对齐的。虚拟机提供了把局部变量中的值装载到操作数栈的指令，也提供了把操作数栈中的值写入局部变量的指令。

2) 运行环境区

在运行环境中包含的信息可以实现动态链接、正常的方法返回与异常和错误传播。

(1) 动态链接。

运行环境包括对指向当前类和当前方法的解释器符号表的指针，用于支持方法代码的动态链接。方法的 class 文件代码在引用要调用的方法和要访问的变量时使用符号。动态链接把符号形式的方法调用翻译成实际方法调用，装载必要的类以解释还没有定义的符号，并把变量访问翻译成与这些变量运行时的存储结构相应的偏移地址。动态链接方法和变量使得方法中使用的其他类的变化不会影响到本程序的代码。

(2) 正常的方法返回。

如果当前方法正常地结束了，在执行了一条具有正确类型的返回指令时，调用的方法会得到一个返回值。执行环境在正常返回的情况下用于恢复调用者的寄存器，并把调用者的程序计数器增加一个恰当的数值，以跳过已执行过的方法调用指令，然后在调用者的执行环境中继续执行下去。

(3) 异常和错误传播。

异常情况在 Java 中被称作 Error(错误)或 Exception(异常)，是 Throwable 类的子类，在程序中的原因有如下两点：

① 动态链接错，如无法找到所需的 class 文件。

② 运行时出错，如对一个空指针的引用程序使用了 throw 语句。当发生异常时，Java 虚拟机采取如下措施解决。

- 检查与当前方法相联系的 catch 子句表。每个 catch 子句包含其有效指令范围，能够处理异常类型，以及处理异常的代码块地址。
- 与异常相匹配的 catch 子句应该符合下面的条件：造成异常的指令在其指令范围内，发生的异常类型是其能处理的异常类型的子类型。如果找到了匹配的 catch 子句，那么系统将转移到指定的异常处理块处执行。如果没有找到异常处理块，则重复寻找匹配的 catch 子句的过程，直到当前方法的所有嵌套的 catch 子句都被检查过。
- 由于虚拟机从第一个匹配的 catch 子句处继续执行，所以 catch 子句表中的顺序是很重要的。因为 Java 代码是结构化的，因此总可以把某个方法中所有的异常处理器都按序排列到一个表中，对任意可能的程序计数器的值，都可以用线性的顺序找到合适的异常处理块，以处理在该程序计数器值下发生的异常情况。
- 如果找不到匹配的 catch 子句，那么当前方法得到一个“未截获异常”的结果并返回到当前方法的调用者，好像异常刚刚在其调用者中发生一样。如果在调用者中仍然没有找到相应的异常处理块，那么这种错误传播将被继续下去。如果错误被传播到最顶层，那么系统将调用一个缺省的异常处理块。

3) 操作数栈区

机器指令只从操作数栈中取操作数，对它们进行操作，并把结果返回到栈中。选择栈结构的原因是：在只有少量寄存器或非通用寄存器的机器(如 Intel 486)上，也能够高效地模拟虚拟机的行为。操作数栈是 32 位的，用于给方法传递参数，并从方法接收结果，也用于支持操作的参数，并保存操作的结果。例如，iadd 指令将两个整数相加。相加的两个整数应该是操作数栈顶的两个字。这两个字是由先前的指令压进堆栈的。这两个整数将从堆栈弹出、相加，并把结果压回到操作数栈中。

每个原始数据类型都有专门的指令对它们进行必需的操作。每个操作数在栈中需要一个存储位置，除了 long 和 double 型，它们需要两个位置。操作数只能被适用于其类型的操作符所操作。例如压入两个 int 类型的数，如果把它们当作是一个 long 类型的数则是非法的。在 Sun 的虚拟机实现中，这个限制由字节码验证器强制实行。但是有少数操作(操作符 dupe 和 swap)，用于对运行时数据区进行操作时是不考虑类型的。

4. 无用单元收集堆

Java 的堆是一个运行时数据区，类的实例(对象)从中分配空间。Java 语言具有无用单元收集能力，即它不给程序员显式释放对象的能力。Java 不规定具体使用的无用单元收集算法，可以根据系统的需求使用各种各样的算法。

5. 方法区

方法区与传统语言中的编译后代码或是 Unix 进程中的正文段类似。它保存方法代码(编译后的 java 代码)和符号表。在当前的 Java 实现中，方法代码不包括在无用单元收集堆中，但 Oracle 公司计划在将来的版本中实现。每个类文件包含了一个 Java 类或一个 Java 界面的编译后的代码。可以说类文件就是 Java 语言的执行代码文件。为了保证类文件的平台无关性，Java 虚拟机规范中对类文件的格式也作了详细的说明。其具体细节请参考Sun公司的Java虚拟机规范。

在Java虚拟机规范中，一个虚拟机实例的行为是分别按照子系统、内存区、数据类型以及指令这几个术语来描述的。这些组成部分一起展示了抽象的虚拟机的内部抽象体系结构。但是规范中对它们的定义并非要强制规定Java虚拟机实现内部的体系结构，更多的是为了严格地定义这些实现的外部特征。规范本身通过定义这些抽象的组成部分以及它们之间的交互，来定义任何Java虚拟机实现都必须遵守的行为。

如图3-3所示是Java虚拟机的结构框图，包括在Java虚拟机规范中描述的主要子系统和内存区。前一章我们曾提到，每个Java虚拟机都有一个类装载器子系统，会根据给定的全限定名类装入类型(类或接口)，同样，每个Java虚拟机都有一个执行引擎，它负责执行那些包含在被装载类的方法中的指令。

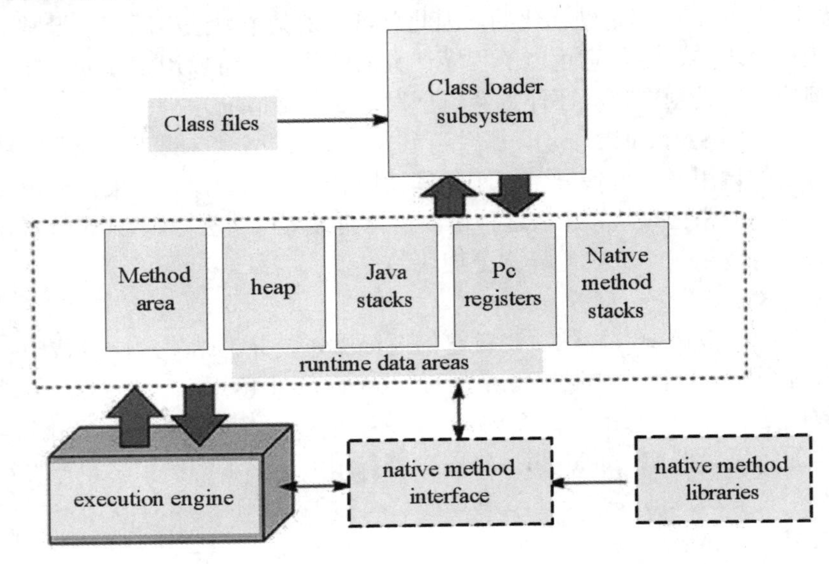

图3-3　Java虚拟机的结构框图

当Java虚拟机运行一个程序时，它需要使用内存来存储许多东西，例如下面所示的元素。

- 字节码。
- 从已装载的class文件中得到的其他信息。
- 程序创建的对象。
- 传递给方法的参数。
- 返回值。
- 局部变量。
- 运算的中间结果。

Java虚拟机会把上述元素都组织到几个"运行时数据区"中，目的是便于管理。尽管这些"运行时数据区"都会以某种形式存在于每一个Java虚拟机实现中，但是Java虚拟机规范对它们的描述却是相当抽象的。这些运行时数据区结构上的细节，大多数都由具体实现的设计者决定。

不同的虚拟机实现可能具有不同的内存限制，有的实现可能有大量的内存可用，有的可能只有很少；有的实现可以利用虚拟内存，有的则不能。规范本身对"运行时数据区"只有抽象的描述，这就使得 Java 虚拟机可以很容易地在各种计算机和设备上实现。

某些运行时数据区是由程序汇总所有线程共享的，有些则只有由一个线程拥有。每个 Java 虚拟机实例都有一个方法区以及一个堆，它们是由该虚拟机实例中所有线程共享的。当虚拟机装载一个 class 文件时，它会从这个 class 文件所包含的二进制数据中解析类型信息。然后，它把这些类型信息放到方法区中。当程序运行时，虚拟机会把所有该程序在运行时创建的对象都放到堆中。如图 3-4 所示是对这些内存区域的描绘。

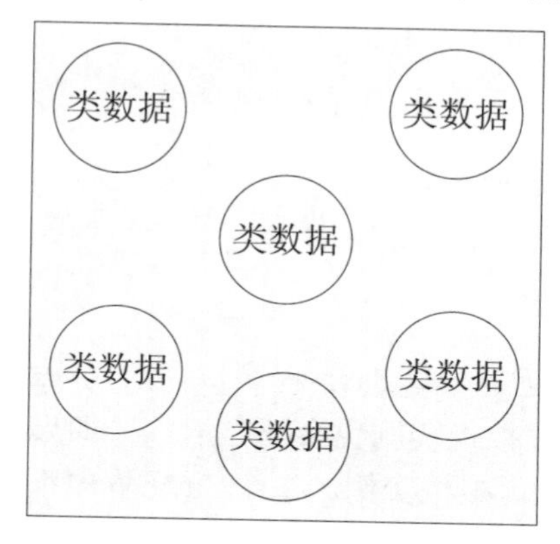

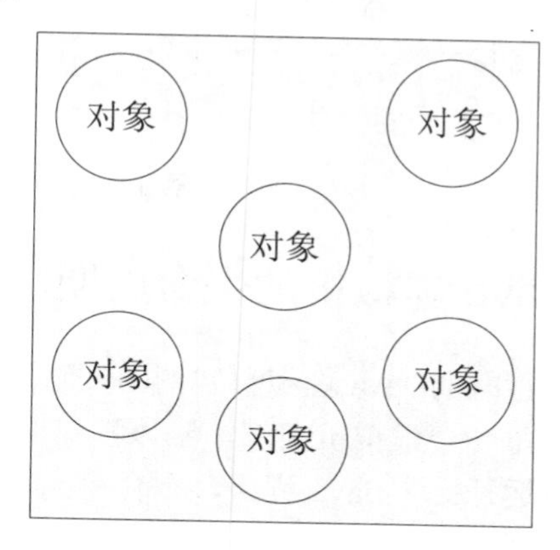

图 3-4　由所有线程共享的运行时数据区

当每一个新线程被创建时，它都将得到自己的 PC 寄存器(程序计数器)以及一个 Java 栈：如果线程正在执行的是一个 Java 方法(非本地方法)，那么 PC 寄存器的值将总是指示下一条将被执行的指令，而其 Java 栈则总是存储该线程中 Java 方法调用的状态——包括它的局部变量，被调用时传进来的参数，它的返回值，以及运算的中间结果等。而本地方法调用的状态，则是以某种依赖于具体实现的方式存储在本地方法栈中的，也可能是在寄存器或者其他某些与特定实现相关的内存区中。

Java 栈是由许多栈帧(stackframe)或者说帧(frame)组成的，一个栈帧包含一个 Java 方法调用的状态。当线程调用一个 Java 方法时，虚拟机压入一个新的栈帧到该线程的 Java 栈中：当该方法返回时，这个栈帧被从 Java 栈中弹出并抛弃。

Java 虚拟机没有寄存器，其指令集使用 Java 栈来存储中间数据。这样设计的原因是为了保持 Java 虚拟机的指令集尽量紧凑，同时也便于 Java 虚拟机在那些只有很少通用寄存器的平台上实现，另外 Java 虚拟机的这种基于栈的体系结构，也有助于运行时某些虚拟机实现的动态编译器和即时编译器的代码优化。

如图 3-5 所示描绘了 Java 虚拟机为每一个线程创建的内存区，这些内存区域是私有的，任何线程都不能访问另一个线程的 PC 寄存器或者 Java 栈。

图 3-5 展示了一个虚拟机实例的快照，它有三个线程正在执行。线程 1 和线程 2 都正在执行 Java 方法，而线程 3 则正在执行一个本地方法。在图 3-5 中，和本书其他内容一样，Java 栈都是向下生长的，而栈顶都显示在图的底部，当前正在执行的方法的栈帧则以浅色表示，对于一个正在运行 Java 方法的线程而言，它的 PC 寄存器总是指向下一条将被执行的指令。在图 3-5 中，像这样的 PC 寄存器(比如线程 1 和线程 2 的)都是以浅色显示的。由于线程 3 当前正在执行一个本地方法，因此，其 PC 寄存器(以深色显示的那个)的值是不确定的。

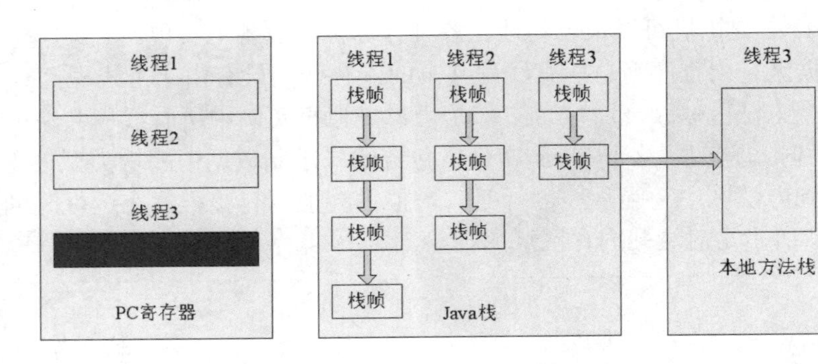

图 3-5　线程专有的运行时数据区

3.2.4　Java 虚拟机的生命周期

一个运行时的 Java 虚拟机实例的天职是：负责运行一个 Java 程序。在启动一个 Java 程序的同时会诞生一个虚拟机实例，当该程序退出时，虚拟机实例也会随之消亡。如果在同一台计算机上同时运行三个 Java 程序，则会得到三个 Java 虚拟机实例。每个 Java 程序都运行在它自己的 Java 虚拟机实例中。

Java 虚拟机实例通过调用某个初始类的 main()方法来运行一个 Java 程序。而这个 main()方法必须是公有的(public)、静态的(static)、返回值为 void，并且接受一个字符串数组作为参数。任何拥有这样一个 main()方法的类都可以作为 Java 程序运行的起点。假如存在这样一个 Java 程序，此程序能够打印出传给它的命令行参数如下。

```
package jvm.ext1;
public class Echo {
    public static void main(String[]args) {
        int length = args.length;
        for (int i = 0; i <length; i++) {
            System.out.print(args[i] +"");
        }
        System.out.println();
    }
}
```

上述代码必须告诉 Java 虚拟机要运行的 Java 程序中初始类的名字，整个程序将从它的 main()方法开始运行。现实中一个 Java 虚拟机实现的例子如 SunJava 2 SDK 的 Java 程序。比如，如果想要在 Windows 上使用 Java 来运行 Echo 程序，需要输入如下命令。

```
java Echo Greetings, Planet
```

该命令的第一个单词“java”，告诉操作系统应该运行来自 Sun Java 2 SDK 的 Java 虚拟机。第二个词“Echo”则支持初始类的名字。Echo 这个初始类中必须有个公有的、静态的方法 main()，它获得一个字符串数组参数并且返回 void。上述命令行中剩下的单词序列“Greetings，Planet”，作为该程序的命令行参数以字符串数组的形式传递给 main()，因此，对于上面这个例子，传递给类 Echo 中 main()方法的字符串数组参数的内容如下。

```
args[0]为"Greetings,"
args[1]为"Planet."
```

Java 程序初始类中的 main()方法，将作为程序初始线程的起点，其他任何线程都是由这个初始线程启动的。

在 Java 虚拟机内部有两种线程：守护线程与非守护线程。守护线程通常是由虚拟机自己使用的，比如执行垃圾收集任务的线程。但是，Java 程序也可以把它创建的任何线程标记为守护线程。而 Java 程序中的初始线程——就是开始与 main()的那个，是非守护线程。

只要还有任何非守护线程在运行，那么这个 Java 程序也在继续运行(虚拟机仍然存活)。当该程序中所有的非守护线程都终止时，虚拟机实例将自动退出。假若安全管理器允许，程序本身也能够通过调用 Runtime 类或者 System 类的 exit 方法来退出。

在上面的 Echo 程序中，方法 main()并没有调用其他线程。所以当它打印完命令行参数后则返回 main()方法。这就终止了该程序中唯一的非守护线程，最终导致虚拟机实例退出。

3.3　Android 虚拟机——Dalvik VM

Dalvik VM(VM 表示虚拟机)是 Google 等厂商合作开发的 Android 移动设备平台的核心组成部分之一。它可以支持已转换为.dex(即 Dalvik Executable)格式的 Java 应用程序。.dex 格式是专为 Dalvik 设计的一种压缩格式，适合内存和处理器速度有限的系统。Dalvik 是由 Dan Bornstein 编写的，名字来源于他的祖先曾经居住过名叫 Dalvik 的小渔村。大多数虚拟机包括 JVM 都是一种堆栈机器，而 Dalvik 虚拟机则是基于寄存器的。两种架构各有优劣，一般而言，基于栈的机器需要更多的指令，而基于寄存器的机器指令更大。

3.3.1　Dalvik 架构

名为 dx 工具是用来转换 Java class 成为 DEX 格式，但不是全部。多个类型包含在一个 dex 文件之中。多个类型中重复的字符串和其他常数包括会存放在 DEX 之中只有一次，以节省空间。Java 字节码(betecode)转换成 Dalvik 虚拟机所使用的替代指令集。一个未压缩 dex 文件通常是稍稍小于一个已经压缩.Jar 档。

再次安装到行动设备时，可能会被已经修改的 Dalvik 处置为可执行的文件。为了获得进一步的优化，端序(byte order)可能会在一定的数据交换，简单的数据结构和函数库，可内联(linked inline)，空的类型对象可能会短路。

当 Android 启动时，Dalvik VM 会监视所有的程序(APK)，并且创建依存关系树，为每个程序优化代码并存储在 Dalvik 缓存中。Dalvik VM 第一次加载后会生成 Cache 文件，以供下次快速加载，所以 Dalvik VM 的第一次加载会变得很慢。

Dalvik 解释器采用预先算好的 Goto 地址，基于每个指令集 OpCode，都固定以 64bytes 为 Memory Alignment。这样可以节省一个指令集 OpCode 后，要进行查表的时间。为了强化功能，Dalvik 还提供了 Fast Interpreter。

dx 是一套工具，可以将 Java 的.class 文件转换成.dex 格式。一个 dex 文档通常会有多个.class 文件。由于 dex 有时必须进行优化，会使文件的大小增加 1～4 倍，并以 ODEX 结尾。

3.3.2 和Java虚拟机的差异

与大多数的Java虚拟机不同，前者是栈机(stack machine)，而Dalvik VM是基于寄存器的架构。就像CISC与RISC的争论，这两种方式的相对优点是一个不断争论的话题，且有时技术界限会变得模糊不清。此外，这两种方法的相对优势取决于所选择的解释/编译策略。但是，总的来说，基于栈的机器必须使用指令来载入栈上的数据，或使用指令来操纵数据，因此与基于寄存器的机器相比，需要的指令更多。然而，在寄存器的指令必须编码源和目的地寄存器，因此往往指令更大。

重复的、可用于多个类的字符串和其他常量在转换到.dex格式时输出到保留空间。Java字节码还可转换成可选择的、Dalvik VM使用的指令集。一个未压缩的.dex文件在文件大小方面往往比从同样的.class文件压缩成的.jar文件更小。

当Dalvik可执行文件安装到移动设备时，是可以被修改的。为了进一步的优化，在某些数据、简单数据结构和内联的函数库中的字节顺序可以互换，例如空类对象被短路。

为满足低内存要求而不断优化，Dalvik VM有一些独特的、有别于其他标准虚拟机的特征。

(1) 虚拟机很小，使用的空间也小。

(2) Dalvik VM没有JIT编译器。

(3) 常量池已被修改为只使用32位的索引，以简化解释器。

(4) 它使用自己的字节码，而非Java字节码。

此外，Dalvik VM被设计来满足可高效运行多种虚拟机实例。

Android的应用程序框架为应用程序层的开发者提供APIs，它实际上是一个应用程序的框架。由于上层的应用程序是以JAVA构建的，因此本层次提供的首先包含了UI程序中所需要的各种控件，例如：Views (视图组件)包括 lists(列表)，grids(栅格)，text boxes(文本框)，buttons(按钮)等。甚至一个嵌入式的Web浏览器。

一个Andoid的应用程序可以利用应用程序框架中的以下几个部分。

- Activity：活动。
- Broadcast Intent Receiver：广播意图接收者。
- Service：服务。
- Content Provider：内容提供者。
- Application：应用程序。

Android的应用程序主要是用户界面(User Interface)方面的，通常以Java程序编写，其中还可以包含各种资源文件(放置在res目录中)JAVA程序及相关资源经过编译后，将生成一个APK包。Android本身提供了主屏幕(Home)、联系人(Contact)、电话(Phone)、浏览器(Browers)等众多的核心应用。同时应用程序的开发人员还可以使用应用程序框架层的API实现自己的程序。这也是Android开源的巨大潜力的体现。

Dalvik VM和Java虚拟机的差异如下。

- Dalvik VM早期并没有使用JIT(Just-In-Time)技术，从Android 2.2版本开始，Dalvik VM也支持JIT。
- Dalvik VM有自己的bytecode，并非使用 Java bytecode。
- Dalvik VM基于暂存器(register)，而 JVM 基于堆栈(stack)。

- Dalvik VM 通过 Zygote 进行 Class Preloading，Zygote 会完成虚拟机的初始化，这也是与 Java 虚拟机的不同之处。

3.3.3　Dalvik VM 的主要特征

在 Dalvik VM 中，一个应用中会定义很多类，编译完成后即会有很多相应的.class 文件，.class 文件间会有不少冗余的信息；而.dex 文件格式会把所有的.class 文件内容整合到一个文件中。这样，除了减少整体的文件尺寸，I/O 操作，也提高了类的查找速度。原来每个类文件中的常量池，在.dex 文件中由一个常量池来管理。

每一个 Android 应用都运行在一个 Dalvik VM 实例里，而每一个虚拟机实例都是一个独立的进程空间。虚拟机的线程机制、内存分配和管理、Mutex 等都是依赖底层操作系统实现的。所有 Android 应用的线程都对应一个 Linux 线程，虚拟机因而可以更多地依赖操作系统的线程调度和管理机制。

不同的应用在不同的进程空间里运行，对不同来源的应用都使用不同的 Linux 用户来运行，可以最大限度地保护应用的安全和独立运行。

Zygote 是一个虚拟机进程，同时也是一个虚拟机实例的孵化器，每当系统要求执行一个 Android 应用程序，Zygote 就会孵化出一个子进程来执行该应用程序。这样做的好处显而易见：Zygote 进程是在系统启动时产生的，它会完成虚拟机的初始化，库的加载，预置类库的加载和初始化等操作，而在系统需要一个新的虚拟机实例时，Zygote 通过复制自身，最快速地提供一个系统。另外，对于一些只读的系统库，所有虚拟机实例都和 Zygote 共享一块内存区域，这样可以大大节省内存开销。

相对于基于堆栈的虚拟机实现，基于寄存器的虚拟机实现虽然在硬件通用性上要差一些，但是它在代码的执行效率上却更胜一筹。在基于寄存器的虚拟机里，可以更加有效地减少冗余指令的分发和减少内存的读写访问。

3.3.4　Dalvik VM 的代码结构

Dalvik 是 Android 程序的 java 虚拟机，代码保存在 dalvik/目录下，目录的具体结构如下。

```
./
|-- Android.mk
|-- CleanSpec.mk
|-- MODULE_LICENSE_APACHE2
|-- NOTICE
|-- README.txt
|-- dalvikvm 虚拟机的实现库
|-- dexdump
|-- dexlist
|-- dexopt
|-- docs
|-- dvz
|-- dx
|-- hit
|-- libcore
|-- libcore-disabled
```

```
|-- libdex
|-- libnativehelper 使用 JNI 调用本地代码时用到这个库
|-- run-core-tests.sh
|-- tests
|-- tools
`-- vm
```

dalvik/目录的效果图如图 3-6 所示。

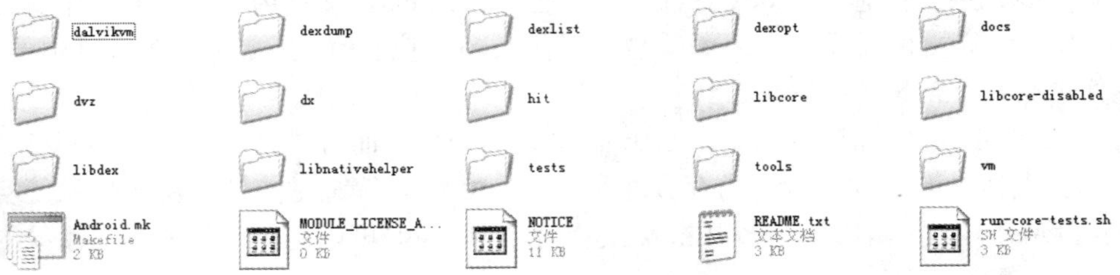

图 3-6 dalvik/目录的效果图

Dalvik 虚拟机各个目录的具体说明如下。

- android.mk：此目录是虚拟机编译的 makefile 文件。
- dalvikvm：此目录是虚拟机命令行调用入口文件的目录，主要用来解释命令行参数，调用库函数接口等。
- dexdump：此目录是生成 dex 文件反编译查看工具，主要用来查看编译出来的代码文件是否正确，查看编译出来的文件结构怎么样。
- dexlist：此目录是生成查看 dex 文件里所有类的方法的工具。
- dexopt：此目录是生成 dex 优化工具。
- docs：此目录是保存 Dalvik VM 相关帮助文档。
- dvz：此目录是生成从 Zygote 请求生成虚拟机实例的工具。
- dx：此目录是生成从 Java 字节码转换为 Dalvik 机器码的工具。
- hit：此目录是生成显示堆栈信息/对象信息的工具。
- libcore：此目录是 Dalvik VM 的核心类库，提供给上层的应用程序调用。
- libcore-disabled：此目录是一些禁用的库。
- libdex：此目录是生成主机和设备处理.dex 文件的库。
- libnativehelper：此目录是 Dalvik 虚拟核心库的支持库函数。
- MODULE_LICENSE_APACHE2：这个是 APCHE2 的版权声明文件。
- NOTICE：此文件是说明虚拟机源码的版权注意事项。
- README.txt：此文件是说明本目录相关内容和版权。
- run-core-tests.sh：此文件是用来运行核心库测试。
- tests：此目录是保存测试相关测试用例。
- tools：此目录是保存一些编译/运行相关的工具。
- vm：此目录是保存虚拟机绝大部分代码，包括读取指令读取、指令执行等。

3.4　Dalvik 控制 VM 详解

Dalvik VM 支持一系列的命令行参数(使用 adbshell dalvikvm　– help 命令可获取命令列表)，不可能通过 Android 应用运行时来传递任意参数，但是可以通过特定的系统参数来影响虚拟机行为。我们可以通过 setprop 来设置系统特性，使用 shell 命令的语法格式如下：

```
adbshell setprop <name> <value>
```

在运行时必须重启 Android，从而使得改变生效(adb shell stop：adb shell start)。这是因为，这些设定在 Zygote 进程中处理，而 Zygote 是一个最早启动并且永远存活的进程。

我们不可以用无特权用户的身份设定 dalvik.*参数及重启系统，可以在用户调试版本的 shell 上使用 adb root 或者运行 su 命令的方式来获取 root 权限，如果有疑问，可以通过如下命令告诉 setprop 是否发生。

```
adbshell getprop <name>
```

如果不想在设备重启之后特性随之消失，在/data/local.prop 上加上一行如下命令：

```
<name>= <value>
```

重启之后这样的改变也会一直存在，但是如果 data 分区被擦除了就消失了。在工作台上创建一个 local.prop，然后执行 adb push local.prop/data/命令，或者使用类似于下面格式的命令，注意这里引号很重要。

```
adb shell "echo name =value >> /data/local.prop"
```

1. 扩展的 JNI 检测

JNI(Java Native Interface)是 Java 本地接口，提供了 Java 语言程序调用本地(C/C++)代码的方法。扩展的 JNI 检测会引起系统运行变慢，但是可以发现一系列讨厌的 bug，防止产生问题。有两个系统参数影响这个功能，这个功能可以通过-Xcheck:jni 命令行参数来激活。第一个参数是 ro.kernel.Android.checkjni，这是通过 android 编译系统对 development 的编译来设置的(也可以通过 android 模拟器设置，除非通过模拟器命令行放置了-nojni 标志位)。因为这是一个 ro.特性，设备启动之后参数就不能变了。

为了能触发 CheckJNI 标志位，第二种特性是 dalvik.vm.checkjni，它的值覆盖了 ro.kernel.Android.checkjni 的值。如果这个特性没有被定义，dalvik.vm.checkjni 也没有设置成 false，那么-Xcheck:jni 标志位就没有传入，JNI 检测也就没有使能。

要打开 JNI 检测，可以使用以下命令实现：

```
adbshell setprop dalvik.vm.checkjni true
```

也可以通过系统特性将 JNI 检测选项传递给虚拟机，dalvik.vm.jniopts 的值可以通过-Xjniopts 参数传入，命令如下。

```
adb shellsetprop dalvik.vm.jniopts forcecopy
```

2. 断言

Dalvik VM 支持 Java 编程语言的断言表达式，默认它是关闭的，但是可以通过如下-ea 参数的方式设置 dalvik.vm.enableassertions 特性。

```
dalvikvm -ea..
```

这个参数在其他桌面虚拟机中同样生效，通过提供 class 名、package 名(后跟“…”)，或者特殊值“all”。命令如下。

```
adbshell setprop dalvik.vm.enableassertion all
```

就可以在所有非系统 class 中使能断言。这个系统特性比全命令行更受限制，不可以通过-ea 入口设置更多，而且没有指定-da 入口的方法，而且未来也没有-esa/-dsa 等价的东西。

3. 字节码校验和优化

系统尝试预校验.dex 文件中的所有类，从而降低 class 的负担，从而可以使用一系列的优化来提升运行性能。这些都是通过 dexopt 命令来实现的，不论是在编译系统中还是在安装上。在开发设备上，dexopt 可能在 dex 文件第一次被使用时运行，而不论它或者它的依赖是否更新过(Just-in-time 优化和校验，JIT)。

有两个命令行标志位控制 JIT 优化和校验，-Xverify 和-Xdexopt。Andorid 框架基于 dalvik.vm.dexopt-flags 特性来配置这俩参数，如果你设定

```
adbshell setprop dalvik.vm.dexopt-flags v=a o=v
```

那么 Android 框架会将-Xverify:all-Xdexopt:verified 传递给虚拟机，这将使能校验并且只优化校验成功的 class。这是最安全的设定，也是默认的。

另外也可以设定 dalvik.vm.dexopt-flags v=n 使得框架传输-Xverify:none －Xdexopt:verified 从而不使能校验(可以传输-Xdexopt:all 从而允许优化，但是这并不能优化更多代码，因为没有通过校验的 class 可能被优化器以同样的理由跳过)。这时 class 不会被 dexopt 校验，而没被校验的代码很大难以执行。

使能校验会使得 dexopt 命令明显花费更多时间，因为校验过程相对较慢，一旦校验和优化过的 dex 文件准备就绪，校验就不会占用额外的开销，除非在加载预校验失败的 class。

如果 dex 文件的校验关闭了，而后来又打开了校验器，则应用的加载会明显变慢(大概 40%以上)因为 class 会在第一次被调用的时候校验。

为了最佳效果，当特性变化时应该为 dex 文件强制重新调用 dexopt，即

```
adbshell "rm /data/dalvik-cache/*"
```

它删除了暂存的 dex 文件，记住要中止再打开运行时(adb shell stop：adb shell start)。

注意： 老的版本支持布尔型的 dalvik.vm.verify-bytecode 特性，但是被 dalvik.vm.dexopt-flags 替代了。

4. Dalvik 的运行模式

当前 Dalvik VM 的实现包括三个独立的解释内核：“快速”(fast)、“可移植”(portable)、“调试”(debug)。快速解释器是为当前平台优化的，可能包括手动优化的汇编文件；相对的，可移植解释器是用 C 语言写的，可在广泛的平台上使用；调试解释器是可移植解释器的变种，包括了支持程序分析(profiling)和单步。

Dalvik VM 可能也支持 just-in-time 编译，严格地说它并不是另一个解释器，JIT 编译器也可

以被同样的标志为使能/不使能。通过 dalvik －help 的输出信息可以查看 JIT 编译器是否在虚拟机里面使能。

Dalvik VM 允许用户通过使用-Xint 参数的扩展在快速、可移植和 JIT 中选择，该参数的值可以通过 dalvik.vm.execution-mode 系统特性来设置。为了选择可移植解释器，命令如下。

```
adb shell setpropdalvik.vm.execution-mode int:portable
```

如果没有指定该参数，系统会自动选择最合适的编译器，有时候机器可能允许选择其他模式，例如 JIT 编译器。

不是所有的平台都有优化的实现，有时，快速编译器是由一系列的 c 实现的，这个结果会比可移植编译器还慢。当我们对所有流行平台都有优化版本时，这个命名(快速)就更准确了。

如果程序分析使能或者调试器连接了，Dalvik VM 会变为调试解释器。当程序分析结束或者调试器中断连接，就会恢复原来的解释器。用调试解释器会明显变慢，这是在评估数据时要记住的。

JIT 编译器可以通过在应用程序 AndroidManifest.xml 中加入 android:vmSafeMode=“true”来不使能，当怀疑 JIT 编译器会使应用运行不正常时可以使用这个命令。

5. 死锁预测

如果虚拟机以 WITH_DEADLOCK_PREDICTION 参数编译，那么死锁预测器会在-Xdeadlockpredict 参数中使能。(dalvikvm －help 会显示虚拟机是否编译正确——在 Configured 中按行查找 deadlock_prediction)这个特性会让虚拟机一直跟踪对象的锁获取的顺序，如果程序试图以与之前看到不同的顺序获取一些锁，虚拟机会记录一个警告信息并有选择地抛出异常。

命令行参数是基于 dalvik.vm.deadlock-predict 特性设置的，正确的值是 off 表示不使能它(默认)，warn 表示 log 问题但是继续执行，err 表示从 monitor-enter 指令中引发一个 dalvik.system.PotentialDeadlockError 异常，abort 表示终止整个虚拟机。通常使用的命令如下。

```
adbshell setprop dalvik.vm.deadlock-predict err
```

在当前实现中，在锁被获取之后才会进行计算(这减少了代码，降低了互斥信息外的冗余)。在挂起的进程中执行 kill -3 时可以发现一个死锁，并且可以在日志信息中检测到。

这仅仅考虑了监督程序，本地的互斥量和其他资源也会引起死锁，而且不会被它检测到。

6. dump 堆栈追踪

和其他桌面虚拟机一样，Dalvik VM 收到 SIGQUIT(Ctrl-\ 或者 kill -3)时，会为所有的现成 dump 所有的堆栈追踪。它默认写入 Android 的日志，但是也可以写入一个文件。

dalvik.vm.stack-trace-file 特性允许你指定要将线程堆栈追踪写入的文件名，如果不存在，将创建，新的信息将追加到文件尾，文件名通过-Xstacktracefile 参数写入虚拟机，命令如下。

```
adbshell setprop dalvik.vm.stack-trace-file /tmp/stack-traces.txt
```

如果这个特性没有被定义，虚拟机会在收到这个信号时将堆栈追踪信息写入 Android log。

7. dex 文件和校验

出于性能考虑，优化过的.dex 文件的和校验被取消了，这通常叫安全，因为文件是在设备上产生的，并且拥有禁止修改的权限。

但是如果设备的存储器不可靠，就会发生数据损坏，这通常表现为重复的虚拟机崩溃。为了快速诊断这种失败，虚拟机提供了-Xcheckdexsum参数，如果设置了该参数，那么在内容被使用之前所有的.dex文件都会进行和校验。如果dalvik.vm.check-dex-sum特性被使能，那么应用框架会在虚拟机创建时提供这个参数。

为了使能额外的dex和校验，可以用如下命令。

```
adbshell setprop dalvik.vm.check-dex-sum true
```

不正确的和校验会组织dex数据的使用，产生错误并写入log文件，如果设备曾经出现过这样的问题，那么将这个特性写入/data/local.prop很有用。

注意： dexdump工具每次都会进行dex和校验，它也可以用于检测大量的文件。

8. 产生标志位

在Honeycomb版本中引入了一系列的汇编，它们通过标志位写入虚拟机。

```
adb shell setprop dalvik.vm.extra-opts "flag1flag2 … flagN"
```

这些标志位之间用空格隔开。我们可以指定任意多的标志位只要它们在系统特性值的长度范围内，目前是92个字符。

这些额外的标志位会被加到命令行的底端，意味着它们会覆盖之前的设定。这些可以用于例如测试不同的-Xmx值即使Android框架层已经设定过了。

3.5 Dalvik VM架构

在Android源码中，Dalvik VM的实现位于dalvik/目录下，其中dalvik/vm是虚拟机的实现部分，将会编译成libdvm.so。而dalvik/libdex将会编译成libdex.a静态库，作为dex工具而使用；dalvik/dexdump是.dex文件的反编译工具，虚拟机的可执行程序位于dalvik/dalvikvm中，将会编译成dalvikvm可执行文件。

Dalvik VM的架构如图3-7所示。

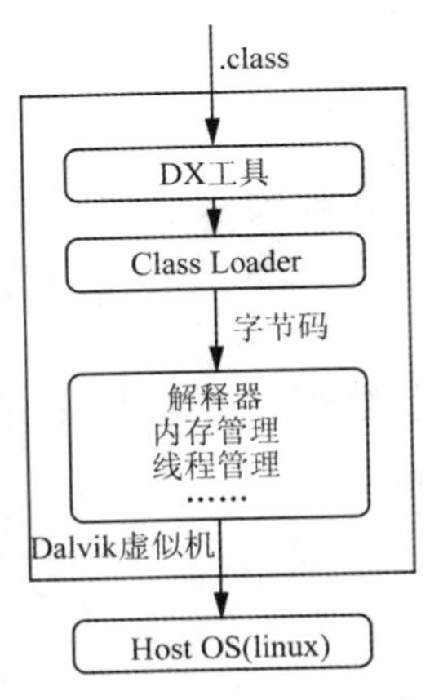

图3-7 Dalvik VM的架构

Android 应用的编译及运行流程如图 3-8 所示。

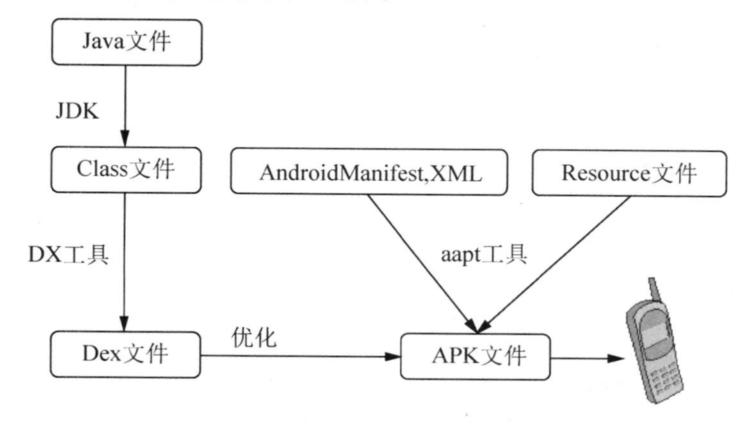

图 3-8　Android 应用的编译及运行流程

3.5.1　Dalvik 的进程管理

Dalvik 进程管理是依赖于 Linux 的进程体系结构的，如要为应用程序创建一个进程，它会使用 Linux 的 fork 机制来复制一个进程(复制进程往往比创建进程效率更高)。

Zygote 是一个虚拟机进程，同时也是一个虚拟机实例的孵化器，通过 init 进程启动。首先会孵化出 System_Server(Android 绝大多系统服务的守护进程，它会监听 socket 等待请求命令，当有一个应用程序启动时，就会向它发出请求，Zygote 就会孵化出一个新的应用程序进程)。每当系统要求执行一个 Android 应用程序时，Zygote 就会运用 Linux 的 fork 进制产生一个子进程来执行该应用程序。

3.5.2　Android 的初始化流程

Linux 中进程间的通信方式有很多，但是 Dalvik 使用的是信号方式来完成进程间通信。Android 的初始化流程如图 3-9 所示。

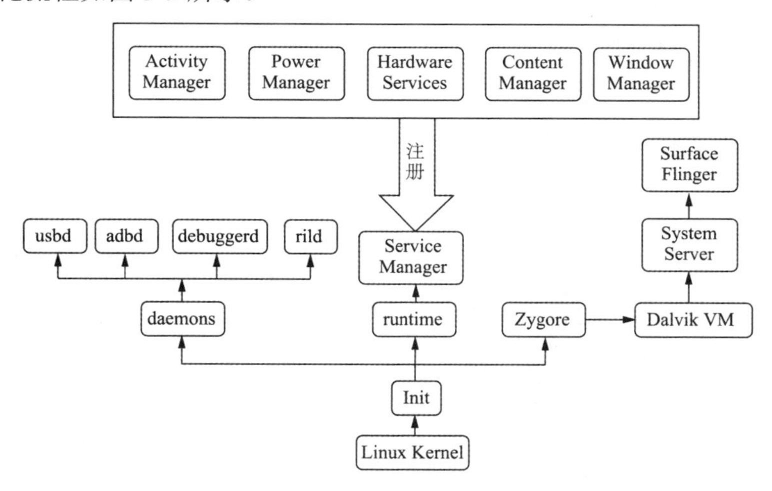

图 3-9　Android 的初始化流程

第 4 章　编译和调试

Dalvik 虚拟机是 Android 的专用虚拟机，我们可以通过网络获取其源码，获取之后我们可以在本地机器编译并调试。本章将简要讲解编译、调试 Dalvik 虚拟机的基本知识，为读者步入本书后面知识的学习打下基础。

4.1　Windows 环境编译 Dalvik

Android Source 中默认的 Dalvik 编译目标是 ARM 平台，只能在模拟机或者仿真机上运行，不过如果想研究它的基本原理，还是在 X86 平台下显得方便一点。

(1)　如果使用 Ubunut 的话，建议把 gcc 版本换成 4.3，通过“gcc –v”命令即可查看当前的版本。

```
sudo apt-get install gcc-4.3 g++-4.3
sudo ln -s /usr/bin/gcc-4.3 /usr/bin/gcc
sudo ln -s /usr/bin/g++-4.3 /usr/bin/g++
```

如果使用的是默认的 4.4，则编译时的要求会更严格，可能会出现如下错误提示。

```
error: invalid conversion from 'const char*' to 'char*'
```

(2)　在源代码根目录下运行如下命令。

```
. build/envsetup.sh
lunch 2
```

此步骤的功能是设置编译的目标平台，默认的平台信息如下。

```
PLATFORM_VERSION_CODENAME=AOSP
PLATFORM_VERSION=AOSP
TARGET_PRODUCT=generic
TARGET_BUILD_VARIANT=eng
TARGET_SIMULATOR=
TARGET_BUILD_TYPE=release
TARGET_BUILD_APPS=
TARGET_ARCH=arm
```

```
HOST_ARCH=x86
HOST_OS=linux
HOST_BUILD_TYPE=release
BUILD_ID=OPENMASTER
```

选用上述平台后的信息如下。

```
PLATFORM_VERSION_CODENAME=AOSP
PLATFORM_VERSION=AOSP
TARGET_PRODUCT=sim
TARGET_BUILD_VARIANT=eng
TARGET_SIMULATOR=true
TARGET_BUILD_TYPE=debug
TARGET_BUILD_APPS=
TARGET_ARCH=x86
HOST_ARCH=x86
HOST_OS=linux
HOST_BUILD_TYPE=release
BUILD_ID=OPENMASTER
```

具体需要什么平台可以根据文件 envsetup.sh 的内容进行选择，本书在此选择的是 X86。

(3) 编译相对应的模块。

Dalvik 虚拟机后面的几个模块是虚拟机本身需要的一些 library，比如 ext.jar。我们可以 make(Linux 中的一个命令)所有的模块，不过这样会消耗太多的时间，并且增加了出现编译错误的可能性。如果只是为了研究 Dalvik 的移植或者调试，上述模块基本用了。如果没有 dexopt 项，在运行时会出现如下错误：

```
E/dalvikvm(1540):execv
'mnt/hd/Android/out/debug/host/linux-x86/pr/sim/system/bin/dexopt' failed: No such file
or directory
```

这是因为 dexopt 是对.dex 文件进行优化的一个模块，一定需要生成。生成的文件在源码目录下的 out 文件夹内。可以用如下命令查找 Dalvik 虚拟机文件。

```
find . -name dalvikvm
```

(4) 测试 hello 程序。

假设用 Java 文件 hello.java 进行测试，此文件的代码如下。

```
public class hello{
    public static void main(String args[])
    {
            System.out.println("hello world");
    }
}
```

将文件 hello.java 和文件 makefile 放在 Android 源码的根目录下，将源码挂载在第二硬盘的/mnt/hd/Android 目录下，这样会得到如下结果。

```
Android_SRC_DIR := /mnt/hd/Android
```

我们只需对文件目录相应改变即可，并且因为 Android 目录下已有一个 Makefile，为了避免冲突，因此将 hello 程序的 makefile 命名为 HelloMakefile。

HelloMakefile的内容如下。

```
Android_SRC_DIR := /mnt/hd/Android
Android_dir_dx = $(ANDROID_SRC_DIR)/out/host/linux-x86/bin/dx
all:
     javac hello.java
     $(Android_dir_dx) --dex --output=hello.jar hello.class
clean:
     @rm *.jar *.class
```

完成上述步骤后，会生成两个文件：hello.jar和hello.class。

(5) 如果直接运行/mnt/hd/Android/out/debug/host/linux-x86/pr/sim/system/bin/dalvikvm -cp hello.jar hello，则会出现以下错误：

```
E/dalvikvm( 4668): ERROR: must specify non-'.' bootclasspath
W/dalvikvm( 4668): JNI_CreateJavaVM failed
Dalvik VM init failed (check log file)
```

出现该错误的原因是没有加载虚拟机运行的一些相关文件，因此需要一个脚本文件，命名为rund.sh，内容如下。

```
#!/bin/sh
base='pwd'
# configure root dir of interesting stuff
root=$base/out/debug/host/linux-x86/pr/sim/system
export Android_ROOT=$root
# configure bootclasspath
bootpath=$root/framework
export
BOOTCLASSPATH=$bootpath/core.jar:$bootpath/ext.jar:$bootpath/framework.jar:$bootpath
/Android.policy.jar:$bootpath/services.jar
# this is where we create the dalvik-cache directory; make sure it exists
export Android_DATA=/tmp/dalvik_$USER
mkdir -p $Android_DATA/dalvik-cache
exec gdb $root/bin/dalvikvm
```

而后输入以下命令即可运行gdb程序。

```
./rund.sh
```

然后在gdb调试下输入运行以下参数。

```
set  args  -cp  hello.jar  hello
```

接下来设置断点。

```
b main
```

接下来就可以单步调试Dalvik虚拟机了，下面是可能出现的运行结果。

```
gaoshou@gaosho-desktop:/mnt/hd/Android$ ./rund.sh
GNU gdb (GDB) 7.1-Ubuntu
Copyright (C) 2010 Free Software Foundation, Inc.
License GPLv3+: GNU GPL version 3 or later <http://gnu.org/licenses/gpl.html>
This is free software: you are free to change and redistribute it.
```

```
There is NO WARRANTY, to the extent permitted by law.  Type "show copying"
and "show warranty" for details.
This GDB was configured as "i486-linux-gnu".
For bug reporting instructions, please see:
<http://www.gnu.org/software/gdb/bugs/>...
Reading symbols from /mnt/hd/Android/out/debug/host/linux-x86/pr/sim/system/bin/
dalvikvm...done.
(gdb) set args -cp hello.jar hello
(gdb) b main
Breakpoint 1 at 0x8048822: file dalvik/dalvikvm/Main.c, line 142.
(gdb) r
Starting program: /mnt/hd/Android/out/debug/host/linux-x86/pr/sim/system/bin/dalvikvm
-cp hello.jar hello
[Thread debugging using libthread_db enabled]
Breakpoint 1, main (argc=4, argv=0xbfffebd4) at dalvik/dalvikvm/Main.c:142
142     {
(gdb) c
Continuing.
[New Thread 0x1439b70 (LWP 4698)]
[New Thread 0x1c3ab70 (LWP 4699)]
Hello World!
[Thread 0x1439b70 (LWP 4698) exited]
[Thread 0x1c3ab70 (LWP 4699) exited]
Program exited normally.
```

4.2　GDB 调试 Dalvik

在 4.1 节中，已经简要地讲解了在 Windows 环境下编译并运行 Dalvik 虚拟机的过程。接下来将详细讲解编译并运行 Dalvik 虚拟机的每一个过程。在本节将首先讲解用 GDB 方式调试 Dalvik 的流程。

4.2.1　准备工作

在使用 GDB 启动 Dalvik 时，需要设置一些环境。整个设置过程比较烦琐，所以在此创建了一个脚本来简化这些过程，假设将脚本名为 grund.sh，放于 Android 源码根目录。下面是脚本的具体内容。

```
#!/bin/sh
base='pwd'
root=$base/out/debug/host/linux-x86/pr/sim/system
export ANDROID_ROOT=$root
bootpath=$root/framework
export
BOOTCLASSPATH=$bootpath/core.jar:$bootpath/ext.jar:$bootpath/framework.jar:$bootpath
/android.police.jar
export ANDROID_DATA=/tmp/dalvik_test
mkdir -p $ANDROID_DATA/dalvik-cache
exec gdb $root/bin/dalvikvm
```

4.2.2 GDB 调试 C 程序

GDB 方式调试 Dalvik 的过程和其调试 C 程序的具体过程类似，在接下来的内容中，我们先讲解在 Android 系统中使用 GDB 调试 C 程序的过程。在此假设我们的调试环境如下。

- ❑ 操作系统：Ubuntu 11.10 32bit。
- ❑ Android 源码版本：Android 4.0.3 r1。
- ❑ Emulator：Android 4.0.3。

接下来以调试 Android 源码自带的“memtest”程序为例，调试前已经编译过一次 Android 源码，编译目标是 full-eng。在此略过如何编译源码，如何使用编译得到的镜像启动模拟器。

1)　准备工作

启动模拟器：

```
#emulator -system ~/system.img -data ~/userdate.img -ramdisk ~/ramdisk.img -kernel
~/kernel-qeum-armv7
```

2)　安装没有被 strip 的 memtest 到模拟器

使用 GDB 调试程序，则被调试程序必须带有调试信息，Android 编译源码时默认带有调试信息，但是最后生成的系统文件中的程序和库还是会被 strip，但是 out 目录里面还是存放了带有调试信息的程序。

在此假设我们已经执行了一次源码编译，那么源码自带的 memtest 程序也会被编译。存放 memtest 的源码路径如下。

```
~/source_code/system/extras/tests/memtest
```

编译后没有 strip 的可执行程序路径如下。

```
~/source_code/out/target/product/generic/obj/EXECUTABLES/memtest_intermediates/LINKED/
```

进入到上述目录，将 memtest 程序 push 到模拟器/data/bin 下(事先在 data 下建立 bin 目录)。

```
#adb push memtest  /data/bin
```

3)　启动 gdbserver

我们编译出来的系统都已经自带了 gdbserver，如果没有，可以在 prebuilt 里面找到编译好的并安装上去。此处是直接在 adb shell 中启动 gdbserver：

```
#gdbserver  :1234 /data/bin/memtest
```

如果正常会显示如下内容。

```
Process /data/bin/memtest created; pid = 571
Listening on port 1234
```

4)　启动 arm-eabi-gdb 进行调试

然后在另一个终端里面启动 gdb 客户端，具体过程如下。

(1)　首先设置模拟器端口转发。

```
#adb forward tcp:1234 tcp:1234
```

(2) 然后启动 arm-eabi-gdb。

在 Android 源码的 prebuilt/linux-86/toolchain/arm-eabi-4.4.3/bin 下面有这个程序，当然也可以选择其他版本的 gdb，其中用 ARGC 表示程序参数。

```
# ~/source_code/prebuilt/linux-86/toolchain/arm-eabi-4.4.3/bin/arm-eabi-gdb ~/source_code/
out/target/product/generic/obj/EXECUTABLES/memtest_intermediates/LINKED/memtest
[args]
```

正常启动后会显示下面的信息。

```
GNU gdb (GDB) 7.1-android-gg2
Copyright (C) 2010 Free Software Foundation, Inc.
License GPLv3+: GNU GPL version 3 or later <http://gnu.org/licenses/gpl.html>
This is free software: you are free to change and redistribute it.
There is NO WARRANTY, to the extent permitted by law.  Type "show copying"
and "show warranty" for details.
This GDB was configured as "--host=x86_64-linux-gnu --target=arm-elf-linux".
For bug reporting instructions, please see:
<http://www.gnu.org/software/gdb/bugs/>...
Reading symbols from /work_dir/android4.0.3/out/target/product/generic/obj/EXECUTABLES/
memtest_intermediates/LINKED/memtest...done.
(gdb)
```

(3) 执行 set solib-xxx 如下两个命令，建立符号链接。

```
(gdb) set solib-absolute-prefix ~ /out/target/product/generic/symbols/
(gdb) set solib-search-path ~/out/target/product/generic/symbols/system/lib/
```

(4) 通过如下命令连接 gdbserver 进行调试。

```
 (gdb) target remote :1234
```

如果成功则会显示如下内容。

```
Remote debugging using :1234
Reading symbols from /work_dir/android4.0.3/out/target/product/generic/symbols/ system/
bin/linker...done.
Loaded symbols for /work_dir/android4.0.3/out/target/product/generic/symbols/system/
bin/linker
__dl__start () at bionic/linker/arch/arm/begin.S:35
35  mov  r0, sp
(gdb)
```

而另一个控制台会显示如下内容。

```
Remote debugging form host 127.0.0.1
```

而没执行 set solib-×××的两个命令会显示如下信息。

```
warning: Unable to find dynamic linker breakpoint function.
GDB will be unable to debug shared library initializers
and track explicitly loaded dynamic code.
0xb0000100 in ?? ()
```

5) 最后终于可以进行 GDB 调试了

GDB 调试工具是基于命令行的，调试命令可以参考如下连接。

```
http://blog.csdn.net/dadalan/article/details/3758025
```

设置断点命令 breakpoint n 或 b n，n 表示程序行号或是函数名称，例如在 main()函数处打上断点。

```
 (gdb) b main
Breakpoint 1 at 0xa504: file system/extras/tests/memtest/memtest.cpp, line 107.
```

从断点开始继续执行 continue 或 c。

```
(gdb) c
Continuing.
Breakpoint 1, main (argc=1, argv=0xbea51c84)
          at system/extras/tests/memtest/memtest.cpp:107
107  if (argc == 1) {
```

然后单步执行 next 或 n。

```
(gdb) n
106  {
(gdb) n
107  if (argc == 1) {
(gdb) n
108  usage(argv[0]);
(gdb) n
107  return 0;
```

打印变量值：print param 或 p param，其中 param 表示变量名，例如打印 argc 的值。

```
(gdb) p argc
$1 = 1
```

GDB 的调试过程包含很多命令，含有很多有用的命令，查看当前运行程序的源码 list 或 l，查看函数堆栈 bt，查看断点信息 info break，设置观察点 watch，退出 gdb：q，终止程序 kill。

程序调试运行完后，启动 gdbserver 的客户端会打印程序的运行结果，并停止 server，如果要重新开始调试，不要忘了先启动 gdbserver，再启动 gdbclient。

注意： 在此只介绍了 Android GDB 简单的使用方法，还有很多东西可以研究，例如调试动态库 so。读者可以相关资料，继续进行研究。

4.2.3 GDB 调试 Dalvik

GDB 调试 Dalvik 的基本流程如下。

(1) 准备一个简单的 Java 程序，如 hello.java，编译后将 hello.jar 复制至 Android 源码根目录。

(2) 进入到 Android 源码根目录。

(3) ./grund.sh，执行此脚本，之后会看到 gdb 提示符。

(4) 在 gdb 提示符后输入如下内容。

```
set args -cp hello.jar hello
```

这时候就可以设置断点，进行单步跟踪了。其中 main()函数为入口函数，先在文件 main.c 的 212 行设置断点，即在 gdb 提示符后输入“b 212”。

(5) 在 gdb 提示符后输入“r”，此时会看到 Dalvik 被 gdb 启动执行，然后停于 212 行，执行 JNI_CreateJavaVM()函数前先查看 gDvm 的内容(输入 p gDvm)。然后执行 JNI_CreateJavaVM()函数(输入“n”)，再查看 gDvm 的内容。对比执行前后的变化，可大概知道 JNI_CreateJavaVM()函数所做的事情。

(6) 文件 main.c 的 249 行代码用于加载 hello.class 文件，在 249 行设置断点。在此中断后，查看 slashClass 的内容(输入“p slashClass”)，slashClass 正是“hello”字符串。接下来设置单步执行(输入“s”)，然后查看函数调用栈(输入“bt”)。可知现在正执行的是文件 jni.c 中的 FindClass()函数。通过此方法，可知函数指针指向的是什么函数。

(7) 文件 main.c 的 255 行代码的功能是，取得文件 hello.java 中 main()函数编译后的字节码。类似于前面的步骤(6)，可知此时执行的函数为文件 jni.c 中的 GetStaticMethodID()函数。

(8) 文件 main.c 的 273 行代码执行 main()函数编译后的字节码，类似于前面的步骤(6)，可知此时执行的函数为文件 jni.c 中的 2681 行。此处为宏定义，不容易找到。但通过 GDB 调试，可以准确地定位。如此时继续运行程序，“hello world”就会出现在我们的眼前。

4.3 使用 dexdump

dexdump 是 Android 为我们提供的一个工具，其最大的功能是反编译查看 APK 文件。在 Android 虚拟机的主目录下有一个名为“dexdump”的文件，在此保存了和 dexdump 相关的功能文件，如图 4-1 所示。

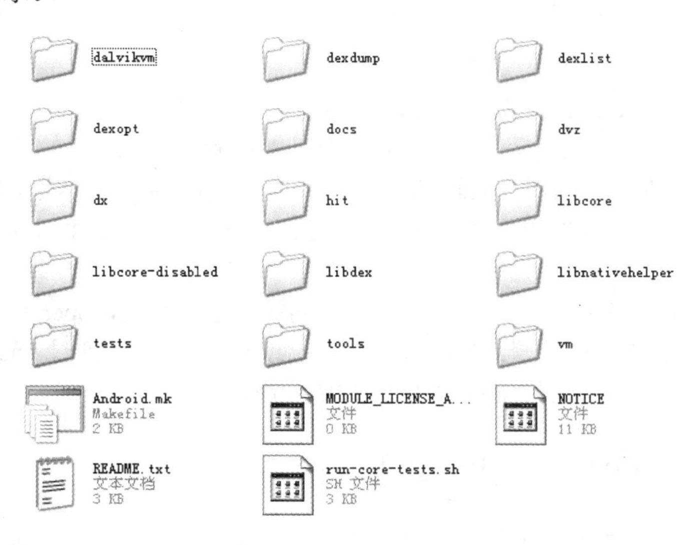

图 4-1　dexdump 文件夹

4.3.1 dexdump 的反编译功能

dexdump 最重要的功能是破解反编译 Android 程序，实现对 APK 文件的破解。当前反编译

Android 程序没有什么好的方法，但是可以通过 dexdump 查看 APK 文件中 dex 的执行情况，可以粗略分析出原始 Java 代码是什么样的和 Dot Net 中的 Reflector 很像。Android 编译器生成的 java class 中的相关内容都放到了 dex 文件中，为什么要反编译 APK 文件呢？就目前来看，Android 的开放度还很低，很多东西只有反编译官方的 app 才可以了解。

对于软件开发人员来说，保护代码安全也是比较重要的因素之一，不过目前来说 Google Android 平台选择了 Java Dalvik 虚拟机的方式使其程序很容易破解和被修改，首先 APK 文件其实就是一个 MIME 为 ZIP 压缩包，我们修改 ZIP 后缀名的方式可以看到内部的文件结构，类似 Oracle JavaMe 的 Jar 压缩格式一样，不过区别在于 Android 上的二进制代码被编译成为 Dex 的字节码，所有的 Java 文件最终会编译进该文件中去，作为托管代码既然虚拟机可以识别，那么我们就可以很轻松地反编译。所有的类调用、涉及到的方法都在里面体现到，至于逻辑的执行可以通过实时调试的方法来查看，当然这需要借助一些我们自己编写的跟踪程序。

使用 UltraEdit 等工具进行反编译的流程如下。

(1) 首先找到 Android 软件安装包中的 class.dex，把 APK 文件改名为“.zip”，然后解压缩其中的 class.dex 文件，这是 Java 文件编译再通过 dx 工具打包成的，所以现在我们就用上述提到的工具来逆方向导出 java 源文件。

(2) 把 class.dex 复制到 dex2jar.bat 所在目录。

运行 dex2jar.bat classes.dex，生成 classes.dex.dex2jar.jar。

(3) 运行 JD-GUI 工具，这是绿色无须安装的工具。打开上面的 jar 文件，即可看到源代码。

把 APK 的 class.dex 备份出来的基本流程如下。

① 用 winrar 或者 winzip 打开 APK，直接拖出来。

② 用 Android sdk 1.1 以上版本的一个 Dexdump 工具把 class.dex 文件 dump 成文本。把刚才的 class.dex 文件放在和 dexdump 工具相同的目录，并用命令窗口执行如下命令。

```
dexdump.exe -d classes.dex > spk.dump.txt
```

此命令的意思是将 classes.dex 文件备份出来形成一个 txt 文件。

下一步就要读懂这个 txt 文件了，先从 header 中可以看清楚这个应用的总体信息，有几个类，包括内部类，header 只是了解概况。要详细分析下面的每一个 class 才能真正理解这个软件的设计过程。最好的方法是一边研究里面的 opcode 一边打开 api，查看里面调用到的类和方法，减少误解的概率。

opcode 就是介于高级编程语言和二进制代码之间的一层中间码，operationcode 叫操作码。读懂 opcode 主要是熟悉里面的逻辑跳转以及一些个别助记符的含义。通过 opcode 你就可以清晰地知道软件里面每个方法资源的调用过程和逻辑跳转过程。

4.3.2 使用 dexdump 查看 jar 文件

dexdump 可执行文件放于 out 目录下，可以使用“find out/ -name dexdump”命令来找到 dexdump。

- dexdump －f hello.jar 命令：可以打印 jar 文件的头部信息。
- dexdump －d hello.jar：可以打印所编译的字节码。

其中头部信息如下：

```
Opened 'hello.jar', DEX version '035'
DEX file header:
magic               : 'dex
035'
checksum            : f2f85a9c
signature           : 0404...7831
file_size           : 740
header_size         : 112
link_size           : 0
link_off            : 0 (0x000000)
string_ids_size     : 14
string_ids_off      : 112 (0x000070)
type_ids_size       : 7
type_ids_off        : 168 (0x0000a8)
field_ids_size      : 1
field_ids_off       : 232 (0x0000e8)
method_ids_size     : 4
method_ids_off      : 240 (0x0000f0)
class_defs_size     : 1
class_defs_off      : 272 (0x000110)
data_size           : 436
data_off            : 304 (0x000130)
```

在上述信息中，其中 string_ids、type_ids、field_ids、method_ids、class_defs 皆可以理解为索引。通过这些索引，可以查到真正的数据存放位置。Data_off 表示真正的数据存放位置。

对应的字节码信息如下：

```
    #1              : (in Lhello;)
    name            : 'main'
    type            : '([Ljava/lang/String;)V'
    access          : 0x0009 (PUBLIC STATIC)
    code            -
    registers       : 3
    ins             : 1
    outs            : 2
    insns size      : 10 16-bit code units
000148:|[000148] hello.main:([Ljava/lang/String;)V
000158: 6200 0000  |0000: sget-object v0,
 Ljava/lang/System;.out:Ljava/io/PrintStream; // field@0000
00015c: 1a01 0900                              |0002: const-string v1,
"hello world" // string@0009
000160: 6e20 0200 1000                         |0004: invoke-virtual {v0, v1},
 Ljava/io/PrintStream;.println:(Ljava/lang/String;)V // method@0002
000166: 2a00 0000 0000                         |0007: goto/32 #00000000
    catches         : (none)
    positions       :
      0x0000 line=4
      0x0007 line=5
    locals          :
 Virtual methods    -
 source_file_idx    : 10 (hello.java)
```

在此读者需要注意的是，在文件OpCodeNames.c中定义了Dalvik虚拟机可以支持的大约230多个指令集OpCode，其中也包含部分由Dexopt插入到ByteCod执行当中，但目前尚未在Android文件Bytecode for the Dalvik VM说明的OpCode指令。文件OpCodeNames.c的主要代码如下：

```
static const char* gOpNames[256] = {
    /* 0x00 */
    "nop",
    "move",
    "move/from16",
    "move/16",
    "move-wide",
    "move-wide/from16",
    "move-wide/16",
    "move-object",
    "move-object/from16",
    "move-object/16",
    "move-result",
    "move-result-wide",
    "move-result-object",
    "move-exception",
    "return-void",
    "return",

    /* 0x10 */
    "return-wide",
    "return-object",
    "const/4",
    "const/16",
    "const",
    "const/high16",
    "const-wide/16",
    "const-wide/32",
    "const-wide",
    "const-wide/high16",
    "const-string",
    "const-string/jumbo",
    "const-class",
    "monitor-enter",
    "monitor-exit",
    "check-cast",
    /* 0x20 */
    "instance-of",
    "array-length",
    "new-instance",
    "new-array",
    "filled-new-array",
    "filled-new-array/range",
    "fill-array-data",
    "throw",
    "goto",
```

```
    "goto/16",
    "goto/32",
    "packed-switch",
    "sparse-switch",
    "cmpl-float",
    "cmpg-float",
    "cmpl-double",
    /* 0x30 */
    "cmpg-double",
    "cmp-long",
    "if-eq",
    "if-ne",
    "if-lt",
    "if-ge",
    "if-gt",
    "if-le",
    "if-eqz",
    "if-nez",
    "if-ltz",
    "if-gez",
    "if-gtz",
    "if-lez",
    "UNUSED",
    "UNUSED",
……
    /* 0xf0 */
    "+invoke-direct-empty",
    "UNUSED",
    "+iget-quick",
    "+iget-wide-quick",
    "+iget-object-quick",
    "+iput-quick",
    "+iput-wide-quick",
    "+iput-object-quick",
    "+invoke-virtual-quick",
    "+invoke-virtual-quick/range",
    "+invoke-super-quick",
    "+invoke-super-quick/range",
    "UNUSED",
    "UNUSED",
    "UNUSED",
    "UNUSED",
};
/*
 *返回名字码
 */
const char* getOpcodeName(OpCode op) {
    return gOpNames[op];
}
```

4.4 Dalvik 虚拟机编译脚本

因为 Dalvik 源码目录结构并不复杂，所以其编译脚本也很简单，主要有以下几个文件组成。

- ❑ dalvik/vm/Android.mk
- ❑ dalvik/vm/ReconfigureDvm.mk
- ❑ dalvik/vm/Dvm.mk

4.4.1 Android.mk 文件

和 Android 系统里其他的模块类似，Dalvik 虚拟机也是以 Android.mk 作为顶层编译配置文件或者入口的，它的内容是 vm/Android.mk 文件。在接下来的内容中，将简要分析 Android.mk 的具体内容。

(1) 先看下面的代码：

```
#
# Android.mk for Dalvik VM.
#
# This makefile builds both for host and target, and so the very large
# swath of common definitions are factored out into a separate file to
# minimize duplication.
#
# If you enable or disable optional features here (or in Dvm.mk),
# rebuild the VM with:
#
#  make clean-libdvm clean-libdvm_assert clean-libdvm_sv clean-libdvm_interp
#  make -j4 libdvm
#
```

上述代码的功能是，该编译文件把 Dalvik 编程成两部分：宿主机和目标机。在多数典型的配置下，宿主机就是 Linux 编译服务器，而目标机就是移动设备。为了减少重复，宿主机和目标机都需要的编译配置被放到单独的文件里。

```
LOCAL_PATH:= $(call my-dir)
```

(2) 和多数模块一样，接下来把 Dalvik 源码路径赋值给 LOCAL_PATH 变量，以方便后面使用。此处的 LOCAL_PATH 应该就是 dalvik/vm 目录。

```
#
# Build for the target (device).
#
ifeq ($(TARGET_CPU_SMP),true)
   target_smp_flag := -DANDROID_SMP=1
else
   target_smp_flag := -DANDROID_SMP=0
endif
host_smp_flag := -DANDROID_SMP=1
# Build the installed version (libdvm.so) first
```

```
include $(LOCAL_PATH)/ReconfigureDvm.mk
# Overwrite default settings
LOCAL_MODULE_TAGS := optional
LOCAL_MODULE := libdvm
LOCAL_CFLAGS += $(target_smp_flag)
include $(BUILD_SHARED_LIBRARY)
```

在上述代码中，首先编译目标机。先是根据目标机是否支持 SMP，设置变量 target_smp_flag。而宿主机上现在绝大多数都是支持 SMP 的，所以就直接复制。

4.4.2　ReconfigureDvm.mk 文件

紧接着就要调用脚本 ReconfigureDvm.mk。从名字我们不难猜出，该脚本是用来为 Dalvik VM 编译初始化编译环境的。

(1)　接着就是现实 Dalvik VM 在宿主机上最终会被编译的目标了。这是一个名为“libdvm”的共享库，我们可以在编译好的机器上找到它。

```
out/target/xxx/libs/libdvm.so
# If WITH_JIT is configured, build multiple versions of libdvm.so to facilitate
# correctness/performance bugs triage
ifeq ($(WITH_JIT),true)
   # Derivation #1
   # Enable assert and JIT tuning
   include $(LOCAL_PATH)/ReconfigureDvm.mk
   # Enable assertions and JIT-tuning
   LOCAL_CFLAGS += -UNDEBUG -DDEBUG=1 -DLOG_NDEBUG=1 -DWITH_DALVIK_ASSERT \
               -DWITH_JIT_TUNING $(target_smp_flag)
   LOCAL_MODULE := libdvm_assert
   include $(BUILD_SHARED_LIBRARY)
   # Derivation #2
   # Enable assert and self-verification
   include $(LOCAL_PATH)/ReconfigureDvm.mk
   # Enable assertions and JIT self-verification
   LOCAL_CFLAGS += -UNDEBUG -DDEBUG=1 -DLOG_NDEBUG=1 -DWITH_DALVIK_ASSERT \
               -DWITH_SELF_VERIFICATION $(target_smp_flag)
   LOCAL_MODULE := libdvm_sv
   include $(BUILD_SHARED_LIBRARY)
   # Derivation #3
   # Compile out the JIT
   WITH_JIT := false
   include $(LOCAL_PATH)/ReconfigureDvm.mk
   LOCAL_CFLAGS += $(target_smp_flag)
   LOCAL_MODULE := libdvm_interp
   include $(BUILD_SHARED_LIBRARY)
endif
```

这一部分是为 JIT 特有的。当系统支持 JIT 编译器时，Dalvik VM 会编译如下三个额外的目标共享库，用于支持 dvm 的开发特性。

- libdvm_assert：用来打开 dvm 源码中的断言(assert)。我们在后面的分析文章中会看到，Dalvik VM 实现中大量使用断言来增加运行时的检查。当打开这些断言时，任何断言检查失败都将直接导致 Dalvik VM 异常退出。我们从 trace file 就能够找到是哪个断言失败，从而检查出可能存在的 bug。在最终发布版本中，断言会被关闭，那些断言相当于空语句。因而不会再最终发布版本中使 Dalvik VM 异常退出。

- libdvm_sv：功能是在某些重要时刻检查当前 dvm 状态没有异常。我们在后面的文章里会详细分析 Dalvik VM 到底做了哪些自我检查。
- libdvm_interp：用来关掉 JIT，而编译出一个纯解释器实现的 Dalvik VM 实例。这样子我们就可以检查打开 JIT 后行为有没有出现和解释器实现的 Dalvik VM 有行为差异。

我们可以在如下目录里找到这三个为调试生成的 Dalvik VM 共享库。

```
out/target/xxx/symbol/libs/
```

(2) 最后的内容是用来为宿主机编译的，所有的内容包裹在如下代码里。

```
#
# Build for the host.
#
ifeq ($(WITH_HOST_DALVIK),true)
...
endif
```

首先是清空本地变量内容：

```
include $(CLEAR_VARS)
```

然后是根据编译环境设置三个编译变量：

```
    # Variables used in the included Dvm.mk.
    dvm_os := $(HOST_OS)
    dvm_arch := $(HOST_ARCH)
    # Note: HOST_ARCH_VARIANT isn't defined.
    dvm_arch_variant := $(HOST_ARCH)
```

这三个变量最终会传给编译器。它们会引入平台特有的行为。因为宿主机不必支持 JIT，所以将它设置为 false。

```
WITH_JIT := false
<span style="color: rgb(153, 153, 153); font-family: 'Bitstream Vera Sans Mono', 'Courier New', monospace; line-height: 9px; white-space: pre; "><strong>include $(LOCAL_PATH)
/Dvm.mk</strong></span>
```

(3) 接下来根据目标平台，有选择性地引入编译需要的库。

```
    LOCAL_SHARED_LIBRARIES += libcrypto libssl libicuuc libicui18n
    LOCAL_LDLIBS := -lpthread -ldl
    ifeq ($(HOST_OS),linux)
      # need this for clock_gettime() in profiling
      LOCAL_LDLIBS += -lrt
    endif

    # Build as a WHOLE static library so dependencies are available at link
    # time. When building this target as a regular static library, certain
    # dependencies like expat are not found by the linker.
    LOCAL_WHOLE_STATIC_LIBRARIES += libexpat libcutils libdex liblog libnativehelper libz
```

```
# The libffi from the source tree should never be used by host builds.
# The recommendation is that host builds should always either
# have sufficient custom code so that libffi isn't needed at all,
# or they should use the platform's provided libffi. So, if the common
# build rules decided to include it, axe it back out here.
ifneq (,$(findstring libffi,$(LOCAL_SHARED_LIBRARIES)))
    LOCAL_SHARED_LIBRARIES := \
        $(patsubst libffi, ,$(LOCAL_SHARED_LIBRARIES))
endif
```

(4) 最后告诉编译系统，Dalvik VM 在宿主机上有两个编译结果。

```
LOCAL_CFLAGS += $(host_smp_flag)
    LOCAL_MODULE_TAGS := optional
    LOCAL_MODULE := libdvm
    include $(BUILD_HOST_SHARED_LIBRARY)
    # Copy the dalvik shell script to the host's bin directory
    include $(CLEAR_VARS)
    LOCAL_IS_HOST_MODULE := true
    LOCAL_MODULE_TAGS := optional
    LOCAL_MODULE_CLASS := EXECUTABLES
    LOCAL_MODULE := dalvik
    include $(BUILD_SYSTEM)/base_rules.mk
$(LOCAL_BUILT_MODULE): $(LOCAL_PATH)/dalvik | $(ACP)
    @echo "Copy: $(PRIVATE_MODULE) ($@)"
    $(copy-file-to-new-target)
    $(hide) chmod 755 $@
```

它们分别是 Dalvik VM 共享库 libdvm.so 和可执行文件 dalvikvm，在编译后的目录里可以找到这两个文件：

- out/host/xxx/libs/libdvm.so。
- out/host/xxx/bin/dalvikvm。

前面我们看到，Dalvik VM 在目标机上编译的结果可能有好几个，最终的共享库 libdvm.so，以及几个开发使用的共享库 libsdvm_xx.so。编译这些目标是我们需要首先清理当前的编译环境，以排除编译前一个目标多带来的副作用。这个工作单独放到编译脚本 ReconfigureDvm.mk，以减少重复。ReconfigureDvm.mk 内容如下。

```
include $(CLEAR_VARS)

# Variables used in the included Dvm.mk.
dvm_os := $(TARGET_OS)
dvm_arch := $(TARGET_ARCH)
dvm_arch_variant := $(TARGET_ARCH_VARIANT)

# for now, disable x86-atom variant
ifeq ($(dvm_arch_variant),x86-atom)
dvm_arch_variant := x86
endif

include $(LOCAL_PATH)/Dvm.mk
```

```
LOCAL_SHARED_LIBRARIES += liblog libcutils libnativehelper libz libdl

LOCAL_STATIC_LIBRARIES += libdex

LOCAL_C_INCLUDES += external/stlport/stlport bionic/ bionic/libstdc++/include
LOCAL_SHARED_LIBRARIES += libstlport

# Don't install on any build by default
LOCAL_MODULE_TAGS := optional
```

上述代码的功能是清除本地变量，设置 dvm 变量，引入 dvm 需要的库。最后设置 LOCAL_MODULE_TAGS 为 optional 来告诉编译系统除非显式指明(include dalvik/vm/android.mk)，否则不会编译 dvm。

4.4.3 dvm.mk 文件

最后一个文件 dvm.mk，功能是设置了宿主机和目标机都需要的定义。

(1) 首先是设置编译器选项。

```
#
# Compiler defines.
#
LOCAL_CFLAGS += -fstrict-aliasing -Wstrict-aliasing=2 -fno-align-jumps
LOCAL_CFLAGS += -Wall -Wextra -Wno-unused-parameter
LOCAL_CFLAGS += -DARCH_VARIANT=\"$(dvm_arch_variant)\"
```

(2) 接着判断编译时有没有指定 DEBUG_DALVIK_VM。

```
#
# Optional features.  These may impact the size or performance of the VM.
#

# Make a debugging version when building the simulator (if not told
# otherwise) and when explicitly asked.
dvm_make_debug_vm := false
ifneq ($(strip $(DEBUG_DALVIK_VM)),)
  dvm_make_debug_vm := $(DEBUG_DALVIK_VM)
endif
```

如果指定了该选项，则打开额外的编译选项，否则什么都不多做。

```
ifeq ($(dvm_make_debug_vm),true)
  #
  # "Debug" profile:
  # - debugger enabled
  # - profiling enabled
  # - tracked-reference verification enabled
  # - allocation limits enabled
  # - GDB helpers enabled
  # - LOGV
  # - assert()
```

```
  #
  LOCAL_CFLAGS += -DWITH_INSTR_CHECKS
  LOCAL_CFLAGS += -DWITH_EXTRA_OBJECT_VALIDATION
  LOCAL_CFLAGS += -DWITH_TRACKREF_CHECKS
  LOCAL_CFLAGS += -DWITH_EXTRA_GC_CHECKS=1
  #LOCAL_CFLAGS += -DCHECK_MUTEX
  LOCAL_CFLAGS += -DDVM_SHOW_EXCEPTION=3
  # add some extra stuff to make it easier to examine with GDB
  LOCAL_CFLAGS += -DEASY_GDB
  # overall config may be for a "release" build, so reconfigure these
  LOCAL_CFLAGS += -UNDEBUG -DDEBUG=1 -DLOG_NDEBUG=1 -DWITH_DALVIK_ASSERT
else  # !dvm_make_debug_vm
  #
  # "Performance" profile:
  # - all development features disabled
  # - compiler optimizations enabled (redundant for "release" builds)
  # - (debugging and profiling still enabled)
  #
  #LOCAL_CFLAGS += -DNDEBUG -DLOG_NDEBUG=1
  # "-O2" is redundant for device (release) but useful for sim (debug)
  #LOCAL_CFLAGS += -O2 -Winline
  #LOCAL_CFLAGS += -DWITH_EXTRA_OBJECT_VALIDATION
  LOCAL_CFLAGS += -DDVM_SHOW_EXCEPTION=1
  # if you want to try with assertions on the device, add:
  #LOCAL_CFLAGS += -UNDEBUG -DDEBUG=1 -DLOG_NDEBUG=1 -DWITH_DALVIK_ASSERT
endif  # !dvm_make_debug_vm
```

(3) 紧接着是该文件的大头，引入编译源文件。其中包括所有平台都会使用到的源文件，例如 AllocTracker.cpp 等。为了支持 JIT 特有的文件，例如 compiler/Compiler.cpp 等，我们需要特别关注下面的代码：

```
ifeq ($(WITH_COPYING_GC),true)
  LOCAL_CFLAGS += -DWITH_COPYING_GC
  LOCAL_SRC_FILES += \
     alloc/Copying.cpp.arm
else
  LOCAL_SRC_FILES += \
     alloc/HeapSource.cpp \
     alloc/MarkSweep.cpp.arm
endif
```

这是在指定垃圾收集器的类型。当在编译选项中指定 WITH_COPYING_GC 后就使用复制垃圾收集器，否则就是用“标记-清除垃圾收集器”。由此可见，至此编译脚本的解析全部完成。DVM 源代码结构简单，其编译脚本的过程也很清晰。

4.5 Android 4.0.1 源码下载、模拟器编译和运行

在本书成稿时，Android 4.0.1 是最新的版本，在接下来的内容中，将详细讲解下载 Android 4.0.1 源码，以及编译、运行 Android 4.0.1 模拟器的基本知识。

(1) Android ICS 下载

在网址 http://source.android.com/source/downloading.html 上有最新的 ICS 源代码的同步地址。如果环境已经设置好了的话，同步最新的代码会非常简单。

```
$ mkdir WORKING_DIRECTORY
$ cd WORKING_DIRECTORY
$ repo init -u https://android.googlesource.com/platform/manifest -b android-4.0.1_r1
$repo sync
```

(2) Android ICS 模拟器的编译

编译 Android 4.0.1 模拟器的方法和编译以前版本的方法一样。

```
. build/envsetup.sh
lunch sdk-eng
make
```

编译完成后，会发现在工作目录($TOP)里增加了一个 log 文件 v8.log。

(3) 启动 Android ICS 模拟器

```
$cd out/host/linux-x86/sdk/android-sdk_eng.xxx_linux-x86/tools
$./android list targets
Available Android targets:
----------
id: 1 or "android-14"
    Name: Android 4.0
    Type: Platform
    API level: 14
    Revision: 2
    Skins: QVGA, WSVGA, HVGA, WVGA854, WXGA720, WQVGA432, WVGA800 (default), WQVGA400,
WXGA800
    ABIs : armeabi-v7a

$./android create avd -t 1 -n ics
Auto-selecting single ABI armeabi-v7a
Android 4.0 is a basic Android platform.
Do you wish to create a custom hardware profile [no]
Created AVD 'ics' based on Android 4.0, ARM (armeabi-v7a) processor,
with the following hardware config:
hw.lcd.density=240
vm.heapSize=24
hw.ramSize=512

$./emulator -avd ics
```

此时 emulator 就成功启动了，如图 4-2 所示。

图 4-2 所示的效果比较怪，这是因为没有完成初始化的原因，关掉后然后重新启动，此时就会正常显示了，如图 4-3 所示。

图 4-2　emulator 的效果

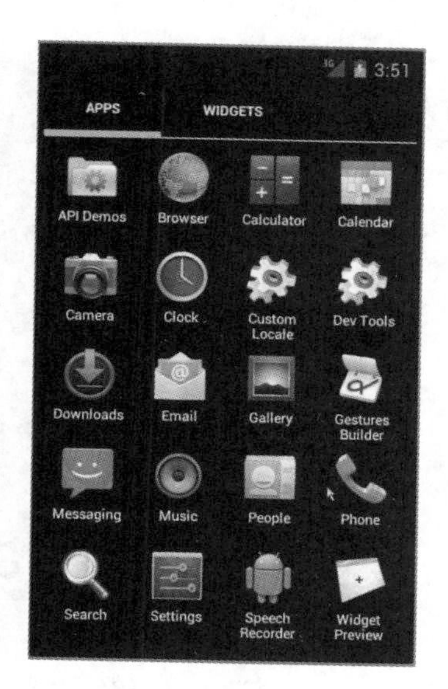

图 4-3　启动并正常显示

第 5 章　Dalvik 虚拟机的运作流程

经过上一章的学习，已经了解了编译和调试 Dalvik 虚拟机的基本知识。在接下来的内容中，将继续讲解 Dalvik 的核心内容。在本章将简要讲解 Dalvik 虚拟机的运作流程，为读者步入本书后面知识的学习打下基础。

5.1　Dalvik 虚拟机相关的可执行程序

在 Android 源码中，大家会发现好几处和 Dalvik 这个概念相关的可执行程序，正确区分这些可执行程序将有助于理解 Framework 内部结构。这些可执行程序的名称和源码路径如表 5-1 所示。

表 5-1　和虚拟机相关的源码

名　称	源码路径
Dalvikvm	dalvik/dalvikvm
Dvz	dalvik/dvz
app_process	frameworks/base/cmds/app_process

在接下来的内容中，将分别介绍这些可执行程序的作用。

5.1.1　dalvikvm

当 Java 程序运行时，都是由一个虚拟机来解释 Java 的字节码，将这些字节码翻译成本地 CPU 的指令码，然后再执行。对 Java 程序而言，负责解释并执行的就是一个虚拟机，而对于 Linux 而言，这个进程只是一个普通的进程，它与一个只有一行代码的 Hello World 可执行程序无本质的区别。所以启动一个虚拟机的方法就跟启动任何一个可执行程序的方法是相同的，那就是在命令行下输入可执行程序的名称，并在参数中指定要执行的 Java 类。

dalvikvm 的作用就是创建一个虚拟机并执行参数中指定的 Java 类，下面以一个例子来说明该程序的使用方法。

(1) 首先新建一个名为 Foo.java 的文件，其代码如下。

```
class Foo {
    public static void main(String[] args) {
        System.out.println("Hello dalvik");
    }
}
```

(2) 然后编译文件 Foo.java 并生成 Jar 文件，代码如下。

```
$ javac Foo.java
$ PATH=/Users/keyd/android/out/host/darwin-x86/bin:$PATH
$ dx --dex --output=foo.jar Foo.class
```

dx 工具的作用是将.class 转换为.dex 文件，因为 Dalvik 虚拟机所执行的程序不是标准的 Jar 文件，而是将 Jar 文件经过特别的转换以提高执行效率，而转换后的文件就是 dex 文件。dx 工具是 Android 源码的一部分，其路径是在 out 目录下，因此在执行 dx 之前，需要添加该路径。

当执行 dx 时，参数“--output”用于指定 Jar 文件的输出路径，该 Jar 文件内部包含已经不是纯粹的.class 文件，而是 dex 格式文件，Jar 仅仅是 zip 包。

当生成了该 Jar 包后，就可以把该 Jar 包 push 到设备中并执行，代码如下：

```
$ adb push foo.jar /data/app
$ adb shell dalvikvm -cp /data/app/foo.jar Foo
Hello dalvik
```

通过上述命令，首先将该 Jar 包 push 到/data/app 目录下，因为该目录一般用于存放应用程序，接着使用 adb shell 执行 dalvikvm 程序。dalvikvm 的执行语法如下：

```
dalvikvm -cp 类路径 类名
```

由此可以看到，dalvikvm 的作用就像在 PC 上执行 Java 程序一样。

5.1.2　dvz

在 Dalvik 虚拟机中，dvz 的作用是从 Zygote 进程中孵化出一个新的进程，新的进程也是一个 Dalvik 虚拟机。该进程与 dalvikvm 启动的虚拟机的区别在于该进程中已经预装了 Framework 的大部分类和资源，下面以一个具体的例子来看 dvz 的使用方法。

(1) 首先通过 Eclipse 新建一个 APK 项目，包名称为 com.haiii.android.helloapk，默认的 Activity 名称为 Welcome，其代码如下。

```
public class Welcome extends Activity {
    /** Called when the activity is first created. */
    @Override
    public void onCreate(Bundle savedInstanceState) {
        super.onCreate(savedInstanceState);
        setContentView(R.layout.main);
    }

    public static void main(String[] args) {
        System.out.println("Hello dalvik");
    }
```

```
    }
```

在上述代码中有一个static main()函数，该函数将作为类Welcome的入口。

(2) 然后将生成的APK文件push到/data/app目录下，然后运行Welcome类，其代码如下：

```
# dvz -classpath /data/app/HelloApk.apk com.haiii.android.helloapk.Welcome
Hello dalvik
In mgmain JNI_OnLoad
```

使用dvz的语法格式如下。

```
dvz  -classpath 包名称 类名
```

我们不能用在函数main()内部构造一个Welcome对象的方法达到运行该APK的目的，这是因为类Welcome并不是该应用程序的入口类。一个APK的入口类是ActivityThread类，Activity类仅仅是被回调的类，因此不可以通过Activity类来启动一个APK，dvz工具仅仅用于Framework开发过程的调试。

5.1.3　app_process

本章前面两节讲解的dalvikvm和dvz是通用的两个工具，然而Framework在启动时需要加载并运行如下两个特定Java类：

- ZygoteInit.java
- SystemServer.java

为了便于使用，系统才提供了一个app_process进程，该进程会自动运行这两个类，从这个角度来讲，app_process的本质就是使用dalvikvm启动ZygoteInit.java。并在启动后加载Framework中的大部分类和资源。

在接下来的内容中，将对比app_process和dalvikvm的主要执行过程。

(1) 首先看dalvikvm，其源码在文件dalvik/dalvikvm/Main.c中，该源码中的关键代码有两处。

```
    /*
     * 第一处：通过如下代码创建一个vm对象
     */
    if (JNI_CreateJavaVM(&vm, &env, &initArgs) < 0) {
        fprintf(stderr, "Dalvik VM init failed (check log file)\n");
        goto bail;
    }

    /*
     * Make sure they provided a class name. We do this after VM init
     * so that things like "-Xrunjdwp:help" have the opportunity to emit
     * a usage statement.
     */
    if (argIdx == argc) {
        fprintf(stderr, "Dalvik VM requires a class name\n");
        goto bail;
    }

    /*
```

```
 * We want to call main() with a String array with our arguments in it.
 * Create an array and populate it.  Note argv[0] is not included.
 */
jobjectArray strArray;
strArray = createStringArray(env, &argv[argIdx+1], argc-argIdx-1);
if (strArray == NULL)
   goto bail;

/*
 * Find [class].main(String[]).
 */
jclass startClass;
jmethodID startMeth;
char* cp;

/* convert "com.android.Blah" to "com/android/Blah" */
slashClass = strdup(argv[argIdx]);
for (cp = slashClass; *cp != '\0'; cp++)
   if (*cp == '.')
      *cp = '/';
/*第二处：创建好了 JavaVm 对象后，就可以使用该对象去加载指定的类了*/
startClass = (*env)->FindClass(env, slashClass);
if (startClass == NULL) {
   fprintf(stderr, "Dalvik VM unable to locate class '%s'\n", slashClass);
   goto bail;
}

startMeth = (*env)->GetStaticMethodID(env, startClass,
         "main", "([Ljava/lang/String;)V");
if (startMeth == NULL) {
   fprintf(stderr, "Dalvik VM unable to find static main(String[]) in '%s'\n",
      slashClass);
   goto bail;
}

/*
 * Make sure the method is public.  JNI doesn't prevent us from calling
 * a private method, so we have to check it explicitly.
 */
if (!methodIsPublic(env, startClass, startMeth))
   goto bail;

/*
 * Invoke main().
 */
(*env)->CallStaticVoidMethod(env, startClass, startMeth, strArray);

if (!(*env)->ExceptionCheck(env))
   result = 0;
```

在上述第一处关键代码处，该段代码通过调用 JNI_CreateJavaVM()，并同时创建了 JavaVm 对象和 JNIEnv 对象，这两个对象的定义如下：

```
JNIEnvExt* pEnv = NULL;
JavaVMExt* pVM = NULL;
```

该函数的参数是“指针的指针”类型，其原型如下：

```
jint JNI_CreateJavaVM(JavaVM** p_vm, JNIEnv** p_env, void* vm_args)
```

在上述第二处关键代码处，首先调用 FindClass()找到指定的 class 文件，然后调用 GetStaticMethodID()找到 main()函数，最后调用 CallStaticVoidMethod 执行该 main()函数。

(2) 接下来看 app_process 中是如何创建虚拟机并执行指定的 class 文件的。其源代码在文件 frameworks/base/cmds/app_main.cpp 中，该文件中的关键代码有如下两处：

- 第一处：先创建一个 AppRuntime 对象；
- 第二处：调用 runtime 的 start()方法启动指定的 class。

在系统中只有一处使用了 app_process，那就是在 init.rc 中。因为在使用时参数包含了“--zygote”及“--start-system-server”，所以这里仅分析包含这两个参数的情况。start()方式是类 AppRuntime 的成员函数，而 AppRuntime 是在该文件中定义的一个应用类，其父类是 AndroidRuntime，该类的实现在文件 frameworkds/base/core/jni/AndroidRuntime.cpp 中。在函数 start()中，首先调用 startVm()创建了一个 vm 对象，然后就和 dalvikvm 一样先找到 Class()，再执行 class 中函数 main()，使用 startVm()函数创建 vm 对象。

由上述过程可以看出，app_process 和 dalvikvm 在本质上是相同的，唯一的区别就是 app_process 可以指定一些特别的参数，这些参数有利于 Framework 启动特定的类，并进行一些特别的系统环境参数设置。

5.2 Dalvik 虚拟机的初始化

在 Dalvik 虚拟机运行伊始，先进行的是初始化工作，此工作的核心实现文件是 Init.h 和 Init.c。在本节的内容中，将详细讲解 Dalvik 虚拟机的初始化过程。

5.2.1 开始虚拟机的准备工作

在 Dalvik 虚拟机的初始化过程中，使用函数 dvmStartup()实现所有开始虚拟机的准备工作，此函数的具体实现代码如下。

```
int dvmStartup(int argc, const char* const argv[], bool ignoreUnrecognized,
    JNIEnv* pEnv)
{
    int i, cc;
    assert(gDvm.initializing);
    LOGV("VM init args (%d):\n", argc);
    for (i = 0; i < argc; i++)
        LOGV("  %d: '%s'\n", i, argv[i]);
    setCommandLineDefaults();
    /* prep properties storage */
    if (!dvmPropertiesStartup(argc))
        goto fail;
```

```
    /*
     * Process the option flags (if any).
     */
    cc = dvmProcessOptions(argc, argv, ignoreUnrecognized);
    if (cc != 0) {
        if (cc < 0) {
            dvmFprintf(stderr, "\n");
            dvmUsage("dalvikvm");
        }
        goto fail;
    }
```

5.2.2　初始化跟踪显示系统

在 Dalvik 虚拟机的初始化过程中，使用函数 dvmAllocTrackerStartup()初始化跟踪显示系统，跟踪系统主要用生成调试系统的数据包，此函数的具体实现代码如下。

```
bool dvmAllocTrackerStartup(void)
{
    /* prep locks */
    dvmInitMutex(&gDvm.allocTrackerLock);
    /* initialized when enabled by DDMS */
    assert(gDvm.allocRecords == NULL);
    return true;
}
```

上述函数的实现保存在文件 AllocTracker.c 中。

5.2.3　初始化垃圾回收器

在 Dalvik 虚拟机的初始化过程中，使用函数 dvmGcStartup()初始化垃圾回收器，此函数的具体实现代码如下。

```
bool dvmGcStartup(void)
{
    dvmInitMutex(&gDvm.gcHeapLock);
    return dvmHeapStartup();
}
```

5.2.4　初始化线程列表和主线程环境参数

在 Dalvik 虚拟机的初始化过程中，使用函数 dvmThreadStartup()初始化线程列表和主线程环境参数，此函数的具体实现代码如下。

```
bool dvmThreadStartup(void)
{
    Thread* thread;

    /* allocate a TLS slot */
    if (pthread_key_create(&gDvm.pthreadKeySelf, threadExitCheck) != 0) {
```

```
        LOGE("ERROR: pthread_key_create failed\n");
        return false;
    }

    /* test our pthread lib */
    if (pthread_getspecific(gDvm.pthreadKeySelf) != NULL)
        LOGW("WARNING: newly-created pthread TLS slot is not NULL\n");

    /* prep thread-related locks and conditions */
    dvmInitMutex(&gDvm.threadListLock);
    pthread_cond_init(&gDvm.threadStartCond, NULL);
    //dvmInitMutex(&gDvm.vmExitLock);
    pthread_cond_init(&gDvm.vmExitCond, NULL);
    dvmInitMutex(&gDvm._threadSuspendLock);
    dvmInitMutex(&gDvm.threadSuspendCountLock);
    pthread_cond_init(&gDvm.threadSuspendCountCond, NULL);
#ifdef WITH_DEADLOCK_PREDICTION
    dvmInitMutex(&gDvm.deadlockHistoryLock);
#endif

    /*
     * Dedicated monitor for Thread.sleep().
     * TODO: change this to an Object* so we don't have to expose this
     * call, and we interact better with JDWP monitor calls.  Requires
     * deferring the object creation to much later (e.g. final "main"
     * thread prep) or until first use.
     */
    gDvm.threadSleepMon = dvmCreateMonitor(NULL);

    gDvm.threadIdMap = dvmAllocBitVector(kMaxThreadId, false);

    thread = allocThread(gDvm.stackSize);
    if (thread == NULL)
        return false;

    /* switch mode for when we run initializers */
    thread->status = THREAD_RUNNING;

    /*
     * We need to assign the threadId early so we can lock/notify
     * object monitors.  We'll set the "threadObj" field later.
     */
    prepareThread(thread);
    gDvm.threadList = thread;

#ifdef COUNT_PRECISE_METHODS
    gDvm.preciseMethods = dvmPointerSetAlloc(200);
#endif

    return true;
}
```

上述函数的实现保存在文件 Thread.c 中。

5.2.5　分配内部操作方法的表格内存

在 Dalvik 虚拟机的初始化过程中，使用函数 dvmInlineNativeStartup()分配内部操作方法的表格内存，此函数的具体实现代码如下。

```
bool dvmInlineNativeStartup(void)
{
#ifdef WITH_PROFILER
    gDvm.inlinedMethods =
        (Method**) calloc(NELEM(gDvmInlineOpsTable), sizeof(Method*));
    if (gDvm.inlinedMethods == NULL)
        return false;
#endif
    return true;
}
```

上述函数的实现保存在文件 InlineNative.c 中。

5.2.6　初始化虚拟机的指令码相关的内容

在 Dalvik 虚拟机的初始化过程中，使用函数 dvmVerificationStartup()初始化虚拟机的指令码相关的内容，以便检查指令是否正确，此函数的具体实现代码如下。

```
bool dvmVerificationStartup(void)
{
    gDvm.instrWidth = dexCreateInstrWidthTable();
    gDvm.instrFormat = dexCreateInstrFormatTable();
    gDvm.instrFlags = dexCreateInstrFlagsTable();
    if (gDvm.instrWidth == NULL || gDvm.instrFormat == NULL ||
        gDvm.instrFlags == NULL)
    {
        LOGE("Unable to create instruction tables\n");
        return false;
    }
    return true;
}
```

上述函数的实现保存在文件 analysis\DexVerify.c 中。

5.2.7　分配指令寄存器状态的内存

在 Dalvik 虚拟机的初始化过程中，使用函数 dvmRegisterMapStartup()分配指令寄存器状态的内存。此函数的具体实现代码如下。

```
bool dvmRegisterMapStartup(void)
{
#ifdef REGISTER_MAP_STATS
    MapStats* pStats = calloc(1, sizeof(MapStats));
```

```
    gDvm.registerMapStats = pStats;
#endif
    return true;
}
```

上述函数的实现保存在文件 analysis\RegisterMap.c 中。

5.2.8 分配指令寄存器状态的内存

在 Dalvik 虚拟机的初始化过程中，使用函数 dvmInstanceofStartup()分配虚拟机使用的缓存。此函数的具体实现代码如下。

```
bool dvmInstanceofStartup(void)
{
    gDvm.instanceofCache = dvmAllocAtomicCache(INSTANCEOF_CACHE_SIZE);
    if (gDvm.instanceofCache == NULL)
        return false;
    return true;
}
```

上述函数的实现保存在文件 oo\TypeCheck.c 中。

5.2.9 初始化虚拟机最基本用的 Java 库

在 Dalvik 虚拟机的初始化过程中，使用函数 dvmClassStartup()初始化虚拟机最基本用的 Java 库，此函数的具体实现代码如下。

```
bool dvmClassStartup(void)
{
    ClassObject* unlinkedClass;
    /* make this a requirement -- don't currently support dirs in path */
    if (strcmp(gDvm.bootClassPathStr, ".") == 0) {
        LOGE("ERROR: must specify non-'.' bootclasspath\n");
        return false;
    }
    gDvm.loadedClasses =
        dvmHashTableCreate(256, (HashFreeFunc) dvmFreeClassInnards);
    gDvm.pBootLoaderAlloc = dvmLinearAllocCreate(NULL);
    if (gDvm.pBootLoaderAlloc == NULL)
        return false;
    if (false) {
        linearAllocTests();
        exit(0);
    }
    /*
     * Class serial number.  We start with a high value to make it distinct
     * in binary dumps (e.g. hprof).
     */
    gDvm.classSerialNumber = INITIAL_CLASS_SERIAL_NUMBER;
    /* Set up the table we'll use for tracking initiating loaders for
     * early classes.
```

```
     * If it's NULL, we just fall back to the InitiatingLoaderList in the
     * ClassObject, so it's not fatal to fail this allocation.
     */
    gDvm.initiatingLoaderList =
        calloc(ZYGOTE_CLASS_CUTOFF, sizeof(InitiatingLoaderList));
    /* This placeholder class is used while a ClassObject is
     * loading/linking so those not in the know can still say
     * "obj->clazz->...".
     */
    unlinkedClass = &gDvm.unlinkedJavaLangClassObject;
    memset(unlinkedClass, 0, sizeof(*unlinkedClass));
    /* Set obj->clazz to NULL so anyone who gets too interested
     * in the fake class will crash.
     */
    DVM_OBJECT_INIT(&unlinkedClass->obj, NULL);
    unlinkedClass->descriptor = "!unlinkedClass";
    dvmSetClassSerialNumber(unlinkedClass);
    gDvm.unlinkedJavaLangClass = unlinkedClass;
    /*
     * Process the bootstrap class path.  This means opening the specified
     * DEX or Jar files and possibly running them through the optimizer.
     */
    assert(gDvm.bootClassPath == NULL);
    processClassPath(gDvm.bootClassPathStr, true);
    if (gDvm.bootClassPath == NULL)
        return false;
    return true;
}
```

上述函数的实现保存在文件 oo\Class.c 中。

5.2.10　进一步使用的 Java 类库线程类

在 Dalvik 虚拟机的初始化过程中，使用函数 dvmThreadObjStartup()初始化虚拟机进一步使用 Java 类库线程类，此函数的具体实现代码如下。

```
bool dvmThreadObjStartup(void)
{
    /*
     * Cache the locations of these classes.  It's likely that we're the
     * first to reference them, so they're being loaded now.
     */
    gDvm.classJavaLangThread =
        dvmFindSystemClassNoInit("Ljava/lang/Thread;");
    gDvm.classJavaLangVMThread =
        dvmFindSystemClassNoInit("Ljava/lang/VMThread;");
    gDvm.classJavaLangThreadGroup =
        dvmFindSystemClassNoInit("Ljava/lang/ThreadGroup;");
    if (gDvm.classJavaLangThread == NULL ||
        gDvm.classJavaLangThreadGroup == NULL ||
        gDvm.classJavaLangThreadGroup == NULL)
    {
```

```
    LOGE("Could not find one or more essential thread classes\n");
    return false;
}

/*
 * Cache field offsets.  This makes things a little faster, at the
 * expense of hard-coding non-public field names into the VM.
 */
gDvm.offJavaLangThread_vmThread =
    dvmFindFieldOffset(gDvm.classJavaLangThread,
        "vmThread", "Ljava/lang/VMThread;");
gDvm.offJavaLangThread_group =
    dvmFindFieldOffset(gDvm.classJavaLangThread,
        "group", "Ljava/lang/ThreadGroup;");
gDvm.offJavaLangThread_daemon =
    dvmFindFieldOffset(gDvm.classJavaLangThread, "daemon", "Z");
gDvm.offJavaLangThread_name =
    dvmFindFieldOffset(gDvm.classJavaLangThread,
        "name", "Ljava/lang/String;");
gDvm.offJavaLangThread_priority =
    dvmFindFieldOffset(gDvm.classJavaLangThread, "priority", "I");

if (gDvm.offJavaLangThread_vmThread < 0 ||
    gDvm.offJavaLangThread_group < 0 ||
    gDvm.offJavaLangThread_daemon < 0 ||
    gDvm.offJavaLangThread_name < 0 ||
    gDvm.offJavaLangThread_priority < 0)
{
    LOGE("Unable to find all fields in java.lang.Thread\n");
    return false;
}

gDvm.offJavaLangVMThread_thread =
    dvmFindFieldOffset(gDvm.classJavaLangVMThread,
        "thread", "Ljava/lang/Thread;");
gDvm.offJavaLangVMThread_vmData =
    dvmFindFieldOffset(gDvm.classJavaLangVMThread, "vmData", "I");
if (gDvm.offJavaLangVMThread_thread < 0 ||
    gDvm.offJavaLangVMThread_vmData < 0)
{
    LOGE("Unable to find all fields in java.lang.VMThread\n");
    return false;
}

/*
 * Cache the vtable offset for "run()".
 *
 * We don't want to keep the Method* because then we won't find see
 * methods defined in subclasses.
 */
Method* meth;
meth = dvmFindVirtualMethodByDescriptor(gDvm.classJavaLangThread, "run", "()V");
```

```
    if (meth == NULL) {
        LOGE("Unable to find run() in java.lang.Thread\n");
        return false;
    }
    gDvm.voffJavaLangThread_run = meth->methodIndex;

    /*
     * Cache vtable offsets for ThreadGroup methods.
     */
    meth = dvmFindVirtualMethodByDescriptor(gDvm.classJavaLangThreadGroup,
        "removeThread", "(Ljava/lang/Thread;)V");
    if (meth == NULL) {
        LOGE("Unable to find removeThread(Thread) in java.lang.ThreadGroup\n");
        return false;
    }
    gDvm.voffJavaLangThreadGroup_removeThread = meth->methodIndex;

    return true;
}
```

上述函数的实现保存在文件 Thread.c 中。

5.2.11　初始化虚拟机使用的异常 Java 类库

在 Dalvik 虚拟机的初始化过程中，使用函数 dvmExceptionStartup()初始化虚拟机使用的异常 Java 类库，此函数的具体实现代码如下。

```
bool dvmExceptionStartup(void)
{
    gDvm.classJavaLangThrowable =
        dvmFindSystemClassNoInit("Ljava/lang/Throwable;");
    gDvm.classJavaLangRuntimeException =
        dvmFindSystemClassNoInit("Ljava/lang/RuntimeException;");
    gDvm.classJavaLangError =
        dvmFindSystemClassNoInit("Ljava/lang/Error;");
    gDvm.classJavaLangStackTraceElement =
        dvmFindSystemClassNoInit("Ljava/lang/StackTraceElement;");
    gDvm.classJavaLangStackTraceElementArray =
        dvmFindArrayClass("[Ljava/lang/StackTraceElement;", NULL);
    if (gDvm.classJavaLangThrowable == NULL ||
        gDvm.classJavaLangStackTraceElement == NULL ||
        gDvm.classJavaLangStackTraceElementArray == NULL)
    {
        LOGE("Could not find one or more essential exception classes\n");
        return false;
    }

    /*
     * Find the constructor.  Note that, unlike other saved method lookups,
     * we're using a Method* instead of a vtable offset.  This is because
     * constructors don't have vtable offsets.  (Also, since we're creating
     * the object in question, it's impossible for anyone to sub-class it.)
```

```
    */
    Method* meth;
    meth = dvmFindDirectMethodByDescriptor(gDvm.classJavaLangStackTraceElement,
        "<init>", "(Ljava/lang/String;Ljava/lang/String;Ljava/lang/String;I)V");
    if (meth == NULL) {
        LOGE("Unable to find constructor for StackTraceElement\n");
        return false;
    }
    gDvm.methJavaLangStackTraceElement_init = meth;

    /* grab an offset for the stackData field */
    gDvm.offJavaLangThrowable_stackState =
        dvmFindFieldOffset(gDvm.classJavaLangThrowable,
            "stackState", "Ljava/lang/Object;");
    if (gDvm.offJavaLangThrowable_stackState < 0) {
        LOGE("Unable to find Throwable.stackState\n");
        return false;
    }

    /* and one for the message field, in case we want to show it */
    gDvm.offJavaLangThrowable_message =
        dvmFindFieldOffset(gDvm.classJavaLangThrowable,
            "detailMessage", "Ljava/lang/String;");
    if (gDvm.offJavaLangThrowable_message < 0) {
        LOGE("Unable to find Throwable.detailMessage\n");
        return false;
    }

    /* and one for the cause field, just 'cause */
    gDvm.offJavaLangThrowable_cause =
        dvmFindFieldOffset(gDvm.classJavaLangThrowable,
            "cause", "Ljava/lang/Throwable;");
    if (gDvm.offJavaLangThrowable_cause < 0) {
        LOGE("Unable to find Throwable.cause\n");
        return false;
    }
    return true;
}
```

上述函数的实现保存在文件 Exception.c 中。

5.2.12 释放字符串哈希表

在 Dalvik 虚拟机的初始化过程中，使用函数 dvmStringInternStartup()初始化虚拟机解释器使用的字符串哈希表，此函数的具体实现代码如下。

```
bool dvmStringInternStartup(void)
{
    gDvm.internedStrings = dvmHashTableCreate(256, NULL);
    if (gDvm.internedStrings == NULL)
        return false;
    return true;
```

```
}
```

上述函数的实现保存在文件 Intern.c 中。

5.2.13　初始化本地方法库的表

在 Dalvik 虚拟机的初始化过程中，使用函数 dvmNativeStartup()初始化本地方法库的表，此函数的具体实现代码如下。

```
bool dvmNativeStartup(void)
{
    gDvm.nativeLibs = dvmHashTableCreate(4, freeSharedLibEntry);
    if (gDvm.nativeLibs == NULL)
        return false;
    return true;
}
```

上述函数的实现保存在文件 Native.c 中。

5.2.14　初始化内部本地方法

在 Dalvik 虚拟机的初始化过程中，使用函数 dvmInternalNativeStartup()初始化内部本地方法，建立哈希表，方便快速查找。此函数的具体实现代码如下。

```
bool dvmInternalNativeStartup()
{
    DalvikNativeClass* classPtr = gDvmNativeMethodSet;
    while (classPtr->classDescriptor != NULL) {
        classPtr->classDescriptorHash =
            dvmComputeUtf8Hash(classPtr->classDescriptor);
        classPtr++;
    }
    gDvm.userDexFiles = dvmHashTableCreate(2, dvmFreeDexOrJar);
    if (gDvm.userDexFiles == NULL)
        return false;
    return true;
}
```

上述函数的实现保存在文件 native/InternalNative.cpp 中。

5.2.15　初始化 JNI 调用表

在 Dalvik 虚拟机的初始化过程中，使用函数 dvmJniStartup()初始化 JNI 调用表，以便快速找到本地方法调用的入口。此函数的具体实现代码如下。

```
bool dvmJniStartup(void)
{
#ifdef USE_INDIRECT_REF
    if (!dvmInitIndirectRefTable(&gDvm.jniGlobalRefTable,
            kGlobalRefsTableInitialSize, kGlobalRefsTableMaxSize,
            kIndirectKindGlobal))
```

```
        return false;
#else
    if (!dvmInitReferenceTable(&gDvm.jniGlobalRefTable,
            kGlobalRefsTableInitialSize, kGlobalRefsTableMaxSize))
        return false;
#endif
    dvmInitMutex(&gDvm.jniGlobalRefLock);
    gDvm.jniGlobalRefLoMark = 0;
    gDvm.jniGlobalRefHiMark = kGrefWaterInterval * 2;
    if (!dvmInitReferenceTable(&gDvm.jniPinRefTable,
            kPinTableInitialSize, kPinTableMaxSize))
        return false;
    dvmInitMutex(&gDvm.jniPinRefLock);
    /*
     * Look up and cache pointers to some direct buffer classes, fields,
     * and methods.
     */
    Method* meth;
    ClassObject* platformAddressClass =

dvmFindSystemClassNoInit("Lorg/apache/harmony/luni/platform/PlatformAddress;");
    ClassObject* platformAddressFactoryClass =

dvmFindSystemClassNoInit("Lorg/apache/harmony/luni/platform/PlatformAddressFactory;"
);
    ClassObject* directBufferClass =
        dvmFindSystemClassNoInit("Lorg/apache/harmony/nio/internal/DirectBuffer;");
    ClassObject* readWriteBufferClass =
        dvmFindSystemClassNoInit("Ljava/nio/ReadWriteDirectByteBuffer;");
    ClassObject* bufferClass =
        dvmFindSystemClassNoInit("Ljava/nio/Buffer;");
    if (platformAddressClass == NULL || platformAddressFactoryClass == NULL ||
        directBufferClass == NULL || readWriteBufferClass == NULL ||
        bufferClass == NULL)
    {
        LOGE("Unable to find internal direct buffer classes\n");
        return false;
    }
    gDvm.classJavaNioReadWriteDirectByteBuffer = readWriteBufferClass;
    gDvm.classOrgApacheHarmonyNioInternalDirectBuffer = directBufferClass;
    /* need a global reference for extended CheckJNI tests */
    gDvm.jclassOrgApacheHarmonyNioInternalDirectBuffer =
        addGlobalReference((Object*) directBufferClass);
    /*
     * We need a Method* here rather than a vtable offset, because
     * DirectBuffer is an interface class.
     */
    meth = dvmFindVirtualMethodByDescriptor(
            gDvm.classOrgApacheHarmonyNioInternalDirectBuffer,
            "getEffectiveAddress",
            "()Lorg/apache/harmony/luni/platform/PlatformAddress;");
    if (meth == NULL) {
```

```
        LOGE("Unable to find PlatformAddress.getEffectiveAddress\n");
        return false;
    }
    gDvm.methOrgApacheHarmonyNioInternalDirectBuffer_getEffectiveAddress = meth;
    meth = dvmFindVirtualMethodByDescriptor(platformAddressClass,
            "toLong", "()J");
    if (meth == NULL) {
        LOGE("Unable to find PlatformAddress.toLong\n");
        return false;
    }
    gDvm.voffOrgApacheHarmonyLuniPlatformPlatformAddress_toLong =
        meth->methodIndex;
    meth = dvmFindDirectMethodByDescriptor(platformAddressFactoryClass,
            "on",
            "(I)Lorg/apache/harmony/luni/platform/PlatformAddress;");
    if (meth == NULL) {
        LOGE("Unable to find PlatformAddressFactory.on\n");
        return false;
    }
    gDvm.methOrgApacheHarmonyLuniPlatformPlatformAddress_on = meth;
    meth = dvmFindDirectMethodByDescriptor(readWriteBufferClass,
            "<init>",
            "(Lorg/apache/harmony/luni/platform/PlatformAddress;II)V");
    if (meth == NULL) {
        LOGE("Unable to find ReadWriteDirectByteBuffer.<init>\n");
        return false;
    }
    gDvm.methJavaNioReadWriteDirectByteBuffer_init = meth;
    gDvm.offOrgApacheHarmonyLuniPlatformPlatformAddress_osaddr =
        dvmFindFieldOffset(platformAddressClass, "osaddr", "I");
    if (gDvm.offOrgApacheHarmonyLuniPlatformPlatformAddress_osaddr < 0) {
        LOGE("Unable to find PlatformAddress.osaddr\n");
        return false;
    }
    gDvm.offJavaNioBuffer_capacity =
        dvmFindFieldOffset(bufferClass, "capacity", "I");
    if (gDvm.offJavaNioBuffer_capacity < 0) {
        LOGE("Unable to find Buffer.capacity\n");
        return false;
    }
    gDvm.offJavaNioBuffer_effectiveDirectAddress =
        dvmFindFieldOffset(bufferClass, "effectiveDirectAddress", "I");
    if (gDvm.offJavaNioBuffer_effectiveDirectAddress < 0) {
        LOGE("Unable to find Buffer.effectiveDirectAddress\n");
        return false;
    }
    return true;
}
```

上述函数的实现保存在文件 Jni.c 中。

5.2.16 缓存 Java 类库里的反射类

在 Dalvik 虚拟机的初始化过程中，使用函数 dvmReflectStartup()缓存 Java 类库里的反射类。此函数的具体实现代码如下。

```
bool dvmReflectStartup(void)
{
    gDvm.classJavaLangReflectAccessibleObject =
        dvmFindSystemClassNoInit("Ljava/lang/reflect/AccessibleObject;");
    gDvm.classJavaLangReflectConstructor =
        dvmFindSystemClassNoInit("Ljava/lang/reflect/Constructor;");
    gDvm.classJavaLangReflectConstructorArray =
        dvmFindArrayClass("[Ljava/lang/reflect/Constructor;", NULL);
    gDvm.classJavaLangReflectField =
        dvmFindSystemClassNoInit("Ljava/lang/reflect/Field;");
    gDvm.classJavaLangReflectFieldArray =
        dvmFindArrayClass("[Ljava/lang/reflect/Field;", NULL);
    gDvm.classJavaLangReflectMethod =
        dvmFindSystemClassNoInit("Ljava/lang/reflect/Method;");
    gDvm.classJavaLangReflectMethodArray =
        dvmFindArrayClass("[Ljava/lang/reflect/Method;", NULL);
    gDvm.classJavaLangReflectProxy =
        dvmFindSystemClassNoInit("Ljava/lang/reflect/Proxy;");
    if (gDvm.classJavaLangReflectAccessibleObject == NULL ||
        gDvm.classJavaLangReflectConstructor == NULL ||
        gDvm.classJavaLangReflectConstructorArray == NULL ||
        gDvm.classJavaLangReflectField == NULL ||
        gDvm.classJavaLangReflectFieldArray == NULL ||
        gDvm.classJavaLangReflectMethod == NULL ||
        gDvm.classJavaLangReflectMethodArray == NULL ||
        gDvm.classJavaLangReflectProxy == NULL)
    {
        LOGE("Could not find one or more reflection classes\n");
        return false;
    }

    gDvm.methJavaLangReflectConstructor_init =
        dvmFindDirectMethodByDescriptor(gDvm.classJavaLangReflectConstructor,
"<init>",
        "(Ljava/lang/Class;[Ljava/lang/Class;[Ljava/lang/Class;I)V");
    gDvm.methJavaLangReflectField_init =
        dvmFindDirectMethodByDescriptor(gDvm.classJavaLangReflectField, "<init>",
        "(Ljava/lang/Class;Ljava/lang/Class;Ljava/lang/String;I)V");
    gDvm.methJavaLangReflectMethod_init =
        dvmFindDirectMethodByDescriptor(gDvm.classJavaLangReflectMethod, "<init>",

"(Ljava/lang/Class;[Ljava/lang/Class;[Ljava/lang/Class;Ljava/lang/Class;Ljava/lang/S
tring;I)V");
    if (gDvm.methJavaLangReflectConstructor_init == NULL ||
        gDvm.methJavaLangReflectField_init == NULL ||
        gDvm.methJavaLangReflectMethod_init == NULL)
    {
```

```
        LOGE("Could not find reflection constructors\n");
        return false;
    }

    gDvm.classJavaLangClassArray =
        dvmFindArrayClass("[Ljava/lang/Class;", NULL);
    gDvm.classJavaLangObjectArray =
        dvmFindArrayClass("[Ljava/lang/Object;", NULL);
    if (gDvm.classJavaLangClassArray == NULL ||
        gDvm.classJavaLangObjectArray == NULL)
    {
        LOGE("Could not find class-array or object-array class\n");
        return false;
    }

    gDvm.offJavaLangReflectAccessibleObject_flag =
        dvmFindFieldOffset(gDvm.classJavaLangReflectAccessibleObject, "flag",
            "Z");

    gDvm.offJavaLangReflectConstructor_slot =
        dvmFindFieldOffset(gDvm.classJavaLangReflectConstructor, "slot", "I");
    gDvm.offJavaLangReflectConstructor_declClass =
        dvmFindFieldOffset(gDvm.classJavaLangReflectConstructor,
            "declaringClass", "Ljava/lang/Class;");

    gDvm.offJavaLangReflectField_slot =
        dvmFindFieldOffset(gDvm.classJavaLangReflectField, "slot", "I");
    gDvm.offJavaLangReflectField_declClass =
        dvmFindFieldOffset(gDvm.classJavaLangReflectField,
            "declaringClass", "Ljava/lang/Class;");

    gDvm.offJavaLangReflectMethod_slot =
        dvmFindFieldOffset(gDvm.classJavaLangReflectMethod, "slot", "I");
    gDvm.offJavaLangReflectMethod_declClass =
        dvmFindFieldOffset(gDvm.classJavaLangReflectMethod,
            "declaringClass", "Ljava/lang/Class;");

    if (gDvm.offJavaLangReflectAccessibleObject_flag < 0 ||
        gDvm.offJavaLangReflectConstructor_slot < 0 ||
        gDvm.offJavaLangReflectConstructor_declClass < 0 ||
        gDvm.offJavaLangReflectField_slot < 0 ||
        gDvm.offJavaLangReflectField_declClass < 0 ||
        gDvm.offJavaLangReflectMethod_slot < 0 ||
        gDvm.offJavaLangReflectMethod_declClass < 0)
    {
        LOGE("Could not find reflection fields\n");
        return false;
    }
    if (!dvmReflectProxyStartup())
        return false;
    if (!dvmReflectAnnotationStartup())
        return false;
```

```
    return true;
}
```

上述函数的实现保存在文件 reflect\Reflect.c 中。

5.2.17 最后的工作

经过前面的初始化函数处理后，接着把下面的类先进行初始化操作。

```
staticconst char*earlyClasses[] = {
"Ljava/lang/InternalError;",
"Ljava/lang/StackOverflowError;",
"Ljava/lang/UnsatisfiedLinkError;",
"Ljava/lang/NoClassDefFoundError;",
NULL
};
```

初始化这些类，就是调用函数 dvmFindSystemClassNoInit 来初始化。接着调用函数 dvmValidateBoxClasses()来初始化 Java 基本类型库。

```
staticconstchar*classes[] = {
"Ljava/lang/Boolean;",
"Ljava/lang/Character;",
"Ljava/lang/Float;",
"Ljava/lang/Double;",
"Ljava/lang/Byte;",
"Ljava/lang/Short;",
"Ljava/lang/Integer;",
"Ljava/lang/Long;",
NULL
};
```

这些类调用函数，不是使用系统函数来初始化，而是调用函数 dvmFindClassNoInit()来初始化。此函数的实现代码如下。

```
ClassObject* dvmFindClassNoInit(const char* descriptor,
        Object* loader)
{
    assert(descriptor != NULL);
    //assert(loader != NULL);

    LOGVV("FindClassNoInit '%s' %p\n", descriptor, loader);

    if (*descriptor == '[') {
        /*
         * Array class.  Find in table, generate if not found.
         */
        return dvmFindArrayClass(descriptor, loader);
    } else {
        /*
         * Regular class.  Find in table, load if not found.
         */
        if (loader != NULL) {
```

```
            return findClassFromLoaderNoInit(descriptor, loader);
        } else {
            return dvmFindSystemClassNoInit(descriptor);
        }
    }
}
```

调用函数 dvmPrepMainForJni()准备主线程里的解释栈可以调用 JNI 的方法，此函数的实现代码如下。

```
bool dvmPrepMainForJni(JNIEnv* pEnv)
{
    Thread* self;

    /* main thread is always first in list at this point */
    self = gDvm.threadList;
    assert(self->threadId == kMainThreadId);

    /* create a "fake" JNI frame at the top of the main thread interp stack */
    if (!createFakeEntryFrame(self))
        return false;

    /* fill these in, since they weren't ready at dvmCreateJNIEnv time */
    dvmSetJniEnvThreadId(pEnv, self);
    dvmSetThreadJNIEnv(self, (JNIEnv*) pEnv);

    return true;
}
```

调用函数 registerSystemNatives()来注册 Java 库里的 JNI 方法，此函数的实现代码如下。

```
static bool registerSystemNatives(JNIEnv* pEnv)
{
    Thread* self;

    /* main thread is always first in list */
    self = gDvm.threadList;

    /* must set this before allowing JNI-based method registration */
    self->status = THREAD_NATIVE;

    if (jniRegisterSystemMethods(pEnv) < 0) {
        LOGE("jniRegisterSystemMethods failed");
        return false;
    }

    /* back to run mode */
    self->status = THREAD_RUNNING;

    return true;
}
```

调用函数 dvmCreateStockExceptions()分配异常出错的内存，此函数的实现代码如下。

```
bool dvmCreateStockExceptions(void)
{
    /*
     * Pre-allocate some throwables.  These need to be explicitly added
     * to the GC's root set (see dvmHeapMarkRootSet()).
     */
    gDvm.outOfMemoryObj = createStockException("Ljava/lang/OutOfMemoryError;",
        "[memory exhausted]");
    dvmReleaseTrackedAlloc(gDvm.outOfMemoryObj, NULL);
    gDvm.internalErrorObj = createStockException("Ljava/lang/InternalError;",
        "[pre-allocated]");
    dvmReleaseTrackedAlloc(gDvm.internalErrorObj, NULL);
    gDvm.noClassDefFoundErrorObj =
        createStockException("Ljava/lang/NoClassDefFoundError;", NULL);
    dvmReleaseTrackedAlloc(gDvm.noClassDefFoundErrorObj, NULL);

    if (gDvm.outOfMemoryObj == NULL || gDvm.internalErrorObj == NULL ||
        gDvm.noClassDefFoundErrorObj == NULL)
    {
        LOGW("Unable to create stock exceptions\n");
        return false;
    }

    return true;
}
```

调用函数 dvmPrepMainThread()完成解释器主线程的初始化，此函数的实现代码如下。

```
bool dvmPrepMainThread(void)
{
    Thread* thread;
    Object* groupObj;
    Object* threadObj;
    Object* vmThreadObj;
    StringObject* threadNameStr;
    Method* init;
    JValue unused;
    LOGV("+++ finishing prep on main VM thread\n");
    /* main thread is always first in list at this point */
    thread = gDvm.threadList;
    assert(thread->threadId == kMainThreadId);
    /*
     * Make sure the classes are initialized.  We have to do this before
     * we create an instance of them.
     */
    if (!dvmInitClass(gDvm.classJavaLangClass)) {
        LOGE("'Class' class failed to initialize\n");
        return false;
    }
    if (!dvmInitClass(gDvm.classJavaLangThreadGroup) ||
        !dvmInitClass(gDvm.classJavaLangThread) ||
        !dvmInitClass(gDvm.classJavaLangVMThread))
    {
```

```
        LOGE("thread classes failed to initialize\n");
        return false;
    }
    groupObj = dvmGetMainThreadGroup();
    if (groupObj == NULL)
        return false;
    /*
     * Allocate and construct a Thread with the internal-creation
     * constructor.
     */
    threadObj = dvmAllocObject(gDvm.classJavaLangThread, ALLOC_DEFAULT);
    if (threadObj == NULL) {
        LOGE("unable to allocate main thread object\n");
        return false;
    }
    dvmReleaseTrackedAlloc(threadObj, NULL);

    threadNameStr = dvmCreateStringFromCstr("main", ALLOC_DEFAULT);
    if (threadNameStr == NULL)
        return false;
    dvmReleaseTrackedAlloc((Object*)threadNameStr, NULL);
    init = dvmFindDirectMethodByDescriptor(gDvm.classJavaLangThread, "<init>",
            "(Ljava/lang/ThreadGroup;Ljava/lang/String;IZ)V");
    assert(init != NULL);
    dvmCallMethod(thread, init, threadObj, &unused, groupObj, threadNameStr,
        THREAD_NORM_PRIORITY, false);
    if (dvmCheckException(thread)) {
        LOGE("exception thrown while constructing main thread object\n");
        return false;
    }
```

调用函数 dvmDebuggerStartup()进行调试器的初始化，此函数的实现代码如下。

```
bool dvmDebuggerStartup(void)
{
    gDvm.dbgRegistry = dvmHashTableCreate(1000, NULL);
    return (gDvm.dbgRegistry != NULL);
}
```

调用 dvmInitZygote()或者 dvmInitAfterZygote()来初始化线程的模式，此函数的实现代码如下。

```
static bool dvmInitZygote(void)
{
    /* zygote goes into its own process group */
    setpgid(0,0);
    return true;
}
bool dvmInitAfterZygote(void)
{
    u8 startHeap, startQuit, startJdwp;
    u8 endHeap, endQuit, endJdwp;
    startHeap = dvmGetRelativeTimeUsec();
```

```
    /*
     * Post-zygote heap initialization, including starting
     * the HeapWorker thread.
     */
    if (!dvmGcStartupAfterZygote())
        return false;
    endHeap = dvmGetRelativeTimeUsec();
    startQuit = dvmGetRelativeTimeUsec();
    /* start signal catcher thread that dumps stacks on SIGQUIT */
    if (!gDvm.reduceSignals && !gDvm.noQuitHandler) {
        if (!dvmSignalCatcherStartup())
            return false;
    }
    /* start stdout/stderr copier, if requested */
    if (gDvm.logStdio) {
        if (!dvmStdioConverterStartup())
            return false;
    }
    endQuit = dvmGetRelativeTimeUsec();
    startJdwp = dvmGetRelativeTimeUsec();
    /*
     * Start JDWP thread.  If the command-line debugger flags specified
     * "suspend=y", this will pause the VM.  We probably want this to
     * come last.
     */
    if (!dvmInitJDWP()) {
        LOGD("JDWP init failed; continuing anyway\n");
    }
    endJdwp = dvmGetRelativeTimeUsec();
    LOGV("thread-start heap=%d quit=%d jdwp=%d total=%d usec\n",
        (int)(endHeap-startHeap), (int)(endQuit-startQuit),
        (int)(endJdwp-startJdwp), (int)(endJdwp-startHeap));
#ifdef WITH_JIT
    if (gDvm.executionMode == kExecutionModeJit) {
        if (!dvmCompilerStartup())
            return false;
    }
#endif
    return true;
}
```

5.3 启动 zygote

在 5.1 节中介绍了 Framework 的运行环境，以及 Dalvik 虚拟机的相关启动方法，zygote 进程是所有 APK 应用进程的父进程。在本节的内容中，将详细介绍 zygote 进程的内部启动过程。

5.3.1　在 init.rc 中配置 zygote 启动参数

init.rc 保存在设备的根目录下，我们可以使用 adb pull /init.rc ~/Desktop 命令取出该文件，文件中和 zygote 相关的配置信息如下。

```
service zygote /system/bin/app_process -Xzygote
/system/bin --zygote --start-system-server
   socket zygote stream 666
   onrestart write /sys/android_power/request_state wake
   onrestart write /sys/power/state on
   onrestart restart media
   onrestart restart netd
```

首先在第一行中使用 service 指令告诉操作系统将 zygote 程序加入到系统服务中，service 的语法格式如下。

```
service service_name 可执行程序的路径 可执行程序自身所需的参数列表
```

此处的服务被定义为 zygote。从理论上讲，该服务的名称可以是任意的，可执行程序的路径是“/system/bin/app_process”，也就是前面所讲的 app_process，一共包含如下 4 个参数。

(1) -Xzygote：此参数将作为虚拟机启动时所需要的参数，是在 AndroidRuntime.cpp 类的 startVm()函数中调用 JNI_CreateJavaVM()时被使用的。

(2) /system/bin：表示虚拟机程序所在的目录，因为 app_process 完全可以不和虚拟机在同一个目录，而在 app_process 内部的 AndroidRuntime 类内部需要知道虚拟机所在的目录。

(3) --zygote：用于指明以 ZygoteInit 类作为虚拟机执行的入口，如果没有--zygote 参数，则需要明确指定需要执行的类名。

(4) --start-system-server：仅在指定参数--zygote 时才有效，意思是告知 ZygoteInit 启动完毕后孵化出第一个进程 SystemServer。

后面的配置命令 socket 用于指定该服务所使用到的 socket，后面的参数依次是名称、类型、端口地址。

onrestart 命令用于指定该服务重启的条件，即当满足这些条件后，zygote 服务就需要重启，这些条件一般是一些系统异常条件。

5.3.2　启动 Socket 服务端口

当 zygote 服务从 app_process 启动后，会启动一个 Dalvik 虚拟机。因为虚拟机执行的第一个 Java 类是 ZygoteInit.java，所以接下来的过程就从类 ZygoteInit 中的函数 main()开始讲起。函数 main()中做的第一个重要工作就是启动一个 Socket 服务端口，该 Socket 端口用于接收启动新进程的命令。

在静态函数 registerZygoteSocket()中，完成启动 Socket 服务端口的功能，实现代码如下。

```
private static void registerZygoteSocket() {
      if (sServerSocket == null) {
          int fileDesc;
          try {
              String env = System.getenv(ANDROID_SOCKET_ENV);
```

```
            fileDesc = Integer.parseInt(env);
    ... ...
        try {
            sServerSocket = new LocalServerSocket(
                    createFileDescriptor(fileDesc));
    ... ...
        }
    }
```

在上述代码中，首先调用System.getenv()获取系统为zygote进程分配的Socket文件描述符号，然后调用createFileDescriptor()创建一个真正的文件描述符，最后以该描述符为参数，构造了一个LocalServerSocket对象。

注意：在Linux系统中，所有的系统资源都可以看成是文件，甚至包括内存和CPU，因此，像标准的磁盘文件或者网络Socket自然也被认为是文件，这就是为什么LocalServerSocket构造函数的参数是一个文件描述符。

在Socket编程中，有如下两种触发Socket数据读操作的方式。

(1) 使用listen()监听某个端口，然后调用read()去从这个端口上读数据，这种方式被称为阻塞式读操作，因为当端口没有数据时，read()函数将一直等待，直到数据准备好后才返回。

(2) 使用select()函数将需要监测的文件描述符作为select()函数的参数，然后当该文件描述符上出现新的数据后，自动触发一个中断，然后在中断处理函数中再去读指定文件描述符上的数据，这种方式被称为非阻塞式读操作。LocalServerSocket中使用的正是后者，即非阻塞读操作。

当准备好LocalServerSocket端口后，在函数main()中调用runSelectLoopMode()进入非阻塞读操作，该函数会先将sServerSocket加入到被监测的文件描述符列表中，然后在while(true)循环中将该文件描述符添加到select的列表中，并调用ZygoteConnection类的runOnce()函数处理每一个Socket接收到的命令，实现代码如下。

```
try {
    fdArray = fds.toArray(fdArray);
    index = selectReadable(fdArray);
} catch (IOException ex) {
    throw new RuntimeException("Error in select()", ex);
}

if (index < 0) {
    throw new RuntimeException("Error in select()");
} else if (index == 0) {
    ZygoteConnection newPeer = acceptCommandPeer();
    peers.add(newPeer);
    fds.add(newPeer.getFileDesciptor());
} else {
    boolean done;
    done = peers.get(index).runOnce();
    if (done) {
        peers.remove(index);
```

```
            fds.remove(index);
        }
    }
```

函数 selectReadable()有如下三种返回值。

- -1：代表内部错误。
- 0：代表没有可处理的连接，因此会以 Socket 服务端口重新建立一个 ZygoteConnection 对象，并等待客户端的请求。
- 大于 0：代表还有没有处理完的连接请求，因此需要先处理该请求，而暂时不需要建立新的连接等待。

函数 runOnce()的核心代码是基于 zygote 进程孵化出的新应用进程。而在 SystemServer 进程中会创建一个 Socket 客户端，具体的实现代码是在 Process.java 类中，而调用 Process 类是在类 AmS 中的 startProcessLocked()函数中。而函数 start()内部又调用了静态函数 startViaZygote()，该函数的实体是使用一个本地 Socket 向 zygote 中的 Socket 发送进程启动命令，其执行流程如下。

- 将 startViaZygote()的函数参数转换为一个 ArrayList<String>列表。
- 然后再构造出一个 LocalSocket 本地 Socket 接口。
- 通过该 LocalSocket 对象构造出一个 BufferedWriter 对象。
- 通过该对象将 ArralyList<String>列表中的参数传递给 zygote 中的 LocalServerSocket 对象。
- 在 zygote 端调用 Zygote.forkAndSpecialize()函数孵化出一个新的应用进程。

5.3.3　加载 preload-classes

在类 ZygoteInit 的函数 main()中，创建完 Socket 服务端后还不能立即孵化新的进程，因为这个“卵”中还没有预装的 Framework 大部分类及资源。

预装的类列表是在 framework.jar 中的一个文本文件列表，名称为 preload-classes，该列表的原始定义在文本文件 frameworks/base/preload-classes 中，而该文件又是通过如下类生成的。

```
frameworks/base/tools/preload/WritePreloadedClassFile.java
```

生成 preload-classes 的方法是在 Android 根目录下执行如下命令。

```
    $java -Xss512M -cp /path/to/preload.jar WritePreloadedClassFile /path/to/.compiled
    1517 classses were loaded by more than one app.
    Added 147 more to speed up applications.
    1664 total classes will be preloaded.
    Writing object model...
    Done!
```

在上述命令中，/path/to/preload.jar 是指如下文件。

```
out/host/darwin-x86/framework/preload.jar
```

上述.jar 文件是由 frameworks/base/tools/preload 子项目编译而成的。

/path/to/.compiled/是指如下目录下的几个.compiled 文件。

```
frameworks/base/tools/preload
```

参数“-Xss”用于执行该程序所需要的Java虚拟机栈大小，此处为512MB，默认的大小不能满足该程序的运行，会抛出java.lang.StackOverflowError错误信息。

WritePreloadedClassFile表示要执行的具体类。

当执行完以上命令后，会在frameworks/base目录下产生preload-classes文本文件。从该命令的执行情况来看，预装的Java类信息包含在.compiled文件中，而这个文件却是一个二进制文件，尽管我们目前能够确知如何产生preload-classes，但却无法明确这个.compiled文件是如何产生的。

在Android项目组内部可能会存在一个测试项目，一旦运行该项目，就会装载一些Java类。当然这些Java类是测试项目中的程序代码主动装载的，而这些程序代码被认为是大多数Android程序运行时都会执行的代码。一旦该运行环境建立后，Dalvik虚拟机内存中就记录了所有被装载的Java类，然后该测试项目会使用一个特别的工具从虚拟机内存中读取所有装载过的类信息，并生成compiled文件。当然，这只是一种假设。

在编译Android源码的时候，会最终把preload-classes文件打包到framework.jar中。这样有了这个列表后，ZygoteInit中通过调用preloadClasses()完成装载这些类。装载的方法很简单，就是读取preload-classes列表中的每一行，因为每一行代表了一个具体的类，然后调用Class.forName()装载目标类。在装载的过程中，忽略以#开始的目标类，并忽略换行符及空格。

5.3.4 加载preload-resources

preload-resources是在如下文件中被定义的。

```
frameworks/base/core/res/res/values/arrays.xml
```

在preload-resources包含了两类资源，一类是drawable资源，另一类是color资源，下面是对应的代码。

```
<array name="preloaded_drawables">
     <item>@drawable/sym_def_app_icon</item>
...
  </array>
  <array name="preloaded_color_state_lists">
     <item>@color/hint_foreground_dark</item>
     ...
  </array>
```

加载这些资源功能是在函数preloadResources()中实现的，在该函数中分别调用了如下连个函数来加载这两类资源。

- preloadDrawables()
- preloadColorStateLists()

具体的加载原理非常简单，就是把这些资源读出来放到一个全局变量中，只要该类对象不被销毁，这些全局变量就会一直保存。

通过全局变量是mResources来保存Drawable资源，该变量的类型是Resources类，由于在该类内部会保存一个Drawable资源列表，因此实际上是在Resources内部缓存这些Drawable资源的。保存Color资源的全局变量的功能也是mResources实现的。同样，在类Resources内部也有一个Color资源列表。

5.3.5　使用 folk 启动新进程

folk 是 Linux 系统中的一个系统调用，其功能是复制当前进程并产生一个新的进程。除了进程 id 不同，新的进程将拥有和原始进程完全相同的进程信息。进程信息包括该进程所打开的文件描述符列表、所分配的内存等。当创建新进程后，两个进程将共享已经分配的内存空间，直到其中一个进程需要向内存中写入数据，操作系统才负责复制一份目标地址空间，并将要写的数据写入到新地址中，这就是“copy-on-write(仅当写的时候才复制)”机制，这种机制可以最大限度地在多个进程中共享物理内存。

在所有的操作系统中都存在一个程序装载器，程序装载器一般会作为操作系统的一部分，并由 Shell 程序调用。当内核启动后，会首先启动 Shell 程序。常见的 Shell 程序包含如下两大类：

- 命令行界面
- 窗口界面

Windows 系统中的 Shell 程序就是桌面程序，Ubuntu 系统中的 Shell 程序就是 GNOME 桌面程序。当启动 Shell 程序后，用户可以双击桌面图标启动指定的应用程序，而在操作系统内部，启动新的进程包含如下三个过程。

(1) 第一个过程，内核创建一个进程数据结构，用于表示将要启动的进程。

(2) 第二个过程，内核调用程序装载器函数，从指定的程序文件读取程序代码，并将这些程序代码装载到预先设定的内存地址。

(3) 第三个过程，装载完毕后，内核将程序指针指向到目标程序地址的入口处开始执行指定的进程。当然，实际的过程会考虑更多的细节，不过大致思路就是这么简单。

在一般情况下，没有必要复制进程，而是按照以上三个过程创建新进程，但当满足以下条件时，则由于函数 folk()是 Linux 的系统调用，Android 中的 Java 层仅仅是对该调用进行了 JNI 封装而已，因此，接下来以一段 C 代码来介绍使用函数 folk()的过程，以便大家对该函数有更具体的认识。

```
/**
 *FileName: abc.c
 */
#include <sys/types.h>
#include <unistd.h>
int main(){
    pid_t pid;
    printf("pid = %d, Take camera, by subway, take air! \n", getpid());
    pid = folk();
    if(pid > 0){
        printf("pid=%d, 我是精灵! \n", getpid());
        pid = folk();
        if(!pid) printf("pid=%d, 去看考拉! \n", getpid());
    }
    else if (!pid) printf("pid=%d, 去看袋鼠! \n", getpid());
    else if (pid == -1) perror("folk");
    getchar();
}
```

执行上述代码后会输出如下信息。

```
$ ./abc.bin
pid = 3927, Take camera, by subway, take air!
pid=3927, 我是精灵!
pid=3929, 去看袋鼠!
pid=3930, 去看考拉!
```

函数 folk()的返回值与普通函数调用完全不同，具体说明如下。

- 当返回值大于 0 时，代表的是父进程；
- 当等于 0 时，代表的是被复制的进程。

也就是说，父进程和子进程的代码都在该 C 文件中，只是不同的进程执行不同的代码，而进程是靠 folk()的返回值进行区分的。

由以上执行结果可以看出，第一次调用 folk()时复制了一个“看袋鼠”进程，然后在父进程中再次调用 folk()复制了“看考拉”的进程，三者都有各自不同的进程 id。

zygote 进程就是上述演示代码中的“精灵进程”。在文件 ZygoteInit.java 中复制新进程是通过在函数 runSelectLoopMode()中调用类 ZygoteConnection 的函数 runOnce()完成的，在该函数中通过调用 forkAndSpecialize()函数来复制一个新的进程。

函数 forkAndSpecialize()是一个 native(本地)函数，其内部的执行原理和上面的 C 代码类似。当新进程被创建好后，还需要做一些“完善”工作。因为当 zygote 复制新进程时，已经创建了一个 Socket 服务端，而这个服务端是不应该被新进程使用的，否则系统中会有多个进程接收 Socket 客户端的命令。因此，新进程被创建好后，首先需要在新进程中关闭该 Socket 服务端，并调用新进程中指定的 Class 文件的 main()函数作为新进程的入口点。而这些正是在调用函数 forkAndSpecialize()后根据返回值 pid 完成的。当 pid 等于 0 时，代表的是子进程，函数 handleChildProc()会从指定 Class 文件的 main()函数处开始执行。新的进程会完全脱离了 zygote 进程的孵化过程，成为一个真正的应用进程。

5.4 启动 SystemServer 进程

SystemServer 进程是 zygote 孵化出的第一个进程，该进程是从 ZygoteInit.java 的 main()函数中调用 startSystemServer()开始的。与启动普通进程的差别在于，类 zygote 为启动 SystemServer 提供了专门的函数 startSystemServer()，而不是使用标准的 forAndSpecilize()函数。同时，SystemServer 进程启动后首先要做的事情和普通进程也有所差别。

函数 startSystemServer()的关键功能如下。

(1) 定义了一个 String[]数组，数组中包含了要启动的进程的相关信息，其中最后一项指定新进程启动后装载的第一个 Java 类，此处即为类 com.android.server.SystemServer。

(2) 调用 forkSystemServer()从当前的 zygote 进程孵化出新的进程。该函数是一个 native 函数，其作用与 folkAndSpecilize()相似。

(3) 启动新进程后，在函数 handleSystemServerProcess()中主要完成如下两件事情。

- 关闭 Socket 服务端。
- 执行 com.android.server.SystemServer 类中的函数 main()。

除了这两个主要事情外，还做了一些额外的运行环境配置，这些配置主要在函数 commonInit()和函数 zygoteInitNative()中完成。一旦配置好 SystemServer 的进程环境后，就从类

SystemServer 中的 main()函数开始运行。

5.4.1 启动各种系统服务线程

SystemServer 进程在 Android 的运行环境中扮演了“中枢”的作用，在 APK 应用中能够直接交互的大部分系统服务都在这个进程中运行，例如 WindowManagerServer(Wms)、ActivityManagerSystemService(AmS)、PackageManagerServer(PmS)等常见的应用，这些系统服务都是以一个线程的方式存在于 SystemServer 进程中。下面就来介绍到底都有哪些服务线程，及其启动的顺序。

SystemServer 中的 main()函数首先调用的是函数 init1()，这是一个 native 函数，内部会进行一些与 Dalvik 虚拟机相关的初始化工作。该函数执行完毕后，其内部会调用 Java 端的 init2()函数，这就是为什么 Java 源码中没有引用 init2()的地方，主要的系统服务都是在 init2()函数中完成的。

该函数首先创建了一个 ServerThread 对象，该对象是一个线程，然后直接运行该线程，从 ServerThread 的 run()方法内部开始真正启动各种服务线程。基本上每个服务都有对应的 Java 类，从编码规范的角度来看，启动这些服务的模式可归类为如下三种。

- ❑ 模式一：是指直接使用构造函数构造一个服务，由于大多数服务都对应一个线程，因此，在构造函数内部就会创建一个线程并自动运行。
- ❑ 模式二：是指服务类会提供一个 getInstance()方法，通过该方法获取该服务对象，这样的好处是保证系统中仅包含一个该服务对象。
- ❑ 模式三：是指从服务类的 main()函数中开始执行。

无论以上何种模式，当创建了服务对象后，有时可能还需要调用该服务类的 init()函数或者 systemReady()函数来完成该对象的启动，当然这些都是服务类内部自定义的。为了区分以上启动的不同，以下采用一种新的方式描述该启动过程。

在下面的表 5-2 中列出了 SystemServer 中所启动的所有服务，以及这些服务的启动模式。

表 5-2 SystemServer 中启动服务列表

服务类名称	作用描述	启动模式
EntropyService	提供伪随机数	1.0
PowerManagerService	电源管理服务	1.2/3
ActivityManagerService	最核心的服务之一，管理 Activity	自定义
TelephonyRegistry	通过该服务注册电话模块的事件响应，比如重启、关闭、启动等	1.0
PackageManagerService	程序包管理服务	3.3
AccountManagerService	账户管理服务，是指联系人账户，而不是 Linux 系统的账户	1.0
ContentService	ContentProvider 服务，提供跨进程数据交换	3.0
BatteryService	电池管理服务	1.0
LightsService	自然光强度感应传感器服务	1.0

续表

服务类名称	作用描述	启动模式
VibratorService	震动器服务	1.0
AlarmManagerService	定时器管理服务，提供定时提醒服务	1.0
WindowManagerService	Framework 最核心的服务之一，负责窗口管理	3.3
BluetoothService	蓝牙服务	1.0 +
DevicePolicyManagerService	提供一些系统级别的设置及属性	1.3
StatusBarManagerService	状态栏管理服务	1.3
ClipboardService	系统剪切板服务	1.0
InputMethodManagerService	输入法管理服务	1.0
NetStatService	网络状态服务	1.0
NetworkManagementService	网络管理服务	NMS.create()
ConnectivityService	网络连接管理服务	2.3
ThrottleService	暂不清楚其作用	1.3
AccessibilityManagerService	辅助管理程序截获所有的用户输入，并根据这些输入给用户一些额外的反馈，起到辅助的效果	1.0
MountService	挂载服务，可通过该服务调用 Linux 层面的 mount 程序	1.0
NotificationManagerService	通知栏管理服务，Android 中的通知栏和状态栏在一起，只是界面上前者在左边，后者在右边	1.3
DeviceStorageMonitorService	磁盘空间状态检测服务	1.0
LocationManagerService	地理位置服务	1.3
SearchManagerService	搜索管理服务	1.0
DropBoxManagerService	通过该服务访问 Linux 层面的 Dropbox 程序	1.0
WallpaperManagerService	墙纸管理服务，墙纸不等同于桌面背景，在 View 系统内部，墙纸可以作为任何窗口的背景	1.3
AudioService	音频管理服务	1.0
BackupManagerService	系统备份服务	1.0
AppWidgetService	Widget 服务	1.3
RecognitionManagerService	身份识别服务	1.3
DiskStatsService	磁盘统计服务	1.0

AmS 的启动模式如下。

- 调用函数 main()返回一个 Context 对象，而不是 AmS 服务本身。
- 调用 AmS.setSystemProcess()。
- 调用 AmS.installProviders()。
- 调用 systemReady()，当 AmS 执行完 systemReady()后，会相继启动相关联服务的 systemReady()函数，完成整体初始化。

5.4.2　启动第一个 Activity

当启动以上服务线程后，ActivityManagerService(AmS)服务是以 systemReady()调用完成最后启动的，而在 AmS 的函数 systemReady()内部的最后一段代码则发出了启动任务队列中最上面一个 Activity 的消息。因为在系统刚启动时，mMainStack 队列中并没有任何 Activity 对象，所以在类 ActivityStack 中将调用函数 startHomeActivityLocked()。

开机后，系统从哪个 Activity 开始执行这一动作，完全取决于 mMainStack 队列中的第一个 Activity 对象。如果在 ActivityManagerService 启动时能够构造一个 Activity 对象(并不是说构造出一个 Activity 类的对象)，并将其放到 mMainStack 队列中，那么第一个运行的 Activity 对象就是这个 Activity，这一点不像其他操作系统中通过设置一个固定程序作为第一个启动程序。

在 AmS 的 startHomeActivityLocked()中，系统发出了一个 catagory 字段包含 CATEGORY_HOME 的 intent。

无论是哪个应用程序，只要声明自己能够响应该 intent，那么就可以被认为是 Home 程序，这就是为什么在 Android 领域会存在各种“Home 程序”的原因。系统并没有给任何程序赋予“Home”特权，而只是把这个权利交给了用户。当在系统中有多个程序能够响应该 intent 时，系统会弹出一个对话框，请求用户选择启动哪个程序，并允许用户记住该选择，从而使得以后每次按 Home 键后都启动相同的 Activity。这就是第一个 Activity 的启动过程。

5.5　class 类文件的加载

Java 的源代码经过编译后会生成“.class”格式的文件，即字节码文件。然后在 Android 中使用 dx 工具将其转换为后缀为“.jar”格式的 dex 文件。Dalvik 虚拟机负责解释并执行编译后的字节码。在解释执行字节码之前，当然要读取、分析文件的内容，得到字节码，然后才能解释执行。在整个的加载过程中，最为重要的就是对 Class 的加载，Class 包含 Method，Method 又包含 code。通过对 Class 的加载，我们即可获得所需执行的字节码。本节将从 dexfile 文件分析及 Class 加载中的数据结构入手，结合主要流程，对整个加载过程进行分析。

5.5.1　DexFile 在内存中的映射

在 Android 系统中，java 源文件会被编译为“.jar”格式的 dex 类型文件，在代码中称为 dexfile。在加载 Class 之前，必先读取相应的 jar 文件。通常我们使用 read()函数来读取文件中的内容。但在 Dalvik 中使用 mmap()函数。和 read()不同，mmap()函数会将 dex 文件映射到内存中，这样通过普通的内存读取操作即可访问 dex file 中的内容。

Dexfile 的文件格式如图 5-1 所示，主要有三部分组成：头部，索引，数据。通过头部可知索引的位置和数目，可知数据区的起始位置。其中 classDefsOff 指定了 ClassDef 在文件的起始位置，dataOff 指定了数据在文件的起始位置，ClassDef 即可理解为 Class 的索引。通过读取 ClassDef 可获知 Class 的基本信息，其中 classDataOff 指定了 Class 数据在数据区的位置。

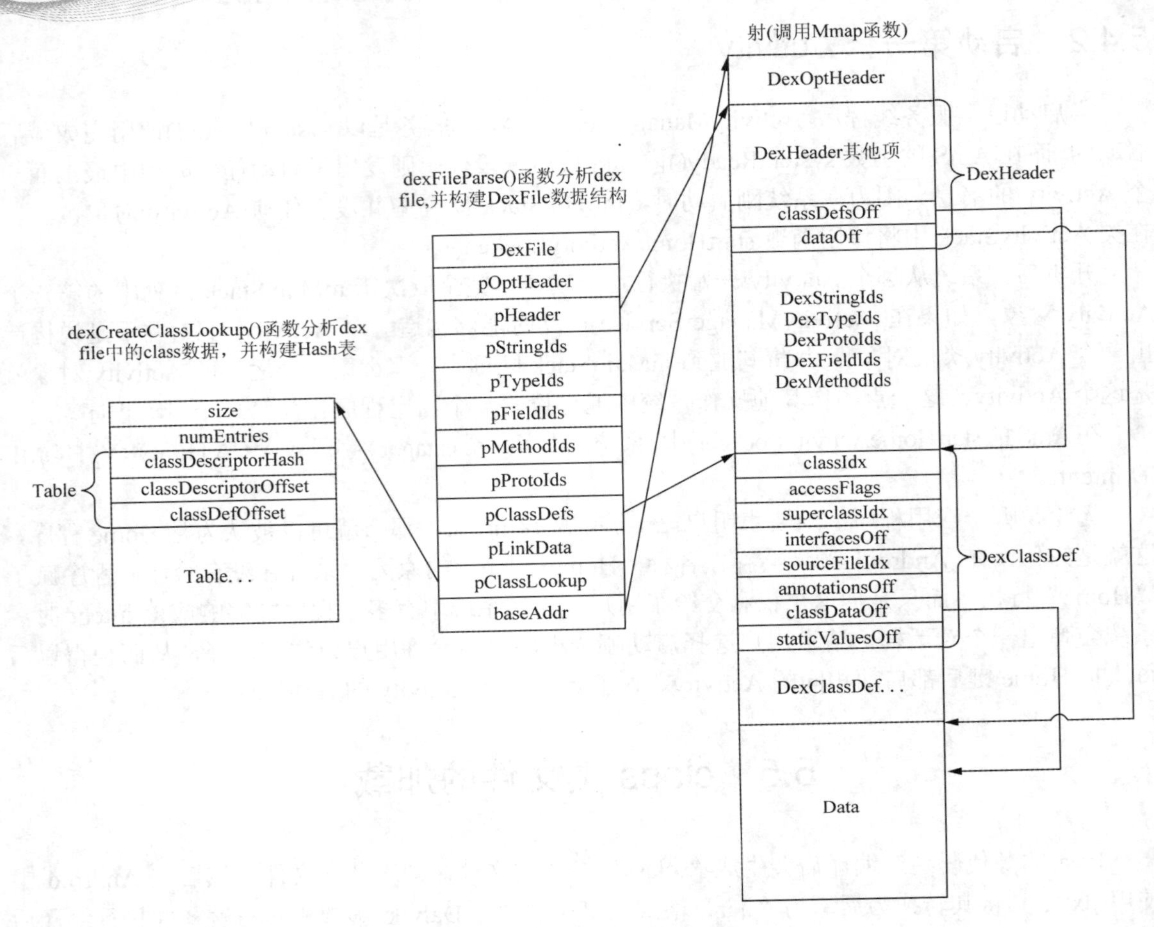

图 5-1 Dexfile 的文件格式

在将 dexfile 文件映射到内存后，会调用 dexFileParse()函数对其分析，分析的结果存放于名为 DexFile 的数据结构中。DexFile 中的 baseAddr 指向映射区的起始位置，pClassDefs 指向 ClassDefs(即 class 索引)的起始位置。由于在查找 class 时，都是使用 class 的名字进行查找的，所以为了加快查找速度，创建了一个 hash 表。在 hash 表中对 class 名字进行 hash，并生成 index。这些操作都是在对文件解析时所完成的，这样虽然在加载过程中比较耗时，但是在运行过程中可节省大量查找时间。

解析完后，接下来开始加载 class 文件。在此需要将加载类用 ClassObject 来保存，所以在此需要先分析和 ClassObject 相关的几个数据结构。

首先在文件 Object.h 中可以看到如下对结构体 Object 的定义。

```
typedef struct Object {
    /* ptr to class object */
    ClassObject*    clazz;
    /*
     * A word containing either a "thin" lock or a "fat" monitor.  See
     * the comments in Sync.c for a description of its layout.
     */
    u4              lock;
} Object;
```

通过结构体 Object 定义了基本类的实现，这里有如下两个变量。

- lock：对应 Obejct 对象中的锁实现，即 notify wait 的处理。
- clazz：是结构体指针，姑且不看结构体内容，这里用了指针的定义。

下面会有更多的结构体定义：

```
struct DataObject {
    Object obj;     /* MUST be first item */

    /* variable #of u4 slots; u8 uses 2 slots */
    u4 instanceData[1];
};
struct StringObject {
    Object obj;     /* MUST be first item */
    /* variable #of u4 slots; u8 uses 2 slots */
    u4 instanceData[1];
};
```

我们看到最熟悉的一个词 StringObject，把这个结构体展开后是下面的样子。

```
struct StringObject {
    /* ptr to class object */
    ClassObject*    clazz;
    /*
     * A word containing either a "thin" lock or a "fat" monitor.  See
     * the comments in Sync.c for a description of its layout.
     */
    u4 lock;

     /* variable #of u4 slots; u8 uses 2 slots */
    u4 instanceData[1];
};
```

由此不难发现，任何对象的内存结构体中第一行都是 Object 结构体，而这个结构体第一个总是一个 ClassObejct，第二个总是 lock。按照 C++中的技巧，这些结构体可以当成 Object 结构体使用，因此所有的类在内存中都具有“对象”的功能，即可以找到一个类(ClassObject)，可以有一个锁(lock)。

StringObject 是对 String 类进行管理的数据对象，ArrayObejct 是数据相关的管理。

5.5.2　ClassObject——Class 在加载后的表现形式

在解析完文件后，接下来需要加载 Class 的具体内容。在 Dalvik 中，由数据结构 ClassObject 负责存放加载的信息。如图 5-2 所示，加载过程会在内存中 alloc 几个区域，分别存放 directMethods、virtualMethods、sfields、ifields。这些信息是从 dex 文件的数据区中读取的，首先会读取 Class 的详细信息，从中获得 directMethod、virtualMethod、sfield、ifield 等的信息，然后再读取。在此需要注意，在 ClassObject 结构中有个名为 super 的成员，通过 super 成员可以指向它的超类。

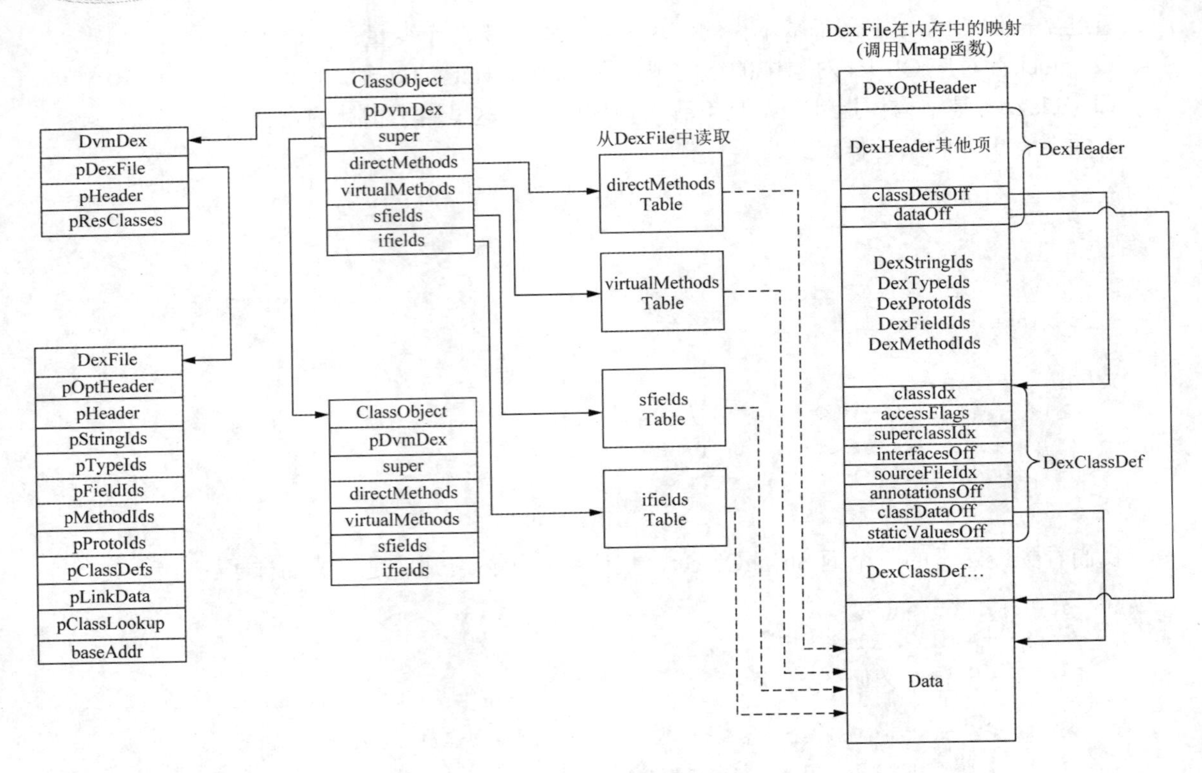

图 5-2 加载过程

5.5.3 findClassNoInit——加载 Class 并生成相应 ClassObject 的函数

在讲解完加载数据结构的知识后，接下来开始分析负责加载工作的函数 findClassNoInit()。在获取 Class 索引时，会分为基本类库文件和用户类文件两种情况。在文件 grund.sh 中有如下语句。

```
export
BOOTCLASSPATH=$bootpath/core.jar:$bootpath/ext.jar:$bootpath/framework.jar:$bootpath
/android.police.jar
```

上述语句指定了 Dalvik 虚拟机所需的基本库文件，如果没有此语句，Dalvik 虚拟机在启动过程中就会报错退出。

函数 LoadClassFromDex()会先读取 Class 的具体数据(从 ClassDataoff 处)，然后分别加载 directMethod、virtualMethod、ifield 和 sfield。

为了追求效率，在加载后需要将其缓存起来，以便以后使用方便。其次，在查找过程中，如果是顺序查找的话会很慢，所以需要使用 gDvm.loadedClasses 这个 Hash 表来帮忙。如果一个子类需要调用超类的函数，那它当然要先加载超类了，可能的话甚至会加载超类的超类。

接下来用 GDB 调试，在函数 findClassNoInit()处设置断点(在 gdb 提示符后输入“b findGlassNoInit”)，在 GDB 提示符后连续几次执行“c”和“bt”。此时可能会出现如下信息，可以看到在函数调用栈上可以多次看到 findClassNoInit()函数。

```
(gdb) bt
```

```
#0  findClassNoInit (descriptor=0xfef4c7f4 "??????%", loader=0x0, pDvmDex=0x0)
    at dalvik/vm/oo/Class.c:1373
#1   0xf6fc4d53  in  dvmFindClassNoInit  (descriptor=0xf5046a63  "Ljava/lang/Object;",
loader=0x0)
    at dalvik/vm/oo/Class.c:1194
#2  0xf6fc6c0a in dvmResolveClass (referrer=0xf5837400, classIdx=290,
    fromUnverifiedConstant=false) at dalvik/vm/oo/Resolve.c:94
#3  0xf6fc3476 in dvmLinkClass (clazz=0xf5837400, classesResolved=false)
    at dalvik/vm/oo/Class.c:2537
#4     0xf6fc1b67    in    findClassNoInit    (descriptor=0xf6ff0df6   "Ljava/lang/Class;",
loader=0x0,
   pDvmDex=0xa04c720) at dalvik/vm/oo/Class.c:1489
```

5.5.4　加载基本类库文件

接下来从另一个角度去观察，在文件 class.c 的 2575 行设置断点，然后等待程序停下。下面是 clazz 中的内容。

```
(gdb) p clazz->super->descriptor
$6 = 0xf5046a63 "Ljava/lang/Object;"
 (gdb) p clazz->descriptor
$7 = 0xf5046121 "Ljava/lang/Class;"
```

然后先在 findClassNoInit()函数处设置断点，然后运行程序并等待程序停下。

```
(gdb) b findClassNoInit
Breakpoint 2 at 0xf6fc13e0: file dalvik/vm/oo/Class.c, line 1373.
(gdb) c
Continuing.
```

看看究竟谁是第一个加载的 Class。

```
 (gdb) bt
#0  findClassNoInit (descriptor=0x0, loader=0x0, pDvmDex=0x0) at dalvik/vm/oo/Class.c:1373
#1  0xf6fc32a1 in dvmLinkClass (clazz=0xf5837350, classesResolved=false)
    at dalvik/vm/oo/Class.c:2491
#2  0xf6fc1b67 in findClassNoInit (descriptor=0xf6ff1ded "Ljava/lang/Thread;", loader=0x0,
    pDvmDex=0xa04c720) at dalvik/vm/oo/Class.c:1489
#3  0xf6f92692 in dvmThreadObjStartup () at dalvik/vm/Thread.c:328
#4  0xf6f800e6 in dvmStartup (argc=2, argv=0xa041190, ignoreUnrecognized=false, pEnv=0xa0411a0)
    at dalvik/vm/Init.c:1155
#5  0xf6f8b8e3 in JNI_CreateJavaVM (p_vm=0xf6ff0df6, p_env=0xf6ff0df6, vm_args=0xfef4d0b0)
    at dalvik/vm/Jni.c:4198
#6  0x08048893 in main (argc=3, argv=0xfef4d168) at dalvik/dalvikvm/Main.c:212
```

由上述函数的调用顺序可得出以下内容。

```
main -> JNI_CreateJavaVM-> dvmStartup-> dvmThreadObjStartup-> dvmFindSystemClassNoInit->
findClassNoInit
```

在上述调用栈中没有 dvmFindSystemClassNoInit，是因为编译器将其作为 inline 优化了，导致 GDB 看不到有 dvmFindSystemClassNoInit 的栈。但是不要担心，我们可以从回溯栈中看到 dvmFindSystemClassNoInit。

5.5.5　加载用户类文件

在加载用户类文件时，会先加载一个 Class，然后由这个 Class 负责用户类文件的加载，而这个 Class 又会通过 JNI 的方式去调用 findClassNoInit。具体加载过程和前面介绍的基本类库加载类似，读者可以参考前面的知识来理解。此处不再详细介绍。

5.6　解释执行类

在加载类文件后，Dalvik 虚拟机接下来需要解释并执行这些类。本节将简要介绍 Dalvik 虚拟机解释并执行类的基本流程。

5.6.1　Dalvik 虚拟机字节码和 JVM 字节码的区别

在了解 Dalvik 虚拟机解释类的工作前，需要先了解 Dalvik 字节码和 JVM 字节码的区别。

Android 程序通常用 Java 语言编写，用 Dalvik 虚拟机运行，这和传统的 VM(Java VIrtual Machine)有所区别。Dalvik 虚拟机是 Google 公司专门为 Android 系统开发的 Java 虚拟机，针对移动平台的特点做了优化。在 Dalvik 虚拟机上运行的字节码是 dex 格式的，用工具 dx 从 Java class 文件转换得到。传统 JVM 字节码格式即为.class 文件。

如果想要研究 Android 程序的逆向、反编译器、字节码动静态插桩等技术，就有必要了解一下 Dalvik 字节码的格式了。Dalvik 虚拟机和 JVM 字节码的区别如下。

(1)　程序结构不同

JVM 字节码由.class 文件组成，每个文件一个 class。JVM 在运行的时候为每一个类装载字节码。相反的，Dalvik 程序只包含一个.dex 文件，这个文件包含了程序中所有的类。如图 5-3 所示为生成.dex 文件的过程。

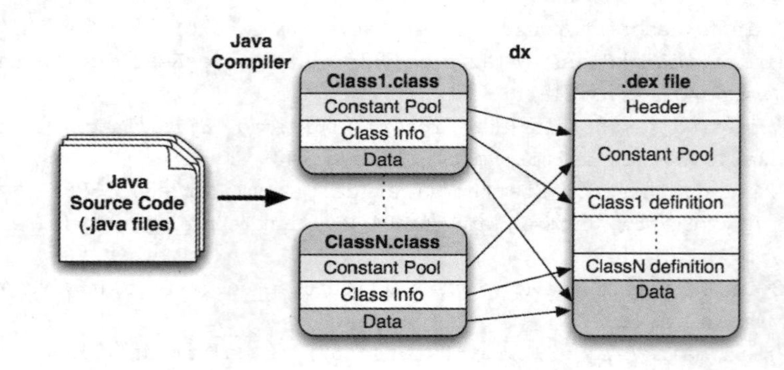

图 5-3　生成.dex 文件的过程

Java 编译器创建了 JVM 字节码之后，Dalvik 的 dx 编译器删除.class 文件，重新把它们编译成 Dalvik 字节码，然后把它们写进一个.dex 文件中。这个过程包括翻译、重构、解释程序的基本元素(常量池、类定义、数据段)。常量池描述了所有的常量，包括引用、方法名、数值常量等。类定义包括了访问标志、类名等基本信息。数据段中包含各种被 VM 执行的函数代码以及类和函数的相关信息(例如 Dalvik 虚拟机所需要的寄存器数量、局部变量表、操作数堆栈大小)，还有实例变量。

(2) 寄存器结构不同

Dalvik 虚拟机是基于寄存器的，但是 JVM 是基于堆栈的。JVM 字节码中，局部变量会被放入局部变量表中，继而被压入堆栈供操作码进行运算，当然 JVM 也可以只使用堆栈而不显式地将局部变量存入变量表中。Dalvik 虚拟机字节码中，局部变量会被赋给 65536 个可用的寄存器中的任何一个，Dalvik 虚拟机指令直接操作这些寄存器，而不是访问堆栈中的元素。

(3) 指令集不同

Dalvik 虚拟机有 218 个操作码，而 Java 虚拟机有 200 个，并且二者本质上完全不同。比如，Java 虚拟机有 10 多个操作码用于堆栈和本地变量表的数据转移而 Dalvik 虚拟机完全没有。Dalvik 虚拟机指令要比 Java 指令更长，因为它们经常包含了寄存器的源地址和目标地址。因此 Dalvik 虚拟机需要更少的指令。平均来讲，Dalvik 虚拟机字节码程序指令数要比 Java 少 30%，但是程序要大 35%左右。

(4) 常量池结构不同

JVM 字节码中许多.class 文件中重复常量池，比如重复引用函数的名字。dx 编译器消除了这些重复。Dalvik 虚拟机使用了一个常量池供所有的 class 同时引用。除此之外，dx 通过内联技术消除了一些常量。在实际中，整数、长整数、单精度和双精度浮点常量在这个过程中消失了。

(5) 模糊不清的基本类型不同

JVM 的整数赋值和单精度浮点赋值采用不同的操作码，长整数赋值和双精度赋值也不同；而 Dalvik 虚拟机使用相同的操作码来对整数和浮点进行赋值。

(6) 空引用不同

Dalvik 虚拟机字节码并没有一个特定的空类型，而是用常量 0 来取代。这样，反编译时，常量 0 的模糊不清的含义就应当被正确地区分。

(7) 类型引用的不同

Java 字节码对对象引用的比较和空类型比较使用不同的操作码，而 Dalvik 虚拟机只用了一个操作码来进行简化。因此如果做反编译，就必须还原比较对象的类型信息。

(8) 数组原始类型的存储不同

Davik 虚拟机使用不明确的操作码来进行数组操作(比如 aget 和 aget-wide)，而 JVM 在这点上是明确的。因此如果要做反编译，数组类型信息必须还原。

5.6.2 Davik 虚拟机的解释器优化

Dalvik 虚拟机的主要工作就是解释执行 Davik 虚拟机特有的 Java 字节码——dex 字节码。解释器就是 Dalvik 虚拟机的核心部分。事实上，我们用 Android 自带系统工具监测 caffeinmark(虚拟机测试程序)会发现，解释器部分的调用占整个应用的 90%以上，再加上几个调用较多的小函数块，调用时间竟然占 98%以上。尽管这部分的代码占整个 Dalvik 虚拟机代码很小的一部分，但这部分代码的能量确实大得惊人，Dalvik 虚拟机的优化工作就是围绕它展开的。对解释器进行优化后，性能至少有 50%的提升。

在 Android 源码中，针对 ARM 平台中为我们提供了好几种解释器的实现。其中包括标准的可移植型解释器和快速型解释器，这两种解释器的实现分别是 C 和汇编语言。从 /dalvik/vm/dvm.mk 目录中的内容可以知道，这两种解释会同时编译到 libdvm.so 中。Dalvik 虚拟机这个可执行文件对 dex 进行处理时，会默认选择快速型解释器。当在做好的 Android 文件系统/data/的位置增加一个文件 local.prop(文件的内容为 dalvik.vm.execution-mode = int:portable)后，重启系统，通过测试 Dalvik 虚拟机的性能我们就能发现 Dalvik 虚拟机的性能有明显的下降，这就可以确定默认的解释器是可移植型解释器了。

现在我们来分析一下应该怎么进行 Dalvik 虚拟机的优化工作。首先，我们最容易想到的就是将可移植型解释器全部用汇编实现。这条技术路线是可行的，但它的工作量有多大呢？标准型解释器的代码虽然不多，但将它们全部用汇编实现可不是那么容易的事情，这还不是最难的，最难的是怎么如何进行调试。将它们全部翻译成汇编后再调试？这个调试工作估计谁也不愿意去干。因此，必须编译出一个汇编、C 语言混合实现的解释器，只要此技术路线通了，优化的工作就能按部就班地进行。再对汇编、C 语言混合的比例加以控制，我们就可以用一条汇编优化解释器指令实时地进行调试。此技术路线在 6410 开发板上顺利的拉通了。幸运的是，在非 ARM 架构的开发板上没有遇到新的问题，因此优化的进度一直在掌控之中。

当然，优化的过程并不是一帆风顺的。首先，非 ARM 架构的优化当然使用的是非 ARM 的汇编语言，在以 ARM 架构 DalvikVM 为参照时，为了表达相同的意思，就不得不绕过一些只针对 ARM 才有的汇编语句。毕竟，DalvikVM 解释器的架构以及解释器指令实现的功能是确定的、与架构无关的。

其次，在优化前期，寄存器的分配出现了小小的问题。Dalvik 虚拟机是基于寄存器的，所谓的基于寄存器是指用当前硬件环境下的若干个真实寄存器来用作固定的用途。当然，这若干个寄存器在使用前是要压栈保存的，例如虚拟机中的 PC、FP 等。所以说，虽然虚拟机中的 PC、FP 等都是模拟的，但每一个模拟的寄存器对应都一个真实的寄存器。这若干个寄存器在模拟虚拟机中的寄存器时最好在一个头文件中规划好。说实话，Dalvik 虚拟机还算不上是纯粹的基于寄存器的虚拟机，毕竟每个解释器指令所带的操作数(不管是源操作数还是目的操作数，不管是“立即数”还是“寄存器”)都是存放在以 FP(虚拟机中的 FP)为基址的堆栈中。若是硬件条件允许——有足够多的寄存器，Dalvik 虚拟机的性能将会再上一个台阶。足够多的寄存器肯定是奢望，但是比 ARM 多几个寄存器的芯片还是有的，比如某款国产 CPU 就拥有 32 个寄存器，若是加以利用，效果可想而知。

第 6 章　dex 的优化和安全管理

dex 文件是 Android 系统中的一种文件，是一种特殊的数据格式，和 APK、jar 等格式文件类似。使用 dex 文件的最大目的是实现安全管理，但在追求安全的前提下，一定要注意对 dex 文件实现优化处理。在本章的内容中，将详细讲解 dex 文件的基本知识，并简要讲解优化 dex 文件的基本流程，为读者步入本书后面知识的学习打下基础。

6.1　Android dex 文件优化简介

对 Android dex 文件进行优化来说，需要注意的一点是 dex 文件的结构是紧凑的，但是我们还是要想方设法地进行提高程序的运行速度，我们就仍然需要对 dex 文件进行进一步优化。

调整所有字段的字节序(LITTLE_ENDIAN)，和对齐结构中的每一个域来验证 dex 文件中的所有类，并对一些特定的类进行优化或对方法里的操作码进行优化。优化后的文件大小会有所增加，大约是原 Android dex 文件的 1～4 倍。优化发生的时机有两个，其中对于预置应用来说，可以在系统编译后，生成优化文件，以 ODEX 结尾。这样在发布时除 APK 文件(不包含 dex)以外，还有一个相应的 Android dex 文件；对于非预置应用，包含在 APK 文件里的 dex 文件会在运行时被优化，优化后的文件将被保存在缓存中。

每一个 Android 应用都运行在一个 Dalvik 虚拟机实例里，而每一个虚拟机实例都是一个独立的进程空间。虚拟机的线程机制，内存分配和管理，Mutex 等都是依赖底层操作系统而实现的。

所有 Android 应用的线程都对应一个 Linux 线程，虚拟机因而可以更多地依赖操作系统的线程调度和管理机制。不同的应用在不同的进程空间里运行，加之对不同来源的应用都使用不同的 Linux 用户来运行，可以最大限度地保护应用的安全和独立运行。

Zygote 是一个虚拟机进程，同时也是一个虚拟机实例的孵化器，每当系统要求执行一个 Android 应用程序，Zygote 就会孵化出一个子进程来执行该应用程序。这样做的好处显而易见：Zygote 进程是在系统启动时产生的，它会完成虚拟机的初始化，库的加载，预置类库的加载和初始化等操作，而在系统需要一个新的虚拟机实例时。

Zygote 通过复制自身，最快速地提供个系统。另外，对于一些只读的系统库，所有虚拟机实例都和Zygote共享一块内存区域，大大节省了内存开销。Android应用开发和Dalvik虚拟机Android应用所使用的编程语言是Java语言，和Java SE一样，编译时使用Oracle JDK将Java源程序编程成标准的Java字节码文件(.class文件)。而后通过工具软件DX把所有的字节码文件转成Android dex文件(classes.dex)。最后使用Android打包工具(aapt)将dex文件、资源文件以及AndroidManifest.xml文件(二进制格式)组合成一个应用程序包(APK)。应用程序包可以被发布到手机上运行。

6.2 dex文件的格式

假设存在Java文件test.java，其代码如下。

```
class test{
   public static void main(String[] argc){
      System.out.println("test!");
   }
}
```

通过如下命令可以得到dex文件。

```
$ javac test.java
$ dx --dex --output=test.dex test.class
$ hexdump test.dex
```

dex文件test.dex的内容如下。

```
0000000 6564 0a78 3330 0035  5eb4 4f7a 94e6 65f0
0000010 fb3e d5f3 e185 dd62 fce7 c887 a7ec 5329
0000020 02d8 0000  0070 0000  5678 1234  0000 0000
0000030 0000 0000  0238 0000  000e 0000  0070 0000
0000040 0007 0000  00a8 0000  0003 0000  00c4 0000
0000050 0001 0000  00e8 0000  0004 0000  00f0 0000
0000060 0001 0000  0110 0000  01a8 0000  0130 0000
0000070 0176 0000  017e 0000 0195 0000 01a9 0000
0000080 01bd 0000 01d1 0000 01d9 0000 01dc 0000
0000090 01e0 0000 01f5 0000 01fb 0000 0200 0000
00000a0 0209 0000 0210 0000 0001 0000  0002 0000
00000b0 0003 0000 0004 0000 0005 0000 0006 0000
00000c0 0008 0000 0006 0000 0005 0000 0000 0000
00000d0 0007 0000 0005 0000 0168 0000 0007 0000
00000e0 0005 0000 0170 0000 0003 0000 000a 0000
00000f0 0000 0001 000b 0000  0001 0000 0000 0000
0000100 0004 0000 0000 0000 0004 0002 0009 0000
0000110 0004  0000 0000 0000 0001 0000 0000 0000
0000120 000d 0000 0000 0000 0227 0000 0000 0000
0000130 0001 0001 0001 0000 021b 0000 0004 0000
0000140 1070 0001 0000 000e 0003 0001 0002 0000
0000150 0220 0000 0008 0000 0062 0000 011a 000c
0000160 206e 0000 0010 000e 0001 0000 0002 0000
0000170 0001 0000 0006 3c06 6e69 7469 003e 4c15
```

```
0000180 616a 6176 692f 2f6f 7250 6e69 5374 7274
0000190 6165 3b6d 1200 6a4c 7661 2f61 616c 676e
00001a0 4f2f 6a62 6365 3b74 1200 6a4c 7661 2f61
00001b0 616c 676e 532f 7274 6e69 3b67 1200 6a4c
00001c0 7661 2f61 616c 676e 532f 7379 6574 3b6d
00001d0 0600 744c 7365 3b74 0100 0056 5602 004c
00001e0 5b13 6a4c 7661 2f61 616c 676e 532f 7274
00001f0 6e69 3b67 0400 616d 6e69 0300 756f 0074
0000200 7007 6972 746e 6e6c 0500 6574 7473 0021
0000210 7409 7365 2e74 616a 6176 0100 0700 000e
0000220 0103 0700 780e 0000 0200 0200 8080 b004
0000230 0102 c809 0002 0000 000d 0000 0000 0000
0000240 0001 0000 0000 0000 0001 0000 000e 0000
0000250 0070 0000 0002 0000 0007 0000 00a8 0000
0000260 0003 0000 0003 0000 00c4 0000 0004 0000
0000270 0001 0000 00e8 0000 0005 0000 0004 0000
0000280 00f0 0000 0006 0000 0001 0000 0110 0000
0000290 2001 0000 0002 0000 0130 0000 1001 0000
00002a0 0002 0000 0168 0000 2002 0000 000e 0000
00002b0 0176 0000 2003 0000 0002 0000 021b 0000
00002c0 2000 0000 0001 0000 0227 0000 1000 0000
00002d0 0001 0000 0238 0000
00002d8
```

接下来开始分析这个 DEX 文件的具体格式。

6.2.1 map_list

map_list 数据结构如表 6-1 所示。

表 6-1 map_list 数据结构

名 字	格 式
size	uint
list	map_item[size]

第一项为 map_list 的大小，其中 map_item 的结构为如表 6-2 所示。

表 6-2 map_item 的结构

名 字	格 式
type	ushort
unused	ushort
size	uint
offset	uint

type 的值如表 6-3 所示。

表 6-3 type 的值

Item 类型	常 量	值	Item 的大小(Bytes)
header_item	TYPE_HEADER_ITEM	0x0000	0x70
string_id_item	TYPE_STRING_ID_ITEM	0x0001	0x04
type_id_item	TYPE_TYPE_ID_ITEM	0x0002	0x04
proto_id_item	TYPE_PROTO_ID_ITEM	0x0003	0x0c
field_id_item	TYPE_FIELD_ID_ITEM	0x0004	0x08
method_id_item	TYPE_METHOD_ID_ITEM	0x0005	0x08
class_def_item	TYPE_CLASS_DEF_ITEM	0x0006	0x20
map_list	TYPE_MAP_LIST	0x1000	4 + (item.size * 12)
type_list	TYPE_TYPE_LIST	0x1001	4 + (item.size * 2)
annotation_set_ref_list	TYPE_ANNOTATION_SET_REF_LIST	0x1002	4 + (item.size * 4)
annotation_set_item	TYPE_ANNOTATION_SET_ITEM	0x1003	4 + (item.size * 4)
class_data_item	TYPE_CLASS_DATA_ITEM	0x2000	implicit; must parse
code_item	TYPE_CODE_ITEM	0x2001	implicit; must parse
string_data_item	TYPE_STRING_DATA_ITEM	0x2002	implicit; must parse
debug_info_item	TYPE_DEBUG_INFO_ITEM	0x2003	implicit; must parse
annotation_item	TYPE_ANNOTATION_ITEM	0x2004	implicit; must parse
encoded_array_item	TYPE_ENCODED_ARRAY_ITEM	0x2005	implicit; must parse
annotations_directory_item	TYPE_ANNOTATIONS_DIRECTORY_ITEM	0x2006	implicit; must parse

这个 map_list 有 13 个 map_item，具体说明如表 6-4 所示。

表 6-4 13 个 map_item

值	类 型	大 小	偏 移
0x0000	header_item	0x1	0x0
0x0001	string_id_item	0xe	0x70
0x0002	type_id_item	0x7	0xa8
0x0003	proto_id_item	0x3	0xc4
0x0004	field_id_item	0x1	0xe8
0x0005	method_id_item	0x4	0xf0
0x0006	class_def_item	0x1	0x110
0x2001	code_item	0x2	0x130
0x1001	type_list	0x2	0x168
0x2002	string_data_item	0xe	0x176
0x2003	debug_info_item	0x2	0x21b
0x2000	class_data_item	0x1	0x227
0x1000	map_list	0x1	0x238

由此可以看出，表中的 size 和 offset 和 header_item 中的值一致。

6.2.2　string_id_item

在前面的 test.dex 文件中，通过第三行中的“0070 0000”得出 string id 列表的位置为 0x70，通过第三行的“000e 0000”得出 string id 列表中 string_id_item 的数量为 0xe。string id 的结构为 string_id_item，其格式说明如表 6-5 所示。

表 6-5　格式说明

名　字	格　式
string_data_off	uint

string_data_off 指向 string 的数据，string 的数据结构为 string_data_item，其格式说明如表 6-6 所示。

表 6-6　格式说明

名　字	格　式
utf16_size	uleb128
data	ubyte[]

每个 LEB128 由 1～5 个字节组成，所有字节组合到一起代表一个 32 位值。除了最后一个字节的最高标志位为 0，其他的为 1。剩下的 7 位表示有效负荷(符号位取决于最后字节的有效负荷最高位)，第二个字节的 7 位接上。有符号 LEB128 的符号由最后字节的有效负荷最高位决定。如图 6-1 所示。

Bitwise diagram of a two-byte LEB128 value															
First byte								Second byte							
1	bit_6	bit_5	bit_4	bit_3	bit_2	bit_1	bit_0	0	bit_{13}	bit_{12}	bit_{11}	bit_{10}	bit_9	bit_8	bit_7

图 6-1　LEB128 数据类型

如果是有符号的 LEB128，符号位取决于 bit13，如表 6-7 所示。uleb128p1 的值加 1 表示为 uleb128。

表 6-7　LEB128 的扩展

Encoded Sequence	As sleb128	As uleb128	As uleb128p1
0	0	0	-1
1	1	1	0
7f	-1	127	126
80 7f	-128	16256	16255

从文件的 0x70 得出 string id 的列表如下，共有 14 个 string_id_item。

```
0176 0000 017e 0000 0195 0000 01a9 0000
```

```
01bd 0000 01d1 0000 01d9 0000 01dc 0000
01e0 0000 01f5 0000 01fb 0000 0200 0000
0209 0000 0210 0000
```

例如：

(1) String Data 在 0x176 处，可以从文件的 0x176 得到以下数据，以 0 结尾。

```
3c06 6e69 7469 003e
```

先读取第一个字节为 0x06，得出 String Data 的长度为 6，所以 String Data 的 ASCII 码序列为 3c 69 6e 69 74 3e 得到<init>。

(2) String Data 在 0x17e 处，可以从文件的 0x17e 得到以下数据，以 0 结尾。

```
4c15 616a 6176 692f 2f6f 7250 6e69 5374 7274 6165 3b6d 12 00
```

先读取第一个字节为 0x15，得出 String Data 的长度为 21，所以 String Data 的 ASCII 码序列为 4c 6a 61 76 61 2f 69 6f 2f 50 72 69 6e 74 53 74 72 65 61 6d 3b 得到 Ljava/io/PrintStream，以此类推，可以得到其他 String Data。

(3) 6a4c 7661 2f61 616c 676e 4f2f 6a62 6365 3b74 得到 Ljava/lang/Object;。

(4) 6a4c 7661 2f61 616c 676e 532f 7274 6e69 3b67 得到 Ljava/lang/String;。

(5) 6a4c 7661 2f61 616c 676e 532f 7379 6574 3b6d 得到 Ljava/lang/System;。

(6) 744c 7365 3b74 得到 Ltest。

(7) 56 得到 V。

(8) 56 4c 得到 VL。

(9) 5b 6a4c 7661 2f61 616c 676e 532f 7274 6e69 3b67 得到 [Ljava/lang/String。

(10) 616d 6e69 得到 main。

(11) 756f 74 得到 out。

(12) 70 6972 746e 6e6c 得到 println。

(13) 6574 7473 21 得到 test!。

(14) 74 7365 2e74 616a 6176 得到 test.java。

具体的算法实现位与 libdex\Leb128.h 中的相似，实现代码如下。

```
DEX_INLINE int readUnsignedLeb128(const u1** pStream) {
    const u1* ptr = *pStream;
    int result = *(ptr++);

    if (result > 0x7f) {    //如果第一个字节的最高位是 1
        int cur = *(ptr++); //指向第二个字节
        //当前值是第一个字节的 7 位加上第二个字节的 7 位
        result = (result & 0x7f) | ((cur & 0x7f) << 7);
        if (cur > 0x7f) {   //如果第二个字节的最高位是 1
            cur = *(ptr++); //指向第三个字节
            result |= (cur & 0x7f) << 14;//当前值加上第三个字节的 7 位
            if (cur > 0x7f) {//如果第三个字节的最高位是 1
                cur = *(ptr++);
                result |= (cur & 0x7f) << 21;//当前值加上第四个字节的 7 位
                if (cur > 0x7f) {//如果第四个字节的最高位是 1
                    /*
                     * Note: We don't check to see if cur is out of
```

```
                    * range here, meaning we tolerate garbage in the
                    * high four-order bits.
                    */
                   cur = *(ptr++);
                   result |= cur << 28;//当前值加上第五个字节的 7 位
               }
           }
       }
   }

   *pStream = ptr;
   return result;
}

/*
* 读取有符号的，符号位取决于最后字节的有效负荷最高位。>>是到符号的。
 */
DEX_INLINE int readSignedLeb128(const u1** pStream) {
   const u1* ptr = *pStream;
   int result = *(ptr++);

   if (result <= 0x7f) {
      result = (result << 25) >> 25;
   } else {
      int cur = *(ptr++);
      result = (result & 0x7f) | ((cur & 0x7f) << 7);
      if (cur <= 0x7f) {
         result = (result << 18) >> 18;
      } else {
         cur = *(ptr++);
         result |= (cur & 0x7f) << 14;
         if (cur <= 0x7f) {
            result = (result << 11) >> 11;
         } else {
            cur = *(ptr++);
            result |= (cur & 0x7f) << 21;
            if (cur <= 0x7f) {
               result = (result << 4) >> 4;
            } else {
               /*
                * Note: We don't check to see if cur is out of
                * range here, meaning we tolerate garbage in the
                * high four-order bits.
                */
              cur = *(ptr++);
              result |= cur << 28;
            }
         }
      }
   }
   *pStream = ptr;
   return result;
```

```
}
/*
* 读取并验证无符号的 Leb128。
 */
int readAndVerifyUnsignedLeb128(const u1** pStream, const u1* limit,
       bool* okay);
/*
* 读取并验证有符号的 Leb128。
 */
int readAndVerifySignedLeb128(const u1** pStream, const u1* limit, bool* okay);
/*
* 写入无符号的 Leb128
 */
DEX_INLINE u1* writeUnsignedLeb128(u1* ptr, u4 data)
{
   while (true) {
      u1 out = data & 0x7f;
      if (out != data) {
         *ptr++ = out | 0x80;
         data >>= 7;
      } else {
         *ptr++ = out;
         break;
      }
   }

   return ptr;
}
/*
* 尺寸
 */
DEX_INLINE int unsignedLeb128Size(u4 data)
{
   int count = 0;

   do {
      data >>= 7;
      count++;
   } while (data != 0);

   return count;
}
```

找到文件 libdex\DexFile.h 和 libdex\DexFile.c，.dex 文件会被映射到 DexMapList，其定义结构体的代码如下。

```
typedef struct DexMapList {
   u4  size;              /* #of entries in list */
   DexMapItem list[1];     /* entries */
} DexMapList;
```

size 表示 map_list 的大小，即条目数；DexMapItem 结构体表示单个条目，其定义代码如下。

```
typedef struct DexMapItem {
    u2  type;              /* type code (see kDexType* above) */
    u2  unused;
    u4  size;              /* count of items of the indicated type */
    u4  offset;            /* file offset to the start of data */
} DexMapItem;
```

而结构体 DexHeader 存储了各个数据类型的真实地址和偏移量等信息，其定义代码如下。

```
typedef struct DexHeader {
    u1  magic[8];           /* includes version number */
    u4  checksum;           /* adler32 checksum */
    u1  signature[kSHA1DigestLen]; /* SHA-1 hash */
    u4  fileSize;           /* length of entire file */
    u4  headerSize;         /* offset to start of next section */
    u4  endianTag;
    u4  linkSize;
    u4  linkOff;
    u4  mapOff;
    u4  stringIdsSize;
    u4  stringIdsOff;
    u4  typeIdsSize;
    u4  typeIdsOff;
    u4  protoIdsSize;
    u4  protoIdsOff;
    u4  fieldIdsSize;
    u4  fieldIdsOff;
    u4  methodIdsSize;
    u4  methodIdsOff;
    u4  classDefsSize;
    u4  classDefsOff;
    u4  dataSize;
    u4  dataOff;
} DexHeader;
```

6.2.3　type_id_item

由第 5 行的“00a8 0000”得出 type id 列表的位置为 0xa8，由第 5 行的“0007 0000”得出 type id 列表中 type_id_item 的数量为 0x7。type id 的结构为 type_id_item，如表 6-8 所示。

表 6-8　type_id_item

名　字	格　式
descriptor_idx	uint

descriptor_idx 为 String id 列表的索引如下。

```
0001 0000 0002 0000 0003 0000 0004 0000 0005 0000 0006 0000 0008 0000
```

依次代表：Ljava/io/PrintStream、Ljava/lang/Object、Ljava/lang/String、Ljava/lang/System、Ltest、V [Ljava/lang/String。

Type_id_list 列表如表 6-9 所示。

表 6-9　Type_id_list 列表

0	Ljava/io/PrintStream;
1	Ljava/lang/Object;
2	Ljava/lang/String;
3	Ljava/lang/System;
4	Ltest;
5	V
6	[Ljava/lang/String;

6.2.4　proto_id_item

由第 5 行的“00c4 0000”得出 prototype id 列表的位置为 0xc4，第 5 行的“0003 0000”处 prototype id 列表中 proto_id_item 的数量为 0x3。prototype id 的结构为 proto_id_item，如表 6-10 所示。

表 6-10　proto_id_item

名　字	格　式
shorty_idx	uint
return_type_idx	uint
parameters_off	uint

shorty_idx 为 String Id 列表的索引，return_type_idx 为 Type Id 列表的索引，parameters_off 指向 type_list。type_list 结构如表 6-11 所示。

表 6-11　type_list 结构

名　字	格　式
size	uint
list	type_item[size]

type_item 结构如表 6-12 所示。

表 6-12　type_item 结构

名　字	格　式
type_idx	ushort

type_idx 为 type id 列表的索引。

从文件的 0xc4 得到 prototype id 列表如下，共有三个 proto_id_item。

(1)　0006 0000 0005 0000 0000 0000

string_id_list[0x6]代表 V，返回类型 type_id_list[0x5]代表 V，没有参数。

(2)　0007 0000 0005 0000 0168 0000

string_id_list[0x7]代表 VL，返回类型 type_id_list[0x5]代表 V，参数从 0x168 处的值为 0001

0000 0002，索引为 0x2，type_id_list[0x2]代表 Ljava/lang/String;。

(3)　0007 0000 0005 0000 0170 0000

string_id_list[0x7]代表 VL，返回类型 type_id_list[0x5]代表 V，参数从 0x170 处的值为 0001 0000 0006，索引为 0x6，type_id_list[0x6]代表[Ljava/lang/String;。

6.2.5　field_id_item

由第 6 行的“00e8 0000”得出 field id 列表的位置为 0xe8，由第 6 行的“0001 0000”处 field id 列表中 field_id_item 的数量为 0x1。Field id 的结构为 field_id_item，如表 6-13 所示。

表 6-13　field_id_item

名　字	格　式
class_idx	ushort
type_idx	ushort
name_idx	uint

- class_idx：表示类的类型，即该字段所属的类。
- type_idx：表示此字段的类型。
- name_idx：表示此字段的名字。

从文件的 0xe8 得到如下 filed id 的列表。

```
0003 0000 000a 0000
```

由此可见，共有 1 个 field_id_item。该字段所属的类为 Ljava/lang/System;，此字段的类型为 Ljava/io/PrintStream;，此字段的名字为 out。

6.2.6　method_id_item

由第 6 行的“00f0 0000”得出 method id 列表的位置为 0xf0，第 6 行“0004 000”处 method id 列表中 method_id_item 的数量为 0x4。Method id 的结构为 method_id_item，如表 6-14 所示。

表 6-14　method_id_item

名　字	格　式
class_idx	ushort
proto_idx	ushort
name_idx	uint

- class_idx：表示类的类型，即该方法所属的类。
- proto_idx：表示此方法原型。
- name_idx：表示此方法名字。

从文件的 0xf0 得到 method id 列表如下，共有 4 个 method_id_item。

- 0000 0001 000b 0000　类：Ljava/io/PrintStream;，原型为 VL，名字为 println。

- 0001 0000 0000 0000 类：Ljava/lang/Object;，原型为 V，名字为<init>。
- 0004 0000 0000 0000 类：Ljava/lang/System;，原型为 V，名字为<init>。
- 0004 0002 0009 0000 类：Ljava/lang/System;，原型为 VL，名字为 main。

6.2.7 class_def_item

由第 7 行的“0110 0000”得出 class definitions 列表的位置为 0x110，第 7 行的“0001 0000”处 class definitions 列表中 class_def__item 的数量为 0x1。class definitions 的结构为 class_def_item，如表 6-15 所示。

表 6-15 class_def_item

名 字	格 式
class_idx	uint
access_flags	uint
superclass_idx	uint
interfaces_off	uint
source_file_idx	uint
annotations_off	uint
class_data_off	uint
static_values_off	uint

- class_idx：表示类的类型为 Ltest;。
- access_flags：表示访问权限。
- superclass_idx：表示父类 Ljava/lang/Object;。
- interfaces_off ：表示没有接口。
- source_file_idx：表示文件名 test.java。
- annotations_off：表示没有注释。
- class_data_off：表示指向 class_data_item。
- static_values_off：表示暂时无。

class_data_item 如表 6-16 所示。

表 6-16 class_data_item

名 字	格 式
static_fields_size	uleb128
instance_fields_size	uleb128
direct_methods_size	uleb128
virtual_methods_size	uleb128
static_fields	encoded_field[static_fields_size]
instance_fields	encoded_field[instance_fields_size]

续表

名　字	格　式
direct_methods	encoded_method[direct_methods_size]
virtual_methods	encoded_method[virtual_methods_size]

文件的 0x227 处为 class_data_item 结构。从 0x227 处得来的字节序如下。

```
00 00 02 00 02 80 80 04 b0 02 01 09 c8 02 00 00 00
```

- static_fields_size 为 0。
- instance_fields_size 为 0。
- direct_methods_size 为 2。
- virtual_methods_size 为 0。

因为前两个为 0，所以下一个字节开始就是 direct_methods，encoded_method 和 encoded_field 结构如下，两个 direct_method 的具体说明如下。

(1)　02 80 80 04 b0 02

method_idx_diff：为 0x2　<init>。

access_flags：为 0x10000 (80 80 04)，代表 constructor method。

code_off：为 0x130 (b0 02) ，指向 code_item。

从 0x130 解析 code_item：

```
registers_size          0x1
ins_size                0x1
outs_size                  0x1
tries_size                 0
debug_info_off             0x21b
insns_size                 0x4
insns    ushort[insns_size]    1070 0001 0000 000e
```

①　0x70 的 opcode 为 invoke-direct。

其格式如下。

```
invoke-direct {vD, vE, vF, vG, vA}, meth@CCCC
B: argument word count (4 bits)
C: method index (16 bits)
D..G, A: argument registers (4 bits each)
```

分布如下。

```
B|A|op CCCC G|F|E|D [B=5] op {vD, vE, vF, vG, vA}, meth@CCCC
[B=5] op {vD, vE, vF, vG, vA}, type@CCCC
[B=4] op {vD, vE, vF, vG}, kind@CCCC
[B=3] op {vD, vE, vF}, kind@CCCC
[B=2] op {vD, vE}, kind@CCCC
[B=1] op {vD}, kind@CCCC
[B=0] op {}, kind@CCCC
```

由于 B=1，D=0，CCCC=0x0001，对应的 method 为 Ljava/lang/Object;的<init>，即构造方法。

② 0x0e 的 opcode 为 return-void。

经过上述分析，得到指令如下。

```
|0000: invoke-direct {v0}, Ljava/lang/Object;.<init>:()V // method@0001
|0003: return-void
```

(2) 01 09 c8 02

method_idx_diff：为 0x1，<init>。

access_flags：为 0x9 (0x8 and 0x1)，代表 static and public。

code_off：为 0x148 (c8 02)，指向 code_item。

从 0x148 解析 code_item：

```
registers_size              0x3
ins_size               0x1
outs_size                   0x2
tries_size                  0
debug_info_off              0x220
insns_size                  0x8
insns    ushort[insns_size]    0062 0000 011a 000c 206e 0000 0010 000e
```

① 0x62 的 opcode 为 sget-object，其格式为如下。

```
sget-object vAA, field@BBBB
A: value register or pair; may be source or dest (8 bits)
B: static field reference index (16 bits)
```

分布为如下。

```
AA|op BBBB
```

由于 AA=0，BBBB=0x0000，字段为 out。

② 0x1a 的 opcode 为 const-string，其格式如下。

```
const-string vAA, string@BBBB
A: destination register (8 bits)
B: string index
```

分布如下。

```
AA|op BBBB
```

由于 AA=1，BBBB=0x000c，对应的字符串为 test!。

③ 0x6e 的 opcode 为：invoke-virtual，其格式和分布同 invoke-direct。

```
B|A|op CCCC G|F|E|D [B=5] op {vD, vE, vF, vG, vA}, meth@CCCC
[B=5] op {vD, vE, vF, vG, vA}, type@CCCC
[B=4] op {vD, vE, vF, vG}, kind@CCCC
[B=3] op {vD, vE, vF}, kind@CCCC
[B=2] op {vD, vE}, kind@CCCC
[B=1] op {vD}, kind@CCCC
[B=0] op {}, kind@CCCC
```

这里 B=2，A=0，E=1，D=0，CCCC=0x0000，方法为“Ljava/io/PrintStream;”的 println。

④　0x0e 的 opcode 为 return-void。经过上述分析，得到指令如下。

```
sget-object v0, Ljava/lang/System;.out:Ljava/io/PrintStream; // field@0000
const-string v1, "test!" // string@000c
invoke-virtual  {v0,  v1},  Ljava/io/PrintStream;.println:(Ljava/lang/String;)V  //
method@0000
return-void
```

encoded_method 的结构如表 6-17 所示。

表 6-17　encoded_method

名　字	格　式
method_idx_diff	uleb128
access_flags	uleb128
code_off	uleb128

encoded_field 的结构如表 6-18 所示。

表 6-18　encoded_field

名　字	格　式
field_idx_diff	uleb128
access_flags	uleb128

code_item 的结构如表 6-19 所示。

表 6-19　code_item

名　字	格　式
registers_size	ushort
ins_size	ushort
outs_size	ushort
tries_size	ushort
debug_info_off	uint
insns_size	uint
insns	ushort[insns_size]
padding	ushort (optional) = 0
tries	try_item[tries_size] (optional)
handlers	encoded_catch_handler_list (optional)

6.3　dex 文件结构

在 Android 系统中，dex 文件是可以直接在 Dalvik 虚拟机中加载运行的文件。通过 ADT，

经过复杂的编译，可以把Java源代码转换为dex文件。那么这个文件的格式是什么样的呢？为什么Android不直接使用class文件，而采用这个不一样文件呢？其实它是针对嵌入式系统优化的结果，Dalvik虚拟机的指令码并不是标准的Java虚拟机指令码，而是使用了自己独有的一套指令集。如果有自己的编译系统，可以不生成class文件， 直接生成dex文件。dex文件中共用了很多类名称、常量字符串，使它的体积比较小，运行效率也比较高。但归根到底，Dalvik虚拟机还是基于寄存器的虚拟机的一个实现。

6.3.1 文件头(File Header)

dex 文件头主要包括校验和以及其他结构的偏移地址和长度信息，文件头的结构如表 6-20所示。

表6-20 文件头的结构

字段名称	偏移值	长度	描述
magic	0x0	8	'Magic'值，即魔数字段，格式如"dex/n035/0"，其中的 035 表示结构的版本
checksum	0x8	4	校验码
signature	0xC	20	SHA-1 签名
file_size	0x20	4	dex 文件的总长度
header_size	0x24	4	文件头长度，009 版本=0x5C,035 版本=0x70
endian_tag	0x28	4	标识字节顺序的常量,根据这个常量可以判断文件是否交换了字节顺序,缺省情况下=0x78563412
link_size	0x2C	4	连接段的大小，如果为 0 就表示是静态连接
link_off	0x30	4	连接段的开始位置，从本文件头开始算起。如果连接段的大小为0，这里也是 0
map_off	0x34	4	map 数据基地址
string_ids_size	0x38	4	字符串列表的字符串个数
string_ids_off	0x3C	4	字符串列表表基地址
type_ids_size	0x40	4	类型列表里类型个数
type_ids_off	0x44	4	类型列表基地址
proto_ids_size	0x48	4	原型列表里原型个数
proto_ids_off	0x4C	4	原型列表基地址
field_ids_size	0x50	4	字段列表里字段个数
field_ids_off	0x54	4	字段列表基地址
method_ids_size	0x58	4	方法列表里方法个数
method_ids_off	0x5C	4	方法列表基地址
class_defs_size	0x60	4	类定义类表中类的个数
class_defs_off	0x64	4	类定义列表基地址
data_size	0x68	4	数据段的大小，必须以 4 字节对齐
data_off	0x6C	4	数据段基地址

6.3.2　魔数字段

魔数字段主要就是 Dex 文件的标识符，占用 4 个字节，在目前的源码里是 “dex\n”，它的作用主要是用来标识 dex 文件的，比如有一个文件也以 dex 为后缀名，仅此并不会被认为是 Davlik 虚拟机运行的文件，还要判断这 4 个字节。另外 Davlik 虚拟机也有优化的 dex，也是通过个字段来区分的，当它是优化的 dex 文件时，它的值就变成“dey\n”了。根据这 4 个字节，就可以识别不同类型的 dex 文件了。

紧跟在“dex\n”后面的是版本字段，主要用来标识 dex 文件的版本。目前支持的版本号为“035\0”，无论是否优化的版本，都是使用这个版本号。

6.3.3　检验码字段

检验码字段主要用来检查从这个字段开始到文件结尾，这段数据是否完整，有没有人修改过，或者在传送过程中是否有出错等。通常用来检查数据是否完整的算法，CRC32、SHA128 等，但这里采用并不是这两类，而采用一个比较特别的算法，叫作 adler32，这是在开源 zlib 里常用的算法，用来检查文件 是否完整性。该算法是由 MarkAdler 发明的，其可靠程度跟 CRC32 差不多，不过还是弱一点点，但它有一个很好的优点，就是使用软件来计算检验码时比较 CRC32 要快很多。可见 Android 系统，就算法上就已经为移动设备进行优化了。

下面是 Adler32 算法的 C 源码，注意在 Java 中可使用 java.util.zip.Adler32 类做校验操作。

```
#define ZLIB_INTERNAL
#include "zlib.h"
#define BASE 65521UL /* largest prime smaller than 65536 */
#define NMAX 5552
/*NMAX is the largest n such that 255n(n+1)/2 + (n+1)(BASE-1) <=2^32-1 */

#define DO1(buf,i){adler += (buf)[i]; sum2 += adler;}
#define DO2(buf,i) DO1(buf,i); DO1(buf,i+1);
#define DO4(buf,i) DO2(buf,i); DO2(buf,i+2);
#define DO8(buf,i) DO4(buf,i); DO4(buf,i+4);
#define DO16(buf) DO8(buf,0); DO8(buf,8);

/*use NO_DIVIDE if your processor does not do division in hardware */
#ifdef NO_DIVIDE
#define MOD(a) \
do{ \
if(a >= (BASE << 16)) a -= (BASE << 16); \
if(a >= (BASE << 15)) a -= (BASE << 15); \
if(a >= (BASE << 14)) a -= (BASE << 14); \
if(a >= (BASE << 13)) a -= (BASE << 13); \
if(a >= (BASE << 12)) a -= (BASE << 12); \
if(a >= (BASE << 11)) a -= (BASE << 11); \
if(a >= (BASE << 10)) a -= (BASE << 10); \
if(a >= (BASE << 9)) a -= (BASE << 9); \
if(a >= (BASE << 8)) a -= (BASE << 8); \
if(a >= (BASE << 7)) a -= (BASE << 7); \
if(a >= (BASE << 6)) a -= (BASE << 6); \
```

```
if(a >= (BASE << 5)) a -= (BASE << 5); \
if(a >= (BASE << 4)) a -= (BASE << 4); \
if(a >= (BASE << 3)) a -= (BASE << 3); \
if(a >= (BASE << 2)) a -= (BASE << 2); \
if(a >= (BASE << 1)) a -= (BASE << 1); \
if(a >= BASE) a -= BASE; \
}while (0)
# define MOD4(a) \
do{ \
if(a >= (BASE << 4)) a -= (BASE << 4); \
if(a >= (BASE << 3)) a -= (BASE << 3); \
if(a >= (BASE << 2)) a -= (BASE << 2); \
if(a >= (BASE << 1)) a -= (BASE << 1); \
if(a >= BASE) a -= BASE; \
}while (0)
#else
#define MOD(a) a %= BASE
#define MOD4(a) a %= BASE
#endif

/*=========================================================================*/
uLong ZEXPORT adler32(adler, buf, len)
   uLong adler;
   const Bytef *buf;
   uInt len;
{
   unsigned long sum2;
   unsigned n;

   /*split Adler-32 into component sums */
   sum2= (adler >> 16) & 0xffff;
   adler&= 0xffff;

   /*in case user likes doing a byte at a time, keep it fast */
   if(len == 1) {
      adler+= buf[0];
      if(adler >= BASE)adler-= BASE;
      sum2+= adler;
      if(sum2 >= BASE)sum2-= BASE;
      return adler|(sum2 << 16);
   }

   /*initial Adler-32 value (deferred check for len == 1 speed) */
   if(buf == Z_NULL)return 1L;

   /*in case short lengths are provided, keep it somewhat fast */
   if(len < 16) {
      while(len--) {
         adler+= *buf++;
         sum2+= adler;
      }
      if(adler >= BASE)
         adler-= BASE;
      MOD4(sum2); /* only added so many BASE's */
```

```
    return adler|(sum2 << 16);
  }

  /*do length NMAX blocks -- requires just one modulo operation */
  while(len >= NMAX) {
     len-= NMAX;
     n= NMAX/16; /* NMAX is divisible by 16 */
     do{
        DO16(buf); /* 16 sums unrolled */
        buf+= 16;
     }while (--n);
     MOD(adler);
     MOD(sum2);
  }

  /*do remaining bytes (less than NMAX, still just one modulo) */
  if(len) {
     /* avoid modulos if none remaining */
     while(len >= 16) {
        len-= 16;
        DO16(buf);
        buf+= 16;
     }
     while(len--) {
        adler+= *buf++;
        sum2+= adler;
     }
     MOD(adler);
     MOD(sum2);
  }
  /*return recombined sums */
  return adler|(sum2 << 16);
}
```

6.3.4　SHA-1 签名字段

在 dex 文件里，前面已经有了面有一个 4 字节的检验字段码了，为什么还有 SHA-1 签名字段呢？这样不是造成重复了吗？这是因为 dex 文件一般都不是很小，简单的应用程序都有几十 KB，这么多数据使用一个 4 字节的检验码，重复的概率还是有的，也就是说当文件里的数据修改了，还是很有可能检验不出来的。这样检验码就失去了作用，需要使用更加强大的检验码，这就是 SHA-1。SHA-1 校验码有 20 个字节，比前面的检验码多了 16 个字节，几乎不会不同的文件计算出来的检验是一样的。设计两个检验码的目的，就是先使用第一个检验码进行快速检查，这样可以先把简单出错的 dex 文件丢掉了，接着再使用第二个复杂的检验码进行复杂计算，验证文件是否完整，这样确保执行的文件完整和安全。

SHA 是 Secure Hash Algorithm 的缩写，意为安全散列算法，是由美国国家安全局设计，美国国家标准与技术研究院发布的一系列密码散列函数。SHA-1 看起来和 MD5 算法很像，也许是 Ron Rivest 在 SHA-1 的设计中起了一定的作用。SHA-1 的内部比 MD5 更强，其摘要比 MD5 的 16 字节长 4 个字节，这个算法成功经受了密码分析专家的攻击，也因而受到密码学界的广泛推崇。这个算法在 BT 软件里就有大量使用，比如在 BT 里要计算是否同一个种子时，就是利用文件的签名来判断的。同一份8G的电影从几千个BT用户那里下载，也不会出现错误的数据，导致不能播放电影。

6.3.5 map_off字段

这个字段主要保存map开始位置，就是从文件头开始到map数据的长度，通过这个索引就可以找到map数据。map的数据结构如表6-21所示。

表6-21 map的数据结构

名　称	大　小	说　明
size	4字节	map里项的个数
list	变长	每一项定义为12字节，项的个数由上面项大小决定

定义map数据排列结构的格式如下。

```
/*
*Direct-mapped "map_list".
*/
truct DexMapList {
    u4 size; /* #of entries inlist */
    DexMapItem list[1]; /* entries */
}DexMapList;
```

每一个map项的结构定义格式如下。

```
/*
*Direct-mapped "map_item".
*/
typedef struct DexMapItem {
    u2 type; /* type code (seekDexType* above) */
    u2 unused;
    u4 size; /* count of items ofthe indicated type */
    u4 offset; /* file offset tothe start of data */
}DexMapItem;
```

结构DexMapItem的功能是定义每一项的数据意义，例如类型、类型个数、类型开始位置。其中定义类型的代码如下。

```
/*map item type codes */
enum{
    kDexTypeHeaderItem = 0x0000,
    kDexTypeStringIdItem = 0x0001,
    kDexTypeTypeIdItem = 0x0002,
    kDexTypeProtoIdItem = 0x0003,
    kDexTypeFieldIdItem = 0x0004,
    kDexTypeMethodIdItem = 0x0005,
    kDexTypeClassDefItem = 0x0006,
    kDexTypeMapList = 0x1000,
    kDexTypeTypeList = 0x1001,
    kDexTypeAnnotationSetRefList = 0x1002,
    kDexTypeAnnotationSetItem = 0x1003,
    kDexTypeClassDataItem = 0x2000,
```

```
    kDexTypeCodeItem = 0x2001,
    kDexTypeStringDataItem = 0x2002,
    kDexTypeDebugInfoItem = 0x2003,
    kDexTypeAnnotationItem = 0x2004,
    kDexTypeEncodedArrayItem = 0x2005,
    kDexTypeAnnotationsDirectoryItem = 0x2006,
};
```

从上面的类型可知，它包括了在 dex 文件里可能出现的所有类型。可以看出这里的类型其实就是文件头里定义的类型。此 map 数据就是头中类型的重复，完全是为了检验作用而存在的。当 Android 系统加载 dex 文件时，如果文件头里定义的类型个数与 map 里不一致时，就会停止使用这个 dex 文件。

6.3.6　string_ids_size 和 off 字段

这两个字段主要用来标识字符串资源。在编译源程序后，程序里用到的字符串都保存在这个数据段里，以便解释执行这个 dex 文件。其中包括调用库函数里的类名称描述，用于输出显示的字符串等。

string_ids_size 标识了有多少个字符串，string_ids_off 标识字符串数据区的开始位置。字符串的存储结构如下。

```
/*
 * Direct-mapped "string_id_item".
 */
typedef struct DexStringId {
    u4  stringDataOff;      /* file offset to string_data_item */
} DexStringId;
```

由此可以看出，这个数据区保存的只是字符串表的地址索引。如果要找到字符串的实际数据，还需要通过这个地址索引找到文件的相应开始位置，然后才能得到字符串数据。每一个字符串项的索引占用 4 个字节，因此这个数据区的大小就为 4*string_ids_size。实际数据区中的字符串采用 UTF8 格式保存。

例如，如果 dex 文件使用 16 进制显示出来内容如下。

```
063c 696e 6974 3e00
```

其实际数据则是“<init>\0”。

另外这段数据中不仅包括字符串的内容和结束标志，在最开头的位置还标明了字符串的长度。上例中第一个字节 06 就表示这个字符串有 6 个字符。

关于字符串的长度，有如下两点需要注意的地方。

(1)　关于长度的编码格式

dex 文件里采用变长方式表示字符串的长度。一个字符串的长度可能是一个字节(小于 256)或者 4 个字节(1GB 大小以上)。字符串的长度大多数都是小于 256 个字节，因此需要使用一种编码方式，既可以表示一个字节的长度，也可以表示 4 个字节的长度，并且 1 个字节的长度占绝大多数。能满足这种表示的编码方式有很多，但 dex 文件里采用的是 leb128 方式。leb128 编码是一种变长编码，每个字节采用 7 位来表达原来的数据，最高位用来表示是否有后继字节。它的编码算法如下：

```
/*
 * Writes a 32-bit value in unsigned ULEB128 format.
 * Returns the updated pointer.
 */
DEX_INLINE u1* writeUnsignedLeb128(u1* ptr, u4 data)
{
    while (true) {
        u1 out = data & 0x7f;
        if (out != data) {
            *ptr++ = out | 0x80;
            data >>= 7;
        } else {
            *ptr++ = out;
            break;
        }
    }
    return ptr;
}
```

它的解码算法如下。

```
/*
 * Reads an unsigned LEB128 value, updating the given pointer to point
 * just past the end of the read value. This function tolerates
 * non-zero high-order bits in the fifth encoded byte.
 */
DEX_INLINE int readUnsignedLeb128(const u1** pStream) {
    const u1* ptr = *pStream;
    int result = *(ptr++);
    if (result > 0x7f) {
        int cur = *(ptr++);
        result = (result & 0x7f) | ((cur & 0x7f) << 7);
        if (cur > 0x7f) {
            cur = *(ptr++);
            result |= (cur & 0x7f) << 14;
            if (cur > 0x7f) {
                cur = *(ptr++);
                result |= (cur & 0x7f) << 21;
                if (cur > 0x7f) {
                    /*
                     * Note: We don't check to see if cur is out of
                     * range here, meaning we tolerate garbage in the
                     * high four-order bits.
                     */
                    cur = *(ptr++);
                    result |= cur << 28;
                }
            }
        }
    }
    *pStream = ptr;
    return result;
}
```

根据上面的算法分析上面例子中的字符串，取得第一个字节是 06，最高位为 0，因此没有后继字节，那么取出这个字节里 7 位有效数据，就是 6，也就是说这个字符串的长度是 6 个字节，但不包括结束字符“\0”。

(2) 长度的意义

由于字符串内容采用的是 UTF-8 格式编码，这表示一个字符的字节数是不定的。即有时是一个字节表示一个字符，有时是两个、三个甚至四个字节表示一个字符。而这里的长度代表的并不是整个字符串所占用的字节数，只是表示这个字符串包含的字符个数。所以在读取时需要注意，尤其是在包含中文字符时，往往会因为读取的长度不正确导致字符串被截断。

6.4 Android 的 DexFile 接口

DexFile 接口的继承关系如下。

- public final class DexFile extends Object
- java.lang.Object
- dalvik.system.DexFile

操作 dex 文件的原理上和操作 ZipFile 相似，主要是在类装载器中被使用。在实际应用中，我们不直接打开和读取 dex 文件，它们被虚拟机以只读方式映射到内存中。

6.4.1 构造函数

(1) public DexFile (File file)

此函数的功能是通过指定的 File 对象打开 dex 文件，指定的文件通常是 zip 或 jar 格式的压缩文件，在里面包含一个名为“classes.dex”的文件。虚拟机将在目录/data/dalvik-cache 下生成对应的文件名字并打开它，如果系统权限允许的话会首先创建或更新它。不要把目录/data/dalvik-cache 下的文件名给它，因为这个文件被认为处于初始状态(dex 被优化之前)。

此构造函数的参数是 File，表示引用实际 dex 文件的 File 对象。此函数会发生 I/O 异常，例如文件不存在或者没有权限访问。

(2) public DexFile (String fileName)

此函数的功能是打开指定文件名的 dex 文件。此处指定的文件通常是 zip 或 jar 格式的压缩文件，里面包含一个“classes.dex”。虚拟机将在目录/data/dalvik-cache 下生成对应的文件名字并打开它，如果系统权限允许的话会首先创建或更新它。不要把目录/data/dalvik-cache 下的文件名给它，因为这个文件被认为处于初始状态(dex 被优化之前)。

此构造函数的参数是 fileName，表示 dex 文件名。此函数会发生 I/O 异常，例如文件不存在或者没有权限访问。

6.4.2 公共方法

(1) public void close ()

此公共方法的功能是关闭 dex 文件。有可能无法释放任何资源。如果来自 dex 文件的类还存活着的话，dex 文件不能被取消映射。此方法可能会在关闭文件的过程中可能发生 I/O 异常，但是一般不会发生。

(2) public Enumeration entries ()

此公共方法的功能是枚举 dex 文件里面的类名。返回值是 dex 文件所包含类名的枚举，类名的类型是一般内部格式(像 java/lang/String)。

(3) public String getName ()

此公共方法的功能是获取(已打开的)dex 文件名，返回值是文件名。

(4) public static boolean isDexOptNeeded (String fileName)

此公共方法的功能是，如果虚拟机认为 apk/jar 文件已经过期返回 true，并且应该再次通过"dexopt"传递。参数 fileName 表示被检查 apk/jar 文件的绝对路径名。如果应该调用 dexopt 处理文件返回 true；否则 false。

此公共方法会发生如下异常。

- ❑ FileNotFoundException：文件不可读、不是一个文件或者文件不存在。
- ❑ IOException：fileName 不是有效的 apk/jar 文件，或者在解析文件时出现问题。
- ❑ NullPointerException：fileName 是空的。
- ❑ StaleDexCacheError：优化过的 dex 文件已过期且位于只读分区。

(5) public Class loadClass (String name, ClassLoader loader)

此公共方法的功能是装载一个类，会返回成功装载的类，如果失败则返回空值。如果在类装载器之外调用它，往往不会得到想要的结果，这时可使用 forName(String)。

该方法不会在找不到类的时候抛出 ClassNotFoundException 异常，因为每次在我们看到的第一个 dex 文件里找不到类就粗暴地抛出异常是不合理的。

此公共方法的参数如下。

- ❑ name：类名，应该是一个"java/lang/String"。
- ❑ loader：试图装载类的类装载器，大多数情况下就是该方法的调用者。

此公共方法的返回值是类名对应的对象，当装载失败时返回空。

(6) public static DexFile loadDex (String sourcePathName, String outputPathName, int flags)

此公共方法的功能是打开一个 dex 文件，并提供一个文件来保存优化过的 dex 数据。如果优化过的格式已存在并且是最新的，就直接使用它。如果不是，虚拟机将试图重新创建一个。该方法主要用于应用希望在通常的应用安装机制之外下载和执行 dex 文件。不能在应用里直接调用该方法，而应该通过一个类装载器例如 dalvik.system.DexClassLoader。

此公共方法的参数如下。

- ❑ sourcePathName：包含"classes.dex"的 Jar 或者 APK 文件(将来可能会扩展支持"raw DEX")。
- ❑ outputPathName：保存优化过的 DEX 数据的文件。
- ❑ flags：打开可选功能。

返回值是一个新的或者先前已经打开的 DexFile。

此公共方法可能发生 IOException 异常，表示无法打开输入或输出文件。

注意：在 DexFile 接口中还有一个受保护的方法 protected void finalize()，此方法的功能是在类结束时调用，确保 DEX 文件被关闭。另外，此受保护的方法在关闭文件时可能发生 I/O 异常。

6.5　Dex 和动态加载类机制

在 Android 应用开发的一般情况下，常规的开发方式和代码架构就能满足普通的需求。但是有些特殊问题，常常引发进一步的思考。例如应该怎么样开发一个可以自定义控件的 Android 应用？就像 Eclipse 一样，可以动态加载插件。如何让 Android 应用执行服务器上的不可预知的代码？如何对 Android 应用加密，而只在执行时自解密，从而防止被破解？上述问题，我们可以使用类加载器来灵活的加载执行的类。

6.5.1　类加载机制

Dalvik 虚拟机如同其他 Java 虚拟机一样，在运行程序时首先需要将对应的类加载到内存中。而在标准的 Java 虚拟机中，类加载可以从 class 文件中读取，也可以是其他形式的二进制流。因此，我们常常利用这一点，在程序运行时手动加载 Class，从而达到代码动态加载执行的目的。

然而 Dalvik 虚拟机毕竟不算是标准的 Java 虚拟机，因此在类加载机制上，它们有相同的地方，也有不同的地方。我们必须区别对待。

例如当在使用标准 Java 虚拟机时，我们经常自定义继承自 ClassLoader 的类加载器。然后通过 defineClass 方法来从一个二进制流中加载 Class。然而，这在 Android 里是行不通的，大家就没必要走弯路了。参看源码我们知道，Android 中 ClassLoader 的 defineClass 方法具体是调用 VMClassLoader 的 defineClass 本地静态方法。而这个本地方法除了抛出一个“UnsupportedOperationException”之外，什么都没做，甚至连返回值都为空。

```
static void Dalvik_java_lang_VMClassLoader_defineClass(const u4* args,
    JValue* pResult)
{
    Object* loader = (Object*) args[0];
    StringObject* nameObj = (StringObject*) args[1];
    const u1* data = (const u1*) args[2];
    int offset = args[3];
    int len = args[4];
    Object* pd = (Object*) args[5];
    char* name = NULL;
    name = dvmCreateCstrFromString(nameObj);
    LOGE("ERROR: defineClass(%p, %s, %p, %d, %d, %p)\n",
        loader, name, data, offset, len, pd);
    dvmThrowException("Ljava/lang/UnsupportedOperationException;",
        "can't load this type of class file");
    free(name);
    RETURN_VOID();
}
```

6.5.2　Dalvik 虚拟机类加载机制

那如果在 Dalvik 虚拟机里，ClassLoader 不好使，我们如何实现动态加载类呢？Android 为我们从 ClassLoader 派生出了两个类：DexClassLoader 和 PathClassLoader。其中需要特别说明的是 PathClassLoader 中一段被注释掉的代码。

```
/* --this doesn't work in current version of Dalvik--
    if (data != null) {
        System.out.println("--- Found class " + name
            + " in zip[" + i + "] '" + mZips[i].getName() + "'");
        int dotIndex = name.lastIndexOf('.');
        if (dotIndex != -1) {
            String packageName = name.substring(0, dotIndex);
            synchronized (this) {
                Package packageObj = getPackage(packageName);
                if (packageObj == null) {
                    definePackage(packageName, null, null,
                            null, null, null, null, null);
                }
            }
        }
        return defineClass(name, data, 0, data.length);
    }
*/
```

这从另一方面佐证了函数 defineClass()在 Dalvik 虚拟机里确实是被删除了。而在这两个继承自 ClassLoader 的类加载器，本质上是重载了 ClassLoader 的 findClass 方法。在执行 loadClass 时，我们可以参看 ClassLoader 部分源码。

```
protected Class<?> loadClass(String className, boolean resolve)
throws ClassNotFoundException {
Class<?> clazz = findLoadedClass(className);
    if (clazz == null) {
        try {
            clazz = parent.loadClass(className, false);
        } catch (ClassNotFoundException e) {
            // Don't want to see this.
        }
        if (clazz == null) {
            clazz = findClass(className);
        }
    }
    return clazz;
}
```

因此 DexClassLoader 和 PathClassLoader 都属于符合双亲委派模型的类加载器(因为它们没有重载 loadClass 方法)。也就是说，它们在加载一个类之前，会回去检查自己以及自己以上的类加载器是否已经加载了这个类。如果已经加载过了，就会直接将之返回，而不会重复加载。

DexClassLoader 和 PathClassLoader 其实都是通过 DexFile 类来实现类加载的。这里需要顺便提一下的是，Dalvik 虚拟机识别的是 dex 文件，而不是 class 文件。因此，供类加载的文件也只能是 dex 文件，或者包含有 dex 文件的.apk 或.jar 文件。

也许有人想到，既然 DexFile 可以直接加载类，那么为什么还要使用 ClassLoader 的子类呢？DexFile 在加载类时，具体是调用成员方法 loadClass 或者 loadClassBinaryName。其中 loadClassBinaryName 需要将包含包名的类名中的“.”转换为“/”。我们看一下 loadClass 代码就明白了。

```
public Class loadClass(String name, ClassLoader loader) {
        String slashName = name.replace('.', '/');
        return loadClassBinaryName(slashName, loader);
}
```

在这段代码前有一段注释，截取关键一部分就是说：如果认为这不是一个类装载器，这是最有可能不去做预期想要的，而使用{@link Class#forName(String)}则正好相反。这就是我们需要使用 ClassLoader 子类的原因。至于它是如何验证是否是在 ClassLoader 中调用此方法的，我没有研究，大家如果有兴趣可以继续深入下去。

有一个细节，可能大家不容易注意到。PathClassLoader 是通过构造函数 new DexFile(path)来产生 DexFile 对象的；而 DexClassLoader 则是通过其静态方法 loadDex(path, outpath, 0)得到 DexFile 对象的。这两者的区别在于 DexClassLoader 需要提供一个可写的 outpath 路径，用来释放.apk 包或者.jar 包中的 dex 文件。换个说法来说，就是 PathClassLoader 不能主动从 zip 包中释放出 dex，因此只支持直接操作 dex 格式文件，或者已经安装的 apk(因为已经安装的 apk 在 cache 中存在缓存的 dex 文件)。而 DexClassLoader 可以支持.apk、.jar 和.dex 文件，并且会在指定的 outpath 路径释放出 dex 文件。

另外，PathClassLoader 在加载类时调用的是 DexFile 的 loadClassBinaryName，而 DexClassLoader 调用的是 loadClass。因此，在使用 PathClassLoader 时类全名需要用"/"替换"."。

6.5.3　具体的实际操作

接下来将要讲解的具体操作比较简单，可能使用到的工具有 javac、dx、eclipse 等。其中 dx 工具最好指明"--no-strict"，因为 class 文件的路径可能不匹配。

在加载类之后，通常可以通过 Java 反射机制来使用这个类。但是这样效率相对不高，而且经常用反射代码也会比较复杂凌乱。更好的做法是定义一个 interface，并将这个 interface 写进容器端。待加载的类，继承自这个 interface，并且有一个参数为空的构造函数，以便我们能够通过 Class 的 newInstance 方法来产生对象。然后将对象强制转换为 interface 对象，于是就可以直接调用成员方法了。

6.5.4　代码加密

在实现代码加密时，最初的设想是将 dex 文件加密，然后通过 JNI 将解密代码写在 Native 层。解密之后直接传上二进制流，再通过 defineClass 将类加载到内存中。

其实现在也可以这样做，由于不能直接使用 defineClass，而必须传文件路径给 Dalvik 虚拟机内核，因此解密后的文件需要写到磁盘上，增加了被破解的风险。

Dalvik 虚拟机内核仅支持从 dex 文件加载类的方式是不灵活的，由于没有非常深入的研究内核，目前还不能确定是 Dalvik 虚拟机本身不支持还是 Android 在移植时将其删除了。不过相信 Dalvik 或者是 Android 开源项目都正在向能够支持 raw 数据定义类方向努力。

我们可以在帮助文档中看到：Jar or APK file with "classes.dex". (May expand this to include "raw DEX" in the future.)；在 Android 的 Dalvik 源码中我们也能看到 RawDexFile 的身影，只是没有具体实现而已。

在 RawDexFile 诞生之前，我们都只能使用这种存在一定风险的加密方式。需要注意释放的 dex 文件路径及权限管理。另外在加载完毕类之后，除非出于其他的目的，否则应该马上删除临时的解密文件。

6.6 Android 动态加载 jar 和 DEX

在目前的软硬件环境下，Native App 与 Web App 在用户体验上有着明显的优势。但是在实际项目应用中，有些会因为业务的频繁变更而频繁的升级客户端，造成较差的用户体验，而这也正是 Web App 的优势。在接下来的内容中，将简要讲解 Android 动态加载 jar 文件和 dex 文件的基本过程。

6.6.1 Android 的动态加载

在 Android 系统中可以实现动态加载，但是无法像在 Java 中那样方便地动态加载 jar。这是因为 Android 虚拟机(Dalvik VM)不识别 Java 打出 jar 的 byte code，需要通过 dx 工具来优化转换成 Dalvik byte code 后才行。这一点在 Android 项目打包的 apk 中可以看出：引入其他 Jar 的内容都被打包进了 classes.dex。

在当前的 Android 应用中，有如下两个 API 可以实现动态加载功能。

- DexClassLoader：这个可以加载“jar/apk/dex”，也可以从 SD 卡中加载，也是本节的重点。
- PathClassLoader：只能加载已经安装到 Android 系统中的 APK 文件。

6.6.2 演练动态加载

在接下来的内容中，将演示动态加载开源项目“goodev-demo”的过程，具体流程如下。

(1) 下载开源项目“goodev-demo”，下载页面是 http://code.google.com/p/goodev-demo。

(2) 将项目导入 Eclipse 工程，如果工程报错，则说明少了 gen 文件夹，只需手动添加即可。本开源项目是从网上下载优化好的 jar(已经优化成 dex 然后再打包成的 jar)到本地文件系统，然后再从本地文件系统加载并调用的。下面的内容将演示从 SD 卡加载的流程。

(3) 开始查看编写接口和实现，首先看接口 Idynamic 的具体实现。

```
package com.dynamic;
public interface IDynamic {
    public String helloWorld();
}
```

(4) 再看实现类 DynamicTest 的代码。

```
package com.dynamic;
public class DynamicTest implements IDynamic {
    @Override
    public String helloWorld() {
        return "Hello World!";
    }
}
```

(5) 接下来开始打包并转成 dex，首先选中工程并导出常规流程，如图 6-2 所示。

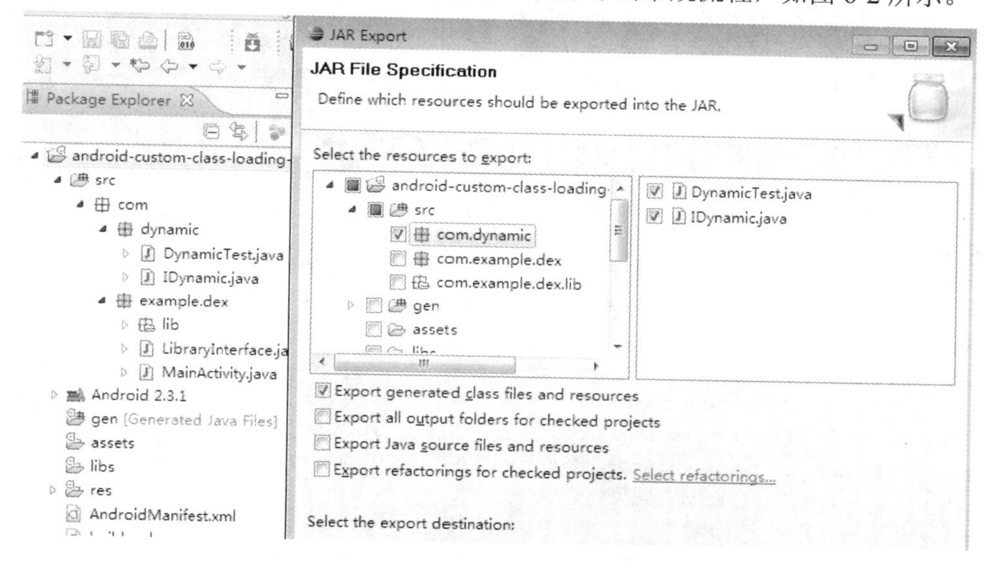

图 6-2　导出常规流程

注意：笔者在实践时发现，如果自己新建一个 Java 工程，然后导出 jar 文件是无法使用的，此处打包导出为 dynamic.jar。

(6) 将打包好的 jar 复制到 SDK 安装目录“android-sdk-windows\platform-tools”中，使用 DOS 命令进入这个目录，执行如下命令：

```
dx --dex --output=test.jar dynamic.jar
```

(7) 接下来开始修改调用例子，修改 MainActivity 的代码如下。

```
    @Override
    public void onCreate(Bundle savedInstanceState) {
        super.onCreate(savedInstanceState);
        setContentView(R.layout.main);
        mToastButton = (Button) findViewById(R.id.toast_button);

        // Before the secondary dex file can be processed by the DexClassLoader,
        // it has to be first copied from asset resource to a storage location.
//final File dexInternalStoragePath = new File(getDir("dex", Context.MODE_PRIVATE),
SECONDARY_DEX_NAME);
//        if (!dexInternalStoragePath.exists()) {
//            mProgressDialog = ProgressDialog.show(this,
//                    getResources().getString(R.string.diag_title),
//                    getResources().getString(R.string.diag_message), true, false);
//            // Perform the file copying in an AsyncTask.
//            // 从网络下载需要的 dex 文件
//            (new PrepareDexTask()).execute(dexInternalStoragePath);
//        } else {
//            mToastButton.setEnabled(true);
//        }
```

```
        mToastButton.setOnClickListener(new View.OnClickListener() {
            public void onClick(View view) {
             // Internal storage where the DexClassLoader writes the optimized dex file to.
             //final File optimizedDexOutputPath = getDir("outdex", Context.MODE_PRIVATE);
             final File optimizedDexOutputPath =
new File(Environment.getExternalStorageDirectory().toString()
                    + File.separator + "test.jar");
               // Initialize the class loader with the secondary dex file.
//DexClassLoader cl =
new DexClassLoader(dexInternalStoragePath.getAbsolutePath(),
// optimizedDexOutputPath.getAbsolutePath(),
// null,
// getClassLoader());
               DexClassLoader cl =
new DexClassLoader(optimizedDexOutputPath.getAbsolutePath(),
               Environment.getExternalStorageDirectory().toString(), null, getClassLoader());
               Class libProviderClazz = null;
               try {
                   // Load the library class from the class loader.
                   // 载入从网络上下载的类
//libProviderClazz = cl.loadClass("com.example.dex.lib.LibraryProvider");
                   libProviderClazz = cl.loadClass("com.dynamic.DynamicTest");

                   // Cast the return object to the library interface so that the
                   // caller can directly invoke methods in the interface.
                   // Alternatively, the caller can invoke methods through reflection,
                   // which is more verbose and slow.
                   //LibraryInterface lib = (LibraryInterface) libProviderClazz.newInstance();
                   IDynamic lib = (IDynamic)libProviderClazz.newInstance();

                   // Display the toast!
                   //lib.showAwesomeToast(view.getContext(), "hello 世界!");
                   Toast.makeText(MainActivity.this, lib.helloWorld(), Toast.LENGTH_SHORT).show();
               } catch (Exception exception) {
                   // Handle exception gracefully here.
                   exception.printStackTrace();
               }
            }
        });
    }
```

这样经过修改，执行后的效果如图 6-3 所示。

在导出 jar 时不能带接口文件，否则会报出如下错误：

```
java.lang.IllegalAccessError: Class ref in pre-verified class resolved to unexpected
implementation
```

另外在优化 jar 时，应该重新成 jar(jar->dex->jar)，命令如下。

```
dx --dex --output=test.jar dynamic.jar
```

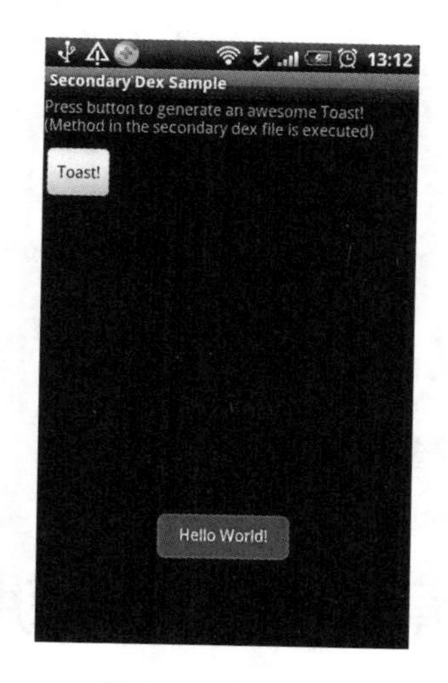

图 6-3　执行效果

6.7　dex 文件的再优化

dex 文件的结构是紧凑的，但是如果我们还想要求运行时的性能有进一步提高，就需要对 dex 文件进行进一步优化。优化工作主要针对以下几个方面。

(1) 调整所有字段的字节序(LITTLE_ENDIAN)和对齐结构中的每一个域。

(2) 验证 dex 文件中的所有类。

(3) 对一些特定的类进行优化，对方法里的操作码进行优化。

优化后的文件大小会有所增加，应该是原 dex 文件的 1～4 倍。

有如下两个发生优化的时机：

- 对于预置应用，可以在系统编译后，生成优化文件，以 ODEX 结尾。这样在发布时除 APK 文件(不包含 DEX)以外，还有一个相应的 ODEX 文件。
- 对于非预置应用，包含在 APK 文件里的 dex 文件会在运行时被优化，优化后的文件将被保存在缓存中。

代码调用的流程如图 6-4 所示。

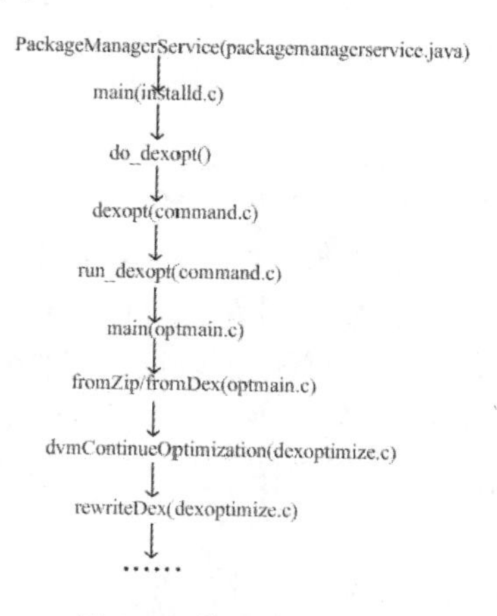

图 6-4　代码调用流程

第7章 生命周期管理

程序也和自然界的生物一样，有自己的生命周期。应用程序的生命周期即程序的存活时间，即程序在什么时间内有效。本章将详细讲解 Android 生命周期管理的基本知识，为读者步入本书后面知识的学习打下基础。

7.1 Android 程序的生命周期

Android 是构建在 Linux 上的开源移动开发平台，在 Android 中，多数情况下每个程序都是在各自独立的 Linux 进程中运行的。当一个程序或其某些部分被请求时，它的进程就“出生”了；当这个程序没有必要再运行下去且系统需要回收这个进程的内存用于其他程序时，这个进程就“死亡”了。由此可以看出，Android 程序的生命周期是由系统控制而非由程序自身直接控制。这和我们编写桌面应用程序时的思维有一些不同，一个桌面应用程序的进程也是在其他进程或用户请求时被创建，但是往往是在程序自身收到关闭请求后执行一个特定的动作(比如从 main()函数中返回)而导致进程结束的。要想做好某种类型的程序或者某种平台下的程序的开发，最关键的就是要弄清楚这种类型的程序或整个平台下的程序的一般工作模式，并将其熟记在心。在 Android 系统中，程序的生命周期控制就是属于这个范畴。

7.1.1 进程和线程

当某个组件第一次运行时，Android 就启动了一个进程。默认的，所有的组件和程序运行在这个进程和线程中。当然也可以安排组件在其他进程或者线程中运行。

组件运行的进程由 manifest file 控制。组件的节点——<ctivity>、<service>、<receiver>和<provider>都包含一个 process 属性。这个属性可以设置组件运行的进程：可以配置组件在一个独立进程运行，或者多个组件在同一个进程运行。甚至可以多个程序在一个进程中运行——如果这些程序共享一个 User ID 并给定同样的权限。<application> 节点也包含 process 属性，用来设置程序中所有组件的默认进程。

所有的组件在此进程的主线程中实例化，系统对这些组件的调用从主线程中分离。并非每个对象都会从主线程中分离。一般来说，响应例如 View.onKeyDown()用户操作的方法和通知的方法也在主线程中运行。这就表示，组件被系统调用的时候不应该长时间运行或者阻塞操作(如网络操作或者计算大量数据)，因为这样会阻塞进程中的其他组件。可以把这类操作从主线程中分离出去。

当更加常用的进程无法获取足够内存时，Android 可能会关闭不常用的进程。下次启动程序的时候会重新启动该进程。

当决定哪个进程需要被关闭时，Android 会考虑哪个进程对用户更加有用。如 Android 会倾向于关闭一个长期不显示在界面的进程来支持一个经常显示在界面的进程。是否关闭一个进程决定于组件在进程中的状态。

即使为组件分配了不同的进程，有时也需要再分配线程。比如用户界面需要很快对用户进行响应，因此某些费时的操作，如网络连接、下载或者非常占用服务器时间的操作应该放到其他进程中。

线程通过 Java 的标准对象 Thread 创建。在 Android 中提供了很多方便管理线程的方法——Looper，在线程中运行一个消息循环；Handler 传递一个消息；HandlerThread 创建一个带有消息循环的线程。

7.1.2　进程的类型

开发者必须理解不同的应用程序组件，尤其是 Activity、Service 和 Intent Receiver。了解这些组件是如何影响应用程序的生命周期，是非常重要的。如果不能正确地使用这些组件，可能会导致系统终止正在执行重要任务的应用程序进程。

一个常见的进程生命周期漏洞的例子是 Intent Receiver(意图接收器)，当 Intent Receiver 在 onReceive()方法中接收到一个 Intent(意图)时，它会启动一个线程，然后返回。一旦返回，系统将认为 Intent Receiver 不再处于活动状态，因而 Intent Receiver 所在的线程也就不再有用了(除非该进程中还有其他的组件处于活动状态)。因此，系统可能会在任意时刻终止该线程以回收占有的内存。这样进程中创建出的那个线程也将被终止。解决这个问题的方法是从 Intent Receiver 中启动一个服务，让系统知道该进程中还有处于活动状态的工作。为了使系统能够正确决定在内存不足时应该终止哪个进程，Android 根据每个进程中运行的组件及组件的状态把进程放入一个 Importance Hierarchy(重要性分级)中。进程的类型按重要程度排序包括如下 5 种。

(1)　前台进程(Foreground)

前台进程与用户当前正在做的事情密切相关。不同的应用程序组件能够通过不同的方法将它的宿主进程移到前台。在如下的任何一个条件下：进程正在屏幕的最前端运行一个与用户交互的活动(Activity)，它的 onResume()方法被调用；或进程有一个正在运行的 Intent Receiver(它的 IntentReceiver.onReceive()方法正在执行)；或进程有一个服务(Service)，并且在服务的某个回调函数(Service.onCreate()、 Service.onStart()或 Service.onDestroy())内有正在执行的代码，系统将把进程移动到前台。

(2)　可见进程(Visible)

可见进程有一个可以被用户从屏幕上看到的活动，但不在前台(它的 onPause()方法被调用)。例如，如果前台的活动是一个对话框，以前的活动就隐藏在对话框之后，就会现这种进程。可见进程非常重要，一般不允许被终止，除非是了保证前台进程的运行而不得不终止它。

(3) 服务进程(Service)

服务进程拥有一个已经用 startService()方法启动的服务。虽然用户无法直接看到这些进程，但它们做的事情却是用户所关心的(如后台 MP3 回放或后台网络数据的上传下载)。因此，系统将一直运行这些进程，除非内存不足以维持所有的前台进程和可见进程。

(4) 后台进程(Background)

后台进程拥有一个当前用户看不到的活动(它的 onStop()方法被调用)。这些进程对用户体验没有直接的影响。如果它们正确执行了活动生命周期，系统可以在任意时刻终止该进程以回收内存，并提供给前面三种类型的进程使用。系统中通常有很多这样的进程在运行，因此要将这些进程保存在 LRU 列表中，以确保当内存不足时用户最近看到的进程最后一个被终止。

(5) 空进程(Empty)

空进程不拥有任何活动的应用程序组件的进程。保留这种进程的唯一原因是在下次应用程序的某个组件需要运行时，不需要重新创建进程，这样可以提高启动速度。

系统将以进程中当前处于活动状态组件的重要程度为基础对进程进行分类。进程的优先级可能也会根据该进程与其他进程的依赖关系而增长。例如，如果进程 A 通过在进程 B 中设置 Context.BIND_AUTO_CREATE 标记或使用 ContentProvider 被绑定到一个服务(Service)，那么进程 B 在分类时至少要被看成与进程 A 同等重要。

7.2 Activity 的生命周期

在 Android 中，一般用系统管理来决定进程的生命周期。有时因为手机所具有的一些特殊性，所以我们需要更多地关注各个 Android 程序部分的运行时生命周期模型。所谓手机的特殊性，主要是指如下两点。

(1) 在使用手机应用时，大多数情况下只能在手机上看到一个程序的一个界面，用户除了通过程序界面上的功能按钮在不同的窗体间切换外，还可以通过 Back(返回)键和 Home(主)键来返回上一个窗口，而用户使用 Back 或者 Home 键的时机是非常不确定的，任何时候用户都可以使用 Home 或 Back 键来强行切换当前的界面。

(2) 通常手机上一些特殊的事件发生也会强制的改变当前用户所处的操作状态，例如无论任何情况，在手机来电时，系统都会优先显示电话接听的界面。

了解了手机应用的上述特殊性后，接下来将详细介绍 Activity 在不同阶段的生命周期。

7.2.1 Activity 的几种状态

要想了解 Activity 在不同阶段的生命周期，首先需要了解 Activity 的几种状态。当 Activity 被创建或销毁时，会存在如下 4 种状态。

- Active(活动)：当 Activity 在栈的顶端时，它是可见的，有焦点的前台 Activity，用来响应用户的输入。Android 会不惜一切代价来尝试保证它的活跃性，需要的话它会取消栈中更靠下的 Activity 来保证活动 Activity 所需要的资源。当另一个 Activity 变成 Active 状态时，这个 Activity 就会变成 Paused。
- Paused(暂停)：在一些情况下，你的 Activity 可见但不拥有焦点；在这个时刻，它就是暂停的。当最前面的 Activity 是全透明或非全屏的 Activity 时，下面的 Activity 就会到达这个状态。当暂停时，这个 Activity 还是被看作是 Active 的，但不接受用户的输入事件。在极端的情况下，Android 会取消一个 Paused 的 Activity 来恢复资源给 Active Activity。当一个 Activity 完全不可见时，它就变成 Stopped。

- Stopped(停止)：当一个 Activity 不可见，它就“停止”了。这个 Activity 仍然留在内存里来保存所有的状态和成员信息；但是，当系统需要内存时，Stopped Activity 就会被直接取消。当一个 Activity 停止时，保存数据和当前 UI 状态是很重要的。一旦 Activity 退出或关闭，它就变成 Inactive。
- Inactive(销毁)：当一个曾经被启动过的 Activity 被杀死时，它就变成 Inactive。Inactive Activity 会从 Activity 栈中移除，当它重新显示和使用时需要再次启动。

Activity 状态转换图如图 7-1 所示。

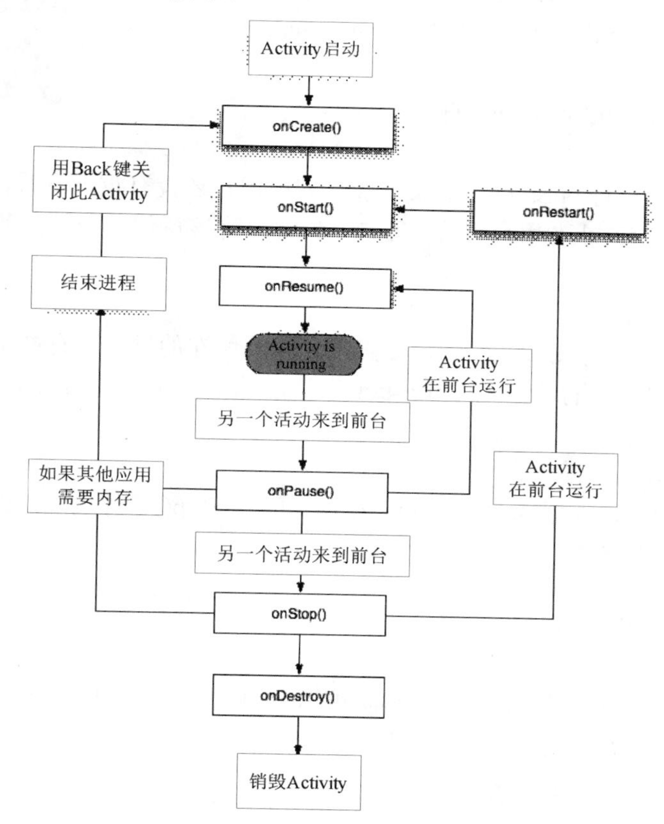

图 7-1 Activity 状态转换图

图 7-1 所示的状态的变化是由 Android 内存管理器决定的，Android 会首先关闭那些包含 Inactive Activity 的应用程序，然后关闭 Stopped 状态的程序。在极端情况下，Android 也会移除 Paused 状态下的程序。

7.2.2 分解剖析 Activity

(1) void onCreate(Bundle savedInstanceState)

当 Activity 被第一次加载时执行 onCreate()，当新启动一个程序时，其主窗体的 onCreate 事件就会被执行。如果 Activity 被 onDestroy(销毁)后，再重新加载 Task(任务)时，其 onCreate()事件也会被重新执行。

(2) void onStart()

在 onCreate 事件之后执行 onStart()。或者当前窗体被交换到后台后，在用户重新查看窗体前已经过去了一段时间，窗体已经执行了 onStop()事件，但是窗体和其所在进程并没有被销毁，用户重新查看窗体时会执行 onRestart()事件，之后会跳过 onCreate()事件，直接执行窗体的 onStart()事件。

(3) void onResume()

在 onStart()事件之后执行 void onResume。或者当前窗体被交换到后台后，在用户重新查看窗体时，窗体还没有被销毁，也没有执行过 onStop()事件(窗体还继续存在于任务中)，则会跳过窗体的 onCreate()和 onStart()事件，直接执行 onResume()事件。

(4) void onPause()

窗体被交换到后台时执行 onPause()。

(5) void onStop()

onPause()事件之后执行 onStop()。如果一段时间内用户还没有重新查看该窗体，则该窗体的 onStop()事件将会被执行；或者用户直接按了 Back 键，将该窗体从当前任务中移除，也会执行该窗体的 onStop()事件。

(6) void onRestart()

onStop 事件执行后执行 onRestart()，如果窗体和其所在的进程没有被系统销毁，此时用户又重新查看该窗体，则会执行窗体的 onRestart 事件，onRestart 事件后会跳过窗体的 onCreate()事件直接执行 onStart()事件。

(7) void onDestroy()

Activity 被销毁的时候执行 onDestroy()。在窗体的 onStop()事件之后，如果没有再次查看该窗体，Activity 则会被销毁。

7.2.3 几个典型的场景

根据前面讲解的 Activity 生命周期的基本知识，可以总结出如下几个典型的应用场景。

(1) Activity 从被装载到运行，执行顺序如下。

```
onCreate() -> onStart()-> onResume();
```

这是一个典型的过程，发生在 Activity 被系统装载运行时。

(2) Activity 从运行到暂停，再到继续回到运行。执行顺序如下。

```
onPause() -> onResume();
```

这个过程发生在 Activity 被别的 Activity 遮住了部分 UI，失去了用户焦点，另外那个 Activity 退出之后，这个 Activity 再次获得运行。在这个过程中，该 Activity 的实例是一直存在。

(3) Activity 从运行到停止，执行顺序如下。

```
onPause() -> onStop();
```

这个过程发生在 Activity 的 UI 完全被别的 Activity 遮住了，当然也失去了用户的焦点。这个过程中 Activity 的实例仍然存在。比如，当 Activity 正在运行时，用户按了 Home 键，该 Activity

就会被执行这个过程。

(4) Activity 从停止到运行，执行顺序如下。

```
onRestart()-> onStart()-> onResume();
```

处于 Stopped 状态并且实例仍然存在的 Activity，再次被系统运行时，执行这个过程。这个过程是(3)的逆过程，只是要先执行 onRestart()而重新获得执行。

(5) Activity 从运行到销毁，执行顺序如下。

```
onPause() -> onStop() -> onDestroy();
```

这个过程发生在 Activity 完全停掉并被销毁了，所以该 Activity 的实例也就不存在了。比如，当 Activity 正在运行时，用户按了 Back 键，该 Activity 就会被执行这个过程。这个过程可看作是 1 的逆过程。

(6) 被清除出内存的 Activity 重新运行，执行顺序如下。

```
onCreate() -> onStart()-> onResume();
```

这个过程对用户是透明的，用户并不会知道这个过程的发生，看起来和(1)的执行顺序相似，不同的是如果保存有系统被清除出内出时的信息，会在调用 onCreate()时，系统以参数的形式给出，而 1 中 onCreate()的参数为 null。

7.2.4　管理 Activity 的生命周期

此处说的管理 Activity 的生命周期，更确切地说应该是参与生命周期的管理，因为 Android 系统框架已经很好的管理了这其中的绝大部分，应用开发人员要做的就是在 Android 的框架下，在 Activity 状态转换的各个时点上，做出自己的实现，而实现这些要做的只是在你的 Activity 子类里面 Override 这些 Activity 的方法即可。

如图 7-2 所示列出了 Activity 生命周期相关的方法。

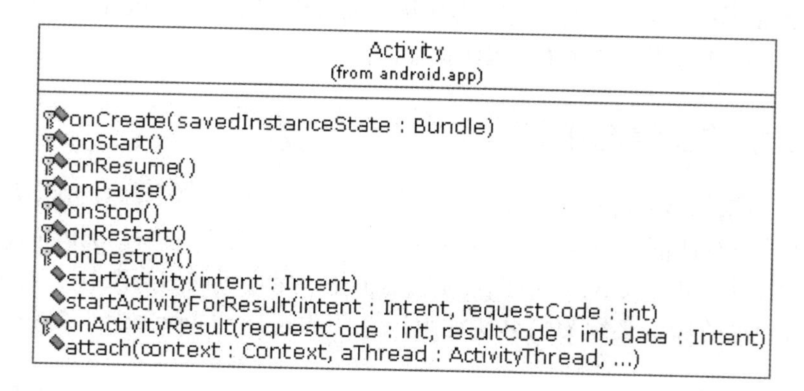

图 7-2　Activity 生命周期相关的方法

7.2.5　Activity 的实例化与启动

Activity 的实例化工作是由 Android 系统完成的，在用户点击执行一个 Activity 或者另一个 Activity 需要这个 Activity 执行时，如果该 Activity 的实例不存在，Android 系统都会实例化之，并在该 Activity 所在进程的主线程中调用该 Activity 的 onCreate()方法，实现 Activity 实例化时的工作。

所以，Activity::onCreate()是系统实例化 Activity 时，Activity 可做的自身初始化的时机。在这里可以实例化变量，调用 Activity::setContentView()设置 UI 显示内容。

一般来说，在 Activity 实例化之后就要启动该 Activity，这样会在该 Activity 所在进程的主线程中顺序调用 Activity 的 onStart()，onResume()。在 Activity 的生命周期的典型时序中，一般 onStart()在所有的时序中都不是很特别的过程，所以一般不怎么实现。

如图 7-3 所示为 Activity 实例化与启动的时序。

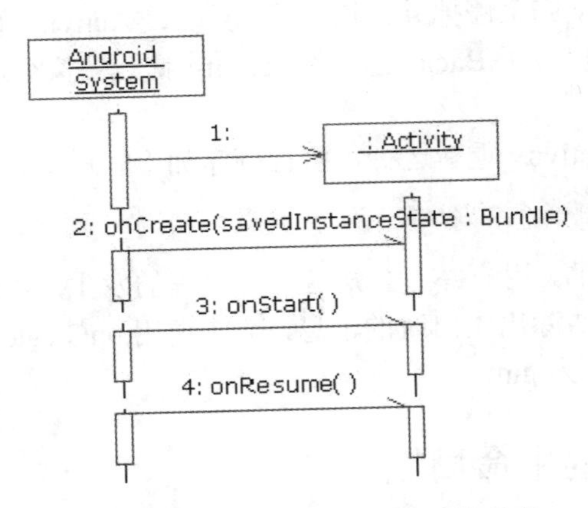

图 7-3　Activity 实例化与启动的时序

这里从应用开发者角度来说明问题，暂不考虑 Android 内部的实现细节，所以各种动作的发起者统一用 AndroidSystem 来说明，而从 Activity 这边看过去，所有这些操作也都是异步的。

onCreate()在 Activity 存续期内，只会被调用一次。如生命周期图中的时序(6)的情形其实是另外又启动了一个 Activity 的实例，并通过 onCreate()的参数传递进先前杀掉的 Activtiy 里保留的信息。因为 onStart()可因为已经停止了，再次执行而被调用多次。onResume()可以因为 Activity 的 Paused/Resumed 的不停转换，而被频繁调用。

7.2.6　Activity 的暂停与继续

Activity 因为被别的 Activity 遮住部分 UI，并失去焦点而被打断暂停，典型的情况发生在系统进入睡眠或被一个对话框打断的情况。而在被暂停之前，系统会通过 onPause()让 Activity 有保留被暂停前状态的时机。Activity 可以在 onPause()中，保存所做的修改到永久存储区，停止动画显示。onPause()里的操作必须简短并快速返回，因为在 onPause()返回之前不会调入其他的 Activity。

此时 Activity 因为还有部分 UI 显示，它通常与 Window Manager 的链接还在，所以一般 UI 的修改不需保留。即便在极端的情况下，Paused 的 Activity 所在的进程被杀死，那也是极端情况，那种情况下，不可能使 Activity 的 UI 显示完整一致。

系统在被唤醒或者在打断它的对话框消失之后，会继续运行，此时系统会调用 Activity 的 onResume()方法。在 onResume()方法中可以做与 onPause()中相对应的事情。

图 7-4 中演示了一个 Activity 启动同一个进程内另外一个 Activity 的时序图。

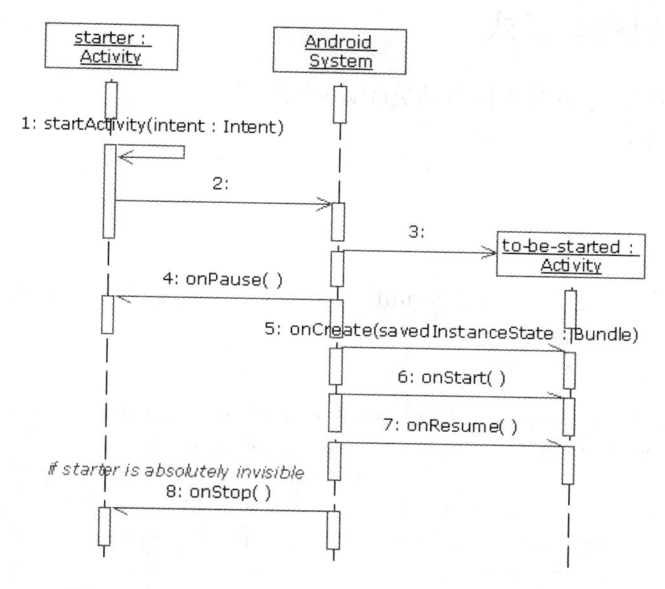

图 7-4　一个 Activity 启动另一个 Activity 的时序图

图 7-4 可以很好地说明一个 Activity 启动时，与另外一个 Activity 之间的各种 PAUSE/RESUME 交互过程。在此需要注意，PAUSE/RESUME 是众多 Activity 状态转换中的一个子集，很多其他的场景也需要经过这个过程。

7.2.7　Activity 的关闭/销毁与重新运行

Activity 被 Stopped 可能是完全被别的 Activity 覆盖掉了，也可能是用户显式地按了 Back 或 Home 键。Activity 被 Stopped 之前，它的 onStop()方法会被提前调用，来做些停止前的处理。如果处于 Stopped 的 Activity 再次运行，它的 onRestart()方法会被调用，这是区分其他调用场景，比较合适的实现处理的地方。

因为处于 Paused 状态的 Activity 在内存极端不足的情况下，它所在的进程也可能被取消，这样 onStop()在被取消前，不一定会被调用，所以 onPause()是比 onStop()更合适的保留信息到永久存储区的时机。

Activity 被销毁可能是显式地按了 Back 键，也可能是处于 Paused 或 Stopped 状态，因为内存不足而被销毁。还有一种情况是配置信息改变(比如屏的方向改变)后，根据设置需要销毁掉所有的 Activity(是否关闭还要看 Activity 自己的配置)，再重新运行它们。

被系统隐式销毁的 Activity，在被销毁(onStop()调用)之前，一般的会调用 onSaveInstanceState()保留该 Activity 此时的状态信息。该方法中传入 Bundle 参数，可在此方法中把此时的状态信息写入，系统保留这些。而当该 Activty 再次被实例化运行时，系统会把保留在 Bundler 的信息再次以参数形式，通过 onCreate()方法传入。

通常在 onSaveInstanceState()中保留 UI 的信息，永久存储的信息最好还是在 onPause()中保存。Activity 的 onSaveInstanceState()已经缺省实现来保留通用 View 的 UI 信息，所以不管是否保留当前 Activity 的信息，通常都要在 onSaveInstanceState()中先调用 super.onSaveInstanceState()来保留通用的 UI 信息。

7.2.8 Activity 的启动模式

在 Android 系统中，有如下 4 种启动 Activity 的模式。

- standard(默认)
- singleTop
- singleTask
- singleInstance

上述四种模式分别在文件 AndroidManifest.xml 中配置，另外也可以在 intent 启动 Activity 时添加必要参数来设置。配置代码如下。

```
<activity
        android:configChanges="mcc|mnc|locale|touchscreen|keyboard|keyboardHidden|
navigation| screenLayout|fontScale|uiMode|orientation"
        <span style="color:#e53333;">android:launchMode="singleTask"</span>
android:screenOrientation ="portrait"
         android:windowSoftInputMode="adjustPan"
        android:name=".activity.ShowHowAct" >
```

接下来开始一一说明这 4 种模式的基本特征。

(1) standard(默认)

这是 Android 的 Activity 的默认模式，如果没有配置 android:launchMode，则默认是这个模式。在该模式下，一个 Activity 可以同时被添加到多个任务中，并且一个任务可以有多个实例，且每次通过 intent 启动时，都会生成一个新的实例。

(2) singleTop

该属性和 standard 较类似，不同的地方就是，当当前的 Activity 实例在当前任务的栈顶，intent 启动时，则不生成新的实例，会重用(不生成新的实例)原有的实例，如果显式地指定 intent 的参数 FLAG_ACTIVITY_NEW_TASK。如果提供了 FLAG_ACTIVITY_NEW_TASK 参数，会启动到别的任务里。

(3) singleTask

在该模式下，Activity 只会有一个实例。如果某一个任务中已有该 Activity 的一个实例存在，则不再启动新的，每次都会被重用(重用就是如果该 Activity 在 task 的栈底，则会被调到栈顶)，且可以和其他的 Activity 共存于一个任务中。

(4) singleInstance

该模式和 singleTask 一样，唯一不同的就是，在该模式下，Activity 会独自拥有一个 task，不会和其他 Activity 公用，每次 Activity 都会被重用，且全局只能有一个实例。

7.3 Android 进程与线程

当某个组件第一次运行的时候，Android 启动了一个进程。默认的，所有的组件和程序运行在这个进程和线程中。也可以安排组件在其他的进程或者线程中运行。本节将简要介绍 Android 进程与线程的基本知识。

7.3.1 进程

组件运行的进程由 Manifest File 控制，组件中的节点<activity>、<service>、<receiver>和<provider>都包含了一个 Process 属性。通过 Process 属性，可以设置组件运行的进程，既可以配置组件在一个独立进程中运行，也可以配置多个组件在同一个进程中运行，甚至可以配置多个程序在同一个进程中运行(前提是这些程序共享一个 User ID 并给定了同样的权限)。另外，在<application> 节点中也包含了 Process 属性，可以用来设置程序中所有组件的默认进程。

所有的组件在此进程的主线程中实例化，系统对这些组件的调用从主线程中分离。并非每个对象都会从主线程中分离。一般来说，响应例如 View.onKeyDown()用户操作的方法和通知的方法也在主线程中运行。这就表示，组件被系统调用的时候不应该长时间运行或者阻塞操作(如网络操作或者计算大量数据)，因为这样会阻塞进程中的其他组件，因此可以把这类操作从主线程中分离。

当更加常用的进程无法获取足够内存，Android 可能会关闭不常用的进程。下次启动程序时会重新启动进程。

当决定哪个进程需要被关闭时，Android 会考虑哪个进程对用户更加有用。如 Android 会倾向于关闭一个长期不显示在界面的进程来支持一个经常显示在界面的进程，是否关闭一个进程决定于组件在进程中的状态。

7.3.2 线程

即使为组件分配了不同的进程，有时候也需要再分配线程。比如用户界面需要很快对用户进行响应，因此某些费时的操作，如网络连接、下载或者非常占用服务器时间的操作应该放到其他线程。

线程通过 Java 的标准对象 Thread 创建，在 Android 中提供了如下管理线程的方法。

- ❑ Looper：在线程中运行一个消息循环。
- ❑ Handler：传递一个消息。
- ❑ HandlerThread：创建一个带有消息循环的线程。

Android 会让一个应用程序在单独的线程中，指导它创建自己的线程。除了上述方法外，通过使用应用程序组件，例如 Activity、service、broadcast receiver，可以在主线程中实现实例化操作。

7.3.3 线程安全的方法

了解了进程和线程的基本知识后，很有必要了解线程安全方面的知识。在某些情况下，方法可能调用不止一个线程，因此需要注意方法的线程安全。例如当一个调用在 IBinder(是一个接口，是对跨进程的对象的抽象)对象中的方法的程序启动了和 IBinder 对象相同的进程，方法就在 IBinder 的进程中执行。但是，如果调用者发起另外一个进程，方法在另外一个线程中运行，这个线程在和 IBinder 对象在一个线程池中，它不会在进程的主线程中运行。如果一个 Service 从主线程被调用 onBind()方法，onBind()返回的对象中的方法会被从线程池中调用。因为一个服务可能有多个客户端请求，不止一个线程池会在同一时间调用 IBinder 的方法，所以此时 IBinder 必须保证线程安全。

7.4 测试生命周期

经过本书前面内容的学习，相信读者已经了解了 Android 生命周期的基本知识。本节将通过几段应用代码来测试 Android 的生命周期。

(1) 首先看 MainActivity 的代码，这是软件启动时默认打开的 Activity。

```
package cn.itcast.life;

import android.app.Activity;
import android.content.Intent;
import android.os.Bundle;
import android.util.Log;
import android.view.View;
import android.widget.Button;

public class MainActivity extends Activity {
   private static final String TAG = "MainActivity";

   @Override
   public void onCreate(Bundle savedInstanceState) {
      super.onCreate(savedInstanceState);
      setContentView(R.layout.main);
      Log.i(TAG, "onCreate()");

      Button button = (Button) this.findViewById(R.id.button);
      button.setOnClickListener(new View.OnClickListener() {

            @Override
            public void onClick(View v) {
                Intent intent = new Intent(MainActivity.this, OtherActivity.class);
                startActivity(intent);
            }
      });

      Button threebutton = (Button) this.findViewById(R.id.threebutton);
      threebutton.setOnClickListener(new View.OnClickListener() {

            @Override
            public void onClick(View v) {
                Intent intent = new Intent(MainActivity.this, ThreeActivity.class);
                startActivity(intent);
            }
      });
   }

   @Override
   protected void onDestroy() {
      Log.i(TAG, "onDestroy()");
      super.onDestroy();
```

```
    }

    @Override
    protected void onPause() {
         Log.i(TAG, "onPause()");
        super.onPause();
    }

    @Override
    protected void onRestart() {
         Log.i(TAG, "onRestart()");
        super.onRestart();
    }

    @Override
    protected void onResume() {
         Log.i(TAG, "onResume()");
        super.onResume();
    }

    @Override
    protected void onStart() {
         Log.i(TAG, "onStart()");
        super.onStart();
    }

    @Override
    protected void onStop() {
         Log.i(TAG, "onStop()");
        super.onStop();
    }

}
```

(2)　下面是 MainActivity 匹配的 XML 布局代码。

```
<?xml version="1.0" encoding="utf-8"?>
<LinearLayout xmlns:android="http://schemas.android.com/apk/res/android"
   android:orientation="vertical"
   android:layout_width="fill_parent"
   android:layout_height="fill_parent"
   >
<TextView
   android:layout_width="fill_parent"
   android:layout_height="wrap_content"
   android:text="@string/hello"
   />

   <Button
       android:layout_width="wrap_content"
       android:layout_height="wrap_content"
        android:text="打开 OtherActivity"
       android:id="@+id/button"
```

```
        />

    <Button
        android:layout_width="wrap_content"
        android:layout_height="wrap_content"
         android:text="打开ThreeActivity"
        android:id="@+id/threebutton"
        />
</LinearLayout>
```

(3) 下面是一个新的Activity，为了验证“onstop”方法，使用下面的OtherActivity将前面的MainActivity覆盖掉。

```
package cn.itcast.life;

import android.app.Activity;
import android.os.Bundle;

public class OtherActivity extends Activity {

    @Override
    protected void onCreate(Bundle savedInstanceState) {
        // TODO Auto-generated method stub
        super.onCreate(savedInstanceState);
        setContentView(R.layout.other);
    }
}
```

下面是OtherActivity匹配的XML布局代码。

```
<?xml version="1.0" encoding="utf-8"?>
<LinearLayout
  xmlns:android="http://schemas.android.com/apk/res/android"
  android:orientation="vertical"
  android:layout_width="fill_parent"
  android:layout_height="fill_parent">

  <TextView
    android:layout_width="fill_parent"
    android:layout_height="wrap_content"
    android:text="这是OtherActivity"
    />
</LinearLayout>
```

(4) 下面的ThreeActivity用于测试onpause方法，使用半透明或者提示框的形式，覆盖掉前面的MainActivity。

```
package cn.itcast.life;

import android.app.Activity;
import android.os.Bundle;

public class ThreeActivity extends Activity {
```

```
    @Override
    protected void onCreate(Bundle savedInstanceState) {
        // TODO Auto-generated method stub
        super.onCreate(savedInstanceState);
        setContentView(R.layout.three);
    }
}
```

下面是 ThreeActivity 匹配的 XML 布局代码。

```
<?xml version="1.0" encoding="utf-8"?>
<LinearLayout
  xmlns:android="http://schemas.android.com/apk/res/android"
  android:layout_width="wrap_content"
  android:layout_height="wrap_content">

  <TextView
    android:layout_width="fill_parent"
    android:layout_height="wrap_content"
    android:text="第三个 Activity"
    />
</LinearLayout>
```

(5) 下面是项目清单文件，在此使用了 android:theme="@android:style/Theme.Dialog"来设置 Activity 的样式风格的弹出框。

```
<?xml version="1.0" encoding="utf-8"?>
<manifest xmlns:android="http://schemas.android.com/apk/res/android"
      package="cn.itcast.life"
      android:versionCode="1"
      android:versionName="1.0">
    <application android:icon="@drawable/icon" android:label="@string/app_name">
        <activity android:name=".MainActivity"
                  android:label="@string/app_name">
            <intent-filter>
                <action android:name="android.intent.action.MAIN" />
                <category android:name="android.intent.category.LAUNCHER" />
            </intent-filter>
        </activity>
          <activity android:name=".OtherActivity" android:theme="@android:style/Theme.Dialog"/>
          <activity android:name=".ThreeActivity"/>
    </application>
    <uses-sdk android:minSdkVersion="8" />
</manifest>
```

运行上述程序，如果在 Debug 状态时切换到 DDMS 界面，可以马上看到所打印出来的 Log 信息，这样就可以很清楚地分析程序的运行过程。

Activity 的 onSaveInstanceState()和 onRestoreInstanceState()并不是生命周期方法，它们不同于 onCreate()和 onPause()等生命周期方法，它们并不一定会被触发。当应用遇到意外情况时，例如内存不足、用户直接按 Home 键等操作，当系统销毁一个 Activity 时，onSaveInstanceState()才会被调用。但是当用户主动去销毁一个 Activity 时，例如在应用中按 Back 键，

onSaveInstanceState()就不会被调用。因为在这种情况下，用户的行为决定了不需要保存Activity的状态。通常onSaveInstanceState()只适合用于保存一些临时性的状态，而onPause()适合用于数据的持久化保存。

7.5 Service的生命周期

在本章前面的内容中，已经讲解了Android中Activity的生命周期。本节将详细讲解Android中Service的生命周期知识，为读者步入本书后面知识的学习打下基础。

7.5.1 Service的基本概念和用途

Android中的Service(服务)与Activity不同，它是不能与用户交互的，不能自己启动的，运行在后台的程序，如果我们退出应用时，Service进程并没有结束，它仍然在后台运行，那我们什么时候会用到Service呢？比如我们播放音乐时，有可能想边听音乐边干些其他事情，当我们退出播放音乐的应用，如果不用Service，我们就听不到音乐了，所以这时候就得用到Service了，又比如当我们一个应用的数据是通过网络获取的，不同时间(一段时间)的数据是不同的，这时候我们可以用Service在后台定时更新，而无须每打开应用的时候在去获取。

7.5.2 Service的生命周期详解

Android Service的生命周期并不像Activity那么复杂，它只继承了onCreate()、onStart()、onDestroy()三个方法，当我们第一次启动Service时，先后调用了onCreate()和onStart()这两个方法，当停止Service时，则执行onDestroy()方法，这里需要注意的是，如果Service已经启动了，当我们再次启动Service时，不会在执行onCreate()方法，而是直接执行onStart()方法，具体的可以看下面的实例。

7.5.3 Service与Activity通信

Service后端的数据最终还是要呈现在前端Activity上的，因为启动Service时，系统会重新开启一个新的进程，这就涉及到不同进程间通信的问题了(AIDL)，此处不作过多描述，当我们想获取启动的Service实例时，我们可以用到bindService()和onBindService()方法，它们分别执行了Service中IBinder()和onUnbind()方法。

为了让大家更容易理解Service与Activity通信过程，接下来用一段演示代码来详细讲解。

(1) 新建一个Android工程，命名为ServiceDemo。

(2) 修改文件main.xml，在此增加了4个按钮，具体代码如下。

```
<?xml version="1.0" encoding="utf-8"?>
<LinearLayout xmlns:android="http://schemas.android.com/apk/res/android"
    android:orientation="vertical"
    android:layout_width="fill_parent"
    android:layout_height="fill_parent"
    >
```

```
    <TextView
        android:id="@+id/text"
        android:layout_width="fill_parent"
        android:layout_height="wrap_content"
        android:text="@string/hello"
        />
    <Button
        android:id="@+id/startservice"
        android:layout_width="fill_parent"
        android:layout_height="wrap_content"
        android:text="startService"
    />
    <Button
        android:id="@+id/stopservice"
        android:layout_width="fill_parent"
        android:layout_height="wrap_content"
        android:text="stopService"
    />
    <Button
        android:id="@+id/bindservice"
        android:layout_width="fill_parent"
        android:layout_height="wrap_content"
        android:text="bindService"
    />
    <Button
        android:id="@+id/unbindservice"
        android:layout_width="fill_parent"
        android:layout_height="wrap_content"
        android:text="unbindService"
    />
</LinearLayout>
```

(3) 新建一个 Service，命名为 MyService.java，具体代码如下。

```
package com.tutor.servicedemo;
import android.app.Service;
import android.content.Intent;
import android.os.Binder;
import android.os.IBinder;
import android.text.format.Time;
import android.util.Log;
public class MyService extends Service {
    //定义一个 Tag 标签
    private static final String TAG = "MyService";
    //这里定义一个 Binder 类，用在 onBind()方法里，这样 Activity 那边可以获取到
    private MyBinder mBinder = new MyBinder();
    @Override
    public IBinder onBind(Intent intent) {
        Log.e(TAG, "start IBinder~~~");
        return mBinder;
    }
    @Override
    public void onCreate() {
```

```
        Log.e(TAG, "start onCreate~~~");
        super.onCreate();
    }

    @Override
    public void onStart(Intent intent, int startId) {
        Log.e(TAG, "start onStart~~~");
        super.onStart(intent, startId);
    }

    @Override
    public void onDestroy() {
        Log.e(TAG, "start onDestroy~~~");
        super.onDestroy();
    }


    @Override
    public boolean onUnbind(Intent intent) {
        Log.e(TAG, "start onUnbind~~~");
        return super.onUnbind(intent);
    }

    //这里写了一个获取当前时间的函数，不过没有格式化
    public String getSystemTime(){

        Time t = new Time();
        t.setToNow();
        return t.toString();
    }

    public class MyBinder extends Binder{
        MyService getService()
        {
            return MyService.this;
        }
    }
}
```

(4) 修改文件 ServiceDemo.java，具体代码如下。

```
package com.tutor.servicedemo;
import android.app.Activity;
import android.content.ComponentName;
import android.content.Context;
import android.content.Intent;
import android.content.ServiceConnection;
import android.os.Bundle;
import android.os.IBinder;
import android.view.View;
import android.view.View.OnClickListener;
import android.widget.Button;
import android.widget.TextView;
```

```
public class ServiceDemo extends Activity implements OnClickListener{

    private MyService  mMyService;
    private TextView mTextView;
    private Button startServiceButton;
    private Button stopServiceButton;
    private Button bindServiceButton;
    private Button unbindServiceButton;
    private Context mContext;

    //这里需要用到ServiceConnection在Context.bindService和context.unBindService()里用到
    private ServiceConnection mServiceConnection = new ServiceConnection() {
        //当bindService时，让TextView显示MyService里getSystemTime()方法的返回值
        public void onServiceConnected(ComponentName name, IBinder service) {
            // TODO Auto-generated method stub
            mMyService = ((MyService.MyBinder)service).getService();
            mTextView.setText("I am frome Service :" + mMyService.getSystemTime());
        }

        public void onServiceDisconnected(ComponentName name) {
            // TODO Auto-generated method stub

        }
    };
   public void onCreate(Bundle savedInstanceState) {
      super.onCreate(savedInstanceState);
      setContentView(R.layout.main);
      setupViews();
   }

   public void setupViews(){

    mContext = ServiceDemo.this;
    mTextView = (TextView)findViewById(R.id.text);



    startServiceButton = (Button)findViewById(R.id.startservice);
    stopServiceButton = (Button)findViewById(R.id.stopservice);
    bindServiceButton = (Button)findViewById(R.id.bindservice);
    unbindServiceButton = (Button)findViewById(R.id.unbindservice);

    startServiceButton.setOnClickListener(this);
    stopServiceButton.setOnClickListener(this);
    bindServiceButton.setOnClickListener(this);
    unbindServiceButton.setOnClickListener(this);
   }

   public void onClick(View v) {
       // TODO Auto-generated method stub
       if(v == startServiceButton){
           Intent i  = new Intent();
           i.setClass(ServiceDemo.this, MyService.class);
           mContext.startService(i);
```

```
        }else if(v == stopServiceButton){
            Intent i  = new Intent();
            i.setClass(ServiceDemo.this, MyService.class);
            mContext.stopService(i);
        }else if(v == bindServiceButton){
            Intent i  = new Intent();
            i.setClass(ServiceDemo.this, MyService.class);
            mContext.bindService(i, mServiceConnection, BIND_AUTO_CREATE);
        }else{
            mContext.unbindService(mServiceConnection);
        }
    }
}
```

(5) 修改文件 AndroidManifest.xml 的代码，在此注册新建的 MyService。

```
<?xml version="1.0" encoding="utf-8"?>
<manifest xmlns:android="http://schemas.android.com/apk/res/android"
    package="com.tutor.servicedemo"
    android:versionCode="1"
    android:versionName="1.0">
  <application android:icon="@drawable/icon" android:label="@string/app_name">
     <activity android:name=".ServiceDemo"
            android:label="@string/app_name">
         <intent-filter>
            <action android:name="android.intent.action.MAIN" />
            <category android:name="android.intent.category.LAUNCHER" />
         </intent-filter>
     </activity>
       <service android:name=".MyService" android:exported="true"></service>
  </application>
  <uses-sdk android:minSdkVersion="7" />
</manifest>
```

执行上述代码后的效果如图 7-5 所示。

图 7-5　执行效果

当单击 startServie 按钮时，先后执行了 Service 中 onCreate()->onStart()这两个方法，如果打开 DDMS 的 Logcat 窗口，会看到如图 7-6 所示的界面。

pid	tag	Message
254	MyService	start onCreate~~~
254	MyService	start onStart~~~

图 7-6　Logcat 窗口

这时可以按 Home 键进入 Settings(设置)→Applications(应用)→Running Services(正在运行的服务)查看新启动的一个服务，效果如图 7-7 所示。

图 7-7　新启动了一个服务

当点击 stopService 按钮时，Service 执行了 onDestroy()方法，效果如图 7-8 所示。

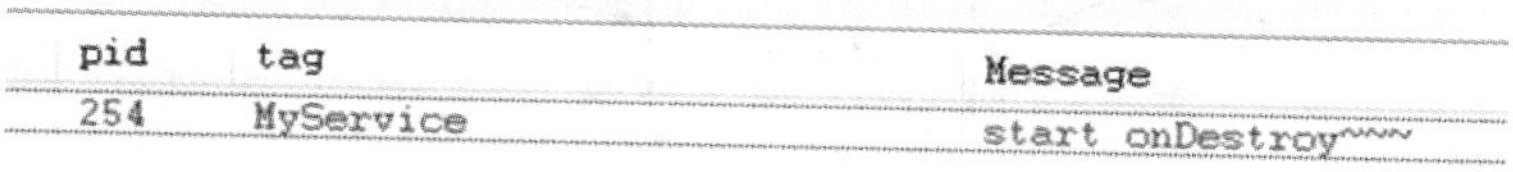

pid	tag	Message
254	MyService	start onDestroy~~~

图 7-8　Logcat 窗口

如果此时再次单击 startService 按钮，然后单击 bindService 按钮(通常 bindService 都是 bind 已经启动的 Service)，Service 执行了 IBinder()方法，以及 TextView 的值也有所变化了，如图 7-9 和图 7-10 所示。

pid	tag	Message
254	MyService	start IBinder~~~

图 7-9　Logcat 窗口

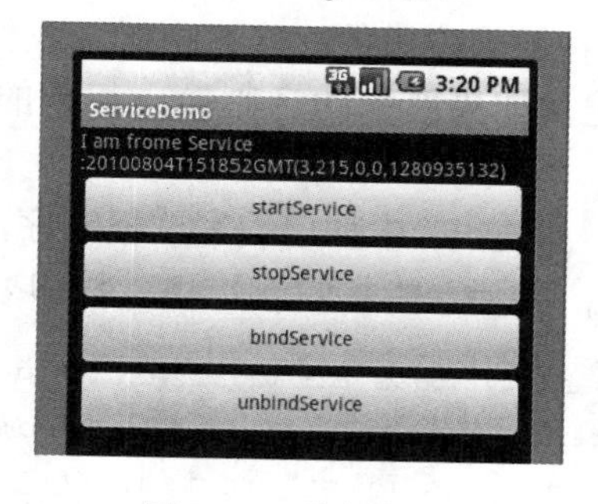

图 7-10　执行效果

最后单击 unbindService 按钮，则 Service 执行了 onUnbind()方法，如图 7-11 所示。

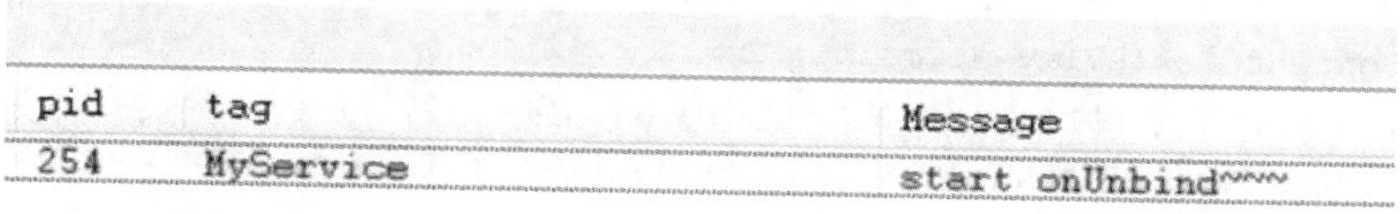

pid	tag	Message
254	MyService	start onUnbind~~~

图 7-11　Logcat 窗口

7.6 Android 广播的生命周期

收听收音机就是一种广播，在收音机中有很多个广播电台，每个广播电台播放的内容都不相同。接受广播时广播(发送方)并不在意我们(接收方)接收到广播时如何处理。那么 Android 中的广播是如何操作的呢？这个问题将在下面的内容中进行解答。

在 Android 系统中有各种各样的广播，比如电池的使用状态，电话的接收和短信的接收都会产生一个广播，应用程序开发者也可以监听这些广播并做出程序逻辑的处理。图 7-12 演示了广播的运行机制。

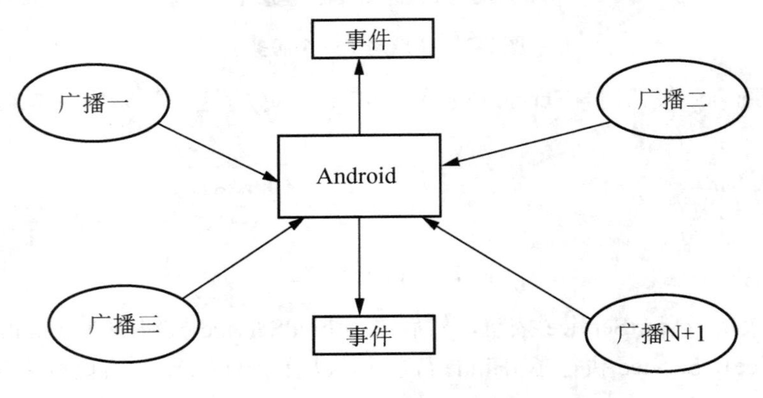

图 7-12 Android 的广播机制

在 Android 系统中有各式各样的广播，各种广播在 Android 系统中运行，当“系统/应用”程序运行时便会向 Android 注册各种广播。Android 接收到广播后便会判断哪种广播需要哪种事件，然后向不同需要事件的应用程序注册事件。不同的广播可能处理不同的事件也可能处理相同的广播事件，这时就需要 Android 系统进行筛选。例如在一个经典的电话黑名单应用程序中，首先通过将黑名单号码保存在数据库里面，当来电时，我们接收到来电广播并将黑名单号码与数据库中的某个数据做匹配，如果匹配的话则做出相应的处理，比如挂掉电话、比如静音等。

下面通过演示代码来讲解在 Android 中如何编写广播程序，代码中设置了一个按钮为按钮设置点击监听通过点击发送广播，在后台中接收到广播并打印 LOG 信息。

```
BroadCastActivity 页面代码 public class BroadCastActivity extends Activity {
    public static final String ACTION_INTENT_TEST = "com.terry.broadcast.test";
    /** Called when the activity is first created. */
    @Override
    public void onCreate(Bundle savedInstanceState) {
        super.onCreate(savedInstanceState);
        setContentView(R.layout.main);
        Button btn = (Button) findViewById(R.id.Button01);
        btn.setOnClickListener(new OnClickListener() {
            @Override
            public void onClick(View v) {
                // TODO Auto-generated method stub
```

```
                Intent intent = new Intent(ACTION_INTENT_TEST);
                sendBroadcast(intent);
            }
        });
    }
}
```

接收器的代码如下：

```
public class myBroadCast extends BroadcastReceiver {
    public myBroadCast() {
        Log.v("BROADCAST_TAG", "myBroadCast");
    }
    @Override
    public void onReceive(Context context, Intent intent) {
        // TODO Auto-generated method stub
        Log.v("BROADCAST_TAG", "onReceive");
    }
}
```

在上面的接收器中，继承了 BroadcastReceiver，并重写了它的 onReceive，并构造了一个函数。当单击一下按钮，向 Android 发送了一个广播，如图 7-13 所示。

V	235	BROADCAST_TAG	myBroadCast
V	235	BROADCAST_TAG	onReceive

图 7-13　向 Android 发送了一个广播

如果此时再单击一下按钮，还是会再向 Android 系统发送广播，此时日志信息如图 7-14 所示。

V	235	BROADCAST_TAG	myBroadCast
V	235	BROADCAST_TAG	onReceive
D	60	dalvikvm	threadid=17: bogus mon 1+0>0; adjusting
V	235	BROADCAST_TAG	myBroadCast
V	235	BROADCAST_TAG	onReceive

图 7-14　再次向 Android 系统发送广播

由此可以看出，Android 广播的生命周期并不像 Activity 一样复杂，基本过程如图 7-15 所示。

前面说过 Android 的广播有各式各样，那么 Android 系统是如何帮我们处理需要哪种广播并提供相应的广播服务呢？这里有一点需要大家注意，每实现一个广播接收类必须在应用程序中的 manifest 中显式地注明哪一个类需要广播，并为其设置过滤器，如图 7-16 所示。

其中 action 代表一个要执行的动作，在 Andriod 中有很多种 action，例如 ACTION_VIEW 和 ACTION_EDIT。

可能有读者会问：如果在一个广播接收器中要处理多个动作呢？那要如何去处理？在 Android 的接收器中 onReceive 已经为我们想到的。同样道理，我们必须在 Intent-filter 中注册该动作，可以是系统的广播动作也可以是自己需要的广播，之后需要在 onReceive 方法中，通过 intent.getAction()判断传进来的动作，这样即可做出不同的处理和不同的动作。

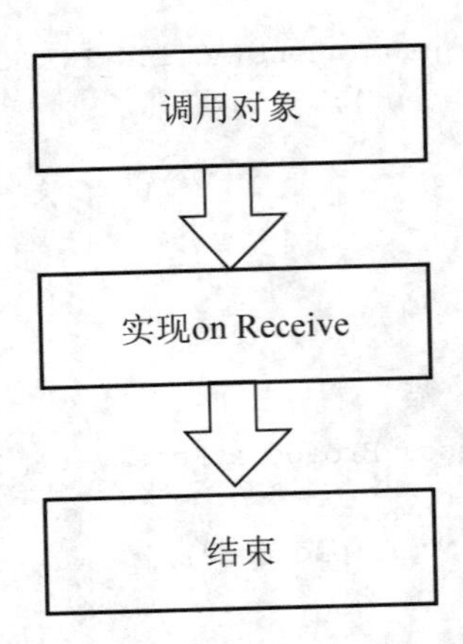

图 7-15　Android 广播生命周期的过程

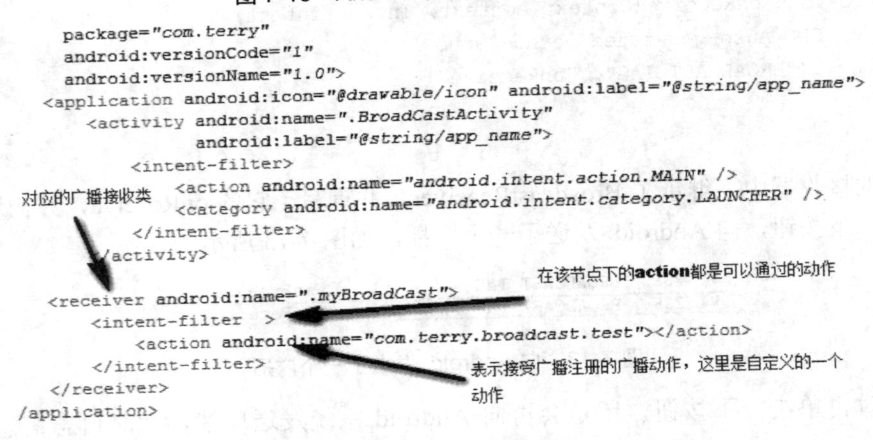


```
package="com.terry"
android:versionCode="1"
android:versionName="1.0">
<application android:icon="@drawable/icon" android:label="@string/app_name">
    <activity android:name=".BroadCastActivity"
              android:label="@string/app_name">
        <intent-filter>
            <action android:name="android.intent.action.MAIN" />
            <category android:name="android.intent.category.LAUNCHER" />
        </intent-filter>
    </activity>

  <receiver android:name=".myBroadCast">
      <intent-filter >
          <action android:name="com.terry.broadcast.test"></action>
      </intent-filter>
  </receiver>
/application>
```

图 7-16　需要广播的类

7.7　Dalvik 的进程管理

Dalvik 虚拟机的实现离不开进程管理，其进程管理特别依赖于 Linux 的进程体系。例如要为应用程序创建一个进程，会使用 Linux 的 FORK 机制复制一个进程，因为复制进程的过程比创建进程的效率要高。并且在 Linux 中进程之间的通信方式有很多，例如通道、信号、报文和共享内存等，这样对进程管理将更加方便。本节将详细讲解 Dalvik 的进程管理的基本知识，为读者步入本书后面知识的学习打下基础。

7.7.1　Zygote

在 Android 中，所有的应用程序进程以及系统服务进程(SystemServer)都是由 Zygote 进程孕育出来的。当 ActivityManagerService 启动一个应用程序时，就会通过 Socket 与 Zygote 进程进行通信，请求它孕育出一个子进程来作为这个即将要启动的应用程序的进程。在系统中有两个重要服务：PackageManagerService 和 ActivityManagerService，都是由 SystemServer 进程来负责启动的，而 SystemServer 进程本身是 Zygote 进程在启动的过程中孕育出来的。

我们知道，Android 是基于 Linux 内核的。而在 Linux 中，所有的进程都是 init 进程的子孙进程。也就是说，所有的进程都是直接或者间接地由 init 进程孕育出来的。Zygote 进程也不例外，它是在系统启动的过程，由 init 进程创建的。在系统启动脚本文件 system/core/rootdir/init.rc 中，我们可以看到如下启动 Zygote 进程的脚本命令。

Zygote 本身是一个应用层的程序，和驱动、内核模块没有任何关系。Zygote 的启动由 Linux 的 init 启动。启动后看到的进程名叫 zygote，其最初的名字是 app_process，通过直接调用 pctrl 把名字给改成了“zygote”。

(1) app_process.main

这个函数定义在文件 frameworks/base/cmds/app_process/App_main.cpp 中，其源码如下。

```
int main(int argc, const char* const argv[])
{
    // These are global variables in ProcessState.cpp
    mArgC = argc;
    mArgV = argv;

    mArgLen = 0;
    for (int i=0; i<argc; i++) {
        mArgLen += strlen(argv[i]) + 1;
    }
    mArgLen--;

    AppRuntime runtime;
    const char *arg;
    argv0 = argv[0];

    // Process command line arguments
    // ignore argv[0]
    argc--;
    argv++;

    // Everything up to '--' or first non '-' arg goes to the vm

    int i = runtime.addVmArguments(argc, argv);

    // Next arg is parent directory
    if (i < argc) {
        runtime.mParentDir = argv[i++];
    }

    // Next arg is startup classname or "--zygote"
    if (i < argc) {
        arg = argv[i++];
        if (0 == strcmp("--zygote", arg)) {
            bool startSystemServer = (i < argc) ?
                strcmp(argv[i], "--start-system-server") == 0 : false;
            setArgv0(argv0, "zygote");
            set_process_name("zygote");
            runtime.start("com.android.internal.os.ZygoteInit",
                startSystemServer);
        } else {
```

```
        set_process_name(argv0);

        runtime.mClassName = arg;

        // Remainder of args get passed to startup class main()
        runtime.mArgC = argc-i;
        runtime.mArgV = argv+i;

        LOGV("App process is starting with pid=%d, class=%s.\n",
            getpid(), runtime.getClassName());
        runtime.start();
      }
   } else {
      LOG_ALWAYS_FATAL("app_process: no class name or --zygote supplied.");
      fprintf(stderr, "Error: no class name or --zygote supplied.\n");
      app_usage();
      return 10;
   }
}
```

这个函数的主要作用就是创建一个 AppRuntime 变量，然后调用它的 start 成员函数。AppRuntime 这个类在 Android 应用程序进程启动过程的源代码分析中已经有过介绍了，它同样是在 frameworks/base/cmds/app_process/app_main.cpp 文件中定义的，以下是代码片段。

```
class AppRuntime : public AndroidRuntime
{
...
};
```

它约继承于类 AndroidRuntime，类 AndroidRuntime 定义在文件 frameworks/base/core/jni/AndroidRuntime.cpp 中，代码如下。

```
static AndroidRuntime* gCurRuntime = NULL;
...
AndroidRuntime::AndroidRuntime()
{
...
assert(gCurRuntime == NULL); // one per process
gCurRuntime = this;
}
```

当 AppRuntime 对象创建时，会调用其父类 AndroidRuntime 的构造函数，而在 AndroidRuntime 类的构造函数里面，会将 this 指针保存在静态全局变量 gCurRuntime 中，这样，当其他地方需要使用这个 AppRuntime 对象时，就可以通过同一个文件中的这个函数来获取这个对象的指针代码如下。

```
AndroidRuntime* AndroidRuntime::getRuntime()
{
return gCurRuntime;
}
```

回到上面的函数 main()中，由于我们在文件 init.rc 中设置了 app_process 启动参数：--zygote 和--start-system-server，因此，在 main()函数里面，最终会执行下面语句。

```
runtime.start("com.android.internal.os.ZygoteInit",rtSystemServer);
```

这里的参数 startSystemServer 为 true，表示要启动 SystemServer 组件。由于 AppRuntime 没有实现自己的 start()函数，它继承了父类 AndroidRuntime 的 start()函数，因此，下面会执行 AndroidRuntime 类的 start()函数。

(2)　AndroidRuntime.start

再看 AndroidRuntime.start，这个函数定义在文件 frameworks/base/core/jni 中，其源码如下。

```
void AndroidRuntime::start(const char* className, const bool startSystemServer)
{
...
char* slashClassName = NULL;
char* cp;
JNIEnv* env;
...
/* start the virtual machine */
if (startVm(&mJavaVM, &env) != 0)
goto bail;
/*
* Register android functions.
*/
if (startReg(env) < 0) {
LOGE("Unable to register all android natives\n");
goto bail;
}
/*
* We want to call main() with a String array with arguments in it.
* At present we only have one argument, the class name. Create an
* array to hold it.
*/
jclass stringClass;
jobjectArray strArray;
jstring classNameStr;
jstring startSystemServerStr;
stringClass = env->FindClass("java/lang/String");
assert(stringClass != NULL);
strArray = env->NewObjectArray(2, stringClass, NULL);
assert(strArray != NULL);
classNameStr = env->NewStringUTF(className);
assert(classNameStr != NULL);
env->SetObjectArrayElement(strArray, 0, classNameStr);
startSystemServerStr = env->NewStringUTF(startSystemServer ?
"true" : "false");
env->SetObjectArrayElement(strArray, 1, startSystemServerStr);
/*
* Start VM. This thread becomes the main thread of the VM, and will
* not return until the VM exits.
*/
```

```
jclass startClass;
jmethodID startMeth;
slashClassName = strdup(className);
for (cp = slashClassName; *cp != '\0'; cp++)
if (*cp == '.')
*cp = '/';
startClass = env->FindClass(slashClassName);
if (startClass == NULL) {
...
} else {
startMeth = env->GetStaticMethodID(startClass, "main",
"([Ljava/lang/String;)V");
if (startMeth == NULL) {
...
} else {
env->CallStaticVoidMethod(startClass, startMeth, strArray);
...
}
}
...
}
```

这个函数的作用是启动Android系统运行时库，它主要做了三件事情，一是调用函数startVM启动虚拟机，二是调用函数startReg注册JNI方法，三是调用com.android.internal.os.ZygoteInit类的main()函数。

(3) ZygoteInit.main

再看ZygoteInit.main，这个函数定义在文件frameworks/base/core/java/com/android/internal/os/ZygoteInit.java中，其源码如下。

```
public class ZygoteInit {
 ...
 public static void main(String argv[]) {
 try {
 ...
 registerZygoteSocket();
 ...
 ...
 if (argv[1].equals("true")) {
 startSystemServer();
 } else if (!argv[1].equals("false")) {
 ...
 }
 ...
 if (ZYGOTE_FORK_MODE) {
 ...
 } else {
 runSelectLoopMode();
 }
 ...
 } catch (MethodAndArgsCaller caller) {
 ...
```

```
    } catch (RuntimeException ex) {
    ...
    }
    }
    ...
    }
```

上述函数主要作了三件事情，一是调用 registerZygoteSocket()函数创建了一个 socket 接口，用来和 ActivityManagerService 通信，二是调用 startSystemServer()函数来启动 SystemServer 组件，三是调用 runSelectLoopMode()函数进入一个无限循环，在前面创建的 socket 接口上等待 ActivityManagerService 请求创建新的应用程序进程。

(4) ZygoteInit.registerZygoteSocket

再看 ZygoteInit.registerZygoteSocket，这个函数定义在文件 frameworks/base/core/java/com/android/internal/os/ZygoteInit.java 中，其源码如下。

```
public class ZygoteInit {
  ...
  /**
  * Registers a server socket for zygote command connections
  *
  * @throws RuntimeException when open fails
  */
  private static void registerZygoteSocket() {
  if (sServerSocket == null) {
  int fileDesc;
  try {
  String env = System.getenv(ANDROID_SOCKET_ENV);
  fileDesc = Integer.parseInt(env);
  } catch (RuntimeException ex) {
  ...
  }
  try {
  sServerSocket = new LocalServerSocket(
  createFileDescriptor(fileDesc));
  } catch (IOException ex) {
  ...
  }
  }
  }
  ...
  }
```

这个接口 socket 是通过文件描述符来创建的，这个文件描述符代表的就是前面说的/dev/socket/zygote 文件。这个文件的描述符是通过环境变量 ANDROID_SOCKET_ENV 得到的，它的定义如下：

```
public class ZygoteInit {
...
private static final String ANDROID_SOCKET_ENV = "ANDROID_SOCKET_zygote";
...
}
```

那么这个环境变量的值又是由谁来设置的呢？我们知道，系统启动脚本文件system/core/rootdir/init.rc是由init进程来解释执行的，而init进程的源代码位于system/core/init目录中，在init.c文件中，是由service_start函数来解释文件init.rc中的service命令的。

```
void service_start(struct service *svc, const char *dynamic_args)
{
...
pid_t pid;
...
pid = fork();
if (pid == 0) {
struct socketinfo *si;
...
for (si = svc->sockets; si; si = si->next) {
int socket_type = (
!strcmp(si->type, "stream") ? SOCK_STREAM :
(!strcmp(si->type, "dgram") ? SOCK_DGRAM : SOCK_SEQPACKET));
int s = create_socket(si->name, socket_type,
si->perm, si->uid, si->gid);
if (s >= 0) {
publish_socket(si->name, s);
}
}
...
}
...
}
```

每一个service命令都会促使init进程调用fork()函数来创建一个新的进程，在新的进程里面，会分析 里面的socket选项，对于每一个socket选项，都会通过create_socket函数来在/dev/socket目录下创建一个文件，在这个场景中，这个文件便是zygote，然后得到的文件描述符通过publish_socket函数写入到环境变量中。

```
static void publish_socket(const char *name, int fd)
{
char key[64] = ANDROID_SOCKET_ENV_PREFIX;
char val[64];
strlcpy(key + sizeof(ANDROID_SOCKET_ENV_PREFIX) - 1,
name,
sizeof(key) - sizeof(ANDROID_SOCKET_ENV_PREFIX));
snprintf(val, sizeof(val), "%d", fd);
add_environment(key, val);
/* make sure we don't close-on-exec */
fcntl(fd, F_SETFD, 0);
}
```

这里传进来的参数name的值为“zygote”，而ANDROID_SOCKET_ENV_PREFIX在文件system/core/include/cutils/sockets.h中的定义如下。

```
view plain#define ANDROID_SOCKET_ENV_PREFIX "ANDROID_SOCKET_"
```

因此，这里就把上面得到的文件描述符写入到以“ANDROID_SOCKET_zygote”为key值的环境变量中。又因为上面的 ZygoteInit.registerZygoteSocket()函数与这里创建 socket 文件的 create_socket()函数是运行在同一个进程中，因此，上面的 ZygoteInit.registerZygoteSocket()函数可以直接使用这个文件描述符来创建一个 Java 层的 LocalServerSocket 对象。如果其他进程也需要打开这个/dev/socket/zygote 文件来和 Zygote 进程进行通信，那就必须要通过文件名来连接这个 LocalServerSocket 了，参考 Android 应用程序进程启动过程(4)，ActivityManagerService 是通过 Process.start 函数来创建一个新的进程的，而 Process.start 函数会首先通过 Socket 连接到 Zygote 进程中，最终由 Zygote 进程来完成创建新的应用程序进程，而 Process 类是通过 openZygoteSocketIfNeeded 函数来连接到 Zygote 进程中的 Socket 的。

```
public class Process {
  ...
  private static void openZygoteSocketIfNeeded()
  throws ZygoteStartFailedEx {
  ...
  for (int retry = 0
  ; (sZygoteSocket == null) && (retry < (retryCount + 1))
  ; retry++ ) {
  ...
  try {
  sZygoteSocket = new LocalSocket();
  sZygoteSocket.connect(new LocalSocketAddress(ZYGOTE_SOCKET,
  LocalSocketAddress.Namespace.RESERVED));
  sZygoteInputStream
  = new DataInputStream(sZygoteSocket.getInputStream());
  sZygoteWriter =
  new BufferedWriter(
  new OutputStreamWriter(
  sZygoteSocket.getOutputStream()),
  256);
  ...
  } catch (IOException ex) {
  ...
  }
  }
  ...
  }
  ...
  }
```

这里的 ZYGOTE_SOCKET 定义如下。

```
public class Process {
  ...
  private static final String ZYGOTE_SOCKET = "zygote";
  ...
  }
```

它刚好就是对应/dev/socket 目录下的 zygote 文件。

Android 中的 socket 机制和 binder 机制一样，都是可以用来进行进程间通信。当 Socket 对象创建完成之后，回到第三步中的 ZygoteInit.main()函数中，startSystemServer()函数来启动

SystemServer 组件。

(5) ZygoteInit.startSystemServer

这个函数定义在文件 frameworks/base/core/java/com/android/internal/os/ZygoteInit.java 中，源码如下。

```
public class ZygoteInit {
  ...
  private static boolean startSystemServer()
  throws MethodAndArgsCaller, RuntimeException {
  /* Hardcoded command line to start the system server */
  String args[] = {
  "--setuid=1000",
  "--setgid=1000",

"--setgroups=1001,1002,1003,1004,1005,1006,1007,1008,1009,1010,1018,3001,3002,3003",
  "--capabilities=130104352,130104352",
  "--runtime-init",
  "--nice-name=system_server",
  "com.android.server.SystemServer",
  };
  ZygoteConnection.Arguments parsedArgs = null;
  int pid;
  try {
  parsedArgs = new ZygoteConnection.Arguments(args);
  ......
  /* Request to fork the system server process */
  pid = Zygote.forkSystemServer(
  parsedArgs.uid, parsedArgs.gid,
  parsedArgs.gids, debugFlags, null,
  parsedArgs.permittedCapabilities,
  parsedArgs.effectiveCapabilities);
  } catch (IllegalArgumentException ex) {
  ...
  }
  /* For child process */
  if (pid == 0) {
  handleSystemServerProcess(parsedArgs);
  }
  return true;
  }
  ...
  }
```

这里我们可以看到，Zygote 进程通过 Zygote.forkSystemServer()函数来创建一个新的进程来启动 SystemServer 组件，返回值 pid 等于 0 的地方就是新的进程要执行的路径，即新创建的进程会执行 handleSystemServerProcess 函数。

(6) ZygoteInit.handleSystemServerProcess

这个函数定义在文件 frameworks/base/core/java/com/android/internal/os/ZygoteInit.java 中，源码如下。

```
public class ZygoteInit {
  ...
  private static void handleSystemServerProcess(
  ZygoteConnection.Arguments parsedArgs)
  throws ZygoteInit.MethodAndArgsCaller {
  closeServerSocket();
  /*
  * Pass the remaining arguments to SystemServer.
  * "--nice-name=system_server com.android.server.SystemServer"
  */
  RuntimeInit.zygoteInit(parsedArgs.remainingArgs);
  /* should never reach here */
  }
  ...
}
```

由于由 Zygote 进程创建的子进程会继承 Zygote 进程在(4)中创建的 Socket 文件描述符，而这里的子进程又不会用到它，因此，这里就调用 closeServerSocket()函数来关闭它。这个函数接着调用 RuntimeInit.zygoteInit()函数来进一步执行启动 SystemServer 组件的操作。

(7) RuntimeInit.zygoteInit

这个函数定义在文件 frameworks/base/core/java/com/android/internal/os/RuntimeInit.java 中，源码如下。

```
public class RuntimeInit {
  ...
  public static final void zygoteInit(String[] argv)
  throws ZygoteInit.MethodAndArgsCaller {
  ...
  zygoteInitNative();
  ...
  // Remaining arguments are passed to the start class's static main
  String startClass = argv[curArg++];
  String[] startArgs = new String[argv.length - curArg];
  System.arraycopy(argv, curArg, startArgs, 0, startArgs.length);
  invokeStaticMain(startClass, startArgs);
  }
  ...
}
```

这个函数会执行两个操作，一个是调用 zygoteInitNative()函数来执行一个 Binder 进程间通信机制的初始化工作，这个工作完成后，进程中的 Binder 对象就可以方便地进行进程间通信了，另一个是调用上面(5)传进来的 com.android.server.SystemServer 类的 main 函数。

(8) RuntimeInit.zygoteInitNative

这个函数定义在文件 frameworks/base/core/java/com/android/internal/os/RuntimeInit.java 中，源码如下。

```
public class RuntimeInit {
  ...
  public static final native void zygoteInitNative();
  ...
```

```
}
```

从这里可以看出，函数 zygoteInitNative 是一个 Native()函数，实现在文件 frameworks/base/core/jni/AndroidRuntime.cpp 中。完成这一步后，这个进程的 Binder 进程间通信机制基础设施就准备好了。

回到(7)中的 RuntimeInit.zygoteInitNative()函数，下一步它就要执行 com.android.server.SystemServer 类的 main()函数了。

(9) SystemServer.main

这个函数定义在文件 frameworks/base/services/java/com/android/server/SystemServer.java 中，源码如下。

```
public class SystemServer
 {
 ...
 native public static void init1(String[] args);
 ...
 public static void main(String[] args) {
 ...
 init1(args);
 ...
 }
 public static final void init2() {
 Slog.i(TAG, "Entered the Android system server!");
 Thread thr = new ServerThread();
 thr.setName("android.server.ServerThread");
 thr.start();
 }
 ...
 }
```

这里的 main()函数首先会执行 JNI 方法 init1，然后 init1 会调用这里的 init2()函数，在 init2()函数里面，会创建一个 ServerThread 线程对象来执行一些系统关键服务的启动操作，例如在 Android 应用程序安装过程源代码分析和 Android 系统默认 Home 应用程序(Launcher)的启动过程源代码分析中提到的 PackageManagerService 和 ActivityManagerService。

执行完成这一步骤后，层层返回，最后回到上面的(3)中的 ZygoteInit.main()函数中，接下来它就要调用函数 runSelectLoopMode 进入一个无限循环在前面(4)中创建的接口 socket 上等待 ActivityManagerService 请求创建新的应用程序进程了。

(10) ZygoteInit.runSelectLoopMode

这个函数定义在文件 frameworks/base/core/java/com/android/internal/os/ZygoteInit.java 中，源码如下。

```
public class ZygoteInit {
 ...
 private static void runSelectLoopMode() throws MethodAndArgsCaller {
 ArrayList fds = new ArrayList();
 ArrayList peers = new ArrayList();
 FileDescriptor[] fdArray = new FileDescriptor[4];
 fds.add(sServerSocket.getFileDescriptor());
 peers.add(null);
```

```
int loopCount = GC_LOOP_COUNT;
while (true) {
int index;
...
try {
fdArray = fds.toArray(fdArray);
index = selectReadable(fdArray);
} catch (IOException ex) {
throw new RuntimeException("Error in select()", ex);
}
if (index < 0) {
throw new RuntimeException("Error in select()");
} else if (index == 0) {
ZygoteConnection newPeer = acceptCommandPeer();
peers.add(newPeer);
fds.add(newPeer.getFileDesciptor());
} else {
boolean done;
done = peers.get(index).runOnce();
if (done) {
peers.remove(index);
fds.remove(index);
}
}
}
}
...
}
```

这个函数用于等待 ActivityManagerService 来连接这个 Socket，然后调用 ZygoteConnection.runOnce()函数创建新的应用程序。

这样，Zygote 进程就启动完成了，到此为止，读者对 Android 中的进程已经有了一个深刻的认识，在此总结如下三点。

- 系统启动时 init 进程会创建 Zygote 进程，Zygote 进程负责后续 Android 应用程序框架层的其他进程的创建和启动工作。
- Zygote 进程会首先创建一个 SystemServer 进程，SystemServer 进程负责启动系统的关键服务，如包管理服务 PackageManagerService 和应用程序组件管理服务 ActivityManagerService。
- 当我们需要启动一个 Android 应用程序时，ActivityManagerService 会通过 Socket 进程间通信机制，通知 Zygote 进程为这个应用程序创建一个新的进程。

7.7.2 Dalvik 的进程模型

每一个 Android 应用都运行在一个 Dalvik 虚拟机实例里，而每一个虚拟机实例都是一个独立的进程空间。虚拟机的线程机制、内存分配和管理、Mutex 等都是依赖底层操作系统而实现的。所有 Android 应用的线程都对应一个 Linux 线程，虚拟机因而可以更多的依赖操作系统的线程调度和管理机制。

不同的应用在不同的进程空间里运行，加之对不同来源的应用都使用不同的 Linux 用户来运行，可以最大程度的保护应用的安全和独立运行。Zygote 是一个虚拟机进程，同时也是一个虚拟机实例的孵化器，每当系统要求执行一个 Android 应用程序时，Zygote 就会孕育出一个子进程来执行该应用程序。

这样做的好处显而易见：Zygote 进程是在系统启动时产生的，它会完成虚拟机的初始化、库的加载、预置类库的加载和初始化等操作，而在系统需要一个新的虚拟机实例时。Zygote 通过复制自身，最快速的提供个系统。另外，对于一些只读的系统库，所有虚拟机实例都和 Zygote 共享一块内存区域，大大节省了内存开销。

当 Zygote 进程在使用 Linux 的 fork 机制时有如下三种不同的方式。

- fork()：孕育一个普通的进程，该进程属于 Zygote 进程。
- forkAndSpcecialize()：孕育一个特殊的进程，该进程不再是 Zygote 进程。
- forkSystemServer()：孕育一个系统服务进程。

它们之间的关系如图 7-17 所示。

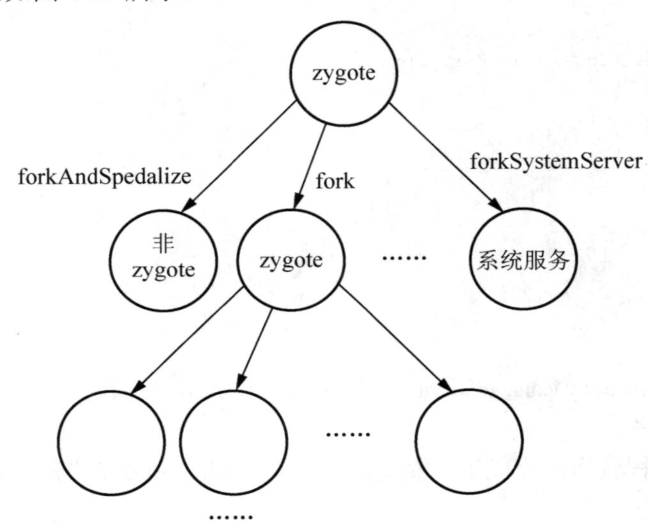

图 7-17　fork 进程的关系

Zygote 进程可以再孕育出其他进程，非 Zygote 进程则不能孕育出其他进程。当终止系统服务进城后，也必须终止其父进程。下面通过源代码来讲解上述说法，起源码位于文件 vm\native\dalvik_system_Zygote.c 中，其中函数 Dalvik_dalvik_system_Zygote_fork()实现了 fock 方式，其源码如下。

```
static void Dalvik_dalvik_system_Zygote_fork(const u4* args, JValue* pResult)
{
    pid_t pid;
    int err;
    if (!gDvm.zygote) {
        dvmThrowException("Ljava/lang/IllegalStateException;",
            "VM instance not started with -Xzygote");
        RETURN_VOID();
    }
    if (!dvmGcPreZygoteFork()) {
```

```
        LOGE("pre-fork heap failed\n");
        dvmAbort();
    }
    setSignalHandler();
    dvmDumpLoaderStats("zygote");
    pid = fork();
#ifdef HAVE_ANDROID_OS
    if (pid == 0) {
        /* child process */
        extern int gMallocLeakZygoteChild;
        gMallocLeakZygoteChild = 1;
    }
#endif
    RETURN_INT(pid);
}
```

fork()方法生成的子进程是一个半初始化的进程，它也是 Zygote 进程。如果父进程之前已经调用过 addNewHeap，则不再调用它。在此使用的是写时复制技术，所以 Zygote 是共享一个堆的。整个初始化过程到此就结束了，整个 fock()过程非常简单，如图 7-18 所示。

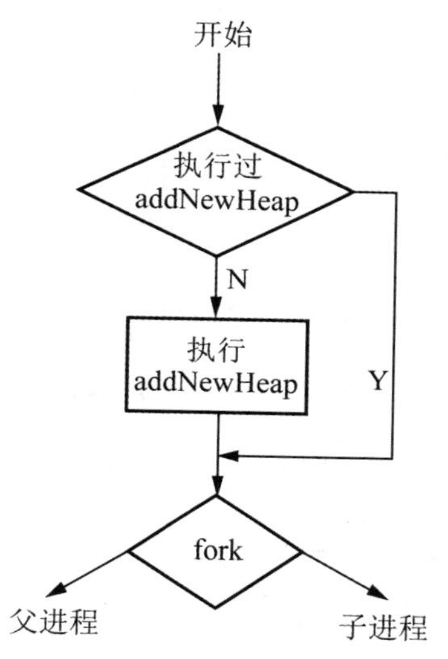

图 7-18　fock()的流程

而 Dalvik_dalvik_system_Zygote_forkAndSpecialize()实现了 forkAndSpcecialize()方式，其源码如下。

```
static pid_t forkAndSpecializeCommon(const u4* args)
{
    pid_t pid;
    uid_t uid = (uid_t) args[0];
    gid_t gid = (gid_t) args[1];
    ArrayObject* gids = (ArrayObject *)args[2];
    u4 debugFlags = args[3];
    ArrayObject *rlimits = (ArrayObject *)args[4];
    if (!gDvm.zygote) {
        dvmThrowException("Ljava/lang/IllegalStateException;",
            "VM instance not started with -Xzygote");
```

```
        return -1;
    }
    if (!dvmGcPreZygoteFork()) {
        LOGE("pre-fork heap failed\n");
        dvmAbort();
    }
    setSignalHandler();
    dvmDumpLoaderStats("zygote");
    pid = fork();
    if (pid == 0) {
        int err;
        /* The child process */
#ifdef HAVE_ANDROID_OS
        extern int gMallocLeakZygoteChild;
        gMallocLeakZygoteChild = 1;
        /* keep caps across UID change, unless we're staying root */
        if (uid != 0) {
            err = prctl(PR_SET_KEEPCAPS, 1, 0, 0, 0);
            if (err < 0) {
                LOGW("cannot PR_SET_KEEPCAPS errno: %d", errno);
            }
        }
#endif /* HAVE_ANDROID_OS */
        err = setgroupsIntarray(gids);
        if (err < 0) {
            LOGW("cannot setgroups() errno: %d", errno);
        }
        err = setrlimitsFromArray(rlimits);
        if (err < 0) {
            LOGW("cannot setrlimit() errno: %d", errno);
        }
        err = setgid(gid);
        if (err < 0) {
            LOGW("cannot setgid(%d) errno: %d", gid, errno);
        }
        err = setuid(uid);
        if (err < 0) {
            LOGW("cannot setuid(%d) errno: %d", uid, errno);
        }
        /*
         * Our system thread ID has changed.  Get the new one.
         */
        Thread* thread = dvmThreadSelf();
        thread->systemTid = dvmGetSysThreadId();
        /* configure additional debug options */
        enableDebugFeatures(debugFlags);
        unsetSignalHandler();
        gDvm.zygote = false;
        if (!dvmInitAfterZygote()) {
            LOGE("error in post-zygote initialization\n");
            dvmAbort();
        }
```

```
    } else if (pid > 0) {
        /* the parent process */
    }
    return pid;
}

/* native public static int forkAndSpecialize(int uid, int gid,
 *     int[] gids, int debugFlags);
 */
static void Dalvik_dalvik_system_Zygote_forkAndSpecialize(const u4* args,
    JValue* pResult)
{
    pid_t pid;
    pid = forkAndSpecializeCommon(args);
    RETURN_INT(pid);
}
```

在上述代码中，forkAndSpcecialize()首先会创建它的子进程，该子进程不再是一个 Zygote 进程。整个过程如图 7-19 所示。

函数 Dalvik_dalvik_system_Zygote_forkSystemServer()实现了 forkSystemServer()方式，其源码如下。

```
static void Dalvik_dalvik_system_Zygote_forkSystemServer(
        const u4* args, JValue* pResult)
{
    pid_t pid;
    pid = forkAndSpecializeCommon(args);

    /* The zygote process checks whether the child process has died or not. */
    if (pid > 0) {
        int status;

        LOGI("System server process %d has been created", pid);
        gDvm.systemServerPid = pid;
        /* There is a slight window that the system server process has crashed
         * but it went unnoticed because we haven't published its pid yet. So
         * we recheck here just to make sure that all is well.
         */
        if (waitpid(pid, &status, WNOHANG) == pid) {
            LOGE("System server process %d has died. Restarting Zygote!", pid);
            kill(getpid(), SIGKILL);
        }
    }
    RETURN_INT(pid);
}
```

当 forkSystemServer()创建的进程被销毁时，其父进程也随之销毁，执行流程如图 7-20 所示。

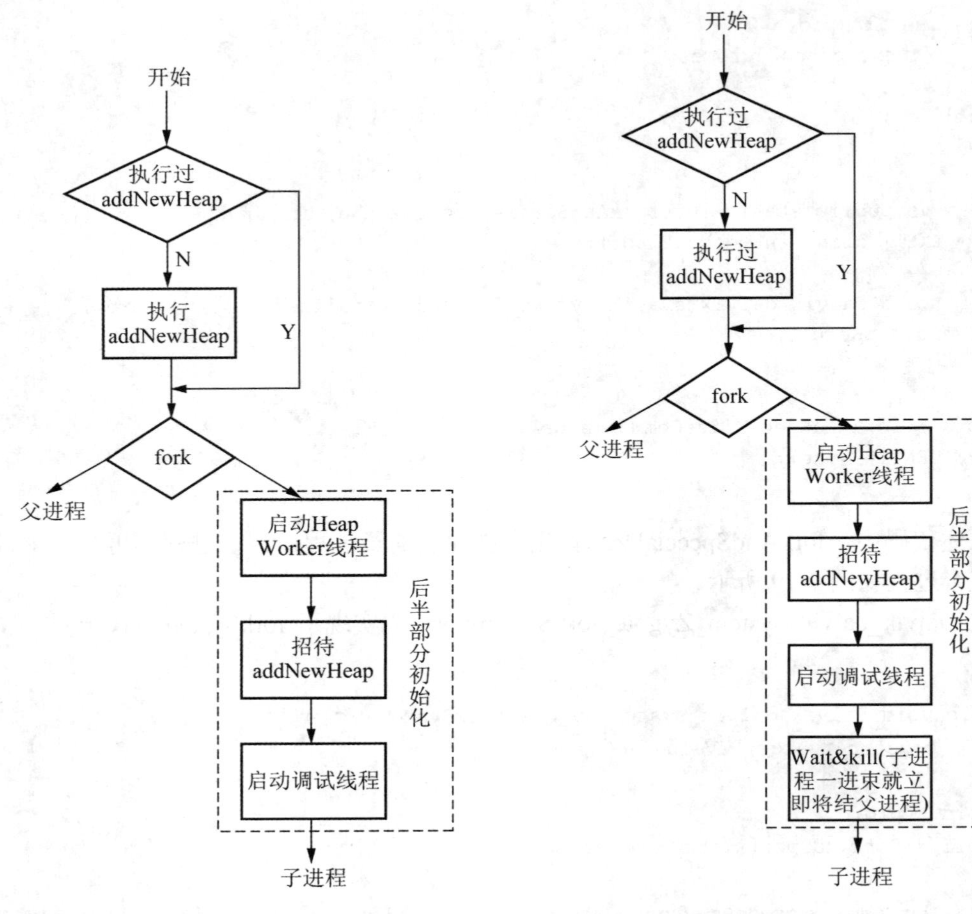

图 7-19　forkAndSpcecialize()流程　　　图 7-20　forkSystemServer()执行流程

7.7.3　Dalvik 虚拟机的进程通信

Linux 中的进程通信方式有很多种，但是 Dalvik 虚拟机使用了信号方式来完成进程之间的通信。也就是通过函数 sendSignal()发送特定的信号，例如 SIGNAL-KILL、SIGNAL-QUIT 和 SIGNAL-NALUSR1 等，这些信号都在源码中进行了特殊处理。在文件 vm\native\dalvik_system_Zygote.c 中，通过函数 setSignalHandler()和 unsetSignalHandler()分别来设置、解除一个用来处理信号的 Handler。这两个函数的实现源码如下。

```
static void setSignalHandler()
{
    int err;
    struct sigaction sa;

    memset(&sa, 0, sizeof(sa));

    sa.sa_handler = sigchldHandler;

    err = sigaction (SIGCHLD, &sa, NULL);

    if (err < 0) {
```

```
        LOGW("Error setting SIGCHLD handler errno: %d", errno);
    }
}

/*
 * Set the SIGCHLD handler back to default behavior in zygote children
 */
static void unsetSignalHandler()
{
    int err;
    struct sigaction sa;

    memset(&sa, 0, sizeof(sa));

    sa.sa_handler = SIG_DFL;

    err = sigaction (SIGCHLD, &sa, NULL);

    if (err < 0) {
        LOGW("Error unsetting SIGCHLD handler errno: %d", errno);
    }
}
```

具体的信号处理工作是由函数 sigchldHandler(int s)实现的，其源码如下。

```
static void sigchldHandler(int s)
{
    pid_t pid;
    int status;

    while ((pid = waitpid(-1, &status, WNOHANG)) > 0) {
        /* Log process-death status that we care about.  In general it is not
           safe to call LOG(...) from a signal handler because of possible
           reentrancy.  However, we know a priori that the current implementation
           of LOG() is safe to call from a SIGCHLD handler in the zygote process.
           If the LOG() implementation changes its locking strategy or its use
           of syscalls within the lazy-init critical section, its use here may
           become unsafe. */
        if (WIFEXITED(status)) {
            if (WEXITSTATUS(status)) {
                LOG(LOG_DEBUG, ZYGOTE_LOG_TAG, "Process %d exited cleanly (%d)\n",
                    (int) pid, WEXITSTATUS(status));
            } else {
                IF_LOGV(/*should use ZYGOTE_LOG_TAG*/) {
                    LOG(LOG_VERBOSE, ZYGOTE_LOG_TAG,
                        "Process %d exited cleanly (%d)\n",
                        (int) pid, WEXITSTATUS(status));
                }
            }
        } else if (WIFSIGNALED(status)) {
            if (WTERMSIG(status) != SIGKILL) {
                LOG(LOG_DEBUG, ZYGOTE_LOG_TAG,
                    "Process %d terminated by signal (%d)\n",
                    (int) pid, WTERMSIG(status));
            } else {
```

```
            IF_LOGV(/*should use ZYGOTE_LOG_TAG*/) {
                LOG(LOG_VERBOSE, ZYGOTE_LOG_TAG,
                    "Process %d terminated by signal (%d)\n",
                    (int) pid, WTERMSIG(status));
            }
        }
#ifdef WCOREDUMP
        if (WCOREDUMP(status)) {
            LOG(LOG_INFO, ZYGOTE_LOG_TAG, "Process %d dumped core\n",
                (int) pid);
        }
#endif /* ifdef WCOREDUMP */
    }

    /*
     * If the just-crashed process is the system_server, bring down zygote
     * so that it is restarted by init and system server will be restarted
     * from there.
     */
    if (pid == gDvm.systemServerPid) {
        LOG(LOG_INFO, ZYGOTE_LOG_TAG,
            "Exit zygote because system server (%d) has terminated\n",
            (int) pid);
        kill(getpid(), SIGKILL);
    }
  }

  if (pid < 0) {
      LOG(LOG_WARN, ZYGOTE_LOG_TAG,
          "Zygote SIGCHLD error (%d) in waitpid\n",errno);
  }
}
```

在上述函数中，通过一个循环根据不同的状态打印不同的日志，通过“pid == gDvm.systemServerPid”判断是否是系统服务进程，如果是则销毁其父进程。

如果启动虚拟机时，没有加上参数“-Xrs”和“-Xnoqutihandler”，则在创建非Zygote进程时会触发一个线程运行signalCatcherThreadStart()函数。这个线程的功能就是在一个无限循环中不断的监听连个信号：SIGQUIT和SIGUSR1。当SIGQUIT被捕获时，就会打印JNI全局参考表的信息。当接收到SIGUSR1信号时，会强制进行不回收软引用的垃圾收集。这时挡在程序中向进程发送SIGUSR1信号时，就可以使进程不回收引用的垃圾收集，具体实现是在文件vm\SignalCatcher.c中被dvmSignalCatcherStartup调用的，其源码如下。

```
/*
 * Sleep in sigwait() until a signal arrives.
 */
static void* signalCatcherThreadStart(void* arg)
{
    Thread* self = dvmThreadSelf();
    sigset_t mask;
    int cc;
```

```
    UNUSED_PARAMETER(arg);

    LOGV("Signal catcher thread started (threadid=%d)\n", self->threadId);

    /* set up mask with signals we want to handle */
    sigemptyset(&mask);
    sigaddset(&mask, SIGQUIT);
    sigaddset(&mask, SIGUSR1);
#if defined(WITH_JIT) && defined(WITH_JIT_TUNING)
    sigaddset(&mask, SIGUSR2);
#endif

    while (true) {
        int rcvd;

        dvmChangeStatus(self, THREAD_VMWAIT);

        /*
         * Signals for sigwait() must be blocked but not ignored.  We
         * block signals like SIGQUIT for all threads, so the condition
         * is met.  When the signal hits, we wake up, without any signal
         * handlers being invoked.
         *
         * We want to suspend all other threads, so that it's safe to
         * traverse their stacks.
         *
         * When running under GDB we occasionally return with EINTR (e.g.
         * when other threads exit).
         */
loop:
        cc = sigwait(&mask, &rcvd);
        if (cc != 0) {
            if (cc == EINTR) {
                //LOGV("sigwait: EINTR\n");
                goto loop;
            }
            assert(!"bad result from sigwait");
        }

        if (!gDvm.haltSignalCatcher) {
            LOGI("threadid=%d: reacting to signal %d\n",
                dvmThreadSelf()->threadId, rcvd);
        }

        /* set our status to RUNNING, self-suspending if GC in progress */
        dvmChangeStatus(self, THREAD_RUNNING);

        if (gDvm.haltSignalCatcher)
            break;

        if (rcvd == SIGQUIT) {
            dvmSuspendAllThreads(SUSPEND_FOR_STACK_DUMP);
```

```
        dvmDumpLoaderStats("sig");

        logThreadStacks();

#if defined(WITH_JIT) && defined(WITH_JIT_TUNING)
        dvmCompilerDumpStats();
#endif

        if (false) {
            dvmLockMutex(&gDvm.jniGlobalRefLock);
            //dvmDumpReferenceTable(&gDvm.jniGlobalRefTable, "JNI global");
            dvmUnlockMutex(&gDvm.jniGlobalRefLock);
        }

        //dvmDumpTrackedAllocations(true);
        dvmResumeAllThreads(SUSPEND_FOR_STACK_DUMP);
    } else if (rcvd == SIGUSR1) {
#if WITH_HPROF
        LOGI("SIGUSR1 forcing GC and HPROF dump\n");
        hprofDumpHeap(NULL);
#else
        LOGI("SIGUSR1 forcing GC (no HPROF)\n");
        dvmCollectGarbage(false);
#endif
#if defined(WITH_JIT) && defined(WITH_JIT_TUNING)
    } else if (rcvd == SIGUSR2) {
        gDvmJit.printMe ^= true;
        dvmCompilerDumpStats();
        /* Stress-test unchain all */
        dvmJitUnchainAll();
#endif
    } else {
        LOGE("unexpected signal %d\n", rcvd);
    }
  }

  return NULL;
}
```

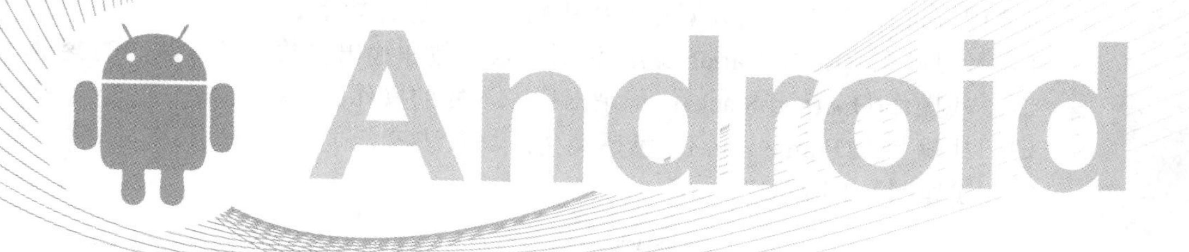

第 8 章　内存分配策略

内存分配是一款虚拟机产品的核心内容，良好的内存分配策略可以提高虚拟机的处理效率。Dalvik 虚拟机的内容分配策略和 Java 虚拟机的内存分配策略类似。本章将详细讲解 Java 虚拟机和 Dalvik 虚拟机中内存分配策略的基本知识，为读者步入本书后面知识的学习打下基础。

8.1　Java 的内存分配管理

Java 内存分配与管理是 Java 的核心技术之一，一般来说，Java 在内存分配时会涉及到以下区域。

- 寄存器：我们在程序中无法控制。
- 栈：存放基本类型的数据和对象的引用，但对象本身不存放在栈中，而是存放在堆中。
- 堆：存放用 new 产生的数据。
- 静态域：存放在对象中用 static 定义的静态成员。
- 常量池：存放常量。
- 非 RAM 存储：硬盘等永久存储空间。

8.1.1　内存分配中的栈和堆

1. 栈

在函数中定义的一些基本类型的变量数据，还有对象的引用变量都在函数的栈内存中分配。当在一段代码块中定义一个变量时，Java 就在栈中为这个变量分配内存空间，当该变量退出该作用域后，Java 会自动释放掉为该变量所分配的内存空间，该内存空间可以立即被另作他用。

栈也叫栈内存，是 Java 程序的运行区，是在线程创建时创建的。它的生命期是跟随线程的生命期，线程结束栈内存也就释放，对于栈来说不存在垃圾回收问题，只要线程一结束，该栈就结束了。问题出来了：栈中存的是那些数据呢？又什么是格式呢？

栈中的数据都是以栈帧(Stack Frame)的格式存在的。栈帧是一个内存区块，是一个数据集，是一个有关方法(Method)和运行期数据的数据集。当一个方法 A 被调用时就产生了一个栈帧

F1，并被压入到栈中，A 方法又调用了 B 方法，于是产生栈帧 F2 也被压入栈，执行完毕后，先弹出 F2 栈帧，再弹出 F1 栈帧，遵循"先进后出"原则。

栈帧中到底存在着什么数据呢？在栈帧中主要保存如下 3 类数据。

- 本地变量(Local Variables)：包括输入参数和输出参数以及方法内的变量。
- 栈操作(Operand Stack)：记录出栈、入栈的操作。
- 栈帧数据(Frame Data)：包括类文件、方法等。

Java 栈如图 8-1 所示。

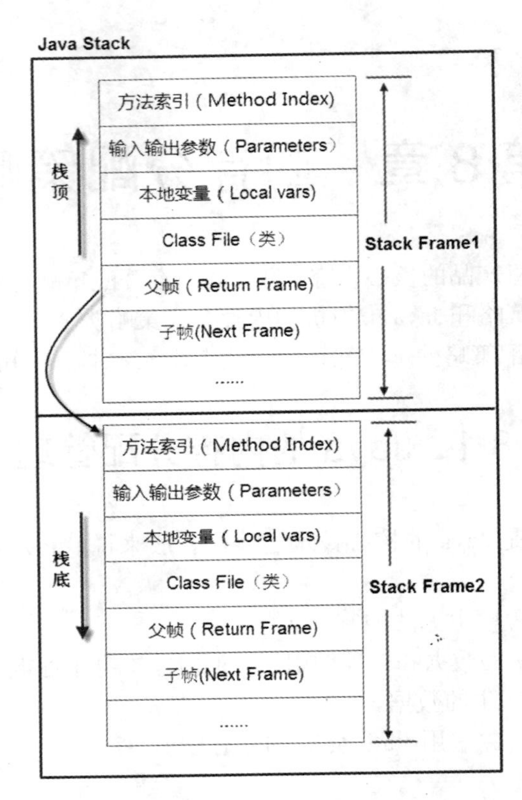

图 8-1　Java 栈

图 8-1 中，在一个栈中有两个栈帧，栈帧 2 是最先被调用的方法，先入栈，然后方法 2 又调用了方法 1，栈帧 1 处于栈顶的位置，栈帧 2 处于栈底，执行完毕后，依次弹出栈帧 1 和栈帧 2，线程结束，栈释放。

2. 堆

堆内存用来存放由关键字 new 创建的对象和数组。在堆中分配的内存，由 Java 虚拟机的自动垃圾回收器来管理。

在堆中产生了一个数组或对象后，还可以在栈中定义一个特殊的变量，让栈中这个变量的取值等于数组或对象在堆内存中的首地址，栈中的这个变量就成了数组或对象的引用变量。引用变量就相当于是为数组或对象起的一个名称，以后就可以在程序中使用栈中的引用变量来访问堆中的数组或对象。

引用变量是普通的变量，定义时在栈中分配，引用变量在程序运行到其作用域之外后被释放。而数组和对象本身在堆中分配，即使程序运行到使用 new 产生数组或者对象的语句所在的代码块之外，数组和对象本身占据的内存不会被释放，数组和对象在没有引用变量指向它时，才变为垃圾，不能再被使用，但仍然占据内存空间不放，在随后的一个不确定的时间被垃圾回收器收走(释放掉)。这也是 Java 比较占内存的原因。

实际上，栈中的变量指向堆内存中的变量，这就是 Java 中的指针。

3. 常量池(constant pool)

常量池指的是在编译期被确定，并被保存在已编译的.class 文件中的一些数据。除了包含代码中所定义的各种基本类型(如 int、long 等)和对象型(如 String 及数组)的常量值(final)还包含一些以文本形式出现的符号引用。

- 类和接口的全限定名。
- 字段的名称和描述符。
- 方法和名称和描述符。

虚拟机必须为每个被装载的类型维护一个常量池。常量池就是该类型所用到常量的一个有序集和，包括直接常量(string,integer 和 floating point 常量)和对其他类型，字段和方法的符号引用。

对于 String 常量，它的值是在常量池中的。而 Java 虚拟机中的常量池在内存当中是以表的形式存在的，对于 String 类型，有一张固定长度的 CONSTANT_String_info 表用来存储文字字符串值，但是该表只存储文字字符串值，并不存储符号引用。在程序执行时，常量池会储存在 Method Area(方法区域)中，而不是堆中。

一个 Java 虚拟机实例只存在一个堆类存，堆内存的大小是可以调节的。类加载器读取了类文件后，需要把类、方法、常变量放到堆内存中，以方便执行器执行，堆内存分为三部分。

(1) Permanent Space 永久存储区

永久存储区是一个常驻内存区域，用于存放 JDK 自身所携带的 Class Interface 的元数据。也就是说，它存储的是运行环境必需的类信息，被装载进此区域的数据是不会被垃圾回收器回收掉的，关闭 Java 虚拟机才会释放此区域所占用的内存。

(2) Young Generation Space 新生区

新生区是类的诞生、成长、消亡的区域，一个类在这里产生、应用，最后被垃圾回收器收集，结束生命。新生区又分为两部分：伊甸区(Eden space)和幸存者区(Survivor pace)，所有的类都是在伊甸区被 new(新建)出来的。幸存区有两个：0 区(Survivor 0 space)和 1 区(Survivor 1 space)。当伊甸园的空间用完时，程序又需要创建对象，Java 虚拟机的垃圾回收器将对伊甸园区进行垃圾回收，将伊甸园区中的不再被其他对象所引用的对象进行销毁。然后将伊甸园中的剩余对象移动到幸存 0 区。若幸存 0 区也满了，再对该区进行垃圾回收，然后移动到 1 区。那如果 1 区也满了呢？再移动到养老区。

(3) Tenure generation space 养老区

养老区用于保存从新生区筛选出来的 Java 对象，一般池对象都在这个区域活跃。

上述三个区的示意图如图 8-2 所示。

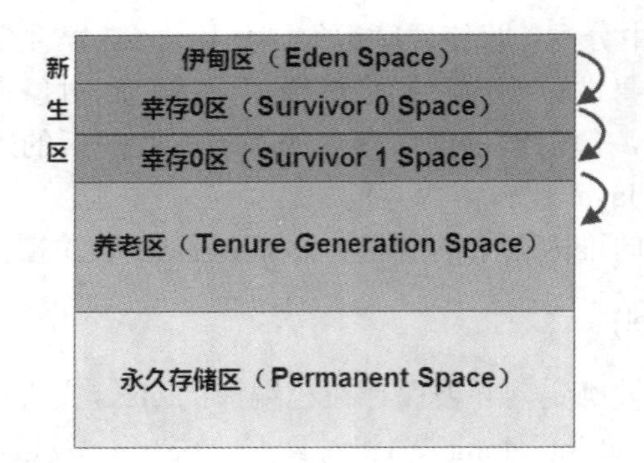

图 8-2　堆内存的三个区

注意：为什么要把Java虚拟机堆和Java虚拟机栈区分出来呢？Java虚拟机栈中不是也可以存储数据吗？

(1)　从软件设计的角度看，Java虚拟机栈代表了处理逻辑，而Java虚拟机堆代表了数据。这样分开，使得处理逻辑更为清晰。分而治之的思想。这种隔离、模块化的思想在软件设计的方方面面都有体现。

(2)　Java虚拟机堆与Java虚拟机栈的分离，使得Java虚拟机堆中的内容可以被多个Java虚拟机栈共享(也可以理解为多个线程访问同一个对象)。这种共享的收益是很多的。一方面这种共享提供了一种有效的数据交互方式(如：共享内存)，另一方面，Java虚拟机堆中的共享常量和缓存可以被所有Java虚拟机栈访问，节省了空间。

(3)　Java虚拟机栈因为运行时的需要，比如保存系统运行的上下文，需要进行地址段的划分。由于Java虚拟机栈只能向上增长，因此就会限制住Java虚拟机栈存储内容的能力。而Java虚拟机堆不同，Java虚拟机堆中的对象是可以根据需要动态增长的，因此Java虚拟机栈和Java虚拟机堆的拆分，使得动态增长成为可能，相应Java虚拟机栈中只需记录Java虚拟机堆中的一个地址即可。

(4)　面向对象就是Java虚拟机堆和Java虚拟机栈的完美结合。其实，面向对象方式的程序与以前结构化的程序在执行上没有任何区别。但是，面向对象的引入，使得对待问题的思考方式发生了改变，而更接近于自然方式的思考。当我们把对象拆开，你会发现，对象的属性其实就是数据，存放在Java虚拟机堆中；而对象的行为(方法)，就是运行逻辑，放在Java虚拟机栈中。我们在编写对象的时候，其实即编写了数据结构，也编写的处理数据的逻辑。不得不承认，面向对象的设计，确实很美。

8.1.2　堆和栈的合作

Java的堆是一个运行时数据区，类的对象从中分配空间。这些对象通过new、newarray、anewarray和multianewarray等指令建立，它们不需要程序代码来显式的释放。堆是由垃圾回收来负责的，堆的优势是可以动态地分配内存 大小，生存期也不必事先告诉编译器，因为它是在运行时动态分配内存的，Java的垃圾收集器会自动收走这些不再使用的数据。但缺点是，由于要在运行时动态 分配内存，存取速度较慢。

栈的优势是存取速度比堆要快，仅次于寄存器，栈数据可以共享。但其缺点是，存在栈中的数据大小与生存期必须是确定的，缺乏灵活性。栈中主要存放一些基本类型的变量数据(int, short, long, byte, float, double, boolean, char)和对象句柄(引用)。

栈有一个很重要的特殊性，就是存在栈中的数据可以共享。假设我们同时定义：

```
int a = 3;
int b = 3;
```

编译器先处理 int a = 3；首先它会在栈中创建一个变量为 a 的引用，然后查找栈中是否有 3 这个值，如果没找到，就将 3 存放进来，然后将 a 指向 3。接着处理 int b = 3；在创建完 b 的引用变量后，因为在栈中已经有 3 这个值，便将 b 直接指向 3。这样，就出现了 a 与 b 同时均指向 3 的情况。如果这时再令 a=4；那么编译器会重新搜索栈中是否有 4 值，如果没有，则将 4 存放进来，并令 a 指向 4；如果已经有了，则直接将 a 指向这个地址。因此 a 值的改变不会影响 到 b 的值。

要注意这种数据的共享与两个对象的引用同时指向一个对象的这种共享是不同的，因为这种情况 a 的修改并不会影响到 b，它是由编译器完成的，有利于节省空间。而一个对象引用变量修改了这个对象的内部状态，会影响到另一个对象引用变量。

在 Java 中，String 是一个特殊的包装类数据。可以用如下两种的形式来创建。

```
String str = new String("abc");
String str = "abc";
```

其中第一种是用 new()来新建对象的，它会在存放于堆中。每调用一次就会创建一个新的对象。而第二种是先在栈中创建一个对 String 类的对象引用变量 str，然后通过符号引用去字符串常量池里找有没有“abc”，如果没有，则将“abc”存放进字符串常量池 ，并令 str 指向“abc”，如果已经有“abc”则直接令 str 指向“abc”。

比较类里面的数值是否相等时使用 equals()方法；当测试两个包装类的引用是否指向同一个对象时，用= =，下面用例子说明上面的理论。

```
String str1 = "abc";
String str2 = "abc";
System.out.println(str1==str2); //true
```

由此可以看出 str1 和 str2 是指向同一个对象的。

```
String str1 =new String ("abc");
String str2 =new String ("abc");
System.out.println(str1==str2); // false
```

用 new 的方式的功能是生成不同的对象，每一次生成一个。因此用第二种方式创建多个“abc”字符串，在内存中其实只存在一个对象而已。这种写法有利于节省内存空间，同时它可以在一定程度上提高程序的运行速度，因为 Java 虚拟机会自动根据栈中数据的实际情况来决定是否有必要创建新对象。而对于代码“String str = new String("abc");”，则一概在堆中创建新对象，而不管其字符串值是否相等，是否有必要创建新对象，从而加重了程序的负担。

另一方面，要注意在使用诸如“String str = "abc";”的格式定义类时，总是想当然地认为，创建了 String 类的对象 str。此时会担心对象可能并没有被创建，而可能只是指向一个先前已经创建的对象。只有通过方法 new()才能保证每次都创建一个新的对象。

由于 String 类的 immutable 性质，当 String 变量需要经常变换其值时，应该考虑使用 StringBuffer 类以提高程序效率。因为 String 不属于 8 种基本数据类型，String 是一个对象。所以对象的默认值是 null，所以 String 的默认值也是 null；但它又是一种特殊的对象，有其他对象没有的一些特性。由此可见，new String()和 new String(“”)都是申明一个新的空字符串，是空串不是 null。

请看下面的代码：

```
String s0="kvill";
String s1="kvill";
String s2="kv" + "ill";
System.out.println( s0==s1 );
System.out.println( s0==s2 );
```

运行结果如下。

```
true true
```

Java 会确保一个字符串常量只有一个复本。因为上述例子中的 s0 和 s1 中的“kvill”都是字符串常量，它们在编译期就被确定了，所以 s0==s1 为 true；而“kv”和“ill”也都是字符串常量，当一个字符串由多个字符串常量连接而成时，它自己肯定也是字符串常量，所以 s2 也同样在编译期就被解析为一个字符串常量，所以 s2 也是常量池中“kvill”的一个引用。所以我们得出 s0==s1==s2；用 new String() 创建的字符串不是常量，不能在编译期就确定，所以 new String() 创建的字符串不放入常量池中，它们有自己的地址空间。

再看下面的代码：

```
String s0="kvill";
String s1=new String("kvill");
String s2="kv" + new String("ill");
System.out.println( s0==s1 );
System.out.println( s0==s2 );
System.out.println( s1==s2 );
```

运行结果如下。

```
false false false
```

在上述代码中，s0 还是常量池中“kvill”的应用，s1 因为无法在编译期确定，所以是运行时创建的新对象“kvill”的引用，s2 因为有后半部分 new String(“ill”)所以也无法在编译期确定，所以也是一个新创建对象“kvill”的应用，明白了这些也就知道为何会得出此结果了。

另外，存在于.class 文件中的常量池，在运行时被 Java 虚拟机装载，并且可以扩充。String 的 intern()方法就是扩充常量池的一个方法；当一个 String 实例 str 调用 intern()方法时，Java 查找常量池中是否有相同 Unicode 的字符串常量，如果有则返回其的引用，如果没有则在常量池中增加一个 Unicode 等于 str 的字符串并返回它的引用。请看下面的演示示例。

```
String s0= "kvill";
String s1=new String("kvill");
String s2=new String("kvill");
System.out.println( s0==s1 );
System.out.println( "**********" );
s1.intern();
s2=s2.intern(); //把常量池中"kvill"的引用赋给 s2
System.out.println( s0==s1);
```

```
System.out.println( s0==s1.intern() );
System.out.println( s0==s2 );
```

运行结果如下。

```
false false //虽然执行了 s1.intern(),但它的返回值没有赋给 s1
true //说明 s1.intern()返回的是常量池中"kvill"的引用 true
```

另外，很多人认为使用 String.intern()方法可以将一个 String 类保存到一个全局 String 表中，如果具有相同值的 Unicode 字符串已经在这个表中，那么该方法返回表中已有字符串的地址，如果在表中没有相同值的字符串，则将自己的地址注册到表中是错的。也就是说如果将这个全局的 String 表理解为常量池的话，如果在表中没有相同值的字符串，则不能将自己的地址注册到表中。请看下面的演示示例。

```
String s1=new String("kvill");
String s2=s1.intern();
System.out.println( s1==s1.intern() );
System.out.println( s1+" "+s2 );
System.out.println( s2==s1.intern() );
```

运行结果如下。

```
false kvill kvill true
```

在这个类中我们没有声名一个“kvill”常量，所以常量池中一开始是没有“kvill”的，当我们调用 s1.intern()后就在常量池中新添加了一 个“kvill”常量，原来的不在常量池中的“kvill”仍然存在，也就不是“将自己的地址注册到常量池中”了。

s1= =s1.intern()为 false 说明原来的“kvill”仍然存在；s2 现在为常量池中“kvill”的地址，所以有 s2= =s1.intern()为 true。

通过使用 equals()，String 可以比较两字符串的 Unicode 序列是否相当，如果相等返回 true。而“= =”是比较两字符串的地址是否相同，也就是是否是同一个字符串的引用。

String 的实例一旦生成就不会再改变了，比如下面的语句。

```
String str="kv"+"ill"+" "+"ans";
```

上述 str 有 4 个字符串常量，首先“kv”和“ill”生成了“kvill”存在内存中，然后“kvill”又和“ ” 生成“kvill”存在内存中，最后又和生成了“kvill ans”。并把这个字符串的地址赋给了 str，就是因为 String 的“不可变”产生了很多临时变量，这也就是为什么建议用 StringBuffer 的原因了，因为 StringBuffer 是可改变的。

8.2　运行时的数据区域

Java 通过自身的动态内存分配和垃圾回收机制，可以使 Java 程序员不用像 C++程序员那么头疼内存的分配与回收。对于这一点来说，相信熟悉 COM 机制的读者对于引用计数管理内存的方式深有感触。通过 Java 虚拟机的自动内存管理机制，不仅降低了编码的难度，而且不容易出现内存泄漏和内存溢出的问题。但是这过于理想的愿望正是由于把内存的控制权交给了 Java 虚拟机，一旦出现内存泄漏和溢出，我们就必须翻过 Java 虚拟机自动内存管理这堵高墙去排查错误。所以在本节的内容中，将详细讲解JVM运行时数据区域的划分、作用以及可能出现的异常。

根据《Java虚拟机规范》的规定，Java虚拟机在执行Java程序时，即运行时环境下会把其所管理的内存划分为几个不同的数据区域。有的区域伴随虚拟机进程的启动而创建，死亡而销毁；有些区域则是依赖用户线程的启动时创建，结束时销毁。所有线程共享方法区和堆，虚拟机栈、本地方法栈和程序计数器是线程隔离的数据区。Java虚拟机运行时的数据区结构如图8-3所示。

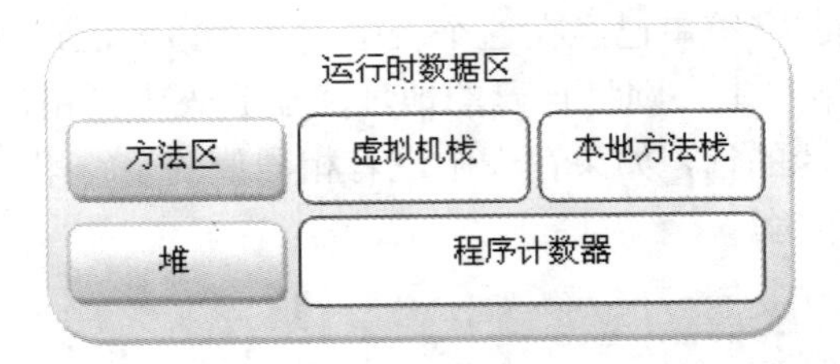

图8-3　Java虚拟机运行时的数据区结构

Java虚拟机内存模型中定义的访问操作与物理计算机处理的基本一致。Java通过多线程机制使得多个任务同时执行处理，所有的线程共享Java虚拟机内存区域main memory，而每个线程又单独的有自己的工作内存，当线程与内存区域进行交互时，数据从主存复制到工作内存，进而交由线程处理(操作码+操作数)。

8.2.1　程序计数器(Program Counter Register)

在Java应用中，程序计数器是一块较小的内存空间，其作用相当于当前线程所执行的字节码的行号指示器。在Java虚拟机的概念模型里，字节码解释器通过改变这个计数器的值来选取下一条需要执行的字节码指令，很多基础功能都需要依赖这个计数器来完成。例如分支、循环、跳转、异常处理、线程恢复等。

由于在Java虚拟机的多线程应用中，是通过线程轮流切换并分配处理器执行时间的方式来实现的，所以在任何一个确定的时刻的处理器(对于多核处理器来说是一个内核)，只会执行一条线程中的指令。为了在线程切换后能恢复到正确的执行位置，每条线程都需要有一个独立的程序计数器，并且各条线程之间的计数器互不影响，能够独立存储，我们称这类内存区域为“线程私有”的内存。

如果线程正在执行的是一个Java方法，这个计数器记录的是正在执行的虚拟机字节码指令的地址。如果正在执行的是Native(本地)方法，那么这个计数器值为空(Undefined)。此内存区域是唯一一个在Java虚拟机规范中没有规定任何OutOfMemoryError情况的区域。

因为操作系统使用的是时间片轮流的多线程并发方式，所以在任何时刻，处理器只会处理当前线程的指令。线程间切换的并发要求每个线程都需要有一个私有的程序计数器，并且程序计数器间互不影响。

当程序计数器存储当前线程下一条要执行的字节码的地址时，会占用较小的内存空间。所有的控制执行流程(例如分支、循环、返回、异常等)功能都在程序计数器的指示范围之内，字节码解释器通过改变程序计数器值的方式来获取下一条要执行的字节码的指令。

8.2.2 Java 的虚拟机栈 VM Stack

在 Java 平台中，虚拟机栈是类中的方法的执行过程的内存模型。与程序计数器一样，Java 虚拟机栈(Java Virtual Machine Stacks)也是线程私有的，它的生命周期与线程相同。虚拟机栈描述的是 Java 方法执行的内存模型：每个方法被执行的时候都会同时创建一个栈帧(Stack Frame)用于存储局部变量表、操作数栈、动态链接、方法出口等信息。每一个方法被调用直至执行完成的过程，就对应着一个栈帧在虚拟机栈中从入栈到出栈的过程。

对于方法调用来说，很有必要了解下栈帧(Stack Frame)的概念。

虚拟机在执行每个方法的调用时会创建一个栈帧的数据结构，它是虚拟机运行时数据区中的虚拟机栈的栈元素。每个方法的调用过程，就对应着一个栈帧在虚拟机里的入栈出栈的过程。栈帧包括了方法的局部变量表、操作数栈、动态链接和方法出口等一些额外的附加信息。对于活动线程中栈顶的帧栈，称为当前栈帧，这个栈帧所关联的方法称为当前方法，正在执行的字节码指令都只针对当前有效栈帧进行操作。

在栈帧的基础上，不难理解虚拟机栈的内存结构。Java 虚拟机规范规定虚拟机栈的大小是可以固定的或者动态分配大小。Java 虚拟机实现可以向程序员提供对 Java 栈的初始大小的控制，以及在动态扩展或者收缩 Java 栈的情况下，控制 Java 栈的最大值和最小值。

下面列出的两种异常情况与 Java 栈相关。

- 如果线程请求的栈深度大于虚拟机所允许的深度，则 Java 虚拟机将抛出 StackOverflowError 异常。
- 如果虚拟机栈可以动态扩展，但是无法申请到足够的内存来实现扩展，或者不能得到足够的内存为一个新线程创建初始 Java 栈，则 Java 虚拟机将抛出 OutOfMemoryError 异常。

有人通常把 Java 内存区分为堆内存(Heap)和栈内存(Stack)，其中所指的“栈”就是现在讲的虚拟机栈，或者说是虚拟机栈中的局部变量表部分。

在局部变量表中存放了编译期可知的各种基本数据类型(boolean、byte、char、short、mt、float、long、double)、对象引用(reference 类型，它不等同于对象本身，根据不同的虚拟机实现，它可能是一个指向对象起始地址的引用指针，也可能指向一个代表对象的句柄或者其他与此对象相关的位置)和 returnAddress 类型(指向了一条字节码指令的地址)。

其中 64 位的 long 和 double 类型的数据会占用两个局部变量空间(Slot)，其余的数据类型只占用一个。局部变量表所需的内存空间在编译期间完成分配，当进入一个方法时，这个方法需要在帧中分配多大的局部变量空间是完全确定的，在方法运行期间不会改变局部变量表的大小。

在 Java 虚拟机规范中，对这个区域规定了两种异常状况：如果线程请求的栈深度大于虚拟机所允许的深度，将抛出 StackOverflowError 异常；如果虚拟机栈可以动态扩展(当前大部分的 Java 虚拟机都可动态扩展，只不过 Java 虚拟机规范中也允许固定长度的虚拟机栈)，当扩展时无法申请到足够的内存时会抛出 OutOfMemoryError 异常。

8.2.3 本地方法栈 Native Method Stack

在 Java 系统中，在本地方法栈中执行的是非 Java 语言编写的代码，例如 C 或 C++。虚拟机栈执行的是Java方法字节码服务。本地方法栈的是虚拟机使用本地方法服务的，如果提供本地方法栈，则它们通常在每个线程被创建时分配在每个线程基础上的。虚拟机规范中对本地方法栈中的方法使用的语言、使用方式与数据结构并没有强制规定，因此具体的虚拟机可以自由实现它。甚至有的虚拟机(如Sun HotSpot虚拟机)直接就把本地方法栈和虚拟机栈合二为一。

同虚拟机栈一样，本地方法栈也会出现与虚拟机栈类似的异常，也会抛出StackOverflowError和OutOfMemoryError异常。

8.2.4 Java堆(Java Heap)

Java 堆是类实例和数组的分配空间，是一块所有线程共享的内存区域。堆在虚拟机启动时创建，是Java虚拟机所管理的内存中最大的一块。内存泄漏和溢出问题大都发生在堆区域。所示对于大多数应用来说，Java堆(Java Heap)是Java虚拟机所管理的内存中最大的一块。

Java 堆内存区域的唯一目的就是存放对象实例，几乎所有的对象实例都在这里分配内存。这一点在《Java 虚拟机规范》中的描述是：所有的对象实例以及数组都要在堆上分配，但是随着 JIT 编译器的发展与逃逸分析技术的逐渐成熟，栈上分配、标量替换优化技术将会导致一些微妙的变化发生，所有的对象都分配在堆上也渐渐变得不是那么“绝对”了。

《Java 虚拟机规范》规定堆在内存单元中只要在逻辑上是连续的，Java 堆是可以是固定大小的，或者按照需求做动态扩展，并且可以在一个大的堆变的不必要时收缩。Java 虚拟机的实现向程序员或者用户提供了对堆初始化大小的控制，以及对堆动态扩展和收缩的最大值和最小值的控制。

上述异常与Java堆相关。如果堆中没有可用内存完成类实例或者数组的分配，在对象数量达到最大堆的容量限制后将抛出OutOfMemoryError异常。

Java堆也是垃圾收集器管理的主要区域，因此很多时候也被称作“GC堆”(Garbage Collected Heap)。如果从内存回收的角度看，由于现在收集器基本都是采用的分代收集算法，所以Java堆中还可以继续细分为：新生代和老年代。如果再细致一点，可以分为Eden空间、From Survivor空间、To Survivor空间等。如果从内存分配的角度看，线程共享的Java堆中可能划分出多个线程私有的分配缓冲区(Thread Local Allocation Buffer，TLAB)。但是无论如何划分，都与存放内容无关，无论哪个区域，存储的都仍然是对象实例。进一步划分的目的是为了更好地回收内存，或者更快地分配内存。

《Java 虚拟机规范》规定：Java 堆可以处于物理上不连续的内存空间中，只要逻辑上是连续的即可，就像我们的磁盘空间一样。在实现时，既可以实现成固定大小的，也可以是可扩展的，不过当前主流的虚拟机都是按照可扩展来实现的(通过-Xmx和-Xms控制)。

8.2.5 方法区

在Java系统中，方法区在虚拟机启动时创建，是一块所有线程共享的内存区域。方法区用于存储已被虚拟机加载的类信息、常量、静态变量、即时编译器编译后的代码等数据。总而言之，方法区类似于传统语言的编译后代码的存储区。

方法区(Method Area)与Java堆一样，是各个线程共享的内存区域，用于存储已被虚拟机加载的类信息、常量、静态变量、即时编译器编译后的代码等数据。虽然Java虚拟机规范把方法区描述为堆的一个逻辑部分，但是它却有一个别名叫作 Non-Heap(非堆)，目的应该是与 Java 堆区分开来。

对于习惯在 HotSpot 虚拟机上开发和部署程序的开发者来说，很多人愿意把方法区称为“永久代”(Permanent Generation)。但本质上两者并不等价，仅仅是因为 HotSpot 虚拟机的设计团队选择把 GC 分代收集扩展至方法区，或者说使用永久代来实现方法区而已。对于其他虚拟机(如 BEA JRockit、IBM J9 等)来说是不存在永久代的概念的。即使是 HotSpot 虚拟机本身，根据官方发布的路线图信息，现在也有放弃永久代并“搬家”至 Native Memory 来实现方法区的规划了。

Java 虚拟机规范对这个区域的限制非常宽松，除了和 Java 堆一样不需要连续的内存和可以选择固定大小或者可扩展外，还可以选择不实现垃圾收集。相对而言，垃圾收集行为在这个区域是比较少出现的，但并非数据进入了方法区就如永久代的名字一样“永久”存在了。这个区域的内存回收目标主要是针对常量池的回收和对类型的卸载，一般来说这个区域的回收“成绩”比较难以令人满意，尤其是类型的卸载，条件相当苛刻，但是这部分区域的回收确实是有必要的。在 Sun 公司的 BUG 列表中，曾出现过的若干个严重的 BUG 就是由于低版本的 HotSpot 虚拟机对此区域未完全回收而导致内存泄漏。

虽然 Java 虚拟机规范在逻辑上把方法区描述为堆的一个部分，但是在垃圾回收方面的限制却比较宽松，宽松到方法区可以不用实现垃圾回收。但是，垃圾回收在方法区还是必须有的，只是回收效果不是很明显。这个区域的回收目标主要针对的是常量池的回收和对类型的卸载。

方法区的大小也可以控制，以下异常与方法区相关：

如果方法区无法满足内存分配需求时，将会抛出 OutOfMemoryError 异常。

8.2.6　运行时常量池

运行时常量池(Runtime Constant Pool)是方法区的一部分。在 Class 文件中除了有类的版本、字段、方法、接口等描述等信息外，还有一项信息是常量池(Constant Pool Table)，用于存放编译期生成的各种字面量和符号引用，这部分内容将在类加载后存放到方法区的运行时常量池中。

常量池是每个类的 Class 文件中存储编译期生成的各种字面量和符号引用的运行期表示，其数据结构是一种由无符号数和表组长的类似于 C 语言结构体的伪结构。另外，常量池也是方法区的一部分，类的常量池在该类的 Java class 文件被 Java 虚拟机成功地装载时创建，这部分内容在类加载后存放到方法区的运行时常量池中。

Java 虚拟机对 Class 文件的每一部分(自然也包括常量池)的格式都有严格的规定，每一个字节用于存储哪种数据都必须符合规范上的要求，这样才会被虚拟机认可、装载和执行。但对于运行时常量池来说，Java 虚拟机规范没有做任何细节的要求，不同的提供商实现的虚拟机可以按照自己的需要来实现这个内存区域。不过，一般来说，除了保存 Class 文件中描述的符号引用外，还会把翻译出来的直接引用也存储在运行时常量池中。

运行时常量池相对于 Class 文件常量池的另外一个重要特征是具备动态性，Java 并不要求常量一定只能在编译期产生，也就是并非预置入 Class 文件中常量池的内容才能进入方法区运行时常量池，运行期间也可能将新的常量放入池中，这种特性被开发人员利用得比较多的便是 String 类的 intern()方法。

既然运行时常量池是方法区的一部分，自然会受到方法区内存的限制，当常量池无法再申请到内存时会抛出 OutOfMemoryError 异常。运行时常量池属于方法区，自然也受到方法区内存大小的限制，以下异常与常量池有关：

在装载Class文件时，如果常量池的创建需要比Java虚拟机的方法区中需求更多的内存时，将会抛出OutOfMemoryError异常。

注意：对于虚拟机运行时数据区域的划分及每个区域作用，存储内容及可能出现的异常有了一个大致的了解。Java的自动内存分配和垃圾回收筑起的这道高墙，在出现内存泄漏或者溢出的情况下，这道高墙就必须翻越了。

8.2.7 直接内存

直接内存并不是虚拟机运行时数据区的一部分，不是Java虚拟机规范中定义的内存区域，但是这部分内存也被频繁地使用，而且也可能导致OutOfMemoryError异常出现。

从JDK 1.4版本开始，新加入了NIO(New Input/Output)类，并且引入了一种基于通道(Channel)与缓冲区(Buffer)的I/O方式，它可以使用Native函数库直接分配堆外内存，然后通过一个存储在Java堆里面的DirectByteBuffer对象作为这块内存的引用进行操作。这样能在一些场景中显著提高性能，因为避免了在Java堆和Native堆中来回复制数据。

显然，本机直接内存的分配不会受到Java堆大小的限制，但是既然是内存，肯定还是会受到本机总内存(包括RAM及SWAP区或者分页文件)的大小及处理器寻址空间的限制。服务器管理员配置虚拟机参数时，一般会根据实际内存设置“Xmx”等参数信息，但经常会忽略掉直接内存，使得各个内存区域的总和大于物理内存限制(包括物理上的和操作系统级的限制)，从而导致动态扩展时出现OutOfMemoryError异常。

8.3 对象访问

要想真正深入理解JVM的对象访问机制，需要先了解JVM具体地的逻辑内存模型。JVM的逻辑内存模型如图8-4所示。

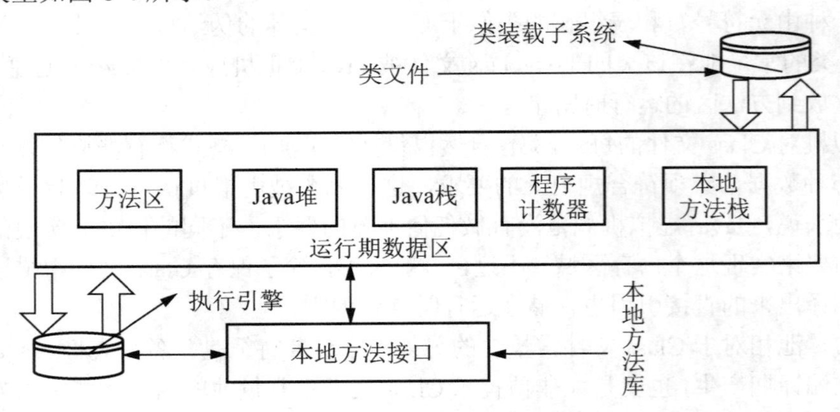

图8-4 JVM的逻辑内存模型

本节将通过逻辑内存模型来讲解对象访问的应用知识。

8.3.1　对象访问基础

当我们建立一个对象的时候是怎么进行访问的呢？在 Java 中，对象访问是如何进行的呢？对象访问在 Java 中无处不在，是最普通的程序行为，但即使是最简单的访问，也会涉及 Java 栈、Java 堆、方法区这三个最重要内存区域之间的关联关系，如下面的代码。

```
Object obj = new Object();
```

假设这句代码出现在方法体中，那“Object obj”这部分的语义将会反映到 Java 栈的本地变量表中，作为一个 reference 类型数据出现。而“new Object()”这部分的语义将会反映到 Java 堆中，形成一块存储了 Object 类型所有实例数据值(Instance Data，对象中各个实例字段的数据)的结构化内存中。根据具体类型以及虚拟机实现的对象内存布局(Object Memory Layout)的不同，这块内存的长度是不固定的。另外，在 Java 堆中还必须包含能查找到此对象类型数据(如对象类型、父类、实现的接口、方法等)的地址信息，这些类型数据则存储在方法区中。

由于 reference 类型在 Java 虚拟机规范里只规定了一个指向对象的引用，并没有定义这个引用应该通过哪种方式去定位，以及访问到 Java 堆中的对象的具体位置，因此不同的虚拟机实现的对象访问方式会有所不同，主流的访问方式有两种：使用句柄和直接指针。

(1) 如果使用句柄访问方式，Java 堆中将会划分出一块内存来作为句柄池，reference 中存储的就是对象的句柄地址，而句柄中包含了对象实例数据和类型数据各自的具体地址信息，如图 8-5 所示。

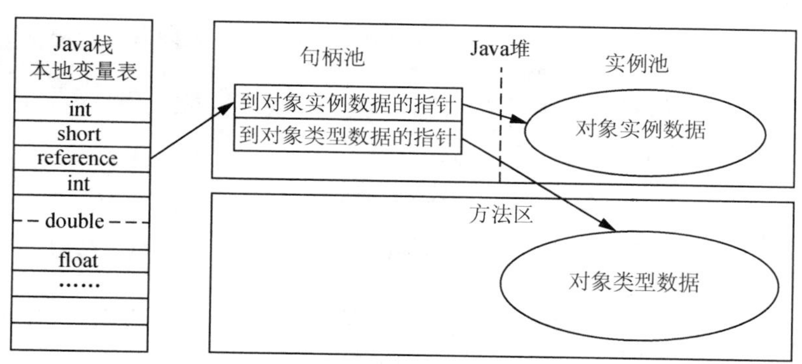

图 8-5　用句柄访问对象

(2) 如果使用直接指针访问方式，Java 堆对象的布局中就必须考虑如何放置访问类型数据的相关信息，reference 中直接存储的就是对象地址，如图 8-6 所示。

这两种对象的访问方式各有优势。使用句柄访问方式的最大好处就是 reference 中存储的是稳定的句柄地址，在对象被移动(垃圾收集时移动对象是非常普遍的行为)时只会改变句柄中的实例数据指针，而 reference 本身不需要被修改。

使用直接指针访问方式的最大好处就是速度更快，它节省了一次指针定位的时间开销，由于对象的访问在 Java 中非常频繁，因此这类开销积少成多后也是一项非常可观的执行成本。就本书讨论的主要虚拟机 Sun HotSpot 而言，它是使用第二种方式进行对象访问的，但从整个软件开发的范围来看，各种语言和框架使用句柄来访问的情况也十分常见。

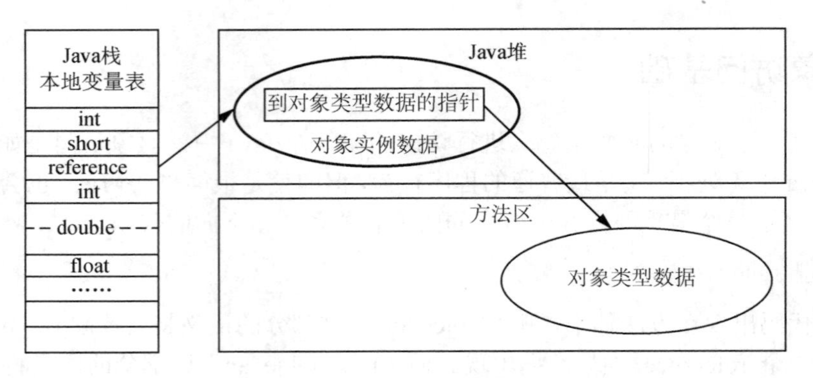

图 8-6　通过指针访问对象

8.3.2　具体测试

本节将通过几个示例来演示 Java 虚拟机内存操作的基本知识。

1. Java 堆溢出

在示例中我们限制Java堆的大小为20MB，不可扩展(将堆的最小值-Xms参数与最大值-Xmx参数设置为一样即可避免堆自动扩展)，通过参数-XX:+HeapDumpOnOutOfMemoryError 可以让虚拟机在出现内存溢出异常时备份出当前的内存堆转储快照以便事后进行分析。具体参数设置如图 8-7～图 8-9 所示。

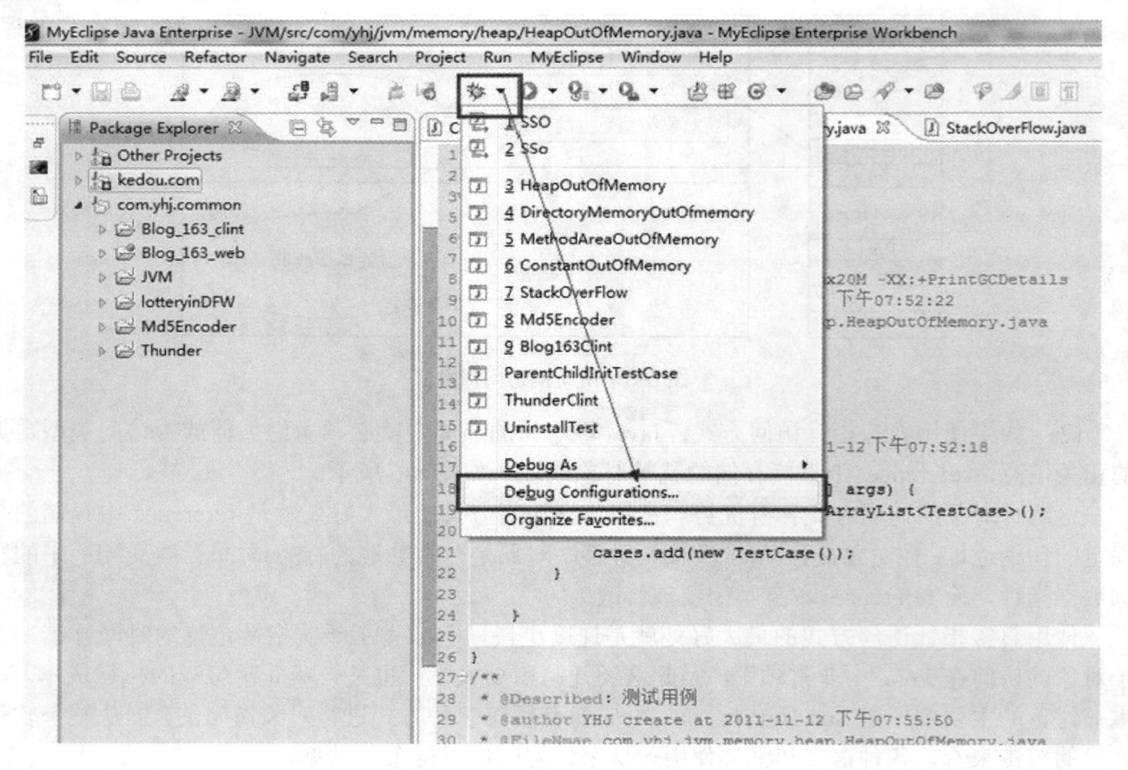

图 8-7　参数设置

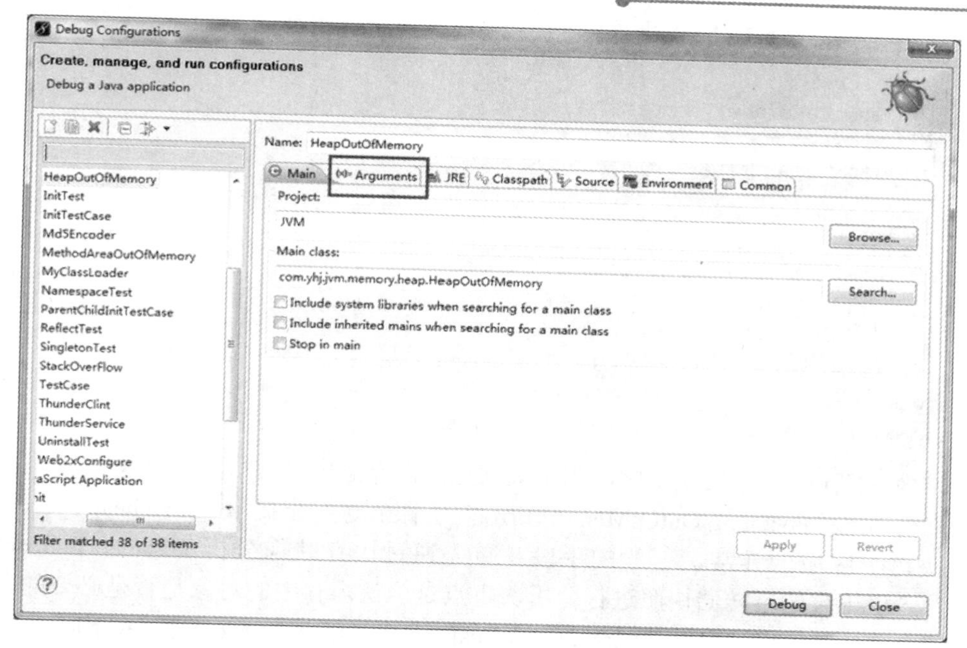

图 8-8　参数设置

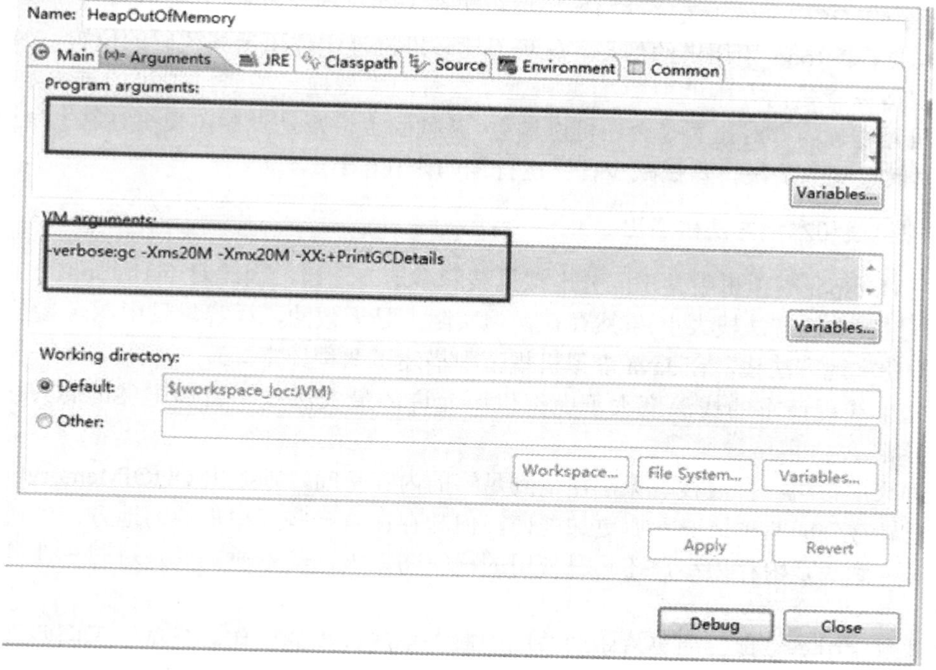

Name: HeapOutOfMemory

Main　Arguments　JRE　Classpath　Source　Environment　Common

Program arguments:

Variables...

VM arguments:

-verbose:gc -Xms20M -Xmx20M -XX:+PrintGCDetails

Variables...

Working directory:

Default: ${workspace_loc:JVM}

Other:

Workspace...　File System...　Variables...

Apply　Revert

Debug　Close

图 8-9　参数设置

下面是测试代码。

```
package com.aaa.jvm.memory.heap;
import java.util.ArrayList;
import java.util.List;
public class HeapOutOfMemory {
    public static void main(String[] args) {
```

```
        List<TestCase> cases = new ArrayList<TestCase>();
        while(true){
            cases.add(new TestCase());
        }
    }
}
class TestCase{
}
```

运行后的结果如下。

```
java.lang.OutOfMemoryError: Java heap space
Dumping heap to java_pid3404.hprof …
Heap dump file created [22045981 bytes in 0.663 secs]
```

Java 堆内存的 OOM 异常是实际应用中最常见的内存溢出异常情况。出现 Java 堆内存溢出时，异常堆栈信息“java.lang.OutOfMemoryError”会跟着进一步提示“Java heap space”。

要解决这个区域的异常，一般的手段是首先通过内存映像分析工具(如 EclipseMemory Analyzer)对备份出来的堆转储快照进行分析。重点是确认内存中的对象是否是必要的，也就是说要先分清楚到底是出现了内存泄漏(Memory Leak)还是内存溢出(Memory Overflow)。如果是内存泄漏，可进一步通过工具查看泄漏对象到 GC Roots 的引用链。于是就能找到泄漏对象是通过什么样的路径与 GC Roots 相关联并导致垃圾收集器无法自动回收它们的。掌握了泄漏对象的类型信息，以及 GC Roots 引用链的信息，就可以比较准确地定位出泄漏代码的位置。如果不存在泄漏，换句话说就是内存中的对象确实都还存在着，那就应当检查虚拟机的堆参数(-Xmx 与-Xms)，与机器物理内存对比看是否还可以调大，从代码上检查是否存在某些对象生命周期过长、持有状态时间过长的情况，尝试减少程序运行期的内存消耗。

2. 虚拟机栈和本地方法栈溢出

由于在 HotSpot 虚拟机中并不区分虚拟机栈和本地方法栈，因此对于 HotSpot 虚拟机来说，-Xoss 参数(设置本地方法栈大小)虽然存在，但实际上是无效的，栈容量只由-Xss 参数设定。关于虚拟机栈和本地方法栈，在 Java 虚拟机规范中描述了两种异常。

- ❑ 如果线程请求的栈深度大于虚拟机所允许的最大深度，将抛出 StackOverflowError 异常。
- ❑ 如果虚拟机在扩展栈时无法申请到足够的内存空间，则抛出 OutOfMemoryError 异常。

这里把异常分成两种情况看似更加严谨，但却存在着一些互相重叠的地方：当栈空间无法继续分配时，到底是内存太小，还是已使用的栈空间太大，其本质上只是对同一件事情的两种描述而已。

在具体测试中会发现，如果将实验范围限制于单线程中的操作，尝试了下面两种方法均无法让虚拟机产生 OutOfMemoryError 异常，尝试的结果都是获得 StackOverflowError 异常。

例如下面的代码会造成栈溢出。

```
package com.aaa.jvm.memory.stack;
public class StackOverFlow {
    private int i ;
    public void plus() {
        i++;
```

```
        plus();
    }
    public static void main(String[] args) {
        StackOverFlow stackOverFlow = new StackOverFlow();
        try {
            stackOverFlow.plus();
        } catch (Exception e) {
            System.out.println("Exception:stack length:"+stackOverFlow.i);
            e.printStackTrace();
        } catch (Error e) {
            System.out.println("Error:stack length:"+stackOverFlow.i);
            e.printStackTrace();
        }
    }
}
```

通过测试表明：在单个线程下，无论是由于栈帧太大，还是虚拟机栈容量太小，当内存无法分配时，虚拟机抛出的都是 StackOverflowError 异常。如果测试时不限于单线程，通过不断地建立线程的方式倒是可以产生内存溢出异常。但是，这样产生的内存溢出异常与栈空间是否足够大并不存在任何联系，或者准确地说，在这种情况下，给每个线程的栈分配的内存越大，反而越容易产生内存溢出异常。其原因其实不难理解，操作系统分配给每个进程的内存是有限制的，譬如 32 位的 Windows 限制为 2GB。虚拟机提供了参数来控制 Java 堆和方法区的这两部分内存的最大值。剩余的内存为 2GB(操作系统限制)减去 Xmx(最大堆容量)，再减去 MaxPermSize(最大方法区容量)，程序计数器消耗内存很小，可以忽略掉。如果虚拟机进程本身耗费的内存不计算在内，剩下的内存就由虚拟机栈和本地方法栈“瓜分”了。每个线程分配到的栈容量越大，可以建立的线程数量自然就越少，建立线程时也就越容易把剩下的内存耗尽。这一点读者需要在开发多线程应用时特别注意，出现 StackOverflowError 异常时有错误堆栈可以阅读，相对来说，比较容易找到问题的所在。而且，如果使用虚拟机默认参数，栈深度在大多数情况下(因为每个方法压入栈的帧大小并不是一样的，所以只能说大多数情况下)达到 1000～2000 是完全没有问题的，对于正常的方法调用(包括递归)，这个深度应该完全够用了。但是，如果是建立过多线程导致的内存溢出，在不能减少线程数或者更换 64 位虚拟机的情况下，就只能通过减少最大堆和减少栈容量来换取更多的线程。如果没有这方面的经验，这种通过“减少内存”的手段来解决内存溢出的方式会比较难以想到。

例如，下面的代码在创建线程时会导致 OOM 异常。

```
public class JavaVMStackOOM {
    private void dontStop() {
        while (true) {
        }
    }
    public void stackLeakByThread() {
        while (true) {
            Thread thread = new Thread(new Runnable() {
                @Override
                public void run() {
                    dontStop();
                }
            });
```

```
                thread.start();
            }
        }
    public static void main(String[] args) throws Throwable {
            JavaVMStackOOM oom = new JavaVMStackOOM();
            oom.stackLeakByThread();
        }
}
```

如果读者要运行上面这段代码，记得要存储当前的工作，在执行上述代码时有很大可能会令操作系统出现卡死的风险。运行后的结果如下。

```
Exception in thread "main" java.lang.OutOfMemoryError: unable to create new native thread
```

3. 运行时常量池

如果要向运行时常量池中添加内容，最简单的做法就是使用 Native 方法 String.intern()。该方法的作用是：如果池中已经包含一个等于此 String 对象的字符串，则返回代表池中这个字符串的 String 对象；否则，将此 String 对象包含的字符串添加到常量池中，并且返回此 String 对象的引用。由于常量池分配在方法区内，我们可以通过-XX:PermSize 和-XX:MaxPermSize 限制方法区的大小，从而间接限制其中常量池的容量。例如下面的代码。

```
package com.aaa.jvm.memory.constant;
import java.util.ArrayList;
import java.util.List;
public class ConstantOutOfMemory {
    public static void main(String[] args) throws Exception {
        try {
            List<String> strings = new ArrayList<String>();
            int i = 0;
            while(true){
                strings.add(String.valueOf(i++).intern());
            }
        } catch (Exception e) {
            e.printStackTrace();
            throw e;
        }
    }
}
```

从运行结果中可以看到，运行时常量池溢出，在 OutOfMemoryError 后面跟随的提示信息是“PermGen space”，说明运行时常量池属于方法区(HotSpot 虚拟机中的永久代)的一部分。

4. 方法区溢出

方法区用于存放 Class 相关信息，所以这个区域的测试我们借助 CGLib 直接操作字节码动态生成大量的 Class，值得注意的是，这里我们这个例子中模拟的场景其实经常会在实际应用中出现：当前很多主流框架，如 Spring、Hibernate 对类进行增强时，都会使用到 CGLib 这类字节码技术，当增强的类越多，就需要越大的方法区用于保证动态生成的 Class 可以加载入内存。

例如下面的代码会产生方法区溢出：

```
package com.aaa.jvm.memory.methodArea;
```

```
import java.lang.reflect.Method;
import net.sf.cglib.proxy.Enhancer;
import net.sf.cglib.proxy.MethodInterceptor;
import net.sf.cglib.proxy.MethodProxy;
public class MethodAreaOutOfMemory {
    public static void main(String[] args) {
        while(true){
            Enhancer enhancer = new Enhancer();
            enhancer.setSuperclass(TestCase.class);
            enhancer.setUseCache(false);
            enhancer.setCallback(new MethodInterceptor() {
                @Override
                public Object intercept(Object arg0, Method arg1, Object[] arg2,
                        MethodProxy arg3) throws Throwable {
                    return arg3.invokeSuper(arg0, arg2);
                }
            });
            enhancer.create();
        }
    }
}
class TestCase{
}
```

再看在下面的代码中，借助 CGLib 使得方法区出现 OOM 异常。

```
public class JavaMethodAreaOOM {
    public static void main(String[] args) {
        while (true) {
            Enhancer enhancer = new Enhancer();
            enhancer.setSuperclass(OOMObject.class);
            enhancer.setUseCache(false);
            enhancer.setCallback(new MethodInterceptor() {
                public Object intercept(Object obj, Method method, Object[] args,
MethodProxy proxy) throws Throwable {
                    return proxy.invokeSuper(obj, args);
                }
            });
            enhancer.create();
        }
    }
    static class OOMObject {
    }
}
```

运行后的结果如下。

```
Caused by: java.lang.OutOfMemoryError: PermGen space
    at java.lang.ClassLoader.defineClass1(Native Method)
    at java.lang.ClassLoader.defineClassCond(ClassLoader.java:632)
    at java.lang.ClassLoader.defineClass(ClassLoader.java:616)
    ... 8 more
```

方法区溢出也是一种常见的内存溢出异常，一个类如果要被垃圾收集器回收掉，判定条件是非常苛刻的。在经常动态生成大量 Class 的应用中，需要特别注意类的回收状况。这类场景除了上面提到的程序使用了 CGLIB 字节码增强外，常见的还有大量 JSP 或动态产生 JSP 文件的应用(JSP 第一次运行时需要编译为 Java 类)、基于 OSGi 的应用(即使是同一个类文件，被不同的加载器加载也会视为不同的类)等。

5. 本机直接内存

DirectMemory 容量可通过-XX:MaxDirectMemorySize 指定，缺省时与 Java 堆(-Xmx 指定)一样，下文代码越过了 DirectByteBuffer，直接通过反射获取 Unsafe 实例进行内存分配(Unsafe 类的 getUnsafe()方法限制了只有引导类加载器才会返回实例，也就是基本上只有 rt.jar 里面的类的才能使用)，因为 DirectByteBuffer 也会抛 OOM 异常，但抛出异常时实际上并没有真正向操作系统申请分配内存，而是通过计算得知无法分配既会抛出，真正申请分配的方法是 unsafe.allocateMemory()。

```
public class DirectMemoryOOM {
      private static final int _1MB = 1024 * 1024;
      public static void main(String[] args) throws Exception {
            Field unsafeField = Unsafe.class.getDeclaredFields()[0];
            unsafeField.setAccessible(true);
            Unsafe unsafe = (Unsafe) unsafeField.get(null);
            while (true) {
                  unsafe.allocateMemory(_1MB);
            }
      }
}
```

运行后的结果如下。

```
Exception in thread "main" java.lang.OutOfMemoryError
      at sun.misc.Unsafe.allocateMemory(Native Method)
      at org.fenixsoft.oom.DirectMemoryOOM.main(DirectMemoryOOM.java:20)
```

8.4 内存泄漏

在计算机科学中，内存泄漏(Memory Leak)是指由于疏忽或错误造成程序未能释放已经不再使用的内存的情况。内存泄漏并非指内存在物理上的消失，而是指应用程序分配某段内存后，由于设计错误，失去了对该段内存的控制，因而造成了内存的浪费。内存泄漏与许多其他问题有着相似的症状，并且通常情况下只能由那些可以获得程序源代码的程序员才可以分析出来。然而，有不少人习惯把任何不需要的内存使用的增加描述为内存泄漏，严格意义上来说这是不准确的。一般常说的内存泄漏是指堆内存的泄漏。堆内存是指程序从堆中分配的，大小任意的(内存块的大小可以在程序运行期决定)，使用完后必须显式释放的内存。应用程序一般使用 malloc、realloc、new 等函数从堆中分配到一块内存，使用完后，程序必须负责相应的调用 free 或 delete 释放该内存块，否则这块内存就不能被再次使用，我们就说这块内存泄漏了。

8.4.1　内存泄漏的分类

内存泄漏通常分为如下 4 类。

(1)　常发性内存泄漏

发生内存泄漏的代码会被多次执行，每次被执行的时候都会导致一块内存泄漏。

(2)　偶发性内存泄漏

发生内存泄漏的代码只有在某些特定环境下或操作过程中才会发生，常发性和偶发性是相对的。对于特定的环境，偶发性的也许就变成了常发性的。所以测试环境和测试方法对检测内存泄漏是至关重要的。

(3)　一次性内存泄漏

发生内存泄漏的代码只会被执行一次，或者由于算法上的缺陷，导致总会有一块且仅一块内存发生泄漏。比如，在一个 Singleton 类的构造函数中分配内存，在析构函数中却没有释放该内存。而 Singleton 类只存在一个实例，所以内存泄漏只会发生一次。

(4)　隐式内存泄漏

程序在运行过程中不停地分配内存，但是直到程序结束时才释放内存。严格地说这里并没有发生内存泄漏，因为最终程序释放了所有申请的内存。但是对于一个服务器程序来说，需要运行几天，几周甚至几个月，不及时释放内存也可能导致最终耗尽系统的所有内存。所以，我们称这类内存泄漏为隐式内存泄漏。

8.4.2　内存泄漏的定义

一般我们常说的内存泄漏是指堆内存的泄漏。堆内存是指程序从堆中分配的，大小任意的(内存块的大小可以在程序运行期决定)，使用完后必须显示释放的内存。应用程序一般使用 malloc、realloc、new 等函数从堆中分配到一块内存，使用完后，程序必须负责相应的调用 free 或 delete 释放该内存块，否则，这块内存就不能被再次使用，我们就说这块内存泄漏了。例如下面的这段小程序演示了堆内存发生泄漏的情形。

```
void MyFunction(int nSize) {
char* p= new char[nSize];
if( !GetStringFrom( p, nSize ) ){
MessageBox( "Error" );
return; }
…
}
```

当函数 GetStringFrom()返回 0 时，指针 p 指向的内存就不会被释放。这是一种常见的发生内存泄漏的情形。程序在入口处分配内存，在出口处释放内存，但是 c()函数可以在任何地方退出，所以一旦有某个出口处没有释放应该释放的内存，就会发生内存泄漏。

8.4.3　内存泄漏的常见问题和后果

内存泄漏会因为减少可用内存的数量从而降低计算机的性能。在最糟糕的情况下，过多的可用内存被分配掉导致全部或部分设备停止正常工作，或者应用程序崩溃。内存泄漏可能不严

重，甚至能够通过常规的手段检测出来。在现代操作系统中，一个应用程序使用的常规内存在程序终止时被释放。这表示一个短暂运行的应用程序中的内存泄漏不会导致严重的后果。在以下情况，内存泄漏会导致较严重的后果。

- 程序运行后置之不理，并且随着时间的流逝会消耗越来越多的内存(比如服务器上的后台任务，尤其是嵌入式系统中的后台任务，这些任务可能被运行后很多年内都置之不理)。
- 新的内存被频繁地分配，比如当显示电脑游戏或动画视频画面时。
- 程序能够请求未被释放的内存(如共享内存)，甚至是在程序终止时。
- 泄漏在操作系统内部发生。
- 泄漏在系统关键驱动中发生。
- 内存非常有限，比如在嵌入式系统或便携设备中。
- 当运行于一个终止时内存并不自动释放的操作系统(如 AmigaOS)之上，而且一旦丢失只能通过重新启动来恢复。

内存泄漏是程式设计中一项常见错误，特别是使用没有内置自动垃圾回收的编程语言，如C及 C++。一般情况下，内存泄漏发生是因为不能存取动态分配的内存。目前有相当数量的调试工具用于检测不能存取的内存，从而可以防止内存泄漏问题，如 IBM Rational Purify、BoundsChecker、Valgrind、Insure++及 memwatch 都是为 C/C++程式设计亦较受欢迎的内存除错工具。垃圾回收则可以应用到任何编程语言，而 C/C++也有此类函式库。

提供自动内存管理的编程语言如 Java、VB、.NET(.NET 内存泄漏)以及 LISP，都不能避免内存泄漏。例如，程式会把项目加入至列表，但在完成时没有移除，如同人把物件丢到一堆物品中或放入抽屉内，但后来忘记取走这件物品一样。内存管理器不能判断项目是否会再被存取，除非程序做出一些指示表明不会再被存取。

虽然内存管理器可以回复不能存取的内存，但它不可以释放可存取的内存因为仍有可能需要使用。现代的内存管理器因此为程序设计员提供技术来标示内存的可用性，以不同级别的“存取性”表示。内存管理器不会把需要存取可能较高的对象释放。当对象直接和一个强引用相关或者间接和一组强引用相关表示该对象存取性较强。(强引用相对于弱引用，是防止对象被回收的一个引用。)要防止此类内存泄漏，开发人员必须使用对象后清理引用，一般都是在不再需要时将引用设成 null，如果有可能，把维持强引用的事件侦听器全部注销。

一般来说，自动内存管理对开发者来讲比较方便，因为他们不需要实现释放的动作，或担心清理内存的顺序，而不用考虑对象是否依然被引用。对开发人员来说，了解一个引用是否有必要保持比了解一个对象是否被引用要简单得多。但是，自动内存管理不能消除所有的内容泄漏。

如果一个程序存在内存泄漏并且它的内存使用量稳定增长，通常不会有很快的症状。每个物理系统都有一个较大的内存量，如果内存泄漏没有被中止(比如重启造成泄漏的程序)，它迟早会造成问题。大多数的现代计算机操作系统都有存储在 RAM 芯片中主内存和存储在次级存储设备如硬盘中的虚拟内存，内存分配是动态的——每个进程根据要求获得相应的内存。存取活跃的页面文件被转移到主内存以提高存取速度；反之，存取不活跃的页面文件被转移到次级存储设备。当一个简单的进程消耗大量的内存时，它通常占用越来越多的主内存，使其他程序转到次级存储设备，使系统的运行效率大大降低。甚至在有内存泄漏的程序终止后，其他程序需要相当长的时间才能切换到主内存，恢复原来的运行效率。

当系统所有的内存全部耗完后(包括主内存和虚拟内存，在嵌入式系统中，仅有主内存)，所有申请内存的操作将失败。这通常导致程序试图申请内存来终止自己，或造成分段内存访问错误(segmentation fault)。现在有一些专门为修复这种情况而设计的程序，常用的办法是预留一些内存。值得注意的是，第一个遭遇得不到内存问题的程序有时候并不是有内存泄漏的程序。一些多任务操作系统有特殊的机制来处理内存耗尽的情况，如随机终止一个进程(可能会终止一些正常的进程)，或终止耗用内存最大的进程(很有可能是引起内存泄漏的进程)。另一些操作系统则有内存分配限制，这样可以防止任何一个进程耗用完整个系统的内存。这种设计的缺点是有时候某些进程确实需要较大数量的内存时，如一些处理图像，视频和科学计算的进程，操作系统需要重新配置。如内存泄漏发生在内核，表示操作系统自身发生了问题。那些没有完善的内存管理的计算机，如嵌入式系统，会因为一个长时间的内存泄漏而崩溃。一些被公众访问的系统，如网络服务器或路由器很容易被黑客攻击，加入一段攻击代码，从而产生内存泄漏。

8.4.4　检测内存泄漏

检测内存泄漏的关键是要能截获住对分配内存和释放内存的函数的调用。截获住这两个函数，就能跟踪每一块内存的生命周期，比如每当成功的分配一块内存后，就把它的指针加入一个全局的 list 中；每当释放一块内存，就把它的指针从 list 中删除。这样当程序结束时，list 中剩余的指针就是指向那些没有被释放的内存。如果要检测堆内存的泄漏，那么只需截获住 malloc/realloc/free 和 new/delete 即可。其实 new/delete 最终也是用 malloc/free 的，所以只要截获前面一组即可。对于其他的泄漏，可以采用类似的方法，截获住相应的分配和释放函数。比如要检测 BSTR 的泄漏，就需要截获“SysAllocString/SysFreeString”；要检测 HMENU 的泄漏，就需要截获“CreateMenu/ DestroyMenu”。但是有的资源的分配函数有多个，释放函数只有一个，比如 SysAllocStringLen 也可以用来分配 BSTR，这时就需要截获多个分配函数。在 Windows 平台下，检测内存泄漏的工具常用的一般有三种，MS C-Runtime Library 内建的检测功能；外挂式的检测工具有 Purify、BoundsChecker 等。这三种工具各有优缺点，MS C-Runtime Library 虽然在功能上较之外挂式的工具要弱，但是它是免费的；Performance Monitor 虽然无法标示出发生问题的代码，但是它能检测出隐式的内存泄漏的存在，这是其他两类工具无能为力的地方。

8.5　Davlik 虚拟机的内存分配

经过本章前面内容的学习，读者已经简要了解了 Java 虚拟机的基本知识。接下来的 Davlik 内存管理的基本知识就比较简单了，因为两者的基本原理相似。接下来将详细讲解 Davlik 虚拟机的基本知识。

Dalvik 虚拟机是 Google 公司在 Android 平台上的 Java 虚拟机的实现，内存管理是 Dalvik 虚拟机中的一个重要组件。从概念上来说，内存管理的核心就是两个部分：分配内存和回收内存。Java 语言使用 new 操作符来分配内存，但是与 C/C++等语言不同的是，Java 语言并没有提供任何操作来释放内存，而是通过一种叫作垃圾收集的机制来回收内存。对于内存管理的实现，我们通过如下三个方面来加以分析。

- ❑ 内存分配。
- ❑ 内存回收。

- 内存管理调试。

本节将分析Dalvik虚拟机是如何分配内存的。

(1) 对象布局

内存管理的主要操作之一是为Java对象分配内存，Java对象在虚拟机中的内存布局如图8-10所示。

所有的对象都有一个相同的头部clazz和lock。

① clazz：指向该对象的类对象，类对象用来描述该对象所属的类，这样可以很容易地从一个对象获取该对象所属的类的具体信息。

② lock：是一个无符号整数，用以实现对象的同步。

③ data：用于存放对象数据，根据对象的不同数据区的大小是不同的。

(2) 堆

堆是Dalvik虚拟机从操作系统分配的一块连续的虚拟内存，如图8-11所示。其中heapBase表示堆的起始地址，heapLimit表示堆的最大地址，堆大小的最大值可以通过“-Xmx”选项或dalvik.vm.heapsize指定。在原生系统中，一般dalvik.vm.heapsize值是32MB，在MIUI中我们将其设为64MB。

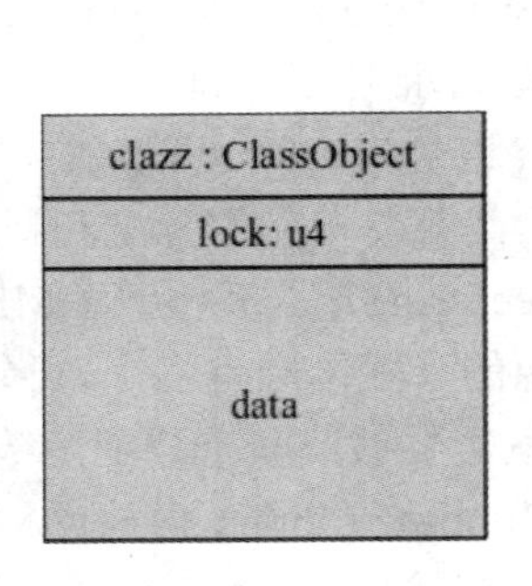

图8-10 内存布局

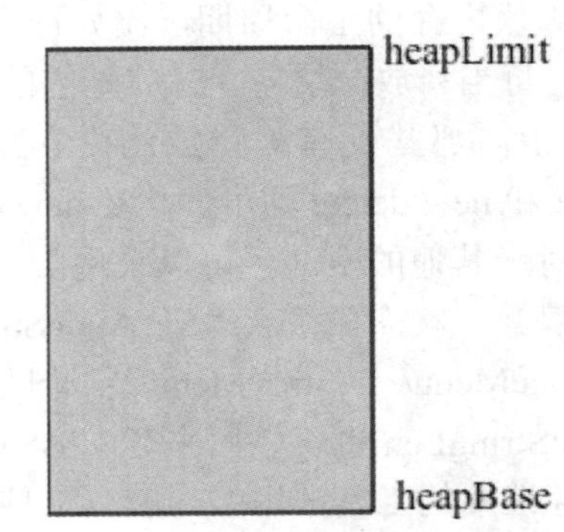

图8-11 堆结构

(3) 堆内存位图

在虚拟机中维护了两个对应于堆内存的位图，称为liveBits和markBits。在对象布局中，我们看到对象最小占用8B。在为对象分配内存时要求必须8B对齐。这也就是说，对象的大小会调整为8B的倍数。比如说一个对象的实际大小是13B，但是在分配内存时分配16B。因此所有对象的起始地址一定是8B的倍数。堆内存位图就是用来描述堆内存的，每一个bit描述8个字节，因此堆内存位图的大小是对的64分之一。对于MIUI的实现来说，这两个位图各占1MB。

liveBits的功能是跟踪堆中以分配的内存，每分配一个对象时，对象的内存起始地址对应于位图中的位被设为1。在下一章垃圾收集中我们会进一步分析liveBits和markBits这两个位图的作用。

(4) 堆的内存管理

在Dalvik虚拟机的实现中，是通过底层的bionicC库的malloc/free操作来分配/释放内存的。库bionicC的“malloc/free”操作是基于DougLea的实现(dlmalloc)，这是一个被广泛使用，久经考验的C内存管理库。有关库dlmalloc的基本知识，读者可以参阅相关的资料。

(5) dvmAllocObject

在Dalvik虚拟机中，操作符new最终对应c函数dvmAllocObject()。下面通过伪码的形式列出 dvmAllocObject 的实现。

```
Object*dvmAllocObject(ClassObject *clazz, int flags) {
      n = get object size form class object clazz
      first try: allocate n bytes from heap
      if first try failed {
            run garbage collector without collecting soft references
            second try: allocate n bytes from heap
      }
      if second try failed {
            third try: grow the heap and allocate n bytes from heap
//堆是虚拟内存，一开始并未分配所有的物理内存，只要还没有达到虚拟内存的最大值，可以通过获取更多物理内存的方式来扩展堆
      }
      if third try failed {
            run garbage collector with collecting soft references
            fourth try: grow the hap and allocate n bytes from heap
      }
      if fourth try failed, return null pointer, dalvik vm will abort
}
```

由此可以看出，为了分配内存，虚拟机尽了最大的努力，做了 4 次尝试。其中进行了 2 次垃圾收集，第 1 次不收集 SoftReference，第 2 次收集 SoftReference。从中也可以看出垃圾收集的时机，实质上在 Dalvik 虚拟机实现中有 3 个时机可以触发垃圾收集的运行。

- 程序员显式地调用 System.gc()。
- 内存分配失败时。
- 如果分配的对象大小超过 384KB，运行并发标记(concurrent mark)。

综上所述，在 Dalvik 虚拟机中，内存分配操作的流程相对比较简单直观，从一个堆中分配可用内存，分配失败时会触发垃圾收集。

8.6　分析 Dalvik 虚拟机的内存管理机制源码

Dalvik 虚拟机的内存管理需要依赖于 Linux 的内存管理机制，Dalvik 虚拟机的内存管理的实现源码保存在“vm\alloc”目录中。本节将通过对源码的分析来简要讲解 Dalvik 虚拟机内存管理机制的基本知识。

8.6.1　表示堆的结构体

在文件 HeapSource.c 中定义表示堆的结构体，其源码如下。

```
typedef struct {
   /*使用 dlmalloc 分配的内存
    */
   mspace *msp;

   HeapBitmap objectBitmap;
```

```
    /* 堆可以增长的最大值
     */
    size_t absoluteMaxSize;

    /* 已分配的字节数
     */
    size_t bytesAllocated;

    /* 已分配的对象数
     */
    size_t objectsAllocated;
} Heap;
```

8.6.2 表示位图堆的结构体数据

在文件HeapBitmap.h中定义表示位图堆的结构体数据，其源码如下。

```
typedef struct {
    /* 位图数据
     */
    unsigned long int *bits;

    /* 位图的大小
     */
    size_t bitsLen;

    /* 位图对应的对象指针数组的首地址
     */
    uintptr_t base;

    /* 位图使用中的最后一位被设置的对象指针地址，如果全没设置则(max < base)
     */
    uintptr_t max;
} HeapBitmap;
```

8.6.3 HeapSource结构体

在Dalvik虚拟机中，使用结构体HeapSource来管理各种Heap数据，Heap只是其中的一个子项，其源码在文件HeapSource.c中定义。

```
struct HeapSource {
    /* 堆的使用率，范围从1到HEAP_UTILIZATION_MAX
     */
    size_t targetUtilization;

    /* 分配堆的最小尺寸
     */
    size_t minimumSize;

    /* 堆分配的初始尺寸
     */
```

```
    size_t startSize;

    /* 允许分配的堆增长到的最大尺寸
     */
    size_t absoluteMaxSize;

    /* 理想的堆的最大尺寸
     */
    size_t idealSize;

    /* 在垃圾收集前允许堆分配的最大尺寸
     */
    size_t softLimit;

    /* 堆数组，最大尺寸为 3
     */
    Heap heaps[HEAP_SOURCE_MAX_HEAP_COUNT];

    /* 当前堆的个数
     */
    size_t numHeaps;

    /* 对外分配计数
     */
    size_t externalBytesAllocated;

    /* 允许外部分配的最大值
     */
    size_t externalLimit;

    /* 在创建这个 HeapSource 的时候是否是 Zygote 模式，确定是否有 Zygote 进程
     */
    bool sawZygote;
};
```

8.6.4　和 mark bits 相关的结构体

在文件 MarkSweep.h 中定义了和 mark bits 相关的结构体，其源码如下。

```
typedef struct {
    /* 允许增长到的最低地址
     */
    const Object **limit;

    /* 栈顶
     */
    const Object **top;

    /* 栈底
     */
    const Object **base;
} GcMarkStack;
```

```
typedef struct {
/* 存放位图的数组
    */
   HeapBitmap bitmaps[HEAP_SOURCE_MAX_HEAP_COUNT];
/* 位图数
    */
   size_t numBitmaps;
/* GC 标记栈
    */
   GcMarkStack stack;
/* 存放地址上限的标志
    */
   const void *finger;   // only used while scanning/recursing.
} GcMarkContext;
```

8.6.5 结构体 GcHeap

在文件 HeapInternal.h 中定义了 Dalvik 的垃圾回收机制需要用到结构体 GcHeap，其源码如下。

```
struct GcHeap {
 /* HeapSource 结构，包含了所有的堆数据       */
  HeapSource      *heapSource;

   /* 存储不能被垃圾回收对象的参考表
    */
   HeapRefTable    nonCollectableRefs;

   /*存储一些当被垃圾回收时需要执行 finalization 方法的参考表
    *
    */
   LargeHeapRefTable  *finalizableRefs;

   /*存储需要执行 finalization 方法的对象的参考表
    */
   LargeHeapRefTable  *pendingFinalizationRefs;

   /* 软引用对象列表
    */
   Object          *softReferences;
 /* 弱引用对象列表
    */
   Object          *weakReferences;
 /* 影子引用对象列表
    */
   Object          *phantomReferences;

   /* 需要被执行 clear 或 enqueue 方法的引用对象列表
    */
   LargeHeapRefTable  *referenceOperations;
```

```
    /* 如果对象不为空，则表示 HeapWorker 线程正在执行
     * executing.
     */
    Object *heapWorkerCurrentObject;
    Method *heapWorkerCurrentMethod;

    /*如果 heapWorkerCurrentObject 不为空，表示 HeapWorker 开始执行这个方法的时间
     */
    u8 heapWorkerInterpStartTime;
    /*如果 heapWorkerCurrentObject 不为空，表示 HeapWorker CPU 开始执行这个方法的时间
     */
    u8 heapWorkerInterpCpuStartTime;

    /* 下一次裁剪 Heap Source 的时间
     */
    struct timespec heapWorkerNextTrim;

    /* 标记步骤中的状态
     */
    GcMarkContext   markContext;

    /* GC 开始的时间
     */
    u8              gcStartTime;

    /* 是否正在执行 GC
     */
    bool            gcRunning;

    /* GC 时引用对象回收多少
     * 不回收，回收一半，全部回收
     */
    enum { SR_COLLECT_NONE, SR_COLLECT_SOME, SR_COLLECT_ALL }
            softReferenceCollectionState;

    /* 存在多少软引用对象时开始回收引用对象
     */
    size_t          softReferenceHeapSizeThreshold;

    /*当软引用回收策略为回收一半时使用的概率值
     */
    int             softReferenceColor;

    /* 引用收集策略
     */
    bool            markAllReferents;
#if DVM_TRACK_HEAP_MARKING
    /* Every time an unmarked object becomes marked, markCount
     * is incremented and markSize increases by the size of
     * that object.
     */
```

```
    size_t          markCount;
    size_t          markSize;
#endif

    /* 下面是和调试相关的信息
     */
    int             ddmHpifWhen;
    int             ddmHpsgWhen;
    int             ddmHpsgWhat;
    int             ddmNhsgWhen;
    int             ddmNhsgWhat;

#if WITH_HPROF
    bool            hprofDumpOnGc;
    const char*      hprofFileName;
    hprof_context_t *hprofContext;
    int             hprofResult;
#endif
};
```

8.6.6 初始化垃圾回收器

在文件 Init.c 中，通过函数 dvmGcStartup()来初始化垃圾回收器。

```
bool dvmGcStartup(void)
{
    dvmInitMutex(&gDvm.gcHeapLock);
    return dvmHeapStartup();
}
```

8.6.7 初始化和 Heap 相关的信息

在文件 alloc\Heap.c 中，通过 dvmHeapStartup()函数来初始化和 Heap 相关的信息，例如常见的内存分配和内存管理等工作。其源码如下。

```
bool dvmHeapStartup()
{
    GcHeap *gcHeap;
#if defined(WITH_ALLOC_LIMITS)
    gDvm.checkAllocLimits = false;
    gDvm.allocationLimit = -1;
#endif
    gcHeap = dvmHeapSourceStartup(gDvm.heapSizeStart, gDvm.heapSizeMax);
    if (gcHeap == NULL) {
        return false;
    }
    gcHeap->heapWorkerCurrentObject = NULL;
    gcHeap->heapWorkerCurrentMethod = NULL;
    gcHeap->heapWorkerInterpStartTime = 0LL;
    gcHeap->softReferenceCollectionState = SR_COLLECT_NONE;
    gcHeap->softReferenceHeapSizeThreshold = gDvm.heapSizeStart;
```

```
    gcHeap->ddmHpifWhen = 0;
    gcHeap->ddmHpsgWhen = 0;
    gcHeap->ddmHpsgWhat = 0;
    gcHeap->ddmNhsgWhen = 0;
    gcHeap->ddmNhsgWhat = 0;
#if WITH_HPROF
    gcHeap->hprofDumpOnGc = false;
    gcHeap->hprofContext = NULL;
#endif
    /* This needs to be set before we call dvmHeapInitHeapRefTable().
     */
    gDvm.gcHeap = gcHeap;
    /* Set up the table we'll use for ALLOC_NO_GC.
     */
    if (!dvmHeapInitHeapRefTable(&gcHeap->nonCollectableRefs,
                       kNonCollectableRefDefault))
    {
        LOGE_HEAP("Can't allocate GC_NO_ALLOC table/n");
        goto fail;
    }
    /* Set up the lists and lock we'll use for finalizable
     * and reference objects.
     */
    dvmInitMutex(&gDvm.heapWorkerListLock);
    gcHeap->finalizableRefs = NULL;
    gcHeap->pendingFinalizationRefs = NULL;
    gcHeap->referenceOperations = NULL;
    /* Initialize the HeapWorker locks and other state
     * that the GC uses.
     */
    dvmInitializeHeapWorkerState();
    return true;
fail:
    gDvm.gcHeap = NULL;
    dvmHeapSourceShutdown(gcHeap);
    return false;
}
```

8.6.8　创建 GcHeap

在文件 alloc\HeapSource.c 中，通过函数 dvmHeapSourceStartup()来创建 GcHeap。其源码如下。

```
GcHeap *
dvmHeapSourceStartup(size_t startSize, size_t absoluteMaxSize)
{
    GcHeap *gcHeap;
    HeapSource *hs;
    Heap *heap;
    mspace msp;
```

```
assert(gHs == NULL);

if (startSize > absoluteMaxSize) {
   LOGE("Bad heap parameters (start=%d, max=%d)\n",
     startSize, absoluteMaxSize);
   return NULL;
}

/* Create an unlocked dlmalloc mspace to use as
 * the small object heap source.
 */
msp = createMspace(startSize, absoluteMaxSize, 0);
if (msp == NULL) {
   return false;
}

/* Allocate a descriptor from the heap we just created.
 */
gcHeap = mspace_malloc(msp, sizeof(*gcHeap));
if (gcHeap == NULL) {
   LOGE_HEAP("Can't allocate heap descriptor\n");
   goto fail;
}
memset(gcHeap, 0, sizeof(*gcHeap));

hs = mspace_malloc(msp, sizeof(*hs));
if (hs == NULL) {
   LOGE_HEAP("Can't allocate heap source\n");
   goto fail;
}
memset(hs, 0, sizeof(*hs));

hs->targetUtilization = DEFAULT_HEAP_UTILIZATION;
hs->minimumSize = 0;
hs->startSize = startSize;
hs->absoluteMaxSize = absoluteMaxSize;
hs->idealSize = startSize;
hs->softLimit = INT_MAX;    // no soft limit at first
hs->numHeaps = 0;
hs->sawZygote = gDvm.zygote;
if (!addNewHeap(hs, msp, absoluteMaxSize)) {
   LOGE_HEAP("Can't add initial heap\n");
   goto fail;
}

gcHeap->heapSource = hs;

countAllocation(hs2heap(hs), gcHeap, false);
countAllocation(hs2heap(hs), hs, false);

gHs = hs;
return gcHeap;
```

```
fail:
    destroy_contiguous_mspace(msp);
    return NULL;
}
```

8.6.9　追踪位置

在文件 alloc\HeapSource.c 中，通过函数 countAllocation()在 Heap::obiect Bitmap 上进行标记，以便追踪这些区域的位置。其源码如下。

```
static inline void
countAllocation(Heap *heap, const void *ptr, bool isObj)
{
    assert(heap->bytesAllocated < mspace_footprint(heap->msp));

    heap->bytesAllocated += mspace_usable_size(heap->msp, ptr) +
            HEAP_SOURCE_CHUNK_OVERHEAD;
    if (isObj) {
        heap->objectsAllocated++;
//标记回收
        dvmHeapBitmapSetObjectBit(&heap->objectBitmap, ptr);
    }
    assert(heap->bytesAllocated < mspace_footprint(heap->msp));
}
HB_INLINE_PROTO(
    bool
    dvmHeapBitmapMayContainObject(const HeapBitmap *hb,
            const void *obj)
)
{
    const uintptr_t p = (const uintptr_t)obj;

    assert((p & (HB_OBJECT_ALIGNMENT - 1)) == 0);

    return p >= hb->base && p <= hb->max;
}
HB_INLINE_PROTO(
    bool
    dvmHeapBitmapCoversAddress(const HeapBitmap *hb, const void *obj)
)
{
    assert(hb != NULL);

    if (obj != NULL) {
        const uintptr_t offset = (uintptr_t)obj - hb->base;
        const size_t index = HB_OFFSET_TO_INDEX(offset);
        return index < hb->bitsLen / sizeof(*hb->bits);
    }
    return false;
}
…
```

8.6.10 实现空间分配

在文件Heap.c中，通过函数dvmMalloc()实现空间的分配工作。其源码如下。

```
void* dvmMalloc(size_t size, int flags)
{
    GcHeap *gcHeap = gDvm.gcHeap;
    DvmHeapChunk *hc;
    void *ptr;
    bool triedGc, triedGrowing;

#if 0
    /* handy for spotting large allocations */
    if (size >= 100000) {
        LOGI("dvmMalloc(%d):\n", size);
        dvmDumpThread(dvmThreadSelf(), false);
    }
#endif

#if defined(WITH_ALLOC_LIMITS)
    /*
     * See if they've exceeded the allocation limit for this thread.
     *
     * A limit value of -1 means "no limit".
     *
     * This is enabled at compile time because it requires us to do a
     * TLS lookup for the Thread pointer.  This has enough of a performance
     * impact that we don't want to do it if we don't have to.  (Now that
     * we're using gDvm.checkAllocLimits we may want to reconsider this,
     * but it's probably still best to just compile the check out of
     * production code -- one less thing to hit on every allocation.)
     */
    if (gDvm.checkAllocLimits) {
        Thread* self = dvmThreadSelf();
        if (self != NULL) {
            int count = self->allocLimit;
            if (count > 0) {
                self->allocLimit--;
            } else if (count == 0) {
                /* fail! */
                assert(!gDvm.initializing);
                self->allocLimit = -1;
                dvmThrowException("Ldalvik/system/AllocationLimitError;",
                    "thread allocation limit exceeded");
                return NULL;
            }
        }
    }

    if (gDvm.allocationLimit >= 0) {
        assert(!gDvm.initializing);
```

```
        gDvm.allocationLimit = -1;
        dvmThrowException("Ldalvik/system/AllocationLimitError;",
            "global allocation limit exceeded");
        return NULL;
    }
#endif

    dvmLockHeap();

    /* Try as hard as possible to allocate some memory.
     */
    hc = tryMalloc(size);
    if (hc != NULL) {
alloc_succeeded:
        /* We've got the memory.
         */
        if ((flags & ALLOC_FINALIZABLE) != 0) {
            /* This object is an instance of a class that
             * overrides finalize().  Add it to the finalizable list.
             *
             * Note that until DVM_OBJECT_INIT() is called on this
             * object, its clazz will be NULL.  Since the object is
             * in this table, it will be scanned as part of the root
             * set.  scanObject() explicitly deals with the NULL clazz.
             */
            if (!dvmHeapAddRefToLargeTable(&gcHeap->finalizableRefs,
                                    (Object *)hc->data))
            {
                LOGE_HEAP("dvmMalloc(): no room for any more "
                        "finalizable objects\n");
                dvmAbort();
            }
        }

#if WITH_OBJECT_HEADERS
        hc->header = OBJECT_HEADER;
        hc->birthGeneration = gGeneration;
#endif
        ptr = hc->data;

        /* The caller may not want us to collect this object.
         * If not, throw it in the nonCollectableRefs table, which
         * will be added to the root set when we GC.
         *
         * Note that until DVM_OBJECT_INIT() is called on this
         * object, its clazz will be NULL.  Since the object is
         * in this table, it will be scanned as part of the root
         * set.  scanObject() explicitly deals with the NULL clazz.
         */
        if ((flags & ALLOC_NO_GC) != 0) {
            if (!dvmHeapAddToHeapRefTable(&gcHeap->nonCollectableRefs, ptr)) {
                LOGE_HEAP("dvmMalloc(): no room for any more "
```

```
                    "ALLOC_NO_GC objects: %zd\n",
                    dvmHeapNumHeapRefTableEntries(
                            &gcHeap->nonCollectableRefs));
            dvmAbort();
        }
    }

#ifdef WITH_PROFILER
    if (gDvm.allocProf.enabled) {
        Thread* self = dvmThreadSelf();
        gDvm.allocProf.allocCount++;
        gDvm.allocProf.allocSize += size;
        if (self != NULL) {
            self->allocProf.allocCount++;
            self->allocProf.allocSize += size;
        }
    }
#endif
  } else {
    /* The allocation failed.
     */
    ptr = NULL;

#ifdef WITH_PROFILER
    if (gDvm.allocProf.enabled) {
        Thread* self = dvmThreadSelf();
        gDvm.allocProf.failedAllocCount++;
        gDvm.allocProf.failedAllocSize += size;
        if (self != NULL) {
            self->allocProf.failedAllocCount++;
            self->allocProf.failedAllocSize += size;
        }
    }
#endif
  }

  dvmUnlockHeap();

  if (ptr != NULL) {
    /*
     * If this block is immediately GCable, and they haven't asked us not
     * to track it, add it to the internal tracking list.
     *
     * If there's no "self" yet, we can't track it.  Calls made before
     * the Thread exists should use ALLOC_NO_GC.
     */
    if ((flags & (ALLOC_DONT_TRACK | ALLOC_NO_GC)) == 0) {
        dvmAddTrackedAlloc(ptr, NULL);
    }
  } else {
    /*
     * The allocation failed; throw an OutOfMemoryError.
```

```
        */
        throwOOME();
    }

    return ptr;
}
```

上述具体分配过程由 tryMalloc 控制，具体执行流程如下。

```
tryMalloc()-gcForMalloc()-dvmCollectGarbageInternal()
```

当满足条件时，会调用 dvmCollectGarbageInternal()进行垃圾回收。

8.6.11　其他模块

在文件 alloc\MarkSweep.c 中，通过函数 dvmHeapScanMarkedObjects()根据上一个函数给出的根对象位图，对每一个根相关的位图进行计算，如果这个根对象有被引用，就标记为使用。这个过程是递归调用的过程，从根开始不断重复地对子树进行标记的过程。函数 dvmHeapScanMarkedObjects()的源码如下。

```
void dvmHeapScanMarkedObjects()
{
    GcMarkContext *ctx = &gDvm.gcHeap->markContext;

    assert(ctx->finger == NULL);

    /* The bitmaps currently have bits set for the root set.
     * Walk across the bitmaps and scan each object.
     */
#ifndef NDEBUG
    gLastFinger = 0;
#endif
    dvmHeapBitmapWalkList(ctx->bitmaps, ctx->numBitmaps,
            scanBitmapCallback, ctx);

    /* We've walked the mark bitmaps.  Scan anything that's
     * left on the mark stack.
     */
    processMarkStack(ctx);

    LOG_SCAN("done with marked objects\n");
}
```

函数 dvmHeapScanMarkedObjects()是通过函数 dvmHeapBitmapWalkList()进行第一轮扫描，针对 dvmHeapMarkRootSet() 已标记的 object 。dvmHeapBitmapWalkList()会呼叫一个参数传入的 callback， 将扫描新发现的 object 加入到一个 stack 里。

函数 dvmHeapBitmapWalkList()在文件中 alloc\HeapBitmap.c 实现，其源码如下。

```
bool dvmHeapBitmapWalkList(const HeapBitmap hbs[], size_t numBitmaps,
        bool (*callback)(size_t numPtrs, void **ptrs,
                        const void *finger, void *arg),
```

```
    void *callbackArg)
{
  size_t indexList[numBitmaps];
  size_t i;

  /* Sort the bitmaps by address.
   */
  createSortedBitmapIndexList(hbs, numBitmaps, indexList);

  /* Walk each bitmap, lowest address first.
   */
  for (i = 0; i < numBitmaps; i++) {
      bool ok;
      ok = dvmHeapBitmapWalk(&hbs[indexList[i]], callback, callbackArg);
      if (!ok) {
          return false;
      }
  }
  return true;
}
```

dvmHeapScanMarkedObjects()会通过 processMarkStack()处理 stack 里的 object 。当 processMarkStack() 处理 stack 里的 object 时，新发现的物件会加入该 stack。processMarkStack() 会不断地从 stack pop object，并监视是否 reference 未标记物件，直到清空 stack。

函数 processMarkStack()是在文件 alloc\MarkSweep.c 中实现的，其源码如下。

```
static void
processMarkStack(GcMarkContext *ctx)
{
   const Object **const base = ctx->stack.base;

   /* Scan anything that's on the mark stack.
    * We can't use the bitmaps anymore, so use
    * a finger that points past the end of them.
    */
   ctx->finger = (void *)ULONG_MAX;
   while (ctx->stack.top != base) {
      scanObject(*ctx->stack.top++, ctx);
   }
}
```

监视 object 的 reference 是由文件 MarkSweep.c 里的函数 scanObject()实现的，此函数会检查 object 的每一个栈位所 reference(引用)的物件是否尚未被标记。函数 scanObject()的实现源码如下。

```
static void scanObject(const Object *obj, GcMarkContext *ctx)
{
   ClassObject *clazz;

   assert(dvmIsValidObject(obj));
   LOGV_SCAN("0x%08x %s\n", (uint)obj, obj->clazz->name);
```

```
#if WITH_HPROF
    if (gDvm.gcHeap->hprofContext != NULL) {
        hprofDumpHeapObject(gDvm.gcHeap->hprofContext, obj);
    }
#endif

#if WITH_OBJECT_HEADERS
    if (ptr2chunk(obj)->scanGeneration == gGeneration) {
        LOGE("object 0x%08x was already scanned this generation\n",
                (uintptr_t)obj);
        dvmAbort();
    }
    ptr2chunk(obj)->oldScanGeneration = ptr2chunk(obj)->scanGeneration;
    ptr2chunk(obj)->scanGeneration = gGeneration;
    ptr2chunk(obj)->scanCount++;
#endif

    /* Get and mark the class object for this particular instance.
     */
    clazz = obj->clazz;
    if (clazz == NULL) {
        /* This can happen if we catch an object between
         * dvmMalloc() and DVM_OBJECT_INIT().  The object
         * won't contain any references yet, so we can
         * just skip it.
         */
        return;
    } else if (clazz == gDvm.unlinkedJavaLangClass) {
        /* This class hasn't been linked yet.  We're guaranteed
         * that the object doesn't contain any references that
         * aren't already tracked, so we can skip scanning it.
         *
         * NOTE: unlinkedJavaLangClass is not on the heap, so
         * it's very important that we don't try marking it.
         */
        return;
    }

#if WITH_OBJECT_HEADERS
    gMarkParent = obj;
#endif

    assert(dvmIsValidObject((Object *)clazz));
    markObjectNonNull((Object *)clazz, ctx);

    /* Mark any references in this object.
     */
    if (IS_CLASS_FLAG_SET(clazz, CLASS_ISARRAY)) {
        /* It's an array object.
         */
        if (IS_CLASS_FLAG_SET(clazz, CLASS_ISOBJECTARRAY)) {
            /* It's an array of object references.
```

```
            */
           scanObjectArray((ArrayObject *)obj, ctx);
        }
        // else there's nothing else to scan
    } else {
        /* It's a DataObject-compatible object.
         */
        scanInstanceFields((DataObject *)obj, clazz, ctx);

        if (IS_CLASS_FLAG_SET(clazz, CLASS_ISREFERENCE)) {
            GcHeap *gcHeap = gDvm.gcHeap;
            Object *referent;

            /* It's a subclass of java/lang/ref/Reference.
             * The fields in this class have been arranged
             * such that scanInstanceFields() did not actually
             * mark the "referent" field;  we need to handle
             * it specially.
             *
             * If the referent already has a strong mark (isMarked(referent)),
             * we don't care about its reference status.
             */
            referent = dvmGetFieldObject(obj,
                    gDvm.offJavaLangRefReference_referent);
            if (referent != NULL &&
                    !isMarked(ptr2chunk(referent), &gcHeap->markContext))
            {
                u4 refFlags;

                if (gcHeap->markAllReferents) {
                    LOG_REF("Hard-marking a reference\n");

                    /* Don't bother with normal reference-following
                     * behavior, just mark the referent.  This should
                     * only be used when following objects that just
                     * became scheduled for finalization.
                     */
                    markObjectNonNull(referent, ctx);
                    goto skip_reference;
                }

                /* See if this reference was handled by a previous GC.
                 */
                if (dvmGetFieldObject(obj,
                            gDvm.offJavaLangRefReference_vmData) ==
                        SCHEDULED_REFERENCE_MAGIC)
                {
                    LOG_REF("Skipping scheduled reference\n");

                    /* Don't reschedule it, but make sure that its
                     * referent doesn't get collected (in case it's
                     * a PhantomReference and wasn't cleared automatically).
```

```
             */
            //TODO: Mark these after handling all new refs of
            //      this strength, in case the new refs refer
            //      to the same referent.  Not a very common
            //      case, though.
            markObjectNonNull(referent, ctx);
            goto skip_reference;
        }

        /* Find out what kind of reference is pointing
         * to referent.
         */
        refFlags = GET_CLASS_FLAG_GROUP(clazz,
            CLASS_ISREFERENCE |
            CLASS_ISWEAKREFERENCE |
            CLASS_ISPHANTOMREFERENCE);

    /* We use the vmData field of Reference objects
     * as a next pointer in a singly-linked list.
     * That way, we don't need to allocate any memory
     * while we're doing a GC.
     */
#define ADD_REF_TO_LIST(list, ref) \
    do { \
        Object *ARTL_ref_ = (/*de-const*/Object *)(ref); \
        dvmSetFieldObject(ARTL_ref_, \
                gDvm.offJavaLangRefReference_vmData, list); \
        list = ARTL_ref_; \
    } while (false)

        /* At this stage, we just keep track of all of
         * the live references that we've seen.  Later,
         * we'll walk through each of these lists and
         * deal with the referents.
         */
        if (refFlags == CLASS_ISREFERENCE) {
            /* It's a soft reference.  Depending on the state,
             * we'll attempt to collect all of them, some of
             * them, or none of them.
             */
            if (gcHeap->softReferenceCollectionState ==
                    SR_COLLECT_NONE)
            {
        sr_collect_none:
                markObjectNonNull(referent, ctx);
            } else if (gcHeap->softReferenceCollectionState ==
                    SR_COLLECT_ALL)
            {
        sr_collect_all:
                ADD_REF_TO_LIST(gcHeap->softReferences, obj);
            } else {
                /* We'll only try to collect half of the
```

```
                 * referents.
                 */
                if (gcHeap->softReferenceColor++ & 1) {
                    goto sr_collect_none;
                }
                goto sr_collect_all;
            }
        } else {
            /* It's a weak or phantom reference.
             * Clearing CLASS_ISREFERENCE will reveal which.
             */
            refFlags &= ~CLASS_ISREFERENCE;
            if (refFlags == CLASS_ISWEAKREFERENCE) {
                ADD_REF_TO_LIST(gcHeap->weakReferences, obj);
            } else if (refFlags == CLASS_ISPHANTOMREFERENCE) {
                ADD_REF_TO_LIST(gcHeap->phantomReferences, obj);
            } else {
                assert(!"Unknown reference type");
            }
        }
#undef ADD_REF_TO_LIST
        }
    }

    skip_reference:
        /* If this is a class object, mark various other things that
         * its internals point to.
         *
         * All class objects are instances of java.lang.Class,
         * including the java.lang.Class class object.
         */
        if (clazz == gDvm.classJavaLangClass) {
            scanClassObject((ClassObject *)obj, ctx);
        }
    }

#if WITH_OBJECT_HEADERS
    gMarkParent = NULL;
#endif
}
```

从目前情况看，Dalvik 虚拟机在内存管理机制方面非常简单，甚至连 object 的 reuse 都没有。因此，也没 generation 的设计。目前也没进行周期性的扫描检查 ，一直用到内存不够时才开始扫描。由此可见，Dalvik 虚拟机在未来还有不少的改进空间，能够给我们提供更高的处理效率。

8.7 优化 Dalvik 虚拟机的堆内存分配

对于 Android 平台来说，其托管层使用的是 Dalvik Java 虚拟机。从目前的表现来看，还有很多地方可以进行优化处理，比如我们在开发一些大型游戏或耗资源的应用中可能考虑手动干涉 GC 处理，使用类 dalvik.system.VMRuntime 提供的方法 setTargetHeapUtilization()可以增强程序堆内存的处理效率。下面是具体的使用方法。

```
private final static float TARGET_HEAP_UTILIZATION = 0.75f;
```

在程序 onCreate 时就可以调用如下方法即可。

```
VMRuntime.getRuntime().setTargetHeapUtilization(TARGET_HEAP_UTILIZATION);
```

对于一些大型 Android 项目或游戏来说，若在算法处理上没有问题，影响性能瓶颈的主要是 Android 自己内存管理机制问题。目前手机厂商对内存都比较吝啬，对于软件的流畅性来说内存对性能的影响十分敏感，除了优化 Dalvik 虚拟机的堆内存分配外，我们还可以强制定义软件对内存大小的要求。

可以使用 Dalvik 虚拟机提供的类 dalvik.system.VMRuntime 来设置最小堆内存。类 VMRuntime 提供了对虚拟机全局的特定功能的接口，Android 为每个程序分配的对内存可以通过类 Runtime 的方法 totalMemory()和方法 freeMemory()获取 VM 的一些内存信息。

```
private final static int CWJ_HEAP_SIZE = 6* 1024* 1024 ;
VMRuntime.getRuntime().setMinimumHeapSize(CWJ_HEAP_SIZE); //设置最小 heap 内存为 6MB 大小
```

当然对于内存吃紧的机器来说，还可以通过手动干涉 GC 的方式去处理。比如在处理图片时，通常需要销毁 Android 上的 Bitmap 对象，我们可以借助方法 recycle()显式让 GC 回收一个 Bitmap 对象，通常对一个不用的 Bitmap 可以使用下面的方式。

```
if(bitmapObject.isRecycled()==false) //如果没有回收
bitmapObject.recycle();
```

其中用 Max Heap Size 表示堆内存的上限值，Android 的缺省值是 16MB(某些机型是 24MB)，对于普通应用这是不能改的。函数 setMinimumHeapSize 其实只是改变了堆的下限值，它可以防止过于频繁的堆内存分配，当设置最小堆内存大小超过上限值时仍然采用堆的上限值(16MB)，对于内存不足没什么作用。

方法 setTargetHeapUtilization(float newTarget)可以设定内存利用率的百分比，当实际的利用率偏离这个百分比的时候，虚拟机会在 GC 时调整堆内存的大小，让实际占用率向个百分比靠拢。

8.8　查看 Android 内存泄漏的工具——MAT

MAT 是 Memory Analyzer Tool 的缩写，是一个 Eclipse 插件，同时也有单独的 RCP 客户端。编者使用的是 MAT 的 Eclipse 插件，使用插件要比 RCP 稍微方便一些。下载后的目录结构如图 8-12 所示。

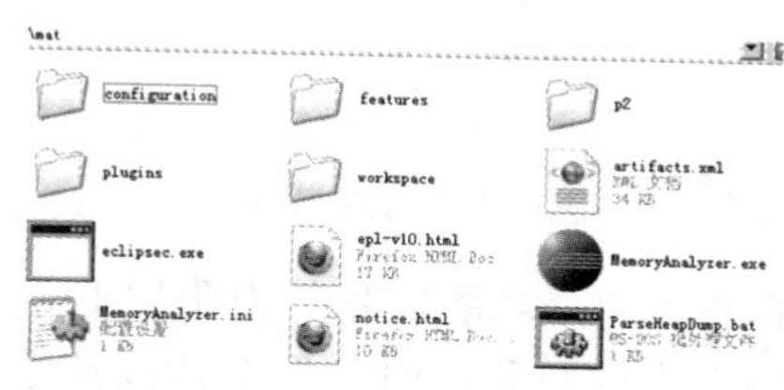

图 8-12　MAT 的文件目录

双击图 8-12 中的 MemoryAnalyzer.exe 可以打开 MAT，打开后的界面如图 8-13 所示。

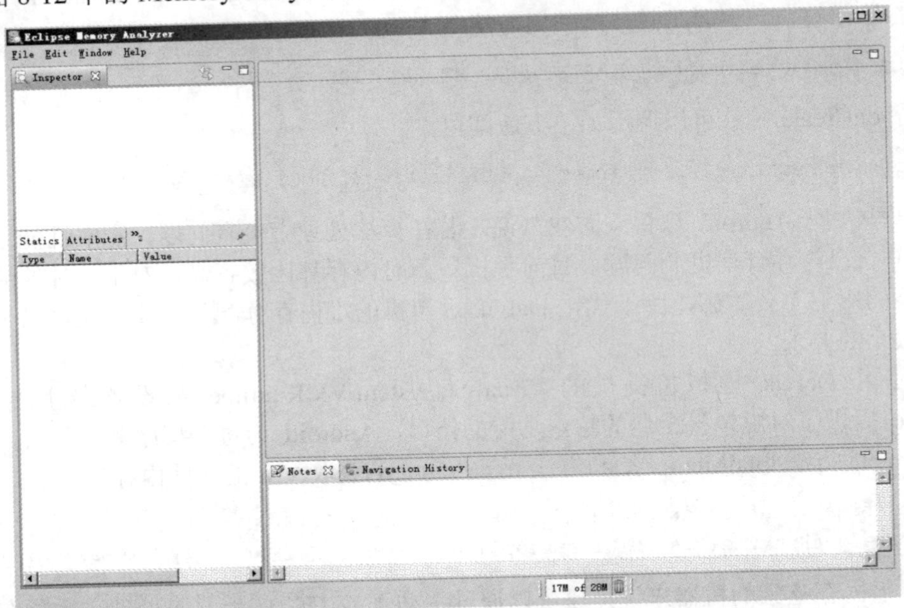

图 8-13　打开 MAT 后的界面

这样通过图 8-13 中的 File 菜单可以打开用 DDMS 生成的.hprof 文件，例如打开一个.hprof 文件后的界面如图 8-14 所示。

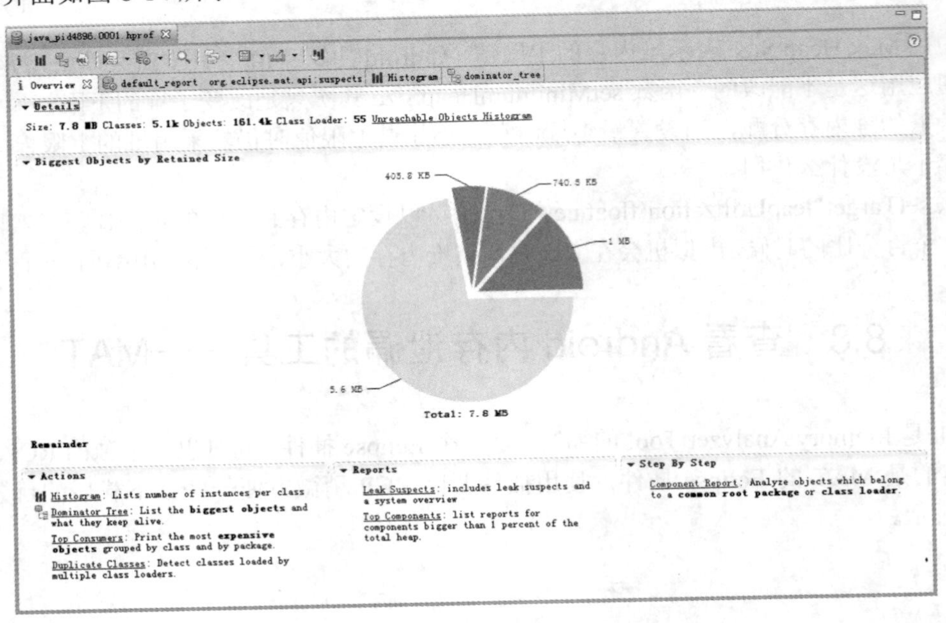

图 8-14　分析界面

从图 8-14 中可以看到 MAT 的大部分功能，具体说明如下。

(1) Histogram：可以列出内存中的对象，对象的个数以及大小。

(2) Dominator Tree 可以列出那个线程，以及线程下面的那些对象占用的空间。

(3) Top consumers 通过图形列出最大的 object。

(4) Leak Suspects 通过 MA 自动分析泄漏的原因。

单击 Histogram 选项后的界面如图 8-15 所示。

java_pid4896.0001.hprof

i Overview | default_report org.eclipse.mat.api:suspects | Histogram | dominator_tree

Class Name	Objects	Shallow Heap	Retained Heap
<Regex>	<Numeric>	<Numeric>	<Numeric>
char[]	33,495	3,035,920	>= 3,035,920
byte[]	1,346	1,293,768	>= 1,293,768
java.lang.String	34,589	830,136	>= 3,395,488
java.util.HashMap$Entry	11,299	271,176	>= 1,348,424
java.util.HashMap$Entry[]	2,657	204,976	>= 1,522,752
java.lang.Object[]	4,655	204,800	>= 1,557,416
java.lang.String[]	3,569	124,656	>= 716,536
int[]	1,938	117,096	>= 117,096
java.util.HashMap	2,607	104,280	>= 1,552,096
org.eclipse.core.internal.registry.ReferenceMap$SoftRef	2,413	96,520	>= 96,520
org.eclipse.core.internal.registry.ConfigurationElement	1,919	92,112	>= 482,248
org.eclipse.osgi.internal.resolver.ExportPackageDescriptionImpl	1,193	76,352	>= 168,752
java.lang.Class	5,085	72,816	>= 2,390,400
java.util.ArrayList	2,711	65,064	>= 223,736
java.util.Hashtable$Entry	2,537	60,888	>= 309,320
org.osgi.framework.Version	1,775	56,800	>= 83,704
java.util.TreeMap$Entry	1,526	48,832	>= 56,888
org.eclipse.osgi.internal.resolver.ImportPackageSpecificationImpl	953	45,744	>= 183,376
java.util.Hashtable$Entry[]	255	32,680	>= 550,680
java.util.LinkedHashMap$Entry	1,007	32,224	>= 107,904
org.eclipse.osgi.internal.module.ResolverImport	953	30,496	>= 60,840
org.eclipse.osgi.service.resolver.StateWire	1,245	29,880	>= 29,880
org.eclipse.osgi.internal.module.ResolverExport	1,185	28,440	>= 47,400
java.lang.Object	3,231	25,848	>= 25,848
org.eclipse.osgi.framework.util.KeyedElement[]	234	25,120	>= 27,176
Total: 25 of 5,076 entries; 5,051 more	**161,421**	**8,136,960**	

图 8-15　Histogram 界面

图 8-15 中主要选项的说明如下。

- ❑ Objects：类的对象的数量。
- ❑ Shallow heap：就是对象本身占用内存的大小，不包含对其他对象的引用，也就是对象头加成员变量(不是成员变量的值)的总和。
- ❑ Retained heap：是该对象自己的 shallow size，加上从该对象能直接或间接访问到对象的 shallow size 之和。换句话说，retained size 是该对象被 GC 之后所能回收到内存的总和。

单击 Dominator Tree 选项后的界面如图 8-16 所示。

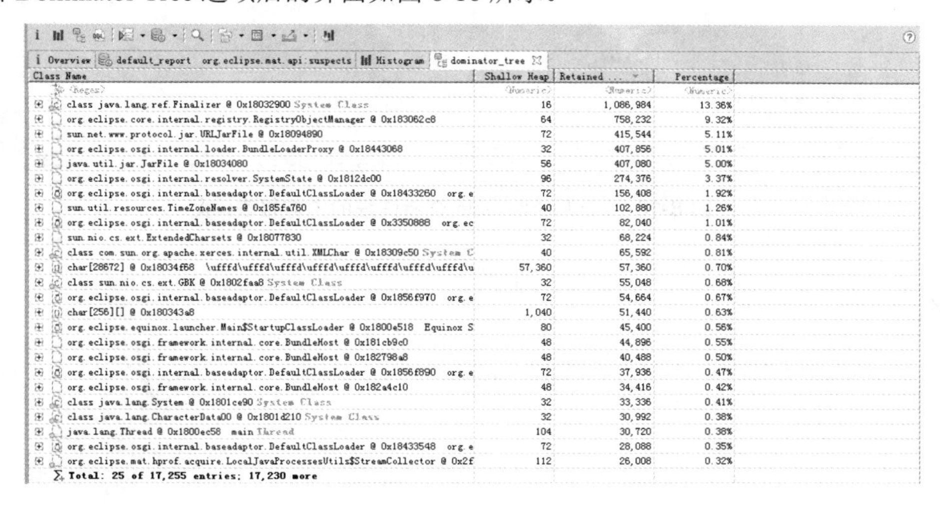

i Overview | default_report org.eclipse.mat.api:suspects | Histogram | dominator_tree

Class Name	Shallow Heap	Retained ...	Percentage
<Regex>	<Numeric>	<Numeric>	<Numeric>
class java.lang.ref.Finalizer @ 0x18032900 System Class	16	1,086,984	13.36%
org.eclipse.core.internal.registry.RegistryObjectManager @ 0x183062c8	64	758,232	9.32%
sun.net.www.protocol.jar.URLJarFile @ 0x18094890	72	415,544	5.11%
org.eclipse.osgi.internal.loader.BundleLoaderProxy @ 0x18443068	32	407,856	5.01%
java.util.jar.JarFile @ 0x18034080	56	407,080	5.00%
org.eclipse.osgi.internal.resolver.SystemState @ 0x1812dc00	96	274,376	3.37%
org.eclipse.osgi.internal.baseadaptor.DefaultClassLoader @ 0x18433260 org.e	72	156,408	1.92%
sun.util.resources.TimeZoneNames @ 0x185fa760	40	102,880	1.26%
org.eclipse.osgi.internal.baseadaptor.DefaultClassLoader @ 0x3350888 org.ec	72	82,040	1.01%
sun.nio.cs.ext.ExtendedCharsets @ 0x18077830	32	68,224	0.84%
class com.sun.org.apache.xerces.internal.util.XMLChar @ 0x18309c50 System C	40	65,592	0.81%
char[28672] @ 0x18034f68 \ufffd\ufffd\ufffd\ufffd\ufffd\ufffd\ufffd\ufffd\u	57,360	57,360	0.70%
class sun.nio.cs.ext.GBK @ 0x1802faa8 System Class	32	55,048	0.68%
org.eclipse.osgi.internal.baseadaptor.DefaultClassLoader @ 0x1856f970 org.e	72	54,664	0.67%
char[256][] @ 0x180343a8	1,040	51,440	0.63%
org.eclipse.equinox.launcher.Main$StartupClassLoader @ 0x1800e518 Equinox S	80	45,400	0.56%
org.eclipse.osgi.framework.internal.core.BundleHost @ 0x181cb9c0	48	44,896	0.55%
org.eclipse.osgi.framework.internal.core.BundleHost @ 0x182798a8	48	40,488	0.50%
org.eclipse.osgi.internal.baseadaptor.DefaultClassLoader @ 0x1856f890 org.e	72	37,936	0.47%
org.eclipse.osgi.framework.internal.core.BundleHost @ 0x182a4c10	48	34,416	0.42%
class java.lang.System @ 0x1801ce90 System Class	32	33,336	0.41%
class java.lang.CharacterData00 @ 0x1801d210 System Class	32	30,992	0.38%
java.lang.Thread @ 0x1800ec58 main Thread	104	30,720	0.38%
org.eclipse.osgi.internal.baseadaptor.DefaultClassLoader @ 0x18433548 org.e	72	28,088	0.35%
org.eclipse.mat.hprof.acquire.LocalJavaProcessesUtils$StreamCollector @ 0x2f	112	26,008	0.32%
Total: 25 of 17,255 entries; 17,230 more			

图 8-16　Dominator Tree 界面

单击 Overview 选项后的界面如图 8-17 所示。

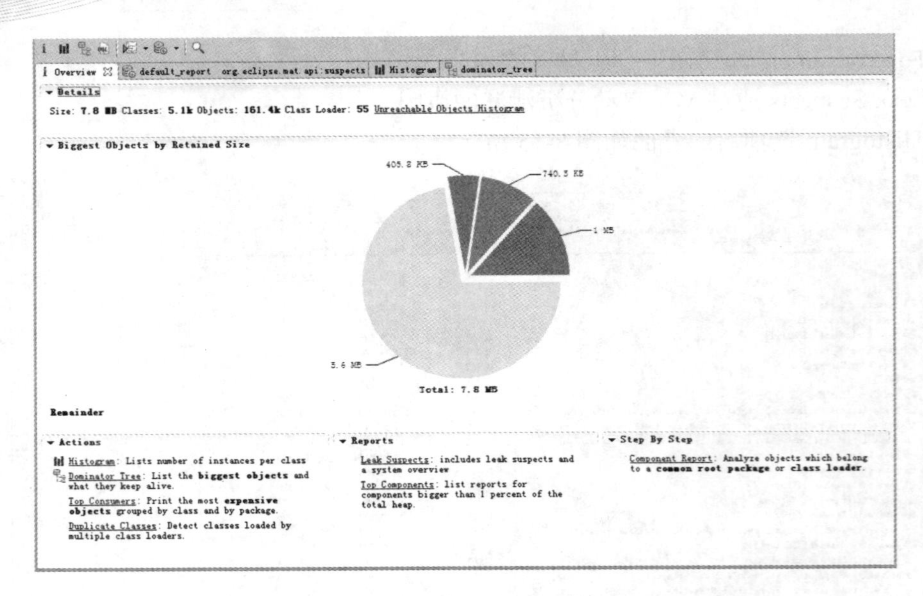

图 8-17　Overview 界面

单击图 8-17 下方的 Leak Suspects 链接后，可以查看详细的内存报表，如图 8-18 所示。

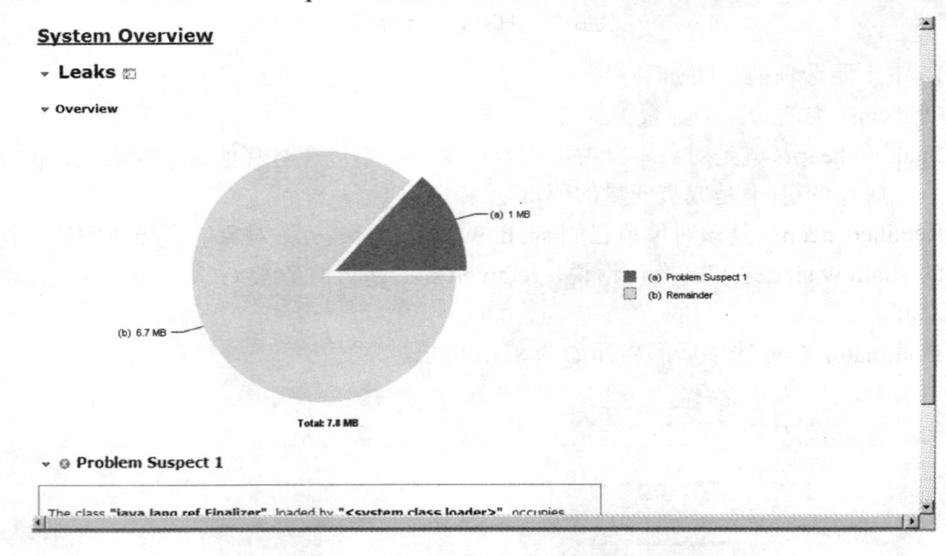

图 8-18　Leak Suspects 查看详细的内存报表

第 9 章　垃 圾 收 集

在任何虚拟机应用中，都在追求处理效率。在追求效率时，垃圾收集是提高效率的重要手段之一。在 Dalvik 虚拟机中，使用了和传统 Java 虚拟机类似的垃圾收集机制。本章将详细讲解 Java 虚拟机和 Dalvik 虚拟机中垃圾收集的基本知识，为读者步入本书后面知识的学习打下基础。

9.1　初探 Java 虚拟机中的垃圾收集

本节将详细讲解 Java 虚拟机垃圾收集的基本知识，为读者步入本书后面知识的学习打下坚实的基础。

9.1.1　何谓垃圾收集

垃圾收集(Garbage Collection，GC)提供了内存管理的机制，使得应用程序不需要关注内存是如何释放的，内存用完后，垃圾收集会进行收集，这样就减轻了因人为管理内存而造成的错误，比如在 C++语言里，出现内存泄漏是很常见的。

Java 是目前使用最多的依赖于垃圾收集器的语言，但是垃圾收集器策略从 20 世纪 60 年代就已经流行起来了，比如 Smalltalk 和 Eiffel 等编程语言都集成了垃圾收集器的机制。

在堆里面存放着 Java 世界中几乎所有的对象，在垃圾回收前首先要确定这些对象之中哪些还在存活，哪些已经“死”了，即不可能再被任何途径使用的对象。

9.1.2　常见的垃圾收集策略

所有的垃圾收集算法都面临同一个问题，那就是找出应用程序不可到达的内存块，并将其释放。这里的不可到达主要是指应用程序已经没有内存块的引用了，而在 Java 中，某个对象对应用程序是可到达的是指这个对象被根(根主要是指类的静态变量，或者活跃在所有线程栈的对象的引用)引用或者对象被另一个可到达的对象引用。

1. Reference Counting(引用计数)

引用计数是最简单直接的一种方式，这种方式在每一个对象中增加一个引用的计数，这个计数代表当前程序有多少个引用引用了此对象，如果此对象的引用计数变为0，那么此对象就可以作为垃圾收集器的目标对象来收集。

这种策略的优点是简单、直接，不需要暂停整个应用。其缺点是需要编译器的配合，编译器要生成特殊的指令来进行引用计数的操作，比如每次将对象赋值给新的引用，或者对象的引用超出了作用域等，并且不能处理循环引用的问题。

2. 跟踪收集器

跟踪收集器首先要暂停整个应用程序，然后开始从根对象扫描整个堆，判断扫描的对象是否有对象引用，在此需要搞清楚下面的三个问题。

(1) 如果每次扫描整个堆，那么势必让垃圾收集的时间变长，从而影响了应用本身的执行。因此在Java虚拟机里面采用了分代收集，在新生代收集的时候minor gc只需要扫描新生代，而不需要扫描老生代。

(2) Java虚拟机采用了分代收集以后，minor gc只扫描新生代，但是minor gc怎么判断是否有老生代的对象引用了新生代的对象，Java 虚拟机采用了卡片标记的策略，卡片标记将老生代分成了一块一块的，划分以后的每一个块就叫作一个卡片，Java 虚拟机采用卡表维护了每一个块的状态，当Java程序运行时，如果发现老生代对象引用或者释放了新生代对象的引用，那么Java虚拟机就将卡表的状态设置为脏状态，这样每次minor gc时就会只扫描被标记为脏状态的卡片，而不需要扫描整个堆。

(3) 垃圾收集在收集一个对象时会判断是否有引用指向对象，在Java中的引用主要有4种，分别是Strong reference、Soft reference、Weak reference和Phantom reference。

① 强引用(Strong Reference)。

强引用是Java中默认采用的一种方式，我们平时创建的引用都属于强引用。如果一个对象没有强引用，那么对象就会被回收。例如下面的代码。

```
public void testStrongReference(){
Object referent = new Object();
Object strongReference = referent;
referent = null;
System.gc();
assertNotNull(strongReference);
}
```

② 软引用(Soft Reference)。

软引用的对象在垃圾收集时不会被回收，只有当内存不够用时才会真正地回收，因此软引用适合缓存的场合，这样使得缓存中的对象可以尽量地在内存中待长久一点。例如下面的代码。

```
Public void testSoftReference(){
String  str =  "test";
SoftReference<String> softreference = new SoftReference<String>(str);
str=null;
System.gc();
assertNotNull(softreference.get());
}
```

③ 弱引用(Weak reference)。

弱引用有利于对象更快的被回收，假如一个对象没有强引用只有弱引用，那么在垃圾收集后，这个对象肯定会被回收。例如下面的代码。

```
Public void testWeakReference(){
String  str =  "test";
WeakReference<String> weakReference = new WeakReference<String>(str);
str=null;
System.gc();
assertNull(weakReference.get());
}
```

④ Phantom reference。

- Mark-Sweep Collector(标记-清除收集器)
  标记清除收集器最早由 Lisp 的发明人于 1960 年提出，标记清除收集器停止所有的工作，从根扫描每个活跃的对象，然后标记扫描过的对象，标记完成后，清除那些没有被标记的对象。
  其优点是解决循环引用的问题，并且不需要编译器的配合，从而就不执行额外的指令。其缺点是每个活跃的对象都要进行扫描，收集暂停的时间比较长。
- Copying Collector(复制收集器)
  复制收集器将内存分为两块一样大小空间，某一个时刻，只有一个空间处于活跃的状态，当活跃的空间满时，垃圾收集就会将活跃的对象复制到未使用的空间中去，原来不活跃的空间就变为了活跃的空间。
  复制收集器的优点是只扫描可以到达的对象，不需要扫描所有的对象，从而减少了应用暂停的时间。其缺点是需要额外的空间消耗，某一个时刻，总是有一块内存处于未使用状态。复制对象需要一定的开销。
- Mark-Compact Collector(标记-整理收集器)
  标记整理收集器汲取了标记清除和复制收集器的优点，它分两个阶段执行，在第一个阶段，首先扫描所有活跃的对象，并标记所有活跃的对象，第二个阶段首先清除未标记的对象，然后将活跃的对象复制到堆的底部。Mark-compact 策略极大地减少了内存碎片，并且不需要像 Copy Collector 一样需要 2 倍的空间。

9.1.3 Java 虚拟机的垃圾收集策略

垃圾收集执行时要耗费一定的 CPU 资源和时间，因此在 JDK1.2 以后，Java 虚拟机引入了分代收集的策略，其中对新生代采用“Mark-Compact”策略，而对老生代采用了“Mark-Sweep”的策略。其中新生代的垃圾收集器命名为“minor gc”，老生代的垃圾收集命名为“Full Gc”或“Major GC”。其中用 System.gc()强制执行的是完全垃圾收集。

1. Serial Collector

Serial Collector 是指任何时刻都只有一个线程进行垃圾收集，这种策略有一个名字“stop the whole world”，它需要停止整个应用的执行。这种类型的收集器适合于单 CPU 的机器。

```
Serial Copying Collector
```

此种垃圾收集用-XX:UseSerialGC 选项配置，只用于新生代对象的收集。1.5.0 以后 -XX:MaxTenuringThreshold 来设置对象复制的次数。当 eden 空间不够时，垃圾收集会将 eden 的活跃对象和一个名叫 From survivor 空间中尚不够资格放入老生代的对象复制到另外一个名字叫 To Survivor 的空间。而此参数就是用来说明到底 From survivor 中的哪些对象不够资格，假如这个参数设置为 31，那么也就是说只有对象复制 31 次以后才算是有资格的对象。

From Survivor 和 To survivor 的角色是不断地变化的，同一时间只有一块空间处于使用状态，这个空间就叫作 From Survivor 区，当复制一次后角色就发生了变化。

如果复制的过程中发现 To survivor 空间已经满了，那么就直接复制到老生代。

比较大的对象也会直接复制到老生代，在开发中，我们应该尽量避免这种情况的发生。

```
Serial  Mark-Compact Collector
```

串行的标记-整理收集器是 JDK5 在升级到 6 之前默认的老生代的垃圾收集器，此收集使得内存碎片最少化，但是它需要暂停的时间比较长

2. Parallel Collector

Parallel Collector 主要是为了应对多 CPU，大数据量的环境。Parallel Collector 又可以分为以下两种：

(1) Parallel Copying Collector：此种垃圾收集用-XX:UseParNewGC 参数配置，它主要用于新生代的收集，此垃圾收集可以配合 CMS 一起使用。

(2) 在 1.4.1 版本以后用以下代码。

```
Parallel Mark-Compact Collector
```

此种垃圾收集用-XX:UseParallelOldGC 参数配置，此垃圾收集主要用于老生代对象的收集 1.6.0 后用以下代码。

```
Parallel scavenging Collector
```

此种垃圾收集用-XX:UseParallelGC 参数配置，它是对新生代对象的垃圾收集器，但是它不能和 CMS 配合使用，它适合于比较大新生代的情况，此收集器起始于 JDK 1.4.0。它比较适合于对吞吐量高于暂停时间的场合。

3. Concurrent Collector

Concurrent Collector 通过并行的方式进行垃圾收集，这样就减少了垃圾收集器收集一次的时间，这种垃圾收集在实时性要求高于吞吐量的时候比较有用。此种垃圾收集可以用参数 -XX:UseConcMarkSweepGC 配置，此垃圾收集主要用于老生代和持久代的收集。

9.2 Java 虚拟机垃圾收集的算法

由于垃圾收集算法的实现涉及大量的程序细节，而且各个平台的虚拟机操作内存的方法又各不相同，因此本节不打算过多地讨论算法的实现，只是介绍几种算法的思想及其发展过程。

9.2.1　“标记-清除”算法

“标记-清除”(Mark-Sweep)算法是最基础的收集算法。在标记阶段，确定所有要回收的对象，并做标记。正如它的名字一样，该算法分为“标记”和“清除”两个阶段，具体过程如下。①标记出所有需要回收的对象。②在标记完成后统一回收掉所有被标记的对象。清除阶段紧随标记阶段，将标记阶段确定不可用的对象清除。之所以说它是最基础的收集算法，是因为后续的收集算法都是基于这种思路并对其缺点进行改进而得到的。它的主要有两个缺点如下：①是效率问题，标记和清除过程的效率都不高；②是空间问题，标记清除后会产生大量不连续的内存碎片，空间碎片太多可能会导致，当程序在以后的运行过程中需要分配较大对象时无法找到足够的连续内存而不得不提前触发另一次垃圾收集动作。

标记-清除算法包括两个阶段：“标记”和“清除”。标记-清除算法是基础的收集算法，标记和清除阶段的效率不高，而且清除后会产生大量的不连续空间，这样当程序需要分配大内存对象时，可能无法找到足够的连续空间。

垃圾回收前的状况如下。

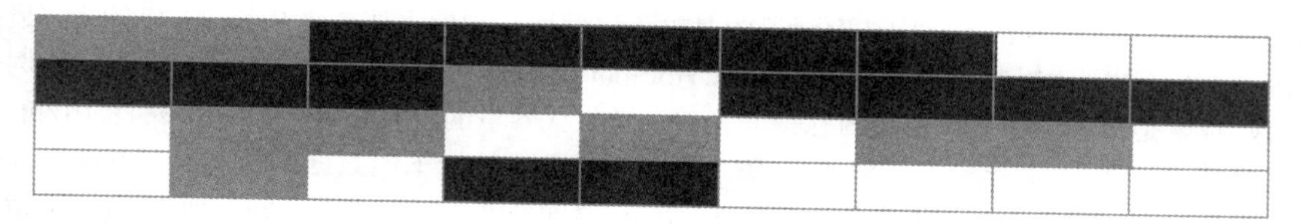

垃圾回收后的状况如下。

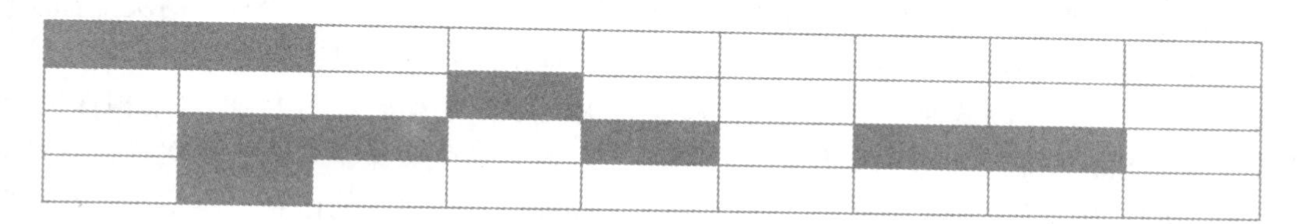

图中绿色表示存活对象；红色表示可回收对象；白色表示未使用空间。

9.2.2　复制算法

为了解决效率问题，可以使用“复制”(Copying)的收集算法可用内存按容量划分为大小相等的两块，每次只使用其中的一块。当这一块的内存用完了，就将还存活着的对象复制到另外一块内存上，然后再把已使用过的内存空间一次清理掉。这样使得每次都是对其中的一块进行内存回收，内存分配时也就不用考虑内存碎片等复杂情况，只要移动堆顶指针，按顺序分配内存即可，实现简单，运行高效。只是这种算法的代价是将内存缩小为原来的一半，成本未免太高了一点。

复制算法实现简单，运行效率高，但是由于每次只能使用其中的一半，造成内存的利用率不高。现在的 Java 虚拟机用复制方法收集新生代，由于新生代中大部分对象(98%)都是朝生夕死的，所以两块内存的比例不是 1∶1，大概是 8∶1。

垃圾回收前的状况如下。

垃圾回收后的状况如下。

图中绿色表示存活对象；红色表示可回收对象；白色表示未使用空间。

现在的商业虚拟机都采用这种收集算法来回收新生代，IBM 公司的专门研究表明，新生代中的对象98%是朝生夕死的，所以并不需要按照1：1的比例来划分内存空间，而是将内存分为一块较大的Eden空间和两块较小的Survivor空间，每次使用Eden和其中的一块Survivor。当回收时，将Eden和Survivor中还存活着的对象一次性地复制到另外一块Survivor空间上，最后清理掉Eden和刚才用过的Survivor的空间。HotSpot虚拟机默认Eden和Survivor的大小比例是8：1，也就是每次新生代中可用内存空间为整个新生代容量的90%(80%+10%)，只有10%的内存是会被“浪费”的。当然，98%的对象可回收只是一般场景下的数据，我们没有办法保证每次回收都只有不多于10%的对象存活，当Survivor空间不够用时，需要依赖其他内存(这里指老生代)进行分配担保(Handle Promotion)。

内存的分配担保就好比我们去银行借款，如果我们的信誉很好，在98%的情况下都能按时偿还，于是银行可能会默认我们下一次也能按时按量地偿还贷款，只需要有一个担保人能保证如果我不能还款时，可以从他的账户扣钱，那银行就认为没有风险了。内存的分配担保也一样，如果另外一块Survivor空间没有足够的空间存放上一次新生代收集下来的存活对象，这些对象将直接通过分配担保机制进入老生代。关于对新生代进行分配担保的内容，本章稍后在讲解垃圾收集器执行规则时还会对此进行详细讲解。

9.2.3 标记-整理算法

复制收集算法在对象存活率较高时就要执行较多的复制操作，效率将会变低。更关键的是，如果不想浪费50%的空间，就需要有额外的空间进行分配担保，以应对被使用的内存中所有对象都100%存活的极端情况，所以在老生代一般不能直接选用这种算法。

根据老年代的特点，有人提出了另外一种“标记-整理”(Mark-Compact)算法，标记过程仍然与“标记-清除”算法一样，但后续步骤不是直接对可回收对象进行清理，而是让所有存活的对象都向一端移动，然后直接清理掉端边界以外的内存。

标记-整理算法和标记-清除算法一样，但是标记-整理算法不是把存活对象复制到另一块内存，而是把存活对象往内存的一端移动，然后直接回收边界以外的内存。

标记-整理算法提高了内存的利用率，并且它适合在收集对象存活时间较长的老生代。

垃圾回收前的状况如下。

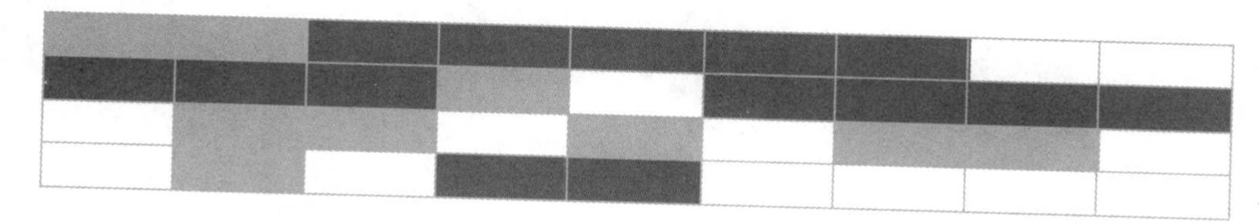

垃圾回收后的状况如下。

图中绿色表示存活对象；红色表示可回收对象；白色表示未使用空间。

9.2.4　分代收集算法

当前商业虚拟机的垃圾收集都采用“分代收集”(Generational Collection)算法，这种算法并没有什么新的思想，只是根据对象的存活周期的不同将内存划分为几块。一般是把 Java 堆分为新生代和老生代，这样就可以根据各个年代的特点采用最适当的收集算法。在新生代中，每次垃圾收集时都发现有大批对象死去，只有少量存活，那就选用复制算法，只需要付出少量存活对象的复制成本就可以完成收集。而老生代中因为对象存活率高、没有额外空间对它进行分配担保，就必须使用“标记-清理”或“标记-整理”算法来进行回收。

分代收集是根据对象的存活时间把内存分为新生代和老生代，根据个代对象的存活特点，每个代采用不同的垃圾回收算法。新生代采用标记-复制算法，老生代采用标记-整理算法。

9.3　垃圾收集器

如果说收集算法是内存回收的方法论，垃圾收集器就是内存回收的具体实现。Java 虚拟机规范中对垃圾收集器应该如何实现并没有任何规定，因此不同的厂商、不同版本的虚拟机所提供的垃圾收集器都可能会有很大的差别，并且一般都会提供参数供用户根据自己的应用特点和要求组合出各个年代所使用的收集器。这里讨论的收集器基于 Sun HotSpot 虚拟机 1.6 版至 22 版，这个虚拟机包含的所有收集器如图 9-1 所示。

图 9-1 展示了 7 种作用于不同分代的收集器(包括 JDK 1.6 升级到 14 后引入的 Early Access 版 G1 收集器)，如果两个收集器之间存在连线，就说明它们可以搭配使用。

在介绍这些收集器各自的特性之前，我们先要明确一个观点：虽然我们是在对各个收集器进行比较，但并非为了挑选一个最好的收集器出来。因为直到现在为止还没有最好的收集器出现，更加没有万能的收集器，所以我们选择的只是对具体应用最合适的收集器。这点不需要多加解释就能证明：如果有一种放之四海皆准、在任何场景下都适用的完美收集器存在，那 HotSpot 虚拟机就没必要实现那么多不同的收集器了。

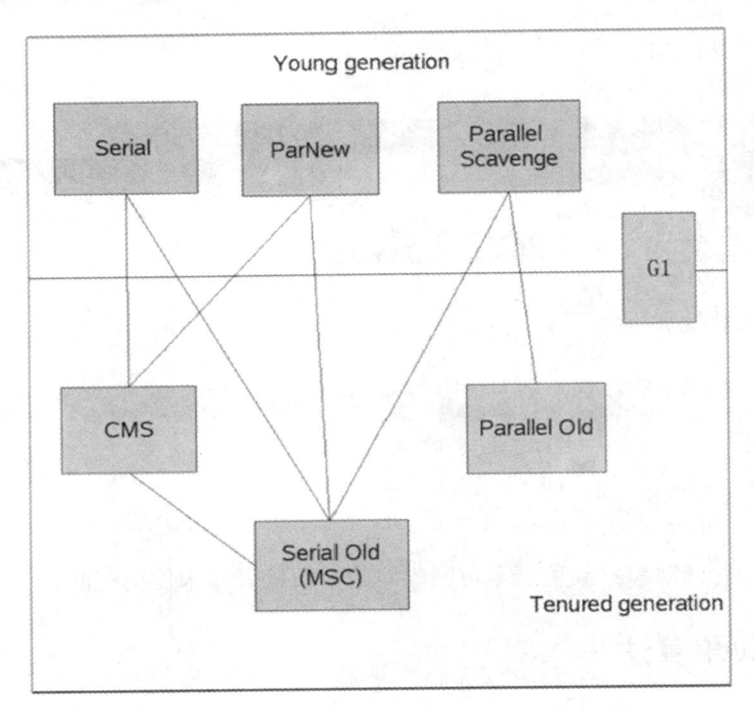

图 9-1　HotSpot Java 虚拟机 1.6 的垃圾收集器

9.3.1　Serial 收集器

Serial 收集器是最基本、历史最悠久的收集器，曾经(在 JDK 1.3.1 之前)是虚拟机新生代收集的唯一选择。大家看名字就知道，这个收集器是一个单线程的收集器，但其“单线程”的意义并不仅仅是说明它只会使用一个 CPU 或一条收集线程去完成垃圾收集工作，更重要的是在它进行垃圾收集时，必须暂停其他所有的工作线程(Sun 公司将这件事情称为“Stop The World”)，直到它收集结束。“Stop The World”这个名字也许听起来很酷，但这项工作实际上是由虚拟机在后台自动发起和自动完成的，在用户不可见的情况下把用户的正常工作的线程全部停掉，这对很多应用来说都是难以接受的。你想想，要是你的电脑每运行 1h 就会暂停响应 5min，你会有什么样的心情呢。

对于“Stop The World”带给用户的恶劣体验，虚拟机的设计者们表示完全理解，但也表示非常委屈：“你妈妈在给你打扫房间时，肯定也会让你老老实实地在椅子上或房间外待着，如果她一边打扫，你一边乱扔纸屑，这房间还能打扫完吗？”这确实是一个合情合理的矛盾，虽然垃圾收集这项工作听起来和打扫房间属于一个性质的，但实际上肯定还要比打扫房间复杂得多。

从 JDK 1.3 开始，一直到现在还没正式发布的 JDK 1.7，HotSpot 虚拟机开发团队为消除或减少工作线程因内存回收而导致停顿的努力一直在进行着，从 Serial 收集器到 Parallel 收集器，再到 Concurrent Mark Sweep(CMS)现在还未正式发布的 Garbage First(G1)收集器，我们看到了一个个越来越优秀(也越来越复杂)的收集器的出现，用户线程的停顿时间在不断缩短，但是仍然没有办法完全消除(这里暂不包括 RTSJ 中的收集器)。寻找更优秀的垃圾收集器的工作仍在继续！

也许很多人把 Serial 收集器描述成一个老而无用，食之无味弃之可惜的鸡肋，但实际上到现在为止，它依然是虚拟机运行在 Client 模式下的默认新生代收集器。它也有着优于其他收集器的地方：简单而高效(与其他收集器的单线程比)，对于限定单个 CPU 的环境来说，Serial 收集器由于没有线程交互的开销，专心做垃圾收集自然可以获得最高的单线程收集效率。在用户的桌面应用场景中，分配给虚拟机管理的内存一般来说不会很大，收集几十兆甚至一两百兆字节的新生代(仅仅是新生代使用的内存，桌面应用基本上不会再大了)，停顿时间完全可以控制在几十毫秒最多一百多毫秒内，只要不是频繁地发生，这点停顿是可以接受的。所以，Serial 收集器对于运行在 Client 模式下的虚拟机来说是一个很好的选择。

9.3.2 ParNew 收集器

ParNew 收集器其实就是 Serial 收集器的多线程版本，除了使用多条线程进行垃圾收集之外，其余行为包括Serial收集器可用的所有控制参数(例如:-XX:SurvivorRatio、-XX:PretenureSizeThreshold、-XX:HandlePromotionFailure 等)、收集算法、Stop The World、对象分配规则、回收策略等都与 Serial 收集器完全一样，实现上这两种收集器也共用了相当多的代码。

ParNew 收集器除了多线程收集之外，其他与 Serial 收集器相比并没有太多创新之处，但它却是许多运行在 Server 模式下的虚拟机中首选的新生代收集器，其中有一个与性能无关但很重要的原因是，除了 Serial 收集器外，目前只有它能与 CMS 收集器配合工作。在 JDK 1.5 时期，HotSpot 虚拟机开发团队推出了一款在强交互应用中几乎可称为有划时代意义的垃圾收集器——CMS 收集器，这款收集器是 HotSpot 虚拟机中第一款真正意义上的并发(Concurrent)收集器，它第一次实现了让垃圾收集线程与用户线程(基本上)同时工作，用前面那个例子的话来说，就是做到了在你妈妈打扫房间时你还能同时往地上扔纸屑。

不幸的是，它作为老生代的收集器，却无法与 JDK 1.4.0 中已经存在的新生代收集器 Parallel Scavenge 配合工作，所以在 JDK 1.5 中使用 CMS 来收集老生代时，新生代只能选择 ParNew 或 Serial 收集器中的一个。ParNew 收集器也是使用 -XX: +UseConcMarkSweepGC 选项后的默认新生代收集器，也可以使用 -XX:+UseParNewGC 选项来强制指定它。

ParNew 收集器在单 CPU 的环境中绝对不会有比 Serial 收集器更好的效果，甚至由于存在线程交互的开销，该收集器在通过超线程技术实现的两个 CPU 的环境中都不能百分之百地保证能超越 Serial 收集器。当然，随着可以使用的 CPU 的数量的增加，它对于 GC 时系统资源的利用还是很有好处的。它默认开启的收集线程数与 CPU 的数量相同，在 CPU 非常多(譬如 32 个，现在 CPU 动辄就 4 核加超线程，服务器超过 32 个逻辑 CPU 的情况越来越多了)的环境下，可以使用-XX:ParallelGCThreads 参数来限制垃圾收集的线程数。

注意：从 ParNew 收集器开始，后面还将会接触到几款并发和并行的收集器。在大家可能产生疑惑之前，有必要先解释两个名词：并发和并行。这两个名词都是并发编程中的概念，在谈论垃圾收集器的上下文语境中，他们可以解释为：

- 并行(Parallel)：指多条垃圾收集线程并行工作，但此时用户线程仍然处于等待状态。
- 并发(Concurrent)：指用户线程与垃圾收集线程同时执行(但不一定是并行的，可能会交替执行)，用户程序继续运行，而垃圾收集程序运行于另一个 CPU 上。

9.3.3 Parallel Scavenge 收集器

Parallel Scavenge 收集器也是一个新生代收集器，它也是使用复制算法的收集器，又是并行的多线程收集器……看上去和 ParNew 都一样，那么它有什么特别之处呢？

Parallel Scavenge 收集器的特点是它的关注点与其他收集器不同，CMS 等收集器的关注点尽可能地缩短垃圾收集时用户线程的停顿时间，而 Parallel Scavenge 收集器的目标则是达到一个可控制的吞吐量(Throughput)。所谓吞吐量就是 CPU 用于运行用户代码的时间与 CPU 总消耗时间的比值，即吞吐量 = 运行用户代码时间/(运行用户代码时间 + 垃圾收集时间)，虚拟机总共运行了 100min，其中垃圾收集花掉 1min，那吞吐量就是 99%。

停顿时间越短就越适合需要与用户交互的程序，良好的响应速度能提升用户的体验；而高吞吐量则可以最高效率地利用 CPU 时间，尽快地完成程序的运算任务，主要适合在后台运算而不需要太多交互的任务。

Parallel Scavenge 收集器提供了两个参数用于精确控制吞吐量，分别是控制最大垃圾收集停顿时间的-XX:MaxGCPauseMillis 参数及直接设置吞吐量大小的 -XX:GCTimeRatio 参数。

MaxGCPauseMillis 参数允许的值是一个大于 0 的毫秒数，收集器将尽力保证内存回收花费的时间不超过设定值。不过大家不要异想天开地认为如果把这个参数的值设置得稍小一点就能使得系统的垃圾收集速度变得更快，垃圾收集停顿时间缩短是以牺牲吞吐量和新生代空间来换取的：系统把新生代调小一些，收集 300MB 新生代肯定比收集 500MB 快吧，这也直接导致垃圾收集发生得更频繁一些，原来 10s 收集一次、每次停顿 100ms，现在变成 5s 收集一次、每次停顿 70ms。停顿时间的确在下降，但吞吐量也降下来了。

GCTimeRatio 参数的值应当是一个大于 0 小于 100 的整数，也就是垃圾收集时间占总时间的比率，相当于是吞吐量的倒数。如果把此参数设置为 19，那允许的最大垃圾收集时间就占总时间的 5%(即 1 /(1+19))，默认值为 99，就是允许最大 1%(即 1 /(1+99))的垃圾收集时间。

由于与吞吐量关系密切，Parallel Scavenge 收集器也经常被称为“吞吐量优先”收集器。除上述两个参数之外，Parallel Scavenge 收集器还有一个参数-XX:+UseAdaptiveSizePolicy 值得关注。这是一个开关参数，当这个参数打开后，就不需要手工指定新生代的大小(-Xmn)、Eden 与 Survivor 区的比例(-XX:SurvivorRatio)、晋升老生代对象年龄(-XX:PretenureSizeThreshold)等细节参数了，虚拟机会根据当前系统的运行情况收集性能监控信息，动态调整这些参数以提供最合适的停顿时间或最大的吞吐量，这种调节方式称为垃圾收集自适应的调节策略(GC Ergonomics)。如果读者对于收集器运作原理不太了解，手工优化存在困难的时候，使用 Parallel Scavenge 收集器配合自适应调节策略，把内存管理的调优任务交给虚拟机去完成将是一个很不错的选择。只需要把基本的内存数据设置好(如-Xmx 设置最大堆)，然后使用 MaxGCPauseMillis 参数(更关注最大停顿时间)或 GCTimeRatio 参数(更关注吞吐量)给虚拟机设立一个优化目标，那具体细节参数的调节工作就由虚拟机完成了。自适应调节策略也是 Parallel Scavenge 收集器与 ParNew 收集器的一个重要区别。

9.3.4 Serial Old 收集器

Serial Old 是 Serial 收集器的老生代版本，它同样是一个单线程收集器，使用“标记-整理”算法。这个收集器的主要意义是被 Client 模式下的虚拟机使用。如果在 Server 模式下，它主要还有两大用途：一个是在 JDK 1.5 及之前的版本中与 Parallel Scavenge 收集器搭配使用，另外一个就是作为 CMS 收集器的后备预案，在并发收集发生 Concurrent Mode Failure 的时候使用。

9.3.5　Parallel Old 收集器

Parallel Old 是 Parallel Scavenge 收集器的老生代版本，使用多线程和标记-整理算法。这个收集器是在 JDK 1.6 中才开始提供的，在此之前，新生代的 Parallel Scavenge 收集器一直处于比较尴尬的状态。这主要是因为，如果新生代选择了 Parallel Scavenge 收集器，老生代除了 Serial Old(PS MarkSweep)收集器外别无选择(前面说过 Parallel Scavenge 收集器无法与 CMS 收集器配合工作)。由于单线程的老年代 Serial Old 收集器在服务端应用性能上的“拖累”，即便使用了 Parallel Scavenge 收集器也未必能在整体应用上获得吞吐量最大化的效果，又因为老生代收集中无法充分利用服务器多 CPU 的处理能力，在老生代很大而且硬件比较高级的环境中，这种组合的吞吐量甚至还不一定有 ParNew 加 CMS 的组合“给力”。

直到 Parallel Old 收集器出现后，“吞吐量优先”收集器终于有了比较名副其实的应用组合，在注重吞吐量及 CPU 资源敏感的场合，都可以优先考虑 Parallel Scavenge 加 Parallel Old 收集器。

9.3.6　CMS 收集器

CMS(Concurrent Mark Sweep)收集器是一种以获取最短回收停顿时间为目标的收集器。目前很大一部分的 Java 应用都集中在互联网站或 B/S 系统的服务器端上，这类应用尤其重视服务器的响应速度，希望系统停顿时间最短，以便给用户带来较好的体验。CMS 收集器就非常符合这类应用的需求。

从名字(包含“Mark Sweep”)上就可以看出 CMS 收集器是基于标记-清除算法实现的，它的运作过程相对于前面几种收集器来说要更复杂一些，整个过程分为 4 个步骤。

- 初始标记(CMS initial mark)。
- 并发标记(CMS concurrent mark)。
- 重新标记(CMS remark)。
- 并发清除(CMS concurrent sweep)。

初始标记、重新标记这两个步骤仍然需要“Stop The World”。初始标记仅仅只是标记一下 GC Roots 能直接关联到的对象，速度很快，并发标记阶段就是进行 GC Roots Tracing 的过程。而重新标记阶段则是为了修正并发标记期间，因用户程序继续运作而导致标记产生变动的那一部分对象的标记记录。这个阶段的停顿时间一般会比初始标记阶段稍长一些，但远比并发标记的时间短。

由于在整个过程中耗时最长的并发标记和并发清除过程中，收集器线程都可以与用户线程一起工作。所以从总体上来说，CMS 收集器的内存回收过程是与用户线程一起并发地执行的。

CMS 收集器是一款优秀的收集器，它的最主要优点在名字上已经体现出来了：并发收集、低停顿。Sun 公司的一些官方文档里面也称之为并发低停顿收集器(Concurrent Low Pause Collector)。但是 CMS 还远达不到完美的程度，它有以下三个显著的缺点。

(1) CMS 收集器对 CPU 资源非常敏感。其实，面向并发设计的程序都对 CPU 资源比较敏感。在并发阶段，它虽然不会导致用户线程停顿，但是会因为占用了一部分线程(或者说 CPU 资源)而导致应用程序变慢，总吞吐量会降低。CMS 收集器默认启动的回收线程数是(CPU 数量+3)/4，也就是说当 CPU 在 4 个以上时，并发回收时垃圾收集线程最多占用不超过 25%的 CPU 资源。但是当 CPU 不足 4 个时(譬如 2 个)，那么 CMS 收集器对用户程序的影响就可能会变得很大，如果 CPU 负载本来就比较大，还要分出一半的运算能力去执行收集器线程，就可能导致用户程序的执行速度忽然降低了 50%，这也很让人受不了。为了解决这个问题，虚拟机提供了一种称为“增量式并发收集器”(Incremental Concurrent Mark Sweep / i-CMS)的 CMS 收集器变种，所做的事情和单 CPU 年代 PC 操作系统使用抢占式来模拟多任务机制的思想一样，就是在并发标记和并发清理时让垃圾收集线程、用户线程交替运行，尽量减少垃圾收集线程的独占资源的时间，这样做虽然会使整个垃圾收集的过程变长，但对用户程序的影响就会显得少一些，速度下降也就没有那么明显，但是目前版本中，i-CMS 已经被声明为“deprecated”，即不再提倡用户使用。

(2) CMS 收集器无法处理浮动垃圾(Floating Garbage)，可能出现“Concurrent Mode Failure”失败而导致另一次 Full GC 的产生。由于 CMS 收集器并发清理阶段用户线程还在运行着，伴随程序的运行自然还会有新的垃圾不断产生，这一部分垃圾出现在标记过程之后，CMS 收集器无法在本次收集中处理掉它们，只好留待下一次垃圾收集时再将其清理掉。这一部分垃圾就称为“浮动垃圾”。也是由于在垃圾收集阶段用户线程还需要运行，即还需要预留足够的内存空间给用户线程使用，因此 CMS 收集器不能像其他收集器那样等到老生代几乎完全被填满了再进行收集，需要预留一部分空间提供并发收集时的程序运作使用。在默认设置下，CMS 收集器在老生代使用了 68%的空间后就会被激活，这是一个偏保守的设置，如果在应用中老生代的增长不是太快，可以适当调高参数-XX:CMSInitiatingOccupancyFraction 的值来提高触发百分比，以便降低内存回收的次数以获取更好的性能。要是 CMS 收集器运行期间预留的内存无法满足程序需要，就会出现一次“Concurrent Mode Failure”失败，这时候虚拟机将启动后备预案：临时启用 Serial Old 收集器来重新进行老生代的垃圾收集，但这样做会使停顿时间延长。所以说参数-XX:CMSInitiatingOccupancyFraction 设置得太高将会很容易导致大量“Concurrent Mode Failure”失败，性能反而降低。

(3) 还有最后一个缺点，在本节在开头说过，CMS 收集器是一款基于“标记-清除”算法实现的收集器，如果读者对这种算法还有印象的话，就可能想到这意味着收集结束时会产生大量的空间碎片。空间碎片过多时，将会给大对象分配带来很大的麻烦，往往会出现老生代还有很大的空间剩余，但是无法找到足够大的连续空间来分配当前对象，不得不提前触发一次 Full GC。为了解决这个问题，CMS 收集器提供了一个-XX:+UseCMSCompactAtFullCollection 开关参数，用于在“享受”完 Full GC 服务后额外免费附送一个碎片整理过程，内存整理的过程是无法并发的。空间碎片问题没有了，但停顿时间不得不变长了。虚拟机设计者们还提供了另外一个参数-XX:CMSFullGCsBeforeCompaction，这个参数用于设置在执行多少次不压缩的 Full GC 后，跟着来一次带压缩的。

9.3.7 G1 收集器

G1(Garbage First)收集器是当前收集器技术的最前沿成果，在 JDK 1.6_Update14 中提供了 Early Access 版本的 G1 收集器以供试用。在将来 JDK 1.7 正式发布时，G1 收集器很可能会有一个成熟的商用版本随之发布。这里只对 G1 收集器进行简单介绍。

G1 收集器是垃圾收集器理论进一步发展的产物，它与前面的 CMS 收集器相比有两个显著的改进：一个是G1收集器是基于标记-整理算法实现的收集器，也就是说它不会产生空间碎片，这对于长时间运行的应用系统来说非常重要。一个是它可以非常精确地控制停顿，既能让使用者明确指定在一个长度为M毫秒的时间片段内，消耗在垃圾收集上的时间不得超过N毫秒，这几乎已经是实时Java(RTSJ)的垃圾收集器的特征了。

G1收集器可以实现在基本不牺牲吞吐量的前提下完成低停顿的内存回收，这是由于它能够极力地避免全区域的垃圾收集，之前的收集器进行收集的范围都是整个新生代或老生代，而G1收集器将整个Java堆(包括新生代、老生代)划分为多个大小固定的独立区域(Region)，并且跟踪这些区域里面的垃圾堆积程度，在后台维护一个优先列表，每次根据允许的收集时间，优先回收垃圾最多的区域(这就是Garbage First名称的来由)。区域划分及有优先级的区域回收，保证了G1收集器在有限的时间内可以获得最高的收集效率。

9.3.8　垃圾收集器参数总结

JDK 1.6中的各种垃圾收集器到此已全部介绍完毕，在描述过程中提到了很多虚拟机非稳定的运行参数，表9-1整理了这些参数以供读者实践时参考。

表 9-1　垃圾收集相关的常用参数

参　数	描　述
UseSerialGC	虚拟机运行在Client模式下的默认值，打开此开关后，使用Serial +Serial Old的收集器组合进行内存回收
UseParNewGC	打开此开关后，使用ParNew + Serial Old的收集器组合进行内存回收
UseConcMarkSweepGC	打开此开关后，使用ParNew + CMS + Serial Old的收集器组合进行内存回收。Serial Old收集器将作为CMS收集器出现Concurrent Mode Failure失败后的后备收集器使用
UseParallelGC	虚拟机运行在Server模式下的默认值，打开此开关后，使用Parallel Scavenge + Serial Old(PS MarkSweep)的收集器组合进行内存回收
UseParallelOldGC	打开此开关后，使用Parallel Scavenge + Parallel Old的收集器组合进行内存回收
SurvivorRatio	新生代中Eden区域与Survivor区域的容量比值，默认为8，代表Eden：Survivor =8：1
PretenureSizeThreshold	直接晋升到老生代的对象大小，设置这个参数后，大于这个参数的对象将直接在老生代分配
MaxTenuringThreshold	晋升到老生代的对象年龄。每个对象在坚持过一次Minor GC后，年龄就加1，当超过这个参数值时就进入老生代
UseAdaptiveSizePolicy	动态调整Java堆中各个区域的大小以及进入老生代的年龄
HandlePromotionFailure	是否允许分配担保失败，即老生代的剩余空间不足以应付新生代的整个Eden和Survivor区的所有对象都存活的极端情况
ParallelGCThreads	设置并行GC时进行内存回收的线程数
GCTimeRatio	GC时间占总时间的比率，默认值为99，即允许1%的GC时间。仅在使用Parallel Scavenge收集器时生效

续表

参数	描述
MaxGCPauseMillis	设置垃圾收集的最大停顿时间。仅在使用 Parallel Scavenge 收集器时生效
CMSInitiatingOccupancy Fraction	设置 CMS 收集器在老年代空间被使用多少后触发垃圾收集。默认值为 68%，仅在使用 CMS 收集器时生效
UseCMSCompactAtFull Collection	设置 CMS 收集器在完成垃圾收集后是否要进行一次内存碎片整理。仅在使用 CMS 收集器时生效
CMSFullGCsBeforeCom paction	设置 CMS 收集器在进行若干次垃圾收集后再启动一次内存碎片整理。仅在使用 CMS 收集器时生效

9.4 Android 中的垃圾回收

垃圾回收机制比较重要，能够达到节约内存的目的，并最终提高手机的处理效率。本节将简单讲解 Android 中的垃圾回收机制。

9.4.1 sp 和 wp 简析

在 Android 中，sp 和 wp 被称为智能指针(android refbase 类(sp 和 wp))。其实 sp 和 wp 就是 Android 为其 C++实现的自动垃圾回收机制。如果具体到内部实现，sp 和 wp 实际上只是一个实现垃圾回收功能的接口而已，比如说对 *，->的重载，是为了其看起来像真正的指针一样，而真正实现垃圾回收的是 refbase 这个基类。这部分代码位与如下文件中。

```
/frameworks/base/include/utils/RefBase.h
```

在此所有的类都会虚继承于 refbase 类，因为它实现了达到 Android 垃圾回收所需要的所有功能，因此实际上所有的对象声明出来以后都具备了自动释放自己的能力，也就是说实际上智能指针就是我们的对象本身，它会维持一个对本身强引用和弱引用的计数，一旦强引用计数为 0 它就会释放掉自己。

(1) sp

sp 不是 smart pointer 的缩写，而是 strong pointer 的缩写，它实际上就是内部包含了一个指向对象的指针而已。sp 的一个构造函数如下。

```
template< typename T>
sp< T>::sp(T* other)
: m_ptr(other)
{
if (other) other->incStrong(this);
}
```

比如说我们声明如下的一个对象。

```
sp< CameraHardwareInterface> hardware(new CameraHal());
```

实际上 sp 指针对本身没有进行什么操作，就是对一个指针的基本赋值操作，包含了一个指向对象的指针，但是对象会对对象本身增加一个强引用计数，这个 incStrong 的实现就在 refbase

类里。新产生出来一个 CameraHal 对象，将它的值给 sp< CameraHardwareInterface>时，它的强引用计数就会从 0 变为 1。因此每次将对象赋值给一个 sp 指针时，对象的强引用计数都会加 1，sp 的析构函数如下。

```
template< typename T>
sp< T>::~sp()
{
if (m_ptr) m_ptr->decStrong(this);
}
```

实际上每次删除一个 sp 对象时，sp 指针指向的对象的强引用计数就会减 1，当对象的强引用技术为 0 时，这个对象就会被自动释放掉。

(2)　wp

我们再看 wp，wp 就是 weak pointer 的缩写。弱引用指针的原理，就是为了应用 Android 垃圾回收来减少对那些胖子对象对内存的占用，wp 的一个构造函数如下。

```
wp< T>::wp(T* other)
: m_ptr(other)
{
if (other) m_refs = other->createWeak(this);
}
```

它和 sp 一样，实际上也就是仅仅对指针进行了赋值而已，对象本身会增加一个对自身的弱引用计数，同时 wp 还包含一个 m_ref 指针，这个指针主要是用来将 wp 升级为 sp 时候使用的。

```
template< typename T>
sp< T> wp< T>::promote() const
{
return sp< T>(m_ptr, m_refs);
}
template< typename T>
sp< T>::sp(T* p, weakref_type* refs)
: m_ptr((p && refs->attemptIncStrong(this)) ? p : 0)
{
}
```

实际上我们对 wp 指针唯一能做的就是将 wp 指针升级为一个 sp 指针，然后判断其是否升级成功。如果成功则说明对象依旧存在，如果失败则说明对象已经被释放掉了。wp 指针在单例中使用得很多，确保 mhardware 对象只有一个，代码如下。

```
wp< CameraHardwareInterface> CameraHardwareStub::singleton;
sp< CameraHardwareInterface> CameraHal::createInstance()
{
LOG_FUNCTION_NAME
if (singleton != 0) {
sp< CameraHardwareInterface> hardware = singleton.promote();
if (hardware != 0) {
return hardware;
}
}
sp< CameraHardwareInterface> hardware(new CameraHal()); //强引用加 1
singleton = hardware;//弱引用加 1
return hardware;//赋值构造函数，强引用加 1
```

```
    }
    //hardware 被删除，强引用减 1
```

9.4.2 详解智能指针(android refbase 类(sp 和 wp))

在 Android 的源代码中，经常会看到如 sp<xxx>、wp<xxx>形式的类型定义，这其实是 Android 中的智能指针。智能指针是 C++中的一个概念，通过基于引用计数的方法，解决对象的自动释放的问题。在 C++的编程中，有两个很让人头痛的问题：一个是忘记释放动态申请的对象从而造成内存泄漏；另一个是对象在一个地方释放后，又在别的地方被使用，从而引起内存访问错误。程序员往往需要花费很大精力进行设计，以避免这些问题的出现。在使用智能指针后，动态申请的内存将会被自动释放(有点类似 Java 的垃圾回收)，不需要再使用 delete 来释放对象，也不需要考虑一个对象是否已经在其他地方被释放了，从而使程序编写的工作量减轻不少，而使程序的稳定性得到大大提高。

Android 的智能指针相关的源代码在如下两个文件中。

```
frameworks/base/include/utils/RefBase.h
frameworks/base/libs/utils/RefBase.cpp
```

涉及的类以及类之间的关系如图 9-2 所示。

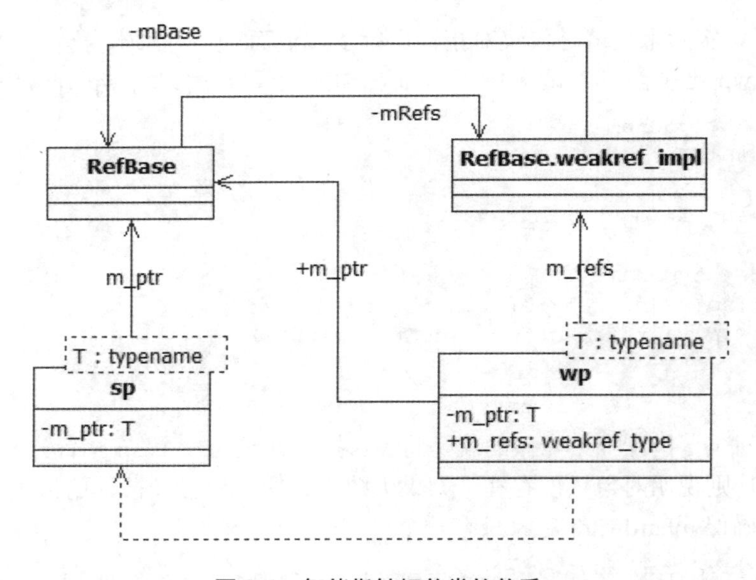

图 9-2 智能指针相关类的关系

Android 中定义了两种智能指针类型，一种是强指针 sp(strong pointer)，另一种是弱指针(weak pointer)。其实称为强引用和弱引用更合适一些。强指针与一般意义的智能指针概念相同，通过引用计数来记录有多少使用者在使用一个对象，如果所有使用者都放弃了对该对象的引用，则该对象将被自动销毁。

弱指针也指向一个对象，但是弱指针仅仅记录该对象的地址，不能通过弱指针来访问该对象，也就是说不能通过弱指针来调用对象的成员函数或访问对象的成员变量。要想访问弱指针所指向的对象，需首先将弱指针升级为强指针(通过 wp 类所提供的 promote()方法)。弱指针所指向的对象是有可能在其他地方被销毁的，如果对象已经被销毁，wp 的 promote()方法将返回空指针，这样就能避免出现地址访问错误的情况。

究竟指针是怎么做到这一点的呢？其实一点也不复杂，每一个可以被智能指针引用的对象，都同时被附加了另外一个 weakref_impl 类型的对象，这个对象负责记录对象的强指针引用计数和弱指针引用计数。这个对象是智能指针的实现内部使用的，智能指针的使用者看不到这个对象。弱指针操作的就是这个对象，只有当强引用计数和弱引用计数都为 0 时，这个对象才会被销毁。

接下来开始分析到底该怎么使用智能指针。假设现在有一个类 MyClass，如果要使用智能指针来引用这个类的对象，那么这个类需满足下列两个前提条件。

(1) 这个类是基类 RefBase 的子类或间接子类。

(2) 这个类必须定义虚构造函数，即它的构造函数需要进行如下定义。

```
virtual ~MyClass();
```

满足了上述条件的类后就可以定义智能指针，定义方法和普通指针类似。比如普通指针的定义如下。

```
MyClass* p_obj;
```

智能指针是这样定义的。

```
sp<MyClass> p_obj;
```

注意不要定义成 sp<MyClass>* p_obj。初学者容易犯这种错误，这样实际上相当于定义了一个指针的指针。尽管在语法上没有问题，但是最好永远不要使用这样的定义。

定义了一个智能指针的变量，就可以像使用普通指针那样使用它，包括赋值、访问对象成员、作为函数的返回值、作为函数的参数等，代码如下。

```
p_obj = new MyClass(); // 注意不要写成 p_obj = new sp<MyClass>
sp<MyClass> p_obj2 = p_obj;
p_obj->func();
p_obj = create_obj();
some_func(p_obj);
```

注意不要试图删除(delete)一个智能指针，即 delete p_obj。不要担心对象的销毁问题，智能指针的最大作用就是自动销毁不再使用的对象。不需要再使用一个对象后，直接将指针赋值为 NULL 即可：

```
p_obj = NULL;
```

上面说的都是强指针，弱指针的定义方法和强指针类似，但是不能通过弱指针来访问对象的成员。下面是弱指针的示例：

```
wp<MyClass> wp_obj = new MyClass();
p_obj = wp_obj.promote(); // 升级为强指针。不过这里要用.而不是->
wp_obj = NULL;
```

由此可见，智能指针使用起来是很方便的，在一般情况下最好用智能指针来代替普通指针。但是需要知道一个智能指针其实是一个对象，而不是一个真正的指针，因此其运行效率是远远比不上普通指针的。所以在对运行效率敏感的地方，最好还是不要使用智能指针为好。

9.5 Dalvik 垃圾收集的三种算法

垃圾收集是 Dalvik 虚拟机内存管理的核心，垃圾收集的性能在很大程度上影响了一个 Java 程序内存使用的效率。顾名思义，垃圾收集就是收集垃圾内存加以回收。在垃圾回收技术里，经典的算法主要有以下三种。

- 引用计数。
- MarkSweep 算法。
- SemiSpaceCopy 算法。

其他算法或者混合以上三种法来使用，根据不同的场合来选择不同的算法。

9.5.1 引用计数

这种技术非常简单，就是使用一个变量记录这块内存或者对象的使用次数。比如在 COM 技术里，就是使用引用计数来确认这个 COM 对象是什么时候删除的。当一个 COM 对象给不同线程来使用时，由于不同的线程生命周期不一样，因此，没有办法知道这个 COM 对象到底在哪个线程删除，只能使用引用计数来删除，否则还需要不同线程之间添加同步机制，这样是非常麻烦和复杂的，如果 COM 对象有很多，就变成基本上不能实现了。引用计数的优点是：在对象变成垃圾时，可以马上进行回收，回收效率和成本都是最低。因此，内存的使用率最高，基本上没有时间花费，不需要把所有访问 COM 对象线程都停下来。其缺点是：引用计数会影响执行效率，每引用一次都需要更新引用计数，对于 COM 对象是由人工控制的，因此引用次数很少，没有什么影响。但在 Java 里是由编译程序来控制的，因此引用次数非常多。另外一个问题就是引用计数不能解决交叉引用，或者环形引用的问题。比如在一个环形链表里，每一个元素都引用前面的元素，这样首尾相连的链表，当所有元素都变成不需要时，就没有办法识别出来，并进行内存回收。

9.5.2 Mark Sweep 算法

该算法又被称为标记-清除算法，依赖于对所有存活对象进行一次全局遍历来确定哪些对象可以回收，遍历的过程从根出发，找到所有可到达对象，其他不可到达的对象就是垃圾对象，可被回收。正如其名称所暗示的那样，这个算法分为两大阶段：标记和清除。这种分步执行的思路构成了现代垃圾收集算法的思想基础。与引用计数算法不同的是，标记-清除算法不需要监测每一次内存分配和指针操作，只需要在标记阶段进行一次统计就行了。标记-清除算法可以非常自然地处理环形问题，另外在创建对象和销毁对象时少了操作引用计数值的开销。不过“标记-清除”算法也有一个缺点，就是需要标记和清除阶段中把所有对象停止执行。在垃圾回收器运行过程中，应用程序必须暂时停止，并等到垃圾回收器全部运行完成后，才能重新启动应用程序运行。

Dalvik 虚拟机最常用的算法便是 Mark Sweep 算法，该算法一般分 Mark 阶段(标记出活动对象)，Sweep 阶段(回收垃圾内存)和可选的 Compact 阶段(减少堆中的碎片)。Dalvik 虚拟机的实现不进行可选的 Compact 阶段。

(1)　Mark 阶段

垃圾收集的第一步是标记出活动对象，因为没有办法识别那些不可访问的对象(unreachableobjects)，因此只能标记出活动对象，这样所有未被标记的对象就是可以回收的垃圾。

①　根集合(RootSet)。

当进行垃圾收集时，需要停止 Dalvik 虚拟机的运行(当然，除了垃圾收集以外)。因此垃圾收集又被称作 STW(Stop-The-World，整个世界因我而停止)。Dalvik 虚拟机在运行过程中要维护一些状态信息，这些信息包括：每个线程所保存的寄存器，Java 类中的静态字段，局部和全局的 JNI 引用，Java 虚拟机中的所有函数调用会对应一个相应的 C 栈帧。每一个栈帧里可能包含对象的引用，比如包含对象引用的局部变量和参数。

所有这些引用信息被加入到一个集合中，叫根集合。然后从根集合开始，递归的查找可以从根集合出发访问的对象。因此，Mark 过程又被称为追踪，追踪所有可被访问的对象。如图 9-3 所示，假定从根集合{a}开始，我们可以访问的对象集合为{a,b,c,d}，这样就追踪出所有可被访问的对象集合。

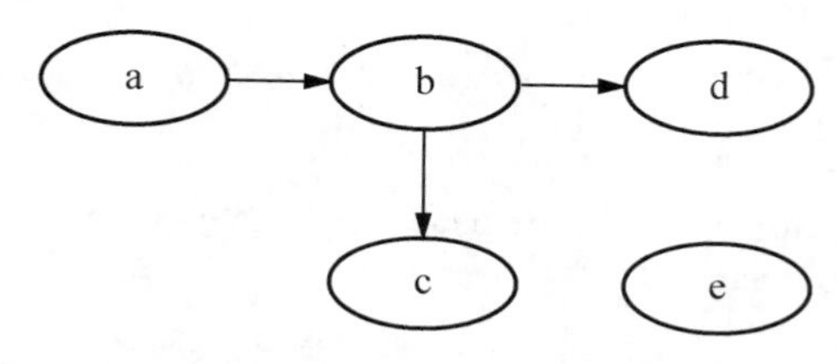

图 9-3　Mark 过程

②　标记栈(MarkStack)。

垃圾收集使用栈来保存根集合，然后对栈中的每一个元素，递归追踪所有可访问的对象，对于所有可访问的对象，在 markBits 位图中该将对象的内存起始地址对应的位设为 1。这样当栈为空时，markBits 位图就是所有可访问的对象集合。

(2)　Sweep 阶段

垃圾收集的第二步就是回收内存，在 Mark 阶段通过 markBits 位图可以得到所有可访问的对象集合，而 liveBits 位图表示所有已经分配的对象集合。因此通过比较 liveBits 位图和 markBits 位图的差异就是所有可回收的对象集合。Sweep 阶段调用 free 方法来释放这些内存给堆。

(3)　Concurrent Mark(并发标记)

为了运行垃圾收集，需要停止虚拟机的运行，这可能会导致程序比较长时间的停顿。垃圾收集的主要工作位于 Mark 阶段，为了缩短停顿时间，Dalvik 虚拟机使用了 concurrentmark 技术。concurrentmark 引入一个单独的垃圾收集线程，由该线程去跟踪自己的根集合中所有可访问的对象，同时所有其他的线程也在运行。这也是 concurrent 一词的含义，但是为了回收内存，即运行 Sweep 阶段，必须停止虚拟机的运行。这会导入一个问题，即在垃圾收集线程 mark 对象的时候，其他线程的运行又引入了新的访问对象。因此在 Sweep 阶段，又重新运行 mark 阶段，但是在这个阶段对于已经 mark 的对象来说，可以不用继续递归追踪了，这样从一定程度上降低了程序的停顿时间。

9.5.3 和垃圾收集算法有关的函数

在源文件 alloc/MarkSweep.h 中定义了和垃圾收集有关的函数，各个函数的具体说明如下。

(1) 调用函数 dvmHeapBeginMarkStep()创建位图，并从对象位图里复制一份位图出来，以便后面对这个位图进行标记。函数 dvmHeapBeginMarkStep()的实现代码如下。

```
dvmHeapBeginMarkStep()
{
    GcMarkContext *mc = &gDvm.gcHeap->markContext;
    HeapBitmap objectBitmaps[HEAP_SOURCE_MAX_HEAP_COUNT];
    size_t numBitmaps;
    if (!createMarkStack(&mc->stack)) {
        return false;
    }
    numBitmaps = dvmHeapSourceGetObjectBitmaps(objectBitmaps,
            HEAP_SOURCE_MAX_HEAP_COUNT);
    if (numBitmaps <= 0) {
        return false;
    }
    /* Create mark bitmaps that cover the same ranges as the
     * current object bitmaps.
     */
    if (!dvmHeapBitmapInitListFromTemplates(mc->bitmaps, objectBitmaps,
            numBitmaps, "mark"))
    {
        return false;
    }
    mc->numBitmaps = numBitmaps;
    mc->finger = NULL;
#if WITH_OBJECT_HEADERS
    gGeneration++;
#endif
    return true;
}
```

(2) 调用函数 dvmHeapMarkRootSet()标记所有根对象，即负责标记 heap 中的没有任何引用连接的 root 对象。其实现代码如下。

```
void dvmHeapMarkRootSet()
{
    HeapRefTable *refs;
    GcHeap *gcHeap;
    Object **op;
    gcHeap = gDvm.gcHeap;
    HPROF_SET_GC_SCAN_STATE(HPROF_ROOT_STICKY_CLASS, 0);
    LOG_SCAN("root class loader\n");
    dvmGcScanRootClassLoader();
    LOG_SCAN("primitive classes\n");
    dvmGcScanPrimitiveClasses();
    /* dvmGcScanRootThreadGroups() sets a bunch of
```

```
     * different scan states internally.
     */
    HPROF_CLEAR_GC_SCAN_STATE();
    LOG_SCAN("root thread groups\n");
    dvmGcScanRootThreadGroups();
    HPROF_SET_GC_SCAN_STATE(HPROF_ROOT_INTERNED_STRING, 0);
    LOG_SCAN("interned strings\n");
    dvmGcScanInternedStrings();
    HPROF_SET_GC_SCAN_STATE(HPROF_ROOT_JNI_GLOBAL, 0);
    LOG_SCAN("JNI global refs\n");
    dvmGcMarkJniGlobalRefs();
    HPROF_SET_GC_SCAN_STATE(HPROF_ROOT_REFERENCE_CLEANUP, 0);
    LOG_SCAN("pending reference operations\n");
    dvmHeapMarkLargeTableRefs(gcHeap->referenceOperations, true);
    HPROF_SET_GC_SCAN_STATE(HPROF_ROOT_FINALIZING, 0);
    LOG_SCAN("pending finalizations\n");
    dvmHeapMarkLargeTableRefs(gcHeap->pendingFinalizationRefs, false);
    HPROF_SET_GC_SCAN_STATE(HPROF_ROOT_DEBUGGER, 0);
    LOG_SCAN("debugger refs\n");
    dvmGcMarkDebuggerRefs();
    HPROF_SET_GC_SCAN_STATE(HPROF_ROOT_VM_INTERNAL, 0);
    /* Mark all ALLOC_NO_GC objects.
     */
    LOG_SCAN("ALLOC_NO_GC objects\n");
    refs = &gcHeap->nonCollectableRefs;
    op = refs->table;
    while ((uintptr_t)op < (uintptr_t)refs->nextEntry) {
        dvmMarkObjectNonNull(*(op++));
    }
    /* Mark any special objects we have sitting around.
     */
    LOG_SCAN("special objects\n");
    dvmMarkObjectNonNull(gDvm.outOfMemoryObj);
    dvmMarkObjectNonNull(gDvm.internalErrorObj);
    dvmMarkObjectNonNull(gDvm.noClassDefFoundErrorObj);
//TODO: scan object references sitting in gDvm;  use pointer begin & end
    HPROF_CLEAR_GC_SCAN_STATE();
}
```

(3) 调用函数 dvmHeapScanMarkedObjects()根据上一个函数给出的根对象位图，对每一个根相关的位图进行计算，如果这个根对象有被引用，就标记为使用。这个过程是递归调用的过程，从根开始不断重复地对子树进行标记的过程。函数 dvmHeapScanMarkedObjects()的实现代码如下。

```
void dvmHeapScanMarkedObjects()
{
    GcMarkContext *ctx = &gDvm.gcHeap->markContext;

    assert(ctx->finger == NULL);
    /* The bitmaps currently have bits set for the root set.
     * Walk across the bitmaps and scan each object.
     */
```

```
#ifndef NDEBUG
   gLastFinger = 0;
#endif
   dvmHeapBitmapWalkList(ctx->bitmaps, ctx->numBitmaps,
         scanBitmapCallback, ctx);
   /* We've walked the mark bitmaps.  Scan anything that's
    * left on the mark stack.
    */
   processMarkStack(ctx);
   LOG_SCAN("done with marked objects\n");
}
```

(4) 调用函数 dvmHeapHandleReferences()处理 Java 类对象的引用类型。在此主要处理如下三个直接子类。

- SoftReference：对象封装了对引用目标的“软引用”。
- WeakReference：封装了对引用目标的“弱引用”。
- PhantomReference：封装了对引用目标的“影子引用”。强引用禁止引用目标被垃圾收集，而软引用、弱引用和影子引用不禁止。

函数 dvmHeapHandleReferences()的实现代码如下。

```
void dvmHeapHandleReferences(Object *refListHead, enum RefType refType)
{
   Object *reference;
   GcMarkContext *markContext = &gDvm.gcHeap->markContext;
   const int offVmData = gDvm.offJavaLangRefReference_vmData;
   const int offReferent = gDvm.offJavaLangRefReference_referent;
   bool workRequired = false;

size_t numCleared = 0;
size_t numEnqueued = 0;
   reference = refListHead;
   while (reference != NULL) {
      Object *next;
      Object *referent;

      /* Pull the interesting fields out of the Reference object.
       */
      next = dvmGetFieldObject(reference, offVmData);
      referent = dvmGetFieldObject(reference, offReferent);

      //TODO: when handling REF_PHANTOM, unlink any references
      //     that fail this initial if().  We need to re-walk
      //     the list, and it would be nice to avoid the extra
      //     work.
      if (referent != NULL && !isMarked(ptr2chunk(referent), markContext)) {
         bool schedClear, schedEnqueue;

         /* This is the strongest reference that refers to referent.
          * Do the right thing.
          */
         switch (refType) {
```

```
        case REF_SOFT:
        case REF_WEAK:
            schedClear = clearReference(reference);
            schedEnqueue = enqueueReference(reference);
            break;
        case REF_PHANTOM:
            /* PhantomReferences are not cleared automatically.
             * Until someone clears it (or the reference itself
             * is collected), the referent must remain alive.
             *
             * It's necessary to fully mark the referent because
             * it will still be present during the next GC, and
             * all objects that it points to must be valid.
             * (The referent will be marked outside of this loop,
             * after handing all references of this strength, in
             * case multiple references point to the same object.)
             */
            schedClear = false;

            /* A PhantomReference is only useful with a
             * queue, but since it's possible to create one
             * without a queue, we need to check.
             */
            schedEnqueue = enqueueReference(reference);
            break;
        default:
            assert(!"Bad reference type");
            schedClear = false;
            schedEnqueue = false;
            break;
        }
numCleared += schedClear ? 1 : 0;
numEnqueued += schedEnqueue ? 1 : 0;

        if (schedClear || schedEnqueue) {
            uintptr_t workBits;

            /* Stuff the clear/enqueue bits in the bottom of
             * the pointer.  Assumes that objects are 8-byte
             * aligned.
             *
             * Note that we are adding the *Reference* (which
             * is by definition already marked at this point) to
             * this list; we're not adding the referent (which
             * has already been cleared).
             */
            assert(((intptr_t)reference & 3) == 0);
            assert(((WORKER_CLEAR | WORKER_ENQUEUE) & ~3) == 0);
            workBits = (schedClear ? WORKER_CLEAR : 0) |
                       (schedEnqueue ? WORKER_ENQUEUE : 0);
            if (!dvmHeapAddRefToLargeTable(
                    &gDvm.gcHeap->referenceOperations,
```

```
                (Object *)((uintptr_t)reference | workBits)))
            {
                LOGE_HEAP("dvmMalloc(): no room for any more "
                        "reference operations\n");
                dvmAbort();
            }
            workRequired = true;
        }

        if (refType != REF_PHANTOM) {
            /* Let later GCs know not to reschedule this reference.
             */
            dvmSetFieldObject(reference, offVmData,
                    SCHEDULED_REFERENCE_MAGIC);
        } // else this is handled later for REF_PHANTOM

    } // else there was a stronger reference to the referent.

    reference = next;
  }
#define refType2str(r) \
   ((r) == REF_SOFT ? "soft" : ( \
    (r) == REF_WEAK ? "weak" : ( \
    (r) == REF_PHANTOM ? "phantom" : "UNKNOWN" )))
LOGD_HEAP("dvmHeapHandleReferences(): cleared %zd, enqueued %zd %s references\n",
numCleared, numEnqueued, refType2str(refType));

  /* Walk though the reference list again, and mark any non-clear/marked
   * referents. Only PhantomReferences can have non-clear referents
   * at this point.
   */
  if (refType == REF_PHANTOM) {
     bool scanRequired = false;

     HPROF_SET_GC_SCAN_STATE(HPROF_ROOT_REFERENCE_CLEANUP, 0);
     reference = refListHead;
     while (reference != NULL) {
        Object *next;
        Object *referent;

        /* Pull the interesting fields out of the Reference object.
         */
        next = dvmGetFieldObject(reference, offVmData);
        referent = dvmGetFieldObject(reference, offReferent);

        if (referent != NULL && !isMarked(ptr2chunk(referent), markContext)) {
           markObjectNonNull(referent, markContext);
           scanRequired = true;

           /* Let later GCs know not to reschedule this reference.
            */
           dvmSetFieldObject(reference, offVmData,
```

```
                    SCHEDULED_REFERENCE_MAGIC);
            }

            reference = next;
        }
        HPROF_CLEAR_GC_SCAN_STATE();

        if (scanRequired) {
            processMarkStack(markContext);
        }
    }

    if (workRequired) {
        dvmSignalHeapWorker(false);
    }
}
```

(5) 调用函数 dvmHeapScheduleFinalizations()调用未曾标记的对象，让每一个对象最后删除动作可以运行，以便后面从内存里把对象删除，相当于对象的析构作用。函数 dvmHeapScheduleFinalizations()的实现代码如下。

```
void dvmHeapScheduleFinalizations()
{
    HeapRefTable newPendingRefs;
    LargeHeapRefTable *finRefs = gDvm.gcHeap->finalizableRefs;
    Object **ref;
    Object **lastRef;
    size_t totalPendCount;
    GcMarkContext *markContext = &gDvm.gcHeap->markContext;

    /*
     * All reachable objects have been marked.
     * Any unmarked finalizable objects need to be finalized.
     */

    /* Create a table that the new pending refs will
     * be added to.
     */
    if (!dvmHeapInitHeapRefTable(&newPendingRefs, 128)) {
        //TODO: mark all finalizable refs and hope that
        //      we can schedule them next time.  Watch out,
        //      because we may be expecting to free up space
        //      by calling finalizers.
        LOGE_GC("dvmHeapScheduleFinalizations(): no room for "
                "pending finalizations\n");
        dvmAbort();
    }

    /* Walk through finalizableRefs and move any unmarked references
     * to the list of new pending refs.
     */
    totalPendCount = 0;
```

```
while (finRefs != NULL) {
    Object **gapRef;
    size_t newPendCount = 0;

    gapRef = ref = finRefs->refs.table;
    lastRef = finRefs->refs.nextEntry;
    while (ref < lastRef) {
        DvmHeapChunk *hc;

        hc = ptr2chunk(*ref);
        if (!isMarked(hc, markContext)) {
            if (!dvmHeapAddToHeapRefTable(&newPendingRefs, *ref)) {
                //TODO: add the current table and allocate
                //      a new, smaller one.
                LOGE_GC("dvmHeapScheduleFinalizations(): "
                        "no room for any more pending finalizations: %zd\n",
                        dvmHeapNumHeapRefTableEntries(&newPendingRefs));
                dvmAbort();
            }
            newPendCount++;
        } else {
            /* This ref is marked, so will remain on finalizableRefs.
             */
            if (newPendCount > 0) {
                /* Copy it up to fill the holes.
                 */
                *gapRef++ = *ref;
            } else {
                /* No holes yet; don't bother copying.
                 */
                gapRef++;
            }
        }
        ref++;
    }
    finRefs->refs.nextEntry = gapRef;
    //TODO: if the table is empty when we're done, free it.
    totalPendCount += newPendCount;
    finRefs = finRefs->next;
}
LOGD_GC("dvmHeapScheduleFinalizations(): %zd finalizers triggered.\n",
        totalPendCount);
if (totalPendCount == 0) {
    /* No objects required finalization.
     * Free the empty temporary table.
     */
    dvmClearReferenceTable(&newPendingRefs);
    return;
}

/* Add the new pending refs to the main list.
 */
```

```
    if (!dvmHeapAddTableToLargeTable(&gDvm.gcHeap->pendingFinalizationRefs,
                &newPendingRefs))
    {
        LOGE_GC("dvmHeapScheduleFinalizations(): can't insert new "
                "pending finalizations\n");
        dvmAbort();
    }

    //TODO: try compacting the main list with a memcpy loop

    /* Mark the refs we just moved;  we don't want them or their
     * children to get swept yet.
     */
    ref = newPendingRefs.table;
    lastRef = newPendingRefs.nextEntry;
    assert(ref < lastRef);
    HPROF_SET_GC_SCAN_STATE(HPROF_ROOT_FINALIZING, 0);
    while (ref < lastRef) {
        markObjectNonNull(*ref, markContext);
        ref++;
    }
    HPROF_CLEAR_GC_SCAN_STATE();

    /* Set markAllReferents so that we don't collect referents whose
     * only references are in final-reachable objects.
     * TODO: eventually provide normal reference behavior by properly
     *       marking these references.
     */
    gDvm.gcHeap->markAllReferents = true;
    processMarkStack(markContext);
    gDvm.gcHeap->markAllReferents = false;

    dvmSignalHeapWorker(false);
}
```

(6) 调用函数 dvmHeapSweepUnmarkedObjects()清除未曾标记的对象，也就是删除没有再使用的对象。函数 dvmHeapSweepUnmarkedObjects()的实现代码如下。

```
dvmHeapSweepUnmarkedObjects(int *numFreed, size_t *sizeFreed)
{
    const HeapBitmap *markBitmaps;
    const GcMarkContext *markContext;
    HeapBitmap objectBitmaps[HEAP_SOURCE_MAX_HEAP_COUNT];
    size_t origObjectsAllocated;
    size_t origBytesAllocated;
    size_t numBitmaps;

    /* All reachable objects have been marked.
     * Detach any unreachable interned strings before
     * we sweep.
     */
    dvmGcDetachDeadInternedStrings(isUnmarkedObject);
```

```
    /* Free any known objects that are not marked.
     */
    origObjectsAllocated = dvmHeapSourceGetValue(HS_OBJECTS_ALLOCATED, NULL, 0);
    origBytesAllocated = dvmHeapSourceGetValue(HS_BYTES_ALLOCATED, NULL, 0);

    markContext = &gDvm.gcHeap->markContext;
    markBitmaps = markContext->bitmaps;
    numBitmaps = dvmHeapSourceGetObjectBitmaps(objectBitmaps,
            HEAP_SOURCE_MAX_HEAP_COUNT);
#ifndef NDEBUG
    if (numBitmaps != markContext->numBitmaps) {
        LOGE("heap bitmap count mismatch: %zd != %zd\n",
                numBitmaps, markContext->numBitmaps);
        dvmAbort();
    }
```

(7) 调用函数 dvmHeapFinishMarkStep()，对已经删除的对象进行内存回收，可以调用堆管理函数改变目前堆使用的内存，并整理内存，这样就可以得到更多的空闲内存了。函数dvmHeapFinishMarkStep()的实现代码如下。

```
void dvmHeapFinishMarkStep()
{
    HeapBitmap *markBitmap;
    HeapBitmap objectBitmap;
    GcMarkContext *markContext;

    markContext = &gDvm.gcHeap->markContext;

    /* The sweep step freed every object that appeared in the
     * HeapSource bitmaps that didn't appear in the mark bitmaps.
     * The new state of the HeapSource is exactly the final
     * mark bitmaps, so swap them in.
     *
     * The old bitmaps will be swapped into the context so that
     * we can clean them up.
     */
    dvmHeapSourceReplaceObjectBitmaps(markContext->bitmaps,
            markContext->numBitmaps);
    /* Clean up the old HeapSource bitmaps and anything else associated
     * with the marking process.
     */
    dvmHeapBitmapDeleteList(markContext->bitmaps, markContext->numBitmaps);
    destroyMarkStack(&markContext->stack);
    memset(markContext, 0, sizeof(*markContext));
}
```

上述算法函数的整个过程，就是 Dalvik 虚拟机的整个标记和删除的算法过程，实际的代码会相当复杂，算法上是很清楚的，就是细节、时间方面要求相当严格，否则就会乱删除还在使用的对象，就导致整个虚拟机的运行出错。

9.5.4 在什么时候进行垃圾回收

那么 Dalvik 虚拟机是什么时候进行垃圾回收呢？要回答这个问题，得继续分析代码，继续进入下面的学习。其实，垃圾回收主要有两种方式，一种是虚拟机线程自动进行的，一种是手动进行的。现在先来学习自动进行的方式，所谓自动方式，就是虚拟机创建一个线程，这个线程定时进行。虚拟机在初始化时，就进行创建这个线程，例如下面的代码：

```
if(gDvm.zygote){
if(!dvmInitZygote())
gotofail;
} else{
if(!dvmInitAfterZygote())
gotofail;
}
```

在上述代码中调用了函数 dvmInitAfterZygote()，此函数中会调用函数 dvmSignalCatcherStartup()来创建垃圾回收线程。函数 dvmInitAfterZygote()的实现代码如下。

```
bool dvmInitAfterZygote(void)
{
    u8 startHeap, startQuit, startJdwp;
    u8 endHeap, endQuit, endJdwp;
    startHeap = dvmGetRelativeTimeUsec();
    /*
     * Post-zygote heap initialization, including starting
     * the HeapWorker thread.
     */
    if (!dvmGcStartupAfterZygote())
        return false;
    endHeap = dvmGetRelativeTimeUsec();
    startQuit = dvmGetRelativeTimeUsec();
    /* start signal catcher thread that dumps stacks on SIGQUIT */
    if (!gDvm.reduceSignals && !gDvm.noQuitHandler) {
        if (!dvmSignalCatcherStartup())
            return false;
    }
    /* start stdout/stderr copier, if requested */
    if (gDvm.logStdio) {
        if (!dvmStdioConverterStartup())
            return false;
    }
    endQuit = dvmGetRelativeTimeUsec();
    startJdwp = dvmGetRelativeTimeUsec();
    /*
     * Start JDWP thread. If the command-line debugger flags specified
     * "suspend=y", this will pause the VM. We probably want this to
     * come last.
     */
    if (!dvmInitJDWP()) {
        LOGD("JDWP init failed; continuing anyway\n");
    }
    endJdwp = dvmGetRelativeTimeUsec();
```

```
    LOGV("thread-start heap=%d quit=%d jdwp=%d total=%d usec\n",
        (int)(endHeap-startHeap), (int)(endQuit-startQuit),
        (int)(endJdwp-startJdwp), (int)(endJdwp-startHeap));
#ifdef WITH_JIT
    if (gDvm.executionMode == kExecutionModeJit) {
        if (!dvmCompilerStartup())
            return false;
    }
#endif
    return true;
}
```

函数 dvmSignalCatcherStartup()的实现代码如下。

```
bool dvmSignalCatcherStartup(void)
{
gDvm.haltSignalCatcher= false;
if(!dvmCreateInternalThread(&gDvm.signalCatcherHandle,
"SignalCatcher", signalCatcherThreadStart,NULL))
returnfalse;
returntrue;
}
```

通过上面的这段代码，就可以看到线程运行函数是 signalCatcherThreadStart()，在这个函数里就会调用函数 dvmCollectGarbage()来进行垃圾回收。实现代码如下。

```
void dvmCollectGarbage(bool collectSoftReferences)
{
dvmLockHeap();
LOGVV("ExplicitGC\n");
dvmCollectGarbageInternal(collectSoftReferences);
dvmUnlockHeap();
}
```

此函数主要通过锁来锁住多线程访问的堆空间相关对象，然后直接就调用函数 dvmCollectGarbageInternal 来进行垃圾回收过程了，也就调用上面标记删除算法的函数。

另一种方式通过调用运行库的 GC 来回收，例如下面的代码。

```
staticvoidDalvik_java_lang_Runtime_gc(constu4* args,JValue*pResult)
{
UNUSED_PARAMETER(args);
dvmCollectGarbage(false);
RETURN_VOID();
}
```

此处也是调用了函数 dvmCollectGarbage()来进行垃圾回收。手动的方式适合当需要内存，但线程又没有调用时进行。

9.5.5 调试信息

一般来说，Java 虚拟机要求支持 verbosegc 选项，输出详细的垃圾收集调试信息。Dalvik 虚拟机却可以接受 verbosegc 选项，然后什么都不做。Dalvik 虚拟机使用自己的一套日志机制来输出调试信息。

如果在 Linux 下运行 adb logcat 命令，会看到如下的输出信息。

```
D/dalvikvm(  745): GC_CONCURRENT freed 199K, 53% free 3023K/6343K,external 0K/0K, paused
2ms+2ms
```

(1) D/dalvikvm：表示由 Dalvik VM 输出的调试信息，括号后的数字代表 Dalvik 虚拟机所在进程的 pid。GC_CONCURRENT 有以下几种表示触发垃圾收集的原因。

- GC_MALLOC：内存分配失败时触发。
- GC_CONCURRENT：当分配的对象大小超过 384KB 时触发。
- GC_EXPLICIT：对垃圾收集的显式调用(System.gc)。
- GC_EXTERNAL_ALLOC：外部内存分配失败时触发。

(2) freed 199K：表示本次垃圾收集释放了 199KB 的内存。

(3) 53% free 3023K/6343K：其中 6343K 表示当前内存总量，3023K 表示可用内存，53%表示可用内存占总内存的比例。

(4) external 0K/0K：表示可用外部内存/外部内存总量。

(5) paused 2ms+2ms：第一个时间值表示 markrootset 的时间，第二个时间值表示第二次 mark 的时间。如果触发原因不是 GC_CONCURRENT，这一行为单个时间值，表示垃圾收集的耗时时间。

由此可以得出如下三个结论。

(1) 虽然 Dalvik 虚拟机提供了一些调试信息，但是还缺乏一些关键信息，比如说 mark 阶段和 sweep 阶段的时间，分配内存失败时是因为分配多大的内存失败，还有对于 SoftReference、WeakReference 和 PhantomReference 的处理，每次垃圾收集处理了多少个这些引用等。

(2) 目前 Dalvik 虚拟机的所有线程共享一个内存堆，这样在分配内存时必须在线程之间互斥，可以考虑为每个内存分配一个线程局部存储堆，一些小的内存分配可以直接从该堆中分配而无须互斥锁。

(3) Dalvik 虚拟机中引入了 concurrentmark，但是对于多核 CPU，可以实现 parrelmark，即可以使用多个线程同时运行 mark 阶段。

这些都是目前 Dalvik 虚拟机内存管理可以做出的改进。

9.6 Dalvik 虚拟机和 Java 虚拟机垃圾收集机制的区别

Java 虚拟机是一个规范，或者符合该规范的实现，或者这样的实现运行的实例。Java 虚拟机规范中并没有规定要使用各种垃圾收集机制；或者说，Java 虚拟机规范写明了符合规范的 Java 虚拟机实现要提供自动内存管理的功能，但并不一定要有某种特定的“垃圾收集”。

而 Dalvik 虚拟机是一个具体的实现。于是笼统地问“Java 虚拟机与 Dalvik 虚拟机的垃圾收集有何不同”是不合适的，对比的两者不在同一个层次上。即便是在同一个 Java 虚拟机中，一般也会有多个垃圾收集实现。例如 Oracle 的 HotSpot 虚拟机中根据不同的使用场景而实现了不同算法/不同调教的垃圾收集。

Dalvik 虚拟机在 1.0 时使用的垃圾收集算法是没有分代的“标记-清除”(Mark Sweep)，对堆上数据进行准确式(exact/precise)标记，对栈/寄存器上数据进行保守式(conservative)标记。标记的内容可以参考下面的注释：

```
//下面的源码路径是：dalvik/vm/alloc/MarkSweep.c
/* Mark the set of root objects.
 *
 * Things we need to scan:
 * - System classes defined by root classloader
 * - For each thread:
 *   - Interpreted stack, from top to "curFrame"
 *     - Dalvik registers (args + local vars)
 *   - JNI local references
 *   - Automatic VM local references (TrackedAlloc)
 *   - Associated Thread/VMThread object
 *   - ThreadGroups (could track & start with these instead of working
 *     upward from Threads)
 *   - Exception currently being thrown, if present
 * - JNI global references
 * - Interned string table
 * - Primitive classes
 * - Special objects
 *   - gDvm.outOfMemoryObj
 * - Objects allocated with ALLOC_NO_GC
 * - Objects pending finalization (but not yet finalized)
 * - Objects in debugger object registry
 *
 * Don't need:
 * - Native stack (for in-progress stuff in the VM)
 *   - The TrackedAlloc stuff watches all native VM references.
 */
```

许多垃圾收集实现都是在对象开头的地方留一小块空间给垃圾收集标记用，而 Dalvik 虚拟机则不同，在进行垃圾收集时会单独申请一块空间，以位图的形式来保存整个堆上的对象的标记，在垃圾收集结束后就释放该空间。

在标记阶段，从根集合开始，沿着对象用的引用进行标记直到没有更多可标记的对象为止。标记结束后，被标记的就是活着的对象，没被标记到的就是“垃圾”。在清除阶段，Dalvik 虚拟机并不直接对堆做什么操作，而是在一个记录分配状况的位图上把被认为是垃圾的对象所在位置的分配标记清零。为了不让这个位图太大，位图中并不是每一位对应到堆上的一个字节，而是对应到一块固定大小的空间。为此，堆空间的分配也是有一定对齐的。

只进行“标记-清除”工作，在经过多次垃圾收集后可能会使堆被碎片化。Android 所实现的 libc(称为 Bionic)对这种情况有特别的实现，可以避免碎片化这一问题的发生。其实 Dalvik 虚拟机的根源还是在 Java 虚拟机上，只要能符合规范正确执行 Java 的.class 文件的就是 Java 虚拟机。那么 Android 开发包中的 dx 与 Dalvik 虚拟机结合起来，就可以看成是一个 Java 虚拟机了(要把一个东西称为“Java 虚拟机”必须要通过 JCK(Java Compliance Kit)的测试并获得授权后才能行，所以严格来说“dx + Dalvik 虚拟机”不能叫作 Java 虚拟机，因为没授权)。如果去阅读 Dalvik 虚拟机的文档，会发现其中有很多引用到 Java 虚拟机规范的地方，而且整体设计都考虑到了与 Java 虚拟机的兼容性的。它与 Java 虚拟机规范的规定最大的不同在于它采用了基于寄存器的指令集，而 Java 虚拟机采用了基于栈的指令集。这可以看作是专门为 ARM 而优化的设计。Dalvik 虚拟机要省内存和省电，有很多设计都是围绕这两个目标来进行的。

第 10 章　线 程 管 理

线程是 Dalvik 虚拟机处理事物的基础，通过线程可以管理 Android 中的内存分配情况。在本书前面的内容中，已经讲解过线程和进程的基本知识。本章将详细讲解 Dalvik 虚拟机线程管理的基本知识，了解和线程有关的源码以及优化知识，为读者步入本书后面知识的学习打下基础。

10.1　Java 中的线程机制

Android 中的线程机制和 Java 中的线程机制类似，本节将简要讲解 Java 线程机制的基本知识，为读者步入本书后面知识的学习打下基础。

10.1.1　Java 的多线程

线程是一个程序内部的顺序控制流，一个进程相当于一个任务，一个线程相当于一个任务中的一条执行路径；多进程是指在操作系统中能同时运行多个任务(程序)；多线程在同一个应用程序中有多个顺序流同时执行；Java 的线程是通过 java.lang.Thread 类来实现的；Java 虚拟机启动时会有一个由主方法(public static void main(){})所定义的线程；可以通过创建 Thread 的实例来创建新的线程；每个线程都是通过某个特定 Thread 对象所对应的方法 run()来完成其操作的，方法 run()称为线程体，通过调用 Thread 类的 start()方法来启动一个线程。

多任务处理在现代计算机操作系统中几乎已是一项必备的功能了。在许多情况下，让计算机同时去做几件事情，不仅是因为计算机的运算能力强大了，还有一个很重要的原因是计算机的运算速度与它的存储和通信子系统速度的差距太大，大部分时间都花在了磁盘 I/O、网络通信和数据库访问上。如果不希望处理器在大部分时间里都处于等待其他资源的状态，就必须使用一些手段去把处理器的运算能力“压榨”出来，否则就会造成很大的“浪费”，而让计算机同时处理几项任务则是最容易想到、也被证明是非常有效的“压榨”手段。

除了充分利用计算机处理器的能力外，一个服务端同时对多个客户端提供服务则是另一个更具体的并发应用场景。衡量一个服务性能的高低好坏，每秒事务处理数(Transactions Per

Second，TPS)是最重要的指标之一，它代表着一秒内服务器端平均能响应的请求总数，而 TPS 值与程序的并发能力又有非常密切的关系。对于计算量相同的任务，程序线程并发协调得越有条不紊，效率就会越高；反之，线程之间频繁阻塞甚至死锁，将会大大降低程序的并发能力。

服务器端是 Java 最擅长的领域之一，这个领域的应用占了 Java 应用中最大的一块份额。不过如何写好并发应用程序却是程序开发的难点之一，处理好并发方面的问题通常需要更多的经验。幸好 Java 和虚拟机提供了许多工具，把并发编程的门槛降低了不少。另外，各种中间件服务器、各类框架都努力地替程序员处理尽可能多的线程并发细节，使程序员在编码时能更关注业务逻辑，而不是花费大部分时间去关注此服务会同时被多少人调用。但是无论语言、中间件和框架如何先进，我们都不能期望它们能独立完成并发处理的所有事情，了解并发的内幕也是成为一个高级程序员不可缺少的课程。

一般来说，我们把正在计算机中执行的程序叫作“进程”(Process)，而不将其称为程序(Program)。所谓“线程”(Thread)，是“进程”中某个单一顺序的控制流。新兴的操作系统，如 Mac、Windows NT、Windows 95 等大多采用多线程的概念，把线程视为基本执行单位，线程也是 Java 中的相当重要的组成部分之一。

甚至最简单的 Applet 也是由多个线程来完成的。在 Java 中，任何一个 Applet 的 paint()和 update()方法都是由 AWT(Abstract Window Toolkit)绘图与事件处理线程调用的，而 Applet 主要的里程碑方法——init()、start()、stop()和 destory()是由执行该 Applet 的应用调用的。

单线程的概念没有什么新的地方，真正有趣的是在一个程序中同时使用多个线程来完成不同的任务。某些地方用轻量进程(Lightweig ht Process)来代替线程，线程与真正进程的相似性在于它们都是单一顺序控制流。然而线程被认为轻量是由于它运行于整个程序的上下文内，能使用整个程序共有的资源和程序环境。

作为单一顺序控制流，在运行的程序内线程必须拥有一些资源作为必要的开销。例如必须有执行堆栈和程序计数器在线程内执行的代码只在它的上下文中起作用，因此某些地方用“执行上下文”来代替“线程”。

10.1.2 线程的实现

并发不一定要依赖多线程(如 PHP 中很常见的多进程并发)，但是在 Java 里面谈论并发，大多数都与线程脱不开关系。讲到 Java 线程，就要从 Java 线程在虚拟机中的实现开始讲起。

我们知道，线程是比进程更轻量级的调度执行单位，线程的引入，可以把一个进程的资源分配和执行调度分开，各个线程既可以共享进程资源(内存地址、文件 I/O 等)，又可以独立调度(线程是 CPU 调度的最基本单位)。主流的操作系统都提供了线程实现，Java 则提供了在不同硬件和操作系统平台下对线程操作的统一处理，每个 java.lang.Thread 类的实例就代表了一个线程。不过 Thread 类与大部分的 Java API 有着显著的差别，它所有的关键方法都被声明为 Native。

在 Java API 中一个 Native 方法可能就意味着这个方法没有使用或无法使用平台无关的手段来实现(当然也可能是为了执行效率而使用 Native 方法，不过通常最高效率的手段也就是平台相关的手段)。

实现线程主要有三种方式：使用内核线程实现，使用用户线程实现，使用用户线程加轻量级进程混合实现。

1. 使用内核线程实现

内核线程(Kernel Thread，KLT)就是直接由操作系统内核(Kernel，下称内核)支持的线程，这种线程由内核来完成线程的切换。内核通过操纵调度器(Scheduler)对线程进行调度，并负责将线程的任务映射到各个处理器上。每个内核线程都可以看作是内核的一个分身，这样操作系统就有能力同时处理多件事情，支持多线程的内核就叫多线程内核(Multi-Threads Kernel)。

程序一般不会直接去使用内核线程，而是去使用内核线程的一种高级接口——轻量级进程(Light Weight Process，LWP)，轻量级进程就是我们通常意义上所讲的线程，由于每个轻量级进程都由一个内核线程支持，因此只有先支持内核线程，才能有轻量级进程。这种轻量级进程与内核线程之间 1∶1 的关系称为一对一的线程模型。由于内核线程的支持，每个轻量级进程都成为一个独立的调度单元，即使有一个轻量级进程在系统调用中阻塞了，也不会影响整个进程继续工作，但是轻量级进程具有它的局限性：首先，由于是基于内核线程实现的，所以各种线程操作，如创建、析构及同步，都需要进行系统调用。而系统调用的代价相对较高，需要在用户态(User Mode)和内核态(Kernel Mode)中来回切换。其次，每个轻量级进程都需要有一个内核线程的支持，因此轻量级进程要消耗一定的内核资源(如内核线程的栈空间)，因此一个系统支持轻量级进程的数量是有限的。

2. 使用用户线程实现

从广义上来讲，一个线程只要不是内核线程，就可以认为是用户线程(User Thread，UT)，因此从这个意义上来讲轻量级进程也属于用户线程，但轻量级进程的实现始终是建立在内核之上的，许多操作都要进行系统调用，因此效率会受到限制。

而狭义上的用户线程指的是完全建立在用户空间的线程库上，系统内核不能感知到线程存在的实现。用户线程的建立、同步、销毁和调度完全在用户态中完成，不需要内核的帮助。如果程序实现得当，这种线程不需要切换到内核态，因此操作可以是非常快速且低消耗的，也可以支持规模更大的线程数量，部分高性能数据库中的多线程就是由用户线程实现的。这种进程与用户线程之间 1∶N 的关系称为一对多的线程模型。

使用用户线程的优势在于不需要系统内核支援，劣势也在于没有系统内核的支援，所有的线程操作都需要用户程序自己处理。线程的创建、切换和调度都是需要考虑问题，而且由于操作系统只把处理器资源分配到进程，那诸如“阻塞如何处理”、“多处理器系统中如何将线程映射到其他处理器上”这类问题解决起来将会异常困难，甚至不可能完成。因而使用用户线程实现的程序一般都比较复杂，除了以前在不支持多线程的操作系统中(如 DOS)的多线程程序与少数有特殊需求的程序外，现在使用用户线程的程序越来越少了，Java、Ruby 等语言都曾经使用过用户线程，最终又都放弃了使用它。

3. 混合实现

线程除了依赖内核线程实现和完全由用户程序自己实现外，还有一种将内核线程与用户线程一起使用的实现方式。在这种混合实现下，既存在用户线程，也存在轻量级进程。用户线程还是完全建立在用户空间中，因此用户线程的创建、切换、析构等操作依然廉价，并且可以支持大规模的用户线程并发。而操作系统提供支持的轻量级进程则作为用户线程和内核线程之间的桥梁，这样可以使用内核提供的线程调度功能及处理器映射，并且用户线程的系统调用要通过轻量级线程来完成，大大降低了进程被阻塞的风险。在这种混合模式中，用户线程与轻量级进程的数量比是不定的，是 M：N 的关系，这种就是多对多的线程模型。许多 Unix 系列的操作系统，如 Solaris、HP-UX 等都提供了 M：N 的线程模型实现。

4. Java 线程的实现

Java 线程在 JDK 1.2 之前，是基于名为“绿色线程”(Green Threads)的用户线程实现的，而在 JDK 1.2 中，线程模型被替换为基于操作系统原生线程模型来实现。因此在目前的 JDK 版本中，操作系统支持怎样的线程模型，在很大程度上就决定了 Java 虚拟机的线程是怎样映射的，这一点在不同的平台上没有办法达成一致，虚拟机规范中也并未限定 Java 线程需要使用哪种线程模型来实现。线程模型只对线程的并发规模和操作成本产生影响，对 Java 程序的编码和运行过程来说，这些差异都是透明的。

对于 Sun JDK 来说，它的 Windows 版与 Linux 版都是使用一对一的线程模型来实现的，一条 Java 线程就映射到一条轻量级进程中，因为 Windows 和 Linux 系统提供的线程模型就是一对一的。

而在 Solaris 平台中，由于操作系统的线程特性可以同时支持一对一(通过 Bound Threads 或 Alternate Libthread 实现)及多对多(通过 LWP/Thread Based Synchronization 实现)的线程模型，因此在 Solaris 版的 JDK 中也对应提供了两个平台专有的虚拟机参数：-XX:+UseLWPSynchronization(默认值)和-XX:+UseBoundThreads 来明确指定虚拟机使用的是哪种线程模型。

10.1.3 线程调度

计算机通常只有一个 CPU，在任意时刻只能执行一条机器指令，每个线程只有获得 CPU 的使用权才能执行指令。在任何时刻，只有一个线程占用 CPU，处于运行状态。

所谓多线程的并发运行，其实是指各个线程轮流获得 CPU 的使用权，分别执行各自的任务。在可运行池中，会有多个处于就绪状态的线程在等待 CPU。Java 虚拟机的一项任务就是负责线程的调度。线程的调度是指按照特定的机制为多个线程分配 CPU 的使用权，有如下两种调度模型。

- 分时调度模型。
- 抢占式调度模型。

分时调度模型是指让所有线程轮流获得 CPU 的使用权，并且平均分配每个线程占用 CPU 的时间片。Java 虚拟机采用抢占式调度模型，即优先让可运行池中优先级高的线程占用 CPU，如果可运行池中线程的优先级相同，那么就随机地选择一个线程，使其占用 CPU。处于运行状态的线程会一直运行，直至它不得不放弃 CPU。一个线程会因为以下原因而放弃 CPU。

- Java 虚拟机让当前线程暂时放弃 CPU，转到就绪状态，使其他线程获得运行机会。
- 当前线程因为某些原因而进入阻塞状态。
- 线程运行结束。

值得注意的是，线程的调度不是跨平台的，它不仅取决于 Java 虚拟机，还取决于操作系统。在某些操作系统中，只要运行中的线程没有遇到阻塞，就不会放弃 CPU；在某些操作系统中，即使运行中的线程没有遇到阻塞，也会在运行一段时间后放弃 CPU，给其他线程运行的机会。

由于 Java 线程的调度不是分时的，因此同时启动多个线程后，不能保证各个线程轮流获得均等的 CPU 时间片。如果程序希望干预 Java 虚拟机对线程的调度过程，从而明确地让一个线程给另外一个线程运行的机会，可以采取以下办法之一。

(1) 调整各个线程的优先级。

(2) 让处于运行状态的线程调用 Thread.sleep()方法。

(3) 让处于运行状态的线程调用 Thread.yield()方法。

(4) 让处于运行状态的线程调用另一个线程的 join()方法。

10.1.4　线程状态间的转换

线程的状态转换是线程控制的基础。线程状态总的可分为五大状态：分别是生、死、可运行、运行、等待/阻塞。具体过程如图 10-1 所示。

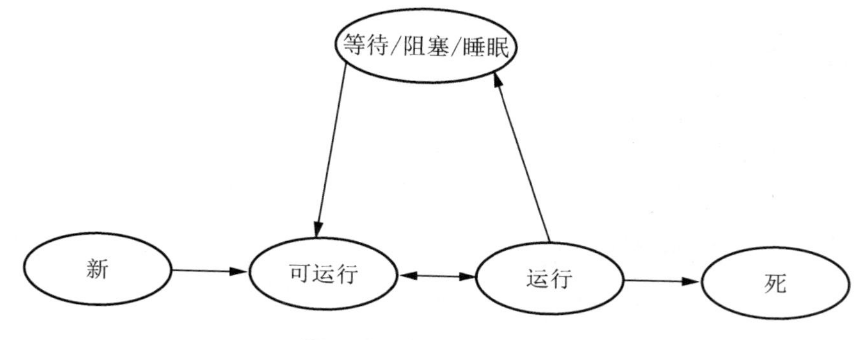

图 10-1　线程的状态转换

(1) 新状态：线程对象已经创建，还没有在其上调用 start()方法。

(2) 可运行状态：当线程有资格运行，但调度程序还没有把它选定为运行线程时线程所处的状态。当 start()方法调用时，线程首先进入可运行状态。在线程运行后或者从阻塞、等待或睡眠状态回来后，也返回到可运行状态。

(3) 运行状态：线程调度程序从可运行池中选择一个线程作为当前线程时线程所处的状态。这也是线程进入运行状态的唯一一种方式。

(4) 等待/阻塞/睡眠状态：这是线程有资格运行时它所处的状态。实际上这个三状态组合为一种，其共同点是：线程仍旧是活的，但是当前没有条件运行。换句话说，它是可运行的，但是如果某件事件出现，他可能返回到可运行状态。

(5) 死亡态：当线程的 run()方法完成时就认为它死去。这个线程对象也许是活的，但是，它已经不是一个单独执行的线程。线程一旦死亡，就不能复生。如果在一个死去的线程上调用 start()方法，会抛出 java.lang.IllegalThreadStateException 异常。

对于线程阻止需要考虑以下三个方面，不考虑 IO 阻塞的情况：

- 睡眠；
- 等待；
- 因为需要一个对象的锁定而被阻塞。

(1) 睡眠

Thread.sleep(long millis)和 Thread.sleep(long millis, int nanos)静态方法强制当前正在执行的线程休眠(暂停执行)，以“减慢线程”。当线程睡眠时，它入睡在某个地方，在苏醒前不会返回到可运行状态。当睡眠时间到期，则返回可运行状态。

① 线程睡眠的原因。线程执行太快，或者需要强制进入下一轮，因为Java虚拟机规范不保证合理的轮换。例如下面是睡眠的实现的代码，在此调用了静态方法。

```
    try {
       Thread.sleep(123);
    } catch (InterruptedException e) {
       e.printStackTrace();
    }
```

② 睡眠的位置。为了让其他线程有机会执行，可以将Thread.sleep()的调用放线程run()内。这样才能保证该线程执行过程中会睡眠。例如，在前面的例子中，将一个耗时的操作改为睡眠，以减慢线程的执行。代码如下。

```
    public void run() {
        for(int i = 0;i<5;i++){
// 很耗时的操作，用来减慢线程的执行
//            for(long k= 0; k <100000000;k++);
            try {
                Thread.sleep(3);
            } catch (InterruptedException e) {
                e.printStackTrace();
            }
            System.out.println(this.getName()+" :"+i);
        }
    }
```

运行结果如下。

```
阿三 :0
李四 :0
阿三 :1
阿三 :2
阿三 :3
李四 :1
李四 :2
阿三 :4
李四 :3
李四 :4

Process finished with exit code 0
```

这样，线程在每次执行过程中，总会睡眠3ms，睡眠了，其他的线程就有机会执行了。

注意：
- 线程睡眠是帮助所有线程获得运行机会的最好方法。
- 线程睡眠到期自动苏醒，并返回到可运行状态，不是运行状态。sleep()中指定的时间是线程不会运行的最短时间。因此，sleep()方法不能保证该线程睡眠到期后就开始执行。
- sleep()是静态方法，只能控制当前正在运行的线程。

下面是一个例子。

```
/**
* 一个计数器，计数到100，在每个数字之间暂停1秒，每隔10个数字输出一个字符串
*
```

```
*/
public class MyThread extends Thread {

    public void run() {
        for (int i = 0; i < 100; i++) {
            if ((i) % 10 == 0) {
                System.out.println("-------" + i);
            }
            System.out.print(i);
            try {
                Thread.sleep(1);
                System.out.print("    线程睡眠1毫秒! \n");
            } catch (InterruptedException e) {
                e.printStackTrace();
            }
        }
    }

    public static void main(String[] args) {
        new MyThread().start();
    }
}
```

运行结果如下。

```
-------0
0    线程睡眠1毫秒!
1    线程睡眠1毫秒!
2    线程睡眠1毫秒!
3    线程睡眠1毫秒!
4    线程睡眠1毫秒!
5    线程睡眠1毫秒!
6    线程睡眠1毫秒!
7    线程睡眠1毫秒!
8    线程睡眠1毫秒!
9    线程睡眠1毫秒!
-------10
…
-------90
90    线程睡眠1毫秒!
91    线程睡眠1毫秒!
92    线程睡眠1毫秒!
93    线程睡眠1毫秒!
94    线程睡眠1毫秒!
95    线程睡眠1毫秒!
96    线程睡眠1毫秒!
97    线程睡眠1毫秒!
98    线程睡眠1毫秒!
99    线程睡眠1毫秒!

Process finished with exit code 0
```

(2) 线程的优先级和线程让步 yield()

线程的让步是通过 Thread.yield()来实现的。yield()方法的作用是：暂停当前正在执行的线程对象，并执行其他线程。要理解 yield()，必须了解线程的优先级的概念。线程总是存在优先级，优先级范围为 1～10。Java 虚拟机线程调度程序是基于优先级的抢先调度机制。在大多数情况下，当前运行的线程优先级将大于或等于线程池中任何线程的优先级。但这仅仅是大多数情况。

当设计多线程应用程序的时候，一定不要依赖于线程的优先级。因为线程调度优先级操作是没有保障的，只能把线程优先级作用作为一种提高程序效率的方法，但是要保证程序不依赖这种操作。

当线程池中线程都具有相同的优先级，调度程序的 Java 虚拟机实现自由选择它喜欢的线程。这时候调度程序的操作有两种可能：一是选择一个线程运行，直到它阻塞或者运行完成为止。二是时间分片，为池内的每个线程提供均等的运行机会。

设置线程的优先级：线程默认的优先级是创建它的执行线程的优先级。可以通过 setPriority(int newPriority)更改线程的优先级。代码如下。

```
Thread t = new MyThread();
t.setPriority(8);
t.start();
```

线程优先级为 1~10 之间的正整数，Java 虚拟机从不会改变一个线程的优先级。然而，1~10 之间的值是没有保证的。一些 Java 虚拟机可能不能识别 10 个不同的值，而将这些优先级进行每两个或多个合并，变成少于 10 个的优先级，则两个或多个优先级的线程可能被映射为一个优先级。

线程默认优先级是 5，Thread 类中有三个常量定义线程的优先级范围。

- static int MAX_PRIORITY：线程可以具有的最高优先级。
- static int MIN_PRIORITY：线程可以具有的最低优先级。
- static int NORM_PRIORITY：分配给线程的默认优先级。

(3) Thread.yield()方法

Thread.yield()方法作用是：暂停当前正在执行的线程对象，并执行其他线程。yield()应该做的是让当前运行线程回到可运行状态，以允许具有相同优先级的其他线程获得运行机会。因此，使用 yield()的目的是让相同优先级的线程之间能适当的轮转执行。但是，实际中无法保证 yield()达到让步目的，因为让步的线程还有可能被线程调度程序再次选中。

由此可见，yield()从未导致线程转到等待/睡眠/阻塞状态。在大多数情况下，yield()将导致线程从运行状态转到可运行状态，但有可能没有效果。

(4) join()方法

Thread 的非静态方法 join()让一个线程 B“加入”到另外一个线程 A 的尾部。在 A 执行完毕之前，B 不能工作。代码如下。

```
Thread t = new MyThread();
t.start();
t.join();
```

另外，join()方法还有带超时限制的重载版本。例如“t.join(5000);”的意思是让线程等待 5000ms，如果超过这个时间则停止等待，变为可运行状态。线程的加入 join()对线程栈导致的结果是线程栈发生了变化，当然这些变化都是瞬时的。

10.1.5　线程安全

线程安全是指当多个线程操作同一个数据段时，利用相应的互斥机制，避免数据段中的数据错误。每个线程尽量只访问别的线程不访问的变量或内存，如果硬是要访问同一变量或内存的话，就要采用适当的互斥机制来避免由于线程切换而导致的不确定性。“线程安全函数”就是在多线程程序中调用该函数，该函数本身不会出错，并且能得到正确的结果或处理。

我们已经有了线程安全的一个抽象定义，那接下来我们就讨论一下在 Java 中，线程安全是如何具体体现的？有哪些操作是线程安全的？我们这里讨论的线程安全，只限定于多个线程之间存在共享数据访问这个前提，因为如果一段代码根本不会与其他线程共享数据，那么从线程安全的角度上看，程序是串行执行还是多线程执行对它来说是完全没有区别的。

为了更深入地理解线程安全，在这里我们可以不把线程安全当作一个非真即假的二元排他选项来看待，按照线程安全的“安全程度”由强至弱来排序，可以将 Java 中各种操作共享的数据分为五类：不可变、绝对线程安全、相对线程安全、线程兼容和线程对立。

1．不可变

在 Java 里(特指 JDK 1.5 以后，即 Java 内存模型被修正之后的 Java)，不可变(Immutable)的对象一定是线程安全的，无论是对象的方法实现还是方法的调用，都不需要再进行任何的线程安全保障措施，在上一章里我们谈到过 final 关键字带来的可见性时曾经提到过这一点，只要一个不可变的对象被正确地构建出来(没有发生 this 引用逃逸的情况)，那其外部的可见状态就永远也不会改变，永远也不会看到它在多个线程之中处于不一致的状态。“不可变”带来的安全性是最简单最纯粹的。

Java 中，如果共享数据是一个基本数据类型，那么只要在定义时使用 final 关键字修饰它就可以保证它是不可变的。如果共享数据是一个对象，那就需要保证对象的行为不会对其状态产生任何影响才行，如果读者还没想明白这句话，不妨想一想 java.lang.String 类的对象，它是一个典型的不可变对象，调用它的 substring()、replace()和 concat()这些方法都不会影响它原来的值，只会返回一个新构造的字符串对象。

保证对象行为不影响自己状态的途径有很多种，其中最简单的就是把对象中带有状态的变量都声明为 final，这样在构造函数结束之后，它就是不可变的，例如下面演示代码中 java.lang.Integer 构造函数所示的，它通过将内部状态变量 value 定义为 final 来确保状态不变。

```
private final int value;
public Integer(int value) {
this.value=value;
)
```

在 Java API 中符合不可变要求的类型，除了上面提到的 String 外，常用的还有枚举类型，以及 java.lang.Number 的部分子类，如 Long 和 Double 等数值包装类型，BigInteger 和 BigDecimal 等大数据类型。但同为 Number 的子类型的原子类 AtomicInteger 和 AtomicLong 则并非不可变的。读者不妨看看这两个原子类的源码，想一想为什么。

2．绝对线程安全

绝对线程安全完全满足 Brian Goetz 给出的对线程安全的定义，这个定义其实是很严格的，一个类要达到“不管运行时环境如何，调用者都不需要任何额外的同步措施”通常需要付出很大的，甚至是不切实际的代价。在Java API中标注自己是线程安全的类，大多数都不是绝对线程安全。我们可以通过Java API中一个不是“绝对线程安全”的线程安全类来看看这里的“绝对”是什么意思。

如果说java.utiI.Vector是一个线程安全的容器，相信所有的Java程序员对此都不会有异议，因为它的add()、get()和size()这类方法都是被synchronized修饰的，尽管这样做的效率很低，但确实是安全的。但是，即使它所有的方法都被修饰成同步，也不意味着调用它的时候永远都不再需要同步手段了，请看看下面演示代码中的测试代码可以测试Vector线程安全。

```
private static Vector<Integer> vector=new Vector<Integer>()j
public static void main(String[] args)  {
while (true)  f
for (int i=o;  i<10; i++)  {
vector.add (i);
)
Thread removeThread=new Thread(new Runnable()  {
@Override
public void  run()  {
for (inti=o;i(vector.size(); i++)  {
vector.remove (i);
}
}
};
Thread printThread=new Thread(new Runnable()  {
@Override
public void run() {
for (int i=o;  i(vector.size(); i++)  {
system.out .println( (vector.get (i)));
}
}
};
removeThread.start();
printThread. start();
//不要同时产生过多的线程，否则会导致操作系统假死
while  (Thread.activeCount()  >20);
}
}
```

运行结果如下。

```
Exception in thread "Thread-172"
java .lang .ArrayIndexOutOfBoundsException:
Array index out of range: 17
at java .util.Vector.remove (Vector.java: 777)
at org. fenixsoft .mulithread. VectorTest$1. run( VectorTest.java: 21)
at java .lang. Thread. run (Thread.java: 662)
```

很明显，尽管这里使用到的Vector的get(). remove()和size()方法都是同步的，但是在多线程的环境中，如果不在方法调用端做额外的同步措施，使用这段代码仍然是不安全的，因为如果另一个线程恰好在错误的时间里删除了一个元素，导致序号i已经不再可用的话，get()方法就

会抛出一个 ArrayIndexOutOfBoundsException。如果要保证这段代码能正确地执行下去，我们不得不把 removeThread 和 printThread 的定义改成如下的代码。

```
Thread removeThread=new Thread(new Runnable()  {
@Override
public void  run()  {
synchronized (vector)  {
for (inti=o;  i'vector.size(); i++)  {
vector.remove (i);
}
}
}
};
Thread printThread=new Thread(new Runnable()  {
@Override
public void  run()  {
synchronized (vector)  {
for (int i=oj  i<vector.size(); i++)  {
System.out .println( (vector.get (i)));
}
}
}
};
```

在上述代码中，必须加入同步才能保证 Vector 访问的线程安全性。

3．相对线程安全

相对线程安全就是通常意义上所讲的线程安全，它需要保证对这个对象单独的操作是线程安全的，我们在调用的时候不需要做额外的保障措施，但是对于一些特定顺序的连续调用，就可能需要在调用端使用额外的同步手段来保证调用的正确性。上面的两段演示代码就是相对线程安全的一个很明显的案例。

在 Java 中，大部分的线程安全类都属于这种类型，例如 Vector、HashTable、Collections 的 synchronizedCollection()方法包装的集合等。

4．线程兼容

线程兼容是指对象本身并不是线程安全的，但是可以通过在调用端正确地使用同步手段来保证对象在并发环境中安全地使用，我们平常说一个类不是线程安全的，绝大多数指的都是这种情况。Java API 中大部分的类都是线程兼容的，如与前面的 Vector 和 HashTable 相对应的集合类 ArrayList 和 HashMap 等。

5．线程对立

线程对立是指不管调用端是否采取了同步措施，都无法在多线程环境中并发使用的代码。由于 Java 天生就具备多线程特性，线程对立这种排斥多线程的代码是很少出现的，而且通常都是有害的，应当尽量避免。

一个线程对立的例子是 Thread 类的 suspend()和 resume()方法，如果有两个线程同时持有一个线程对象，一个尝试去中断线程，另一个尝试去恢复线程，如果并发进行的话，无论调用时是否进行了同步，目标线程都是存在死锁的风险，如果 suspend()中断的线程就是即将要执行 resume()的那个线程，那就肯定要产生死锁了。也正是由于这个原因，suspend()和 resume()方法已经被JDK声明废弃(@Deprecated)了。常见的线程对立的操作还有System.setIn()、Sytem.setOut()和 System. runFinalizersOnExit()等。

10.1.6 线程安全的实现方法

了解了什么是线程安全后，紧接着的一个问题就是我们应该如何实现线程安全，这听起来似乎是一件由代码如何编写来决定的事情，确实，如何实现线程安全与代码的编写有很大的关系，但虚拟机提供的同步和锁机制也起到了非常重要的作用。本节将介绍代码编写如何实现线程安全和虚拟机如何实现同步与锁，相对而言更偏重后者一些，只要读者了解了虚拟机线程安全手段的运作过程，自己去思考代码如何编写并不是一件困难的事情。

1. 互斥同步

互斥同步(Mutual Exclusion&Synchronization)是最常见的一种并发正确性保障手段。同步是指在多个线程并发访问共享数据时，保证共享数据在同一个时刻只被一条(或者是一些，使用信号量的时候)线程使用。而互斥是实现同步的一种手段，临界区(Critical Section)、互斥量(Mutex)和信号量(Semaphore)都是主要的互斥实现方式。

因此在这 4 个字里面，互斥是因，同步是果；互斥是方法，同步是目的。在 Java 里，最基本的互斥同步手段就是 synchronized 关键字，synchronized 关键字经过编译后，会在同步块的前后分别形成 monitorenter 和 monitorexit 两个字节码指令，这两个字节码都需要一个 reference 类型的参数来指明要锁定和解锁的对象。如果 Java 程序中的 synchronized 明确指定了对象参数，那就是这个对象的 reference；如果没有明确指定，那就根据 synchronized 修饰的是实例方法还是类方法，去取对应的对象实例或 Class 对象来作为锁对象。

根据 Java 虚拟机规范的要求，在执行 monitorenter 指令时，首先要去尝试获取对象的锁。如果这个对象没被锁定，或者当前线程已经拥有了那个对象的锁，把锁的计数器加 1；相应的，在执行 monitorexit 指令时会将锁计数器减 1，当计数器为 0 时，锁就被释放了。如果获取对象锁失败了，那当前线程就要阻塞等待，直到对象锁被另外一个线程释放为止。

在 Java 虚拟机规范对 monitorenter 和 monitorexit 的行为描述中，有两点是需要特别注意的。首先，synchronized 同步块对同一条线程来说是可重入的，不会出现自己把自己锁死的问题。其次，同步块在已进入的线程执行完之前，会阻塞后面其他线程的进入。上一章讲过，Java 的线程是映射到操作系统的原生线程上的，如果要阻塞或唤醒一条线程，都需要操作系统来帮忙完成，这就需要从用户态转换到核心态中，因此状态转换需要耗费很多的处理器时间。对于代码简单的同步块(如被 synchronized 修饰的 getter()或 setter()方法)，状态转换消耗的时间可能比用户代码执行的时间还要长。所以 synchronized 是 Java 中一个重量级(Heavyweight)的操作，有经验的程序员都会在确实必要的情况下才使用这种操作。而虚拟机本身也会进行一些优化，譬如在通知操作系统阻塞线程之前加入一段自旋等待过程，避免频繁地切入到核心态中。

除了 synchronized 外，我们还可以使用 java.util.concurrent(下文称 J.U.C)包中的重入锁(ReentrantLock)来实现同步。在基本用法上，ReentrantLock 与 synchronized 很相似，都具备一样的线程重入特性，只是代码写法上有点区别，一个表现为 API 层面的互斥锁(lock()和 unlock()方法配合 try/finally 语句块来完成)，一个表现为原生语法层面的互斥锁。不过 ReentrantLock 比 synchronized 增加了一些高级功能，主要有以下三项：等待可中断、可实现公平锁，以及锁绑定多个条件。

- 等待可中断是指当持有锁的线程长期不释放锁的时候，正在等待的线程可以选择放弃等待，改为处理其他事情，可中断特性对处理执行时间非常长的同步块很有帮助。
- 可实现公平锁是指多个线程在等待同一个锁时，必须按照申请锁的时间顺序来依次获得锁；而非公平锁则不保证这一点，在锁被释放时，任何一个等待锁的线程都有机会获得锁。synchronized 中的锁是非公平的，ReentrantLock 默认情况下也是非公平的，但可以通过带布尔值的构造函数要求使用公平锁。
- 锁绑定多个条件是指一个 ReentrantLock 对象可以同时绑定多个 Condition 对象，而在 synchronized 中，锁对象的 wait()和 notify()或 notifyAll()方法可以实现一个隐含的条件，如果要和多于一个的条件关联的时候，就不得不额外地添加一个锁，而 ReentrantLock 则无须这样做，只需要多次调用 newCondition()方法即可。

如果需要使用到上述功能时，选用 ReentrantLock 是一个很好的选择。如果是基于性能考虑的话，经过实践证明，多线程环境下 synchronized 的吞吐量下降得非常严重，而 ReentrantLock 则能基本保持在同一个比较稳定的水平上。与其说 ReentrantLock 的性能好，倒还不如说 synchronized 还有非常大的优化余地。后续的技术发展也证明了这一点。JDK 1.6 中加入了很多针对锁的优化措施(下一节我们就会讲解这些优化措施)，JDK 1.6 发布后，人们就发现 synchronized 与 ReentrantLock 的性能基本上是完全持平了。因此如果读者的程序是使用 JDK 1.6 部署的话，性能因素就不再是选择 ReentrantLock 的理由了，虚拟机在未来的性能改进中肯定也会更加偏向于原生的 synchronized，所以还是提倡在 synchronized 能实现需求的情况下，优先考虑使用 synchronized 来进行同步。

2. 非阻塞同步

互斥同步最主要的问题就是进行线程阻塞和唤醒所带来的性能问题，因此这种同步也被称为阻塞同步(Blocking Synchronization)。另外，它属于一种悲观的并发策略，总是认为只要不去做正确的同步措施(加锁)，那就肯定会出现问题，无论共享数据是否真的会出现竞争，它都要进行加锁(这里说的是概念模型，实际上虚拟机会优化掉很大一部分不必要的加锁)、用户态核心态转换、维护锁计数器和检查是否有被阻塞的线程需要被唤醒等操作。随着硬件指令集的发展，我们有了另外一个选择：基于冲突检测的乐观并发策略，通俗地说就是先进行操作，如果没有其他线程争用共享数据，那操作就成功了；如果共享数据有争用，产生了冲突，那就再进行其他的补偿措施(最常见的补偿措施就是不断地重试，直到试成功为止)，这种乐观的并发策略的许多实现都不需要把线程挂起，因此这种同步操作被称为非阻塞同步(Non-Blocking Synchronization)。

为什么编者说使用乐观并发策略需要“硬件指令集的发展”才能进行呢？因为我们需要操作和冲突检测这两个步骤具备原子性，靠什么来保证呢？如果这里再使用互斥同步来保证就失去意义了，所以我们只能靠硬件来完成这件事情，硬件保证一个从语义上看起来需要多次操作的行为只通过一条处理器指令就能完成，这类指令常用的有以下几种。

- 测试并设置(Test-and-Set)。
- 获取并增加(Fetch-and-Increment)。

- ❑ 交换(Swap)。
- ❑ 比较并交换(Compare-and-Swap，下文称 CAS)。
- ❑ 加载链接/条件储存(Load-Linked/Store-Conditional，下文称 LL/SC)。

其中，前面的三条是 20 世纪就已经存在于大多数指令集之中的处理器指令，后面的两条是在现代处理器中新增的，而且这两条指令的目的和功能是类似的。在 IA64、x86 指令集中通过 cmpxchg 指令完成 CAS 功能，在 sparc-TSO 中也有 CAS 指令实现，而在 ARM 和 PowerPC 架构下，则需要使用一对 ldrex/strex 指令来完成 LL/SC 的功能。

CAS 指令需要有三个操作数，分别是内存位置(在 Java 中可以简单理解为变量的内存地址，用 V 表示)、旧的预期值(用 A 表示)和新值(用 B 表示)。CAS 指令执行时，当且仅当 V 符合旧预期值 A 时，处理器用新值 B 更新 V 的值，否则它就不执行更新，但是不管是否更新了 V 的值，都会返回 V 的旧值，上述的处理过程是一个原子操作。

在 JDK 1.5 之后，Java 程序中才可以使用 CAS 操作，该操作由 sun.misc.Unsafe 类里的 compareAndSwapInt()和 compareAndSwapLong()等几个方法包装提供，虚拟机在内部对这些方法做了特殊处理，即时编译出来的结果就是一条平台相关的处理器 CAS 指令，没有方法调用的过程，或者可以认为是无条件内联进去了。

由于 Unsafe 类不是提供给用户程序调用的类(Unsafe.getUnsafe()的代码中限制了只有启动类加载器(Bootstrap ClassLoader)加载的 Class 才能访问它)，如果不采用反射手段，我们只能通过其他的 Java API 来间接使用它，如 J.U.C 包里面的整数原子类，其中的 compareAndSet()和 getAndIncrement()等方法都使用了 Unsafe 类的 CAS 操作。

接下来举一个例子来说明如何使用 CAS 操作来避免阻塞同步，例子的目的是通过 20 个线程自增 10000 次的代码来证明 volatile 变量不具备原子性，那么如何才能让它具备原子性呢？把“race++”操作或 increase()方法用同步块包裹起来当然是一个办法。例如在如下的演示代码中，通过 Atomic 的原子自增运算的方式提高了处理效率。

```
public class AtomicTest  {
public static AtomicInteger race=new AtomicInteger(0)j
public static void increase()  {
race .incrementAndGet();
}
private static final int THREADS_COUNT=20;
public static void main{String[] args) throws Exception{
Thread[]  threads=new Thread [THREADS_COUNT];
for (int i=oj i(THREADS-COUNT; i++)  {
threads [i]  =new Thread(new Runnable()  {
@Override
public void run() {
for (int i=o;i<10000; i++)  {
increase();
}
}
});
threads LiJ .start();
}
while (Thread.activeCount() >1)
Thread.yield();
System.out.println(race);
```

```
    }
    }
```

运行结果如下。

```
200000
```

使用 AtomicInteger 代替 int 后，程序输出了正确的结果，这一切都要归功于 incrementAndGet()方法在一个无限循环中，不断尝试将一个比当前值大 1 的新值赋值给自己。如果失败了，那说明在执行“获取-设置”操作时值已经有了修改，于是再次循环进行下一次操作，直到设置成功为止。

尽管 CAS 看起来很美，但显然这种操作无法涵盖互斥同步的所有使用场景，并且 CAS 从语义上来说并不是完美的，存在这样的一个逻辑漏洞：如果一个变量 V 初次读取时是 A 值，并且在准备赋值的时候检查到它仍然为 A 值，那我们就能说它的值没有被其他线程改变过了吗？如果在这段期间它的值曾经被改成了 B，后来又被改回为 A，那 CAS 操作就会误认为它从来没有被改变过。这个漏洞称为 CAS 操作的“ABA”问题。J.U.C 包为了解决这个问题，提供了一个带有标记的原子引用类 “AtomicStampedReference”，它可以通过控制变量值的版本来保证 CAS 的正确性。不过目前来说这个类比较鸡肋，大部分情况下 ABA 问题不会影响程序并发的正确性，如果需要解决 ABA 问题，改用传统的互斥同步可能会比原子类更高效。

3．无同步方案

要保证线程安全，并不是一定就要进行同步，两者没有因果关系。同步只是保障共享数据在争用时保持正确性的手段，如果一个方法本来就不涉及共享数据，那它自然就无须任何同步措施去保证正确性，因此会有一些代码天生就是线程安全的，下面简单介绍其中的两类。

(1)　可重入代码(Reentrant Code)：这种代码也叫纯代码(Pure Code)，可以在代码执行的任何时刻中断它，转而去执行另外一段代码(包括递归调用它本身)，而在控制权返回后，原来的程序不会出现任何错误。相对线程安全来说，可重人性是更基本的特性，它可以保证线程安全，即所有的可重入代码都是线程安全的，但是并非所有的线程安全的代码都是可重入的。

可重入代码有一些共同的特征：例如，不依赖存储在堆上的数据和公用的系统资源、用到的状态量都由参数中传入、不调用非可重入的方法等。我们可以通过一个简单一些的原则来判断代码是否具备可重入性：如果一个方法，它的返回结果是可以预测的，只要输入了相同的数据，就都能返回相同的结果，那它就满足可重入性的要求，当然也就是线程安全的。

(2)　线程本地存储(Thread Local Storage)：如果一段代码中所需要的数据必须与其他代码共享，那就看看这些共享数据的代码是否能保证在同一个线程中执行？如果能保证，我们就可以把共享数据的可见范围限制在同一个线程内，这样，无须同步也能保证线程之间不出现数据争用的问题。

符合这种特点的应用并不少见，大部分使用消费队列的架构模式(如“生产者-消费者”模式)都会将产品的消费过程尽量在一个线程中消费完，其中最重要的一个应用实例就是经典 Web 交互模型中的“一个请求对应一个服务器线程”(Thread-per-Request)的处理方式，这种处理方式的广泛应用使得 Web 服务器端的很多应用都可以使用线程本地存储来解决线程安全问题。

在 Java 中，如果一个变量要被多线程访问，可以使用 volatile 关键字声明它为“易变的”；如果一个变量要被某个线程独享，虽然 Java 中没有类似 C++中_declspec(thread)这样的关键字，但可以通过 java.lang.TbreadLocal 类来实现线程本地存储的功能。每一个线程的 Thread 对象中都有一个 ThreadLocalMap 对象，这个对象存储了一组以 ThreadLocal.threadLocalHashCode 为键，以本地线程变量为值的 K-V 值对，ThreadLocal 对象就是当前线程的 ThreadLocalMap 的访问入口，每一个 ThreadLocal 对象都包含了一个独一无二的 threadLocalHashCode 值，使用这个值就可以在线程 K-V 值对中找回对应的本地线程变量。

10.1.7 无状态类

线程安全的类一般是无状态的对象，或者类里面的变量是不可变的，下面举例说明什么是无状态类。

```
public class StatelessFactorizer implements Servlet {
    public void service(ServletRequest req, ServletResponse resp) {
        BigInteger i = extractFromRequest(req);
        BigInteger[] factors = factor(i);
        encodeIntoResponse(resp, factors);
    }
}
```

跟线程模型有关系，因为每个线程都有自己的变量，并且变量放在自己的线程堆栈中(除了共享变量)，所以说无论多个线程怎么访问，该线程类都是安全。

也许有人会问是什么样的操作是原子性的呢？例子代码如下。

```
count++;
```

这个操作是原子性的吗？好像单道程序中该操作是原子性，但在早多线程中该操作不是原子性；该操作分为读、修改、写入，因此该操作就会在多个线程中执行时会被切换，也就说明该操作会在执行过程中被切换给下一个线程。

代码如下。

```
public class UnsafeCountingFactorizer implements Servlet {
    private long count = 0;
    public long getCount() { return count; }
    public void service(ServletRequest req, ServletResponse resp) {
        BigInteger i = extractFromRequest(req);
        BigInteger[] factors = factor(i);
        ++count;
        encodeIntoResponse(resp, factors);
    }
}
```

上述例子有一个私有的但是多个线程共享的变量，而在 Service 方法中该方法体里面执行了++count，所以该类不是线程安全的。类失去原子性操作的另一个典型是：检查在运行，下面就为大家举个单例模式中的懒加载问题。

```
public class LazyInitRace {
    private ExpensiveObject instance = null;
    public ExpensiveObject getInstance() {
        if (instance == null)
            instance = new ExpensiveObject();
        return instance;
```

```
    }
}
```

在多线程中运行该 getInstance 方法时，有可能两个或以上的线程会判断 instance 为空。所以说要尽量在判断和新建对象时不要被线程切换，也就是说保持操作的原子性时那么该类就是线程安全。

下面为大家阐明上面出现的两个问题的解决方案。

(1) 要想解决原子性的操作就需要给这些操作加锁。

(2) 要让每个线程知道，当有个线程修改对象或者修改变量时，其他线程都要可见，这个关系到 JVM 的类存模型。

首先第一个问题 read-modify-write 解决方案，我们引用了 JDK 包中的 java.lang.concurrent.atomic，该包里面可以让变量保持原子性操作，具体类的简单介绍如下。

- AtomicBoolean：可以用原子方式更新的 boolean 值。
- AtomicInteger：可以用原子方式更新的 int 值。
- AtomicIntegerArray：可以用原子方式更新其元素的 int 数组。
- AtomicIntegerFieldUpdater<T>：基于反射的实用工具，可以对指定类的指定 volatile int 字段进行原子更新。
- AtomicLong：可以用原子方式更新的 long 值。
- AtomicLongArray：可以用原子方式更新其元素的 long 数组。
- AtomicLongFieldUpdater<T>：基于反射的实用工具，可以对指定类的指定 volatile long 字段进行原子更新。
- AtomicMarkableReference<V>：AtomicMarkableReference 维护带有标记位的对象引用，可以原子方式对其进行更新。
- AtomicReference<V>：可以用原子方式更新的对象引用。
- AtomicReferenceArray<E>：可以用原子方式更新其元素的对象引用数组。
- AtomicReferenceFieldUpdater<T,V>：基于反射的实用工具，可以对指定类的指定 volatile 字段进行原子更新。
- AtomicStampedReference<V>：AtomicStampedReference 维护带有整数“标志”的对象引用，可以用原子方式对其进行更新。

例如下面的代码。

```
public class CountingFactorizer implements Servlet {
   private final AtomicLong count = new AtomicLong(0);
   public long getCount() { return count.get(); }
   public void service(ServletRequest req, ServletResponse resp) {
      BigInteger i = extractFromRequest(req);
      BigInteger[] factors = factor(i);
      count.incrementAndGet();
      encodeIntoResponse(resp, factors);
   }
}
```

第二个问题的解决方案就是加上关键字 sychronized。

10.2 Android的线程模型

Android包括一个应用程序框架、几个应用程序库和一个基于Dalvik虚拟机的运行时，所有这些都运行在Linux内核上。通过利用Linux内核的优势，Android得到了大量操作系统服务，包括进程和内存管理、网络堆栈、驱动程序、硬件抽象层、安全性等相关的服务。

在安装Android应用程序时，Android会为每个程序分配一个Linux用户ID，并设置相应的权限，这样其他应用程序就不能访问此应用程序所拥有的数据和资源了。

在Linux中，一个用户ID识别一个给定用户。在Android上，一个用户ID识别一个应用程序。应用程序在安装时被分配用户ID，应用程序在设备上的存续期间内，用户ID保持不变。

在默认情况下，每个APK运行在它自己的Linux进程中。当需要执行应用程序中的代码时，Android会启动一个JVM，即一个新的进程来执行，因此不同的apk运行在相互隔离的环境中。

如图10-2所示为两个Android应用程序，各自在其基本沙箱或进程上，拥有不同的Linux用户ID。

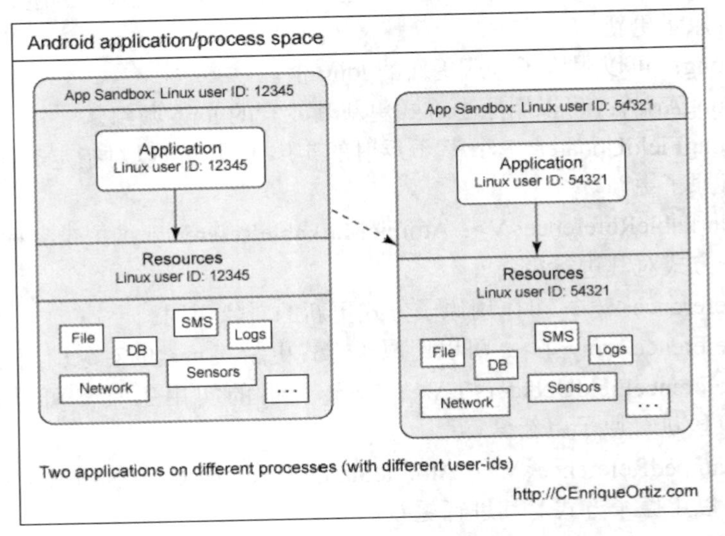

图10-2 两个Android应用程序

开发者也可以给两个应用程序分配相同的Linux用户ID，这样他们就能访问对方所拥有的资源。为了保留系统资源，拥有相同用户ID的应用程序可以运行在同一个进程中，共享同一个Java虚拟机。

如图10-3所示为两个运行在同一进程上的Android应用程序。不同的应用程序可以运行在相同的进程中，要想实现这个功能，首先必须使用相同的私钥签署这些应用程序，然后必须使用manifest文件给它们分配相同的Linux用户ID，这通过用相同的“值/名”定义manifest属性android:sharedUserId来实现。

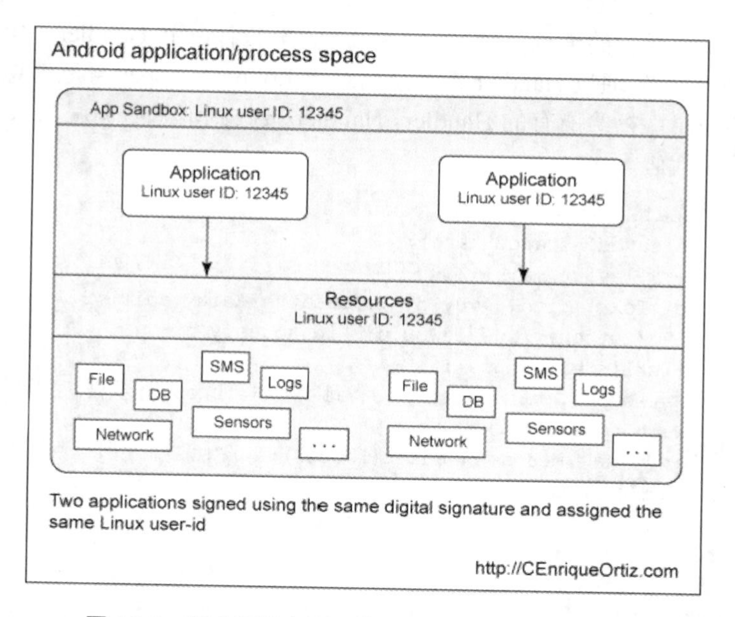

图 10-3　两个运行在同一进程上的 Android 应用程序

10.2.1　Android 的单线程模型

当第一次启动一个程序时，Android 会同时启动一个对应的主线程(Main Thread)。主线程主要负责处理与 UI 相关的事件，如用户的按键事件，用户接触屏幕的事件以及屏幕绘图事件，并把相关的事件分发到对应的组件进行处理，所以主线程通常又被叫作 UI 线程。

在开发 Android 应用程序时必须遵守单线程模型的原则：Android UI 操作并不是线程安全的，并且这些操作必须在 UI 线程中执行。

如果在非 UI 线程中直接操作 UI 线程，则会抛出如下异常：

```
android.view.ViewRoot$CalledFromWrongThreadException: Only the original thread that
created a view hierarchy can touch its views
```

这与普通的 Java 程序是不同的。

由于 UI 线程负责事件的监听和绘图处理，因此必须保证 UI 线程能够随时响应用户的需求，UI 线程里的操作应该像中断事件那样短小，费时的操作(如网络连接)需要另开线程，否则，如果 UI 线程超过 5s 没有响应用户请求，会弹出对话框提醒用户终止应用程序。

如果在新开的线程中需要对 UI 线程进行设定，就可能违反单线程模型，因此 Android 采用一种复杂的 Message Queue 机制保证线程间的通信。

10.2.2　Message Queue

Message Queue 是一个消息队列，用来存放通过 Handler 发布的消息。Android 在第一次启动程序时会默认会为 UI 线程创建一个关联的消息队列，通过 Looper.myQueue()得到当前线程的消息队列，用来管理程序的一些上层组件，例如 activities 和 broadcast receivers 等。我们可以在自己的子线程中创建 Handler 与 UI thread 通信。

通过 Handler 可以发布或者处理一个消息或者是一个 Runnable 的实例，每个 Handler 都会与唯一的一个线程以及该线程的消息队列关联。Looper 扮演着一个 Handler 和消息队列之间通信桥梁的角色。程序组件首先通过 Handler 把消息传递给 Looper，Looper 再把消息放入队列。Looper 也把消息队列里的消息广播给所有的 Handler，Handler 接收到消息后调用 handleMessage 进行处理。例如下面的演示代码。

```
public void onCreate(Bundle savedInstanceState) {
  super.onCreate(savedInstanceState);
  setContentView(R.layout.main);
  editText = (EditText) findViewById(R.id.weather_city_edit);
  Button button = (Button) findViewById(R.id.goQuery);
  button.setOnClickListener(this);
  Looper looper = Looper.myLooper();  //得到当前线程的 Looper 实例，由于当前线程是 UI 线程也可
以通过 Looper.getMainLooper()得到
   messageHandler = new MessageHandler(looper);  //此处甚至可以不需要设置 Looper，因为
Handler 默认就使用当前线程的 Looper
}
public void onClick(View v) {
  new Thread() {
    public void run() {
        Message message = Message.obtain();
        message.obj = "abc";
        messageHandler.sendMessage(message);  //发送消息
    }
  }.start();
}
Handler messageHandler = new Handler {
  public MessageHandler(Looper looper) {
    super(looper);
  }
  public void handleMessage(Message msg) {
    setTitle((String) msg.obj);
  }
}
```

对于上述演示代码，当这个 activity 执行完 oncreate、onstart 和 onresume 后，就监听 UI 线程的各种事件和消息。当我们单击一个按钮后，启动一个线程，线程执行结束后，通过 handler 发送一个消息，由于这个 handler 属于 UI 线程，因此这个消息也发送给 UI 线程，然后 UI 线程又把这个消息给 handler 处理，而这个 handler 因为是 UI 线程创造的，所以可访问 UI 组件，因此就更新了页面。

由于通过 handler 需要自己管理线程类，如果业务稍微复杂，代码看起来就比较混乱，因此 Android 提供了类 AsyncTask 来解决这个问题。

10.2.3 AsyncTask

首先继承类 publishProgress，实现如下的方法。

- onPreExecute()：该方法将在执行实际的后台操作前被 UI 线程调用。可以在该方法中做一些准备工作，如在界面上显示一个进度条。
- doInBackground(Params...)：在方法 onPreExecute 执行后马上执行，该方法运行在后台

线程中。这里将主要负责执行那些很耗时的后台计算工作。

- publishProgress()：更新实时的任务进度。该方法是抽象方法，必须实现子类。
- onProgressUpdate(Progress...)：在 publishProgress 方法被调用后，UI 线程将调用这个方法从而在界面上展示任务的进展情况，例如通过一个进度条进行展示。
- onPostExecute(Result)：在 doInBackground 执行完成后，onPostExecute 方法将被 UI 线程调用，后台的计算结果将通过该方法传递到 UI 线程。

使用 publishProgress 类时需要遵循以下规则。

- Task 的实例必须在 UI 线程中创建。
- execute 方法必须在 UI 线程中调用。
- 不要手动的调用这些方法，只调用 execute 即可。
- 该任务只能被执行一次，否则多次调用时将会出现异常。

例如下面的演示代码。

```
public void onCreate(Bundle savedInstanceState) {
      super.onCreate(savedInstanceState);
      setContentView(R.layout.main);
      editText = (EditText) findViewById(R.id.weather_city_edit);
      Button button = (Button) findViewById(R.id.goQuery);
      button.setOnClickListener(this);
}
public void onClick(View v) {
      new GetWeatherTask().execute("aaa");
}
class GetWeatherTask extends AsyncTask<String, Integer, String> {
   protected String doInBackground(String... params) {
        return getWetherByCity(params[0]);
   }
   protected void onPostExecute(String result) {
        setTitle(result);
   }
```

10.3 分析 Android 的进程通信机制

要想了解 Dalvik 虚拟机线程管理的知识，需要首先了解 Android 的内存系统，了解内存控制进程运行的机制。本节将带领大家一起探讨分析 Android 的进程通信机制。

10.3.1 Android 的进程间通信(IPC)机制 Binder

在 Android 中，每一个应用程序都是由一些 Activity 和 Service 组成的，一般 Service 运行在独立的进程中，而 Activity 有可能运行在同一个进程中，也有可能运行在不同的进程中。那么不在同一个进程的 Activity 或者 Service 之间究竟是如何通信的呢？下面将介绍的 Binder 进程间通信机制来了解 Android 是如何实现这个功能的。

众所周知，Android 是基于 Linux 内核的，而 Linux 内核继承和兼容了丰富的 Unix 系统进程间通信(IPC)机制。Linux 的通信机制有传统的管道(Pipe)、信号(Signal)和跟踪(Trace)三种，这三种通信手段只能用于父进程和子进程之间，或者只用于兄弟进程之间的通信。随着技术的发展，后来又增加了命令管道(Named Pipe)，这样使得进程之间的通信不再局限于父子进程或者兄弟进程之间。为了更好地支持商业应用中的事务处理，在AT&T的Unix系统V中，又增加了如下三种称为“System V IPC”的进程间通信机制。

- 报文队列(Message)。
- 共享内存(Share Memory)。
- 信号量(Semaphore)。

后来BSD Unix对“System V IPC”机制进行了重要的扩充，提供了一种称为插口(Socket)的进程师间通信机制。但是Android没有采用上述提到的各种进程间通信机制，而是采用了Binder机制，这难道仅仅是因为考虑到了移动设备硬件性能较差、内存较低的特点吗？这只有Android的工程师们知道，我们不得而知。Binder其实也不是Android提出来的一套新的进程间通信机制，它是基于OpenBinder来实现的。OpenBinder最先是由Be Inc.开发的，后来Palm Inc.也跟着借鉴使用。现在OpenBinder的作者Dianne Hackborn就在Google公司工作，负责Android平台的开发工作。

再次强调一下，Binder是一种进程间通信机制，这是一种类似于COM和CORBA的分布式组件架构。通俗点说，就是提供远程过程调用(RPC)功能。从英文字面上意思看，Binder具有粘结剂的意思，那么它把什么东西粘接在一起呢？在Android的Binder机制中，由一系列组件组成，分别是Client、Server、Service Manager和Binder驱动程序，其中Client、Server和Service Manager运行在用户空间，Binder驱动程序运行内核空间。Binder就是一种把这4个组件粘接在一起的粘结剂了，其中，核心组件便是Binder驱动程序，Service Manager提供了辅助管理的功能，Client和Server正是在Binder驱动和Service Manager提供的基础设施上，进行Client/Server之间的通信。Service Manager和Binder驱动已经在Android平台中实现完毕，开发者只要按照规范实现自己的客户端和服务器端组件即可。但是说起来简单，具体做起来却很难。对初学者来说，Android的Binder机制是最难理解的了，而Binder机制无论从系统开发还是应用开发的角度来看，都是Android中最重要的组成，所以很有必要深入了解Binder的工作方式。要深入了解Binder的工作方式，最好的方式是阅读与Binder相关的源代码了，Linux的鼻祖Linus Torvalds曾经说过一句名言RTFSC：Read The Fucking Source Code。

虽说阅读Binder的源代码是学习Binder机制的最好方式，但Binder的相关源代码是比较枯燥无味而且比较难以理解的，如果能够辅以一些Linux的理论知识那就更好了。

要想理解Binder机制，就必须了解Binder在用户空间的三个组件Client、Server和Service Manager之间的相互关系，了解内核空间中Binder驱动程序的数据结构和设计原理。具体来说，Android系统Binder机制中的四个组件Client、Server、Service Manager和Binder驱动程序的关系图如图10-4所示。

对图10-4所示关系的具体说明如下。

(1) Client、Server和Service Manager实现在用户空间中，Binder驱动程序实现在内核空间中。

(2) Binder驱动程序和Service Manager在Android平台中已经实现，开发人员只需要在用户空间实现自己的客户端和服务器端组件。

(3) Binder驱动程序提供设备文件/dev/binder与用户空间交互，Client、Server和Service Manager通过文件操作函数open()和ioctl()与Binder驱动程序进行通信。

(4) 客户端和服务器端之间的进程间通信通过 Binder 驱动程序间接实现。

(5) Service Manager 是一个守护进程，用来管理服务器端，并向客户端提供查询服务器端接口的能力。

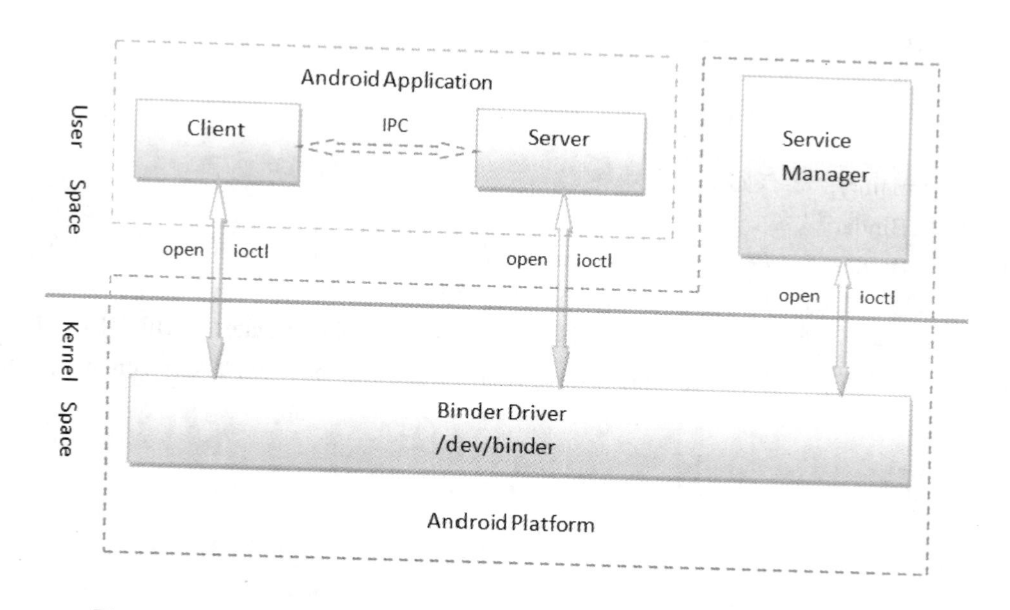

图 10-4　组件 Client、Server、Service Manager 和 Binder 驱动程序的关系图

10.3.2 Service Manager 是 Binder 机制的上下文管理者

在分析 Binder 源代码时，需要先弄清楚 Service Manager 是如何告知 Binder 驱动程序它是 Binder 机制的上下文管理者的。Service Manager 是整个 Binder 机制的守护进程，用来管理开发人员创建的各种 Server，并且向 Client 提供查询服务器远程接口的功能。

因为 Service Manager 组件是用来管理服务器并且向客户端提供查询服务器端远程接口的功能，所以 Service Manager 必然要和服务器以及客户端进行通信。我们知道，Service Manger、Client 和服务器三者分别是运行在独立的进程当中的，这样它们之间的通信也属于进程间的通信，而且也是采用 Binder 机制进行进程间通信。因此，Service Manager 在充当 Binder 机制的守护进程的角色的同时，也在充当服务器的角色，但是它是一种特殊的服务器，要想了解具体的特殊之处请看下面的内容。

与 Service Manager 相关的源代码较多，本书不会完整地去分析每一行代码，主要是带着 Service Manager 是如何成为整个 Binder 机制中的守护进程这条主线来分析相关源代码，这主要包括从用户空间到内核空间的相关源代码。

Service Manager 在用户空间的源代码位于“frameworks/base/cmds/servicemanager“目录下，主要是由文件 binder.h、binder.c 和 service_manager.c 组成。Service Manager 的入口位于文件 service_manager.c 中的函数 main()中，代码如下。

```
int main(int argc, char **argv){
    struct binder_state *bs;
    void *svcmgr = BINDER_SERVICE_MANAGER;
    bs = binder_open(128*1024);
```

```
    if (binder_become_context_manager(bs)) {
        LOGE("cannot become context manager (%s)\n", strerror(errno));
        return -1;
    }
    svcmgr_handle = svcmgr;
    binder_loop(bs, svcmgr_handler);
    return 0;
}
```

上述函数 main()主要有如下三个功能。

- 打开 Binder 设备文件。
- 告诉Binder驱动程序自己是Binder机制的上下文管理者，即我们前面所说的守护进程。
- 进入一个无穷循环，充当服务器的角色，等待客户端的请求。

在进入上述三个功能之间，先来看一下这里用到的结构体 binder_state、宏 BINDER_SERVICE_MANAGER 的定义。结构体 binder_state 定义在文件 frameworks/base/cmds/servicemanager/binder.c 中，代码如下。

```
struct binder_state {
    int fd;
    void *mapped;
    unsigned mapsize;
};
```

其中 fd 表示文件描述符，即表示打开的"/dev/binder"设备文件描述符；mapped 表示把设备文件"/dev/binder"映射到进程空间的起始地址；mapsize 表示上述内存映射空间的大小。

宏 BINDER_SERVICE_MANAGER 在文件 frameworks/base/cmds/servicemanager/binder.h 中定义，代码如下。

```
/* the one magic object */
#define BINDER_SERVICE_MANAGER ((void*) 0)
```

这表示 Service Manager 的句柄为 0。Binder 通信机制使用句柄来代表远程接口，此句柄的意义和 Windows 编程中用到的句柄是差不多。前面说到，Service Manager 在充当守护进程的同时，它充当服务器的角色，当它作为远程接口使用时，它的句柄值便为 0，这就是它的特殊之处，其余的服务器端的远程接口句柄值都是一个大于 0 而且由 Binder 驱动程序自动进行分配的。

函数首先打开 Binder 设备文件的操作函数 binder_open()，此函数的定义位于文件 frameworks/base/cmds/servicemanager/binder.c 中，代码如下。

```
struct binder_state *binder_open(unsigned mapsize){
    struct binder_state *bs;
    bs = malloc(sizeof(*bs));
    if (!bs) {
        errno = ENOMEM;
        return 0;
    }
    bs->fd = open("/dev/binder", O_RDWR);
    if (bs->fd < 0) {
        fprintf(stderr,"binder: cannot open device (%s)\n",
                strerror(errno));
        goto fail_open;
```

```
    }
    bs->mapsize = mapsize;
    bs->mapped = mmap(NULL, mapsize, PROT_READ, MAP_PRIVATE, bs->fd, 0);
    if (bs->mapped == MAP_FAILED) {
        fprintf(stderr,"binder: cannot map device (%s)\n",
                strerror(errno));
        goto fail_map;
    }
        /* TODO: check version */
    return bs;
fail_map:
    close(bs->fd);
fail_open:
    free(bs);
    return 0;
}
```

通过文件操作函数 open()打开设备文件/dev/binder，此设备文件是在 Binder 驱动程序模块初始化时创建的。接下来先看一下这个设备文件的创建过程，来到 kernel/common/drivers/staging/android 目录，打开文件 binder.c，可以看到如下模块初始化入口 binder_init：

```
static struct file_operations binder_fops = {
    .owner = THIS_MODULE,
    .poll = binder_poll,
    .unlocked_ioctl = binder_ioctl,
    .mmap = binder_mmap,
    .open = binder_open,
    .flush = binder_flush,
    .release = binder_release,
};
static struct miscdevice binder_miscdev = {
    .minor = MISC_DYNAMIC_MINOR,
    .name = "binder",
    .fops = &binder_fops
};

static int __init binder_init(void)
{
    int ret;

    binder_proc_dir_entry_root = proc_mkdir("binder", NULL);
    if (binder_proc_dir_entry_root)
        binder_proc_dir_entry_proc = proc_mkdir("proc", binder_proc_dir_entry_
root);
      ret = misc_register(&binder_miscdev);
    if (binder_proc_dir_entry_root) {
        create_proc_read_entry("state", S_IRUGO, binder_proc_dir_entry_root,
binder_read_proc_state, NULL);
        create_proc_read_entry("stats", S_IRUGO, binder_proc_dir_entry_root,
binder_read_proc_stats, NULL);
        create_proc_read_entry("transactions", S_IRUGO, binder_proc_dir_entry_root,
binder_read_proc_transactions, NULL);
```

```
        create_proc_read_entry("transaction_log", S_IRUGO, binder_proc_dir_entry_root,
binder_read_proc_transaction_log, &binder_transaction_log);
        create_proc_read_entry("failed_transaction_log", S_IRUGO, binder_proc_
dir_entry_root, binder_read_proc_transaction_log, &binder_transaction_log_failed);
    }
    return ret;
}
device_initcall(binder_init);
```

在函数 misc_register()中实现了创建设备文件的功能，并实现了 misc 设备的注册工作，在/proc 目录中创建了各种 Binder 相关的文件供用户访问。从设备文件的操作方法 binder_fops 可以看出，通过如下函数 binder_open 的执行语句。

```
bs->fd = open("/dev/binder", O_RDWR);
```

即可进入到 Binder 驱动程序的 binder_open()函数。

```
static int binder_open(struct inode *nodp, struct file *filp)
{
    struct binder_proc *proc;

    if (binder_debug_mask & BINDER_DEBUG_OPEN_CLOSE)
        printk(KERN_INFO "binder_open: %d:%d\n", current->group_leader->pid,
current->pid);

    proc = kzalloc(sizeof(*proc), GFP_KERNEL);
    if (proc == NULL)
        return -ENOMEM;
    get_task_struct(current);
    proc->tsk = current;
    INIT_LIST_HEAD(&proc->todo);
    init_waitqueue_head(&proc->wait);
    proc->default_priority = task_nice(current);
    mutex_lock(&binder_lock);
    binder_stats.obj_created[BINDER_STAT_PROC]++;
    hlist_add_head(&proc->proc_node, &binder_procs);
    proc->pid = current->group_leader->pid;
    INIT_LIST_HEAD(&proc->delivered_death);
    filp->private_data = proc;
    mutex_unlock(&binder_lock);

    if (binder_proc_dir_entry_proc) {
        char strbuf[11];
        snprintf(strbuf, sizeof(strbuf), "%u", proc->pid);
        remove_proc_entry(strbuf, binder_proc_dir_entry_proc);
        create_proc_read_entry(strbuf,  S_IRUGO,  binder_proc_dir_entry_proc,
binder_read_proc_proc, proc);
    }
    return 0;
}
```

上述函数的主要作用是创建一个名为 binder_proc 的数据结构，用此数据结构来保存打开设备文件/dev/binder 的进程上下文信息，并且将这个进程上下文信息保存在打开文件结构 file 的私有数据成员变量 private_data 中。这样当在执行其他文件操作时，就通过打开文件结构 file 来取回这个进程上下文信息了。这个进程上下文信息同时还会保存在一个全局哈希表 binder_procs 中，供驱动程序内部使用。哈希表 binder_procs 定义在文件的开头。

```
static HLIST_HEAD(binder_procs);
```

而结构体 struct binder_proc 也被定义在文件 kernel/common/drivers/staging/android/binder.c 中。

```
struct binder_proc {
    struct hlist_node proc_node;
    struct rb_root threads;
    struct rb_root nodes;
    struct rb_root refs_by_desc;
    struct rb_root refs_by_node;
    int pid;
    struct vm_area_struct *vma;
    struct task_struct *tsk;
    struct files_struct *files;
    struct hlist_node deferred_work_node;
    int deferred_work;
    void *buffer;
    ptrdiff_t user_buffer_offset;
    struct list_head buffers;
    struct rb_root free_buffers;
    struct rb_root allocated_buffers;
    size_t free_async_space;
    struct page **pages;
    size_t buffer_size;
    uint32_t buffer_free;
    struct list_head todo;
    wait_queue_head_t wait;
    struct binder_stats stats;
    struct list_head delivered_death;
    int max_threads;
    int requested_threads;
    int requested_threads_started;
    int ready_threads;
    long default_priority;
};
```

上述结构体的成员比较多，其中最重要的有 4 个成员变量。

- ❑ threads。
- ❑ nodes。
- ❑ refs_by_desc。
- ❑ refs_by_node。

上述 4 个成员变量都是表示代码中算法的红黑树的节点，也就是说，binder_proc 分别挂在 4 个红黑树下，具体说明如下。

- ❑ threads 树：用来保存 binder_proc 进程内用于处理用户请求的线程，它的最大数量由 max_threads 来决定。
- ❑ node 树：用来保存 binder_proc 进程内的 Binder 实体。

- refs_by_desc 树和 refs_by_node 树：用来保存 binder_proc 进程内的 Binder 引用，即引用的其他进程的 Binder 实体，它分别用两种方式来组织红黑树，一种是以句柄作 key 值来组织，一种是以引用的实体节点的地址值作 key 值来组织，它们都是表示同一样东西，只不过是为了内部查找方便而用两个红黑树来表示。

这样，打开设备文件/dev/binder 的操作就完成了，接下来需要对打开的设备文件进行内存映射操作 mmap。

```
bs->mapped = mmap(NULL, mapsize, PROT_READ, MAP_PRIVATE, bs->fd, 0);
```

对应 Binder 驱动程序的是函数 binder_mmap()，实现代码如下。

```
static int binder_mmap(struct file *filp, struct vm_area_struct *vma)
{
    int ret;
    struct vm_struct *area;
    struct binder_proc *proc = filp->private_data;
    const char *failure_string;
    struct binder_buffer *buffer;
    if ((vma->vm_end - vma->vm_start) > SZ_4M)
        vma->vm_end = vma->vm_start + SZ_4M;
    if (binder_debug_mask & BINDER_DEBUG_OPEN_CLOSE)
        printk(KERN_INFO
            "binder_mmap: %d %lx-%lx (%ld K) vma %lx pagep %lx\n",
            proc->pid, vma->vm_start, vma->vm_end,
            (vma->vm_end - vma->vm_start) / SZ_1K, vma->vm_flags,
            (unsigned long)pgprot_val(vma->vm_page_prot));
    if (vma->vm_flags & FORBIDDEN_MMAP_FLAGS) {
        ret = -EPERM;
        failure_string = "bad vm_flags";
        goto err_bad_arg;
    }
    vma->vm_flags = (vma->vm_flags | VM_DONTCOPY) & ~VM_MAYWRITE;

    if (proc->buffer) {
        ret = -EBUSY;
        failure_string = "already mapped";
        goto err_already_mapped;
    }

    area = get_vm_area(vma->vm_end - vma->vm_start, VM_IOREMAP);
    if (area == NULL) {
        ret = -ENOMEM;
        failure_string = "get_vm_area";
        goto err_get_vm_area_failed;
    }
    proc->buffer = area->addr;
    proc->user_buffer_offset = vma->vm_start - (uintptr_t)proc->buffer;

#ifdef CONFIG_CPU_CACHE_VIPT
    if (cache_is_vipt_aliasing()) {
        while (CACHE_COLOUR((vma->vm_start ^ (uint32_t)proc->buffer))) {
```

```
            printk(KERN_INFO "binder_mmap: %d %lx-%lx maps %p bad alignment\n",
proc->pid, vma->vm_start, vma->vm_end, proc->buffer);
            vma->vm_start += PAGE_SIZE;
        }
    }
#endif
    proc->pages = kzalloc(sizeof(proc->pages[0]) * ((vma->vm_end - vma->vm_start)
/ PAGE_SIZE), GFP_KERNEL);
    if (proc->pages == NULL) {
        ret = -ENOMEM;
        failure_string = "alloc page array";
        goto err_alloc_pages_failed;
    }
    proc->buffer_size = vma->vm_end - vma->vm_start;

    vma->vm_ops = &binder_vm_ops;
    vma->vm_private_data = proc;

    if (binder_update_page_range(proc, 1, proc->buffer, proc->buffer + PAGE_SIZE,
vma)) {
        ret = -ENOMEM;
        failure_string = "alloc small buf";
        goto err_alloc_small_buf_failed;
    }
    buffer = proc->buffer;
    INIT_LIST_HEAD(&proc->buffers);
    list_add(&buffer->entry, &proc->buffers);
    buffer->free = 1;
    binder_insert_free_buffer(proc, buffer);
    proc->free_async_space = proc->buffer_size / 2;
    barrier();
    proc->files = get_files_struct(current);
    proc->vma = vma;

    /*printk(KERN_INFO "binder_mmap: %d %lx-%lx maps %p\n", proc->pid,
vma->vm_start, vma->vm_end, proc->buffer);*/
    return 0;

err_alloc_small_buf_failed:
    kfree(proc->pages);
    proc->pages = NULL;
err_alloc_pages_failed:
    vfree(proc->buffer);
    proc->buffer = NULL;
err_get_vm_area_failed:
err_already_mapped:
err_bad_arg:
    printk(KERN_ERR "binder_mmap: %d %lx-%lx %s failed %d\n", proc->pid,
vma->vm_start, vma->vm_end, failure_string, ret);
    return ret;
}
```

在上述函数 binder_mmap()中，首先通过 filp->private_data 得到在打开设备文件"/dev/binder"时创建的结构 binder_proc。内存映射信息放在 vma 参数中。读者需要注意，这里 vma 的数据类型是结构 vm_area_struct，表示的是一块连续的虚拟地址空间区域。在函数变量声明的地方，还看到有一个类似的结构体 vm_struct，这个数据结构也是表示一块连续的虚拟地址空间区域。那么，这两者的区别是什么呢？在 Linux 中，结构体 vm_area_struct 表示的虚拟地址是给进程使用的，而结构体 vm_struct 表示的虚拟地址是给内核使用的，它们对应的物理页面都可以是不连续的。结构体 vm_area_struct 表示的地址空间范围是 0～3GB，而结构体 vm_struct 表示的地址空间范围是(3GB+896MB+8MB)～4GB。为什么结构体 vm_struct 表示的地址空间范围不是 3GB～4GB 呢？因为 3GB～(3GB+896MB)范围的地址是用来映射连续的物理页面的，这个范围的虚拟地址和对应的实际物理地址有着简单的对应关系，即对应 0~896MB 的物理地址空间，而(3GB+896MB)～(3GB+896MB+8MB)是安全保护区域。例如所有指向这 8MB 地址空间的指针都是非法的，所以结构体 vm_struct 使用(3GB+896MB+8MB)～4GB 地址空间来映射非连续的物理页面。

此处为什么会同时使用进程虚拟地址空间和内核虚拟地址空间来映射同一个物理页面呢？这就是 Binder 进程间通信机制的精髓所在了。在同一个物理页面，一方面映射到进程虚拟地址空间，一方面映射到内核虚拟地址空间，这样进程和内核之间就可以减少一次内存复制工作，提高了进程之间的通信效率。

了解了 binder_mmap 的原理后，整个函数的逻辑就很好理解了。但是在此还是先要解释一下 binder_proc 结构体中的如下成员变量。

- buffer：是一个 void*指针，表示要映射的物理内存在内核空间中的起始位置。
- buffer_size：是一个 size_t 类型的变量，表示要映射的内存的大小。
- pages：是一个 struct page*类型的数组，struct page 是用来描述物理页面的数据结构；
- user_buffer_offset：是一个 ptrdiff_t 类型的变量，表示的是内核使用的虚拟地址与进程使用的虚拟地址之间的差值，即如果某个物理页面在内核空间中对应的虚拟地址是 addr 的话，那么这个物理页面在进程空间对应的虚拟地址就为"addr+user_buffer_offset"格式。

接下来还需要看一下 Binder 驱动程序管理内存映射地址空间的方法，即如何管理 buffer～(buffer + buffer_size)这段地址空间的，这个地址空间被划分为一段一段来管理，每一段是用结构体 binder_buffer 来描述的，代码如下。

```
struct binder_buffer {
    struct list_head entry; /* free and allocated entries by addesss */
    struct rb_node rb_node; /* free entry by size or allocated entry */
                /* by address */
    unsigned free : 1;
    unsigned allow_user_free : 1;
    unsigned async_transaction : 1;
    unsigned debug_id : 29;
    struct binder_transaction *transaction;
    struct binder_node *target_node;
    size_t data_size;
    size_t offsets_size;
    uint8_t data[0];
};
```

每一个 binder_buffer 都通过其成员 entry 按从低地址到高地址连入到 struct binder_proc 中的 buffers 表示的链表中去，同时，每一个 binder_buffer 又可分为正在使用的和空闲的，通过 free 成员变量来区分，空闲的 binder_buffer 通过成员变量 rb_node 的帮助，连入到 struct binder_proc 中的 free_buffers 表示的红黑树中去。而那些正在使用的 binder_buffer，通过成员变量 rb_node 连入到 binder_proc 中的 allocated_buffers 表示的红黑树中去。这样做当然是为了方便查询和维护这块地址空间了。

然后回到函数 binder_mmap()。首先是对参数作一些检查，例如要映射的内存大小不能超过 SIZE_4M，即 4MB。在来到文件 service_manager.c 中的 main()函数，这里传进来的值是 128×1024B，即 128KB，对参数的检查没有问题。通过检查后，调用函数 get_vm_area()获得一个空闲的 vm_struct 区间，并初始化 proc 结构体的 buffer、user_buffer_offset、pages 和 buffer_size 等成员变量，接着调用 binder_update_page_range 为虚拟地址空间 proc->buffer ~ proc->buffer + PAGE_SIZE 分配一个空闲的物理页面，同时这段地址空间使用一个 binder_buffer 来描述，分别插入到 proc->buffers 链表和 proc->free_buffers 红黑树中去，最后还初始化了 proc 结构体的 free_async_space、files 和 vma 三个成员变量。

然后继续分析函数 binder_update_page_range()，看一下 Binder 驱动程序是如何实现把一个物理页面同时映射到内核空间和进程空间去的。

```
static int binder_update_page_range(struct binder_proc *proc, int allocate,
    void *start, void *end, struct vm_area_struct *vma)
{
    void *page_addr;
    unsigned long user_page_addr;
    struct vm_struct tmp_area;
    struct page **page;
    struct mm_struct *mm;
    if (binder_debug_mask & BINDER_DEBUG_BUFFER_ALLOC)
        printk(KERN_INFO "binder: %d: %s pages %p-%p\n",
               proc->pid, allocate ? "allocate" : "free", start, end);
    if (end <= start)
        return 0;
    if (vma)
        mm = NULL;
    else
        mm = get_task_mm(proc->tsk);
    if (mm) {
        down_write(&mm->mmap_sem);
        vma = proc->vma;
    }
    if (allocate == 0)
        goto free_range;
    if (vma == NULL) {
        printk(KERN_ERR "binder: %d: binder_alloc_buf failed to "
               "map pages in userspace, no vma\n", proc->pid);
        goto err_no_vma;
    }
    for (page_addr = start; page_addr < end; page_addr += PAGE_SIZE) {
        int ret;
```

```
        struct page **page_array_ptr;
        page = &proc->pages[(page_addr - proc->buffer) / PAGE_SIZE];
        BUG_ON(*page);
        *page = alloc_page(GFP_KERNEL | __GFP_ZERO);
        if (*page == NULL) {
            printk(KERN_ERR "binder: %d: binder_alloc_buf failed "
                   "for page at %p\n", proc->pid, page_addr);
            goto err_alloc_page_failed;
        }
        tmp_area.addr = page_addr;
        tmp_area.size = PAGE_SIZE + PAGE_SIZE /* guard page? */;
        page_array_ptr = page;
        ret = map_vm_area(&tmp_area, PAGE_KERNEL, &page_array_ptr);
        if (ret) {
            printk(KERN_ERR "binder: %d: binder_alloc_buf failed "
                   "to map page at %p in kernel\n",
                   proc->pid, page_addr);
            goto err_map_kernel_failed;
        }
        user_page_addr =
            (uintptr_t)page_addr + proc->user_buffer_offset;
        ret = vm_insert_page(vma, user_page_addr, page[0]);
        if (ret) {
            printk(KERN_ERR "binder: %d: binder_alloc_buf failed "
                   "to map page at %lx in userspace\n",
                   proc->pid, user_page_addr);
            goto err_vm_insert_page_failed;
        }
        /* vm_insert_page does not seem to increment the refcount */
    }
    if (mm) {
        up_write(&mm->mmap_sem);
        mmput(mm);
    }
    return 0;
free_range:
    for (page_addr = end - PAGE_SIZE; page_addr >= start;
         page_addr -= PAGE_SIZE) {
        page = &proc->pages[(page_addr - proc->buffer) / PAGE_SIZE];
        if (vma)
            zap_page_range(vma, (uintptr_t)page_addr +
                proc->user_buffer_offset, PAGE_SIZE, NULL);
err_vm_insert_page_failed:
        unmap_kernel_range((unsigned long)page_addr, PAGE_SIZE);
err_map_kernel_failed:
        __free_page(*page);
        *page = NULL;
err_alloc_page_failed:
        ;
    }
err_no_vma:
    if (mm) {
```

```
            up_write(&mm->mmap_sem);
            mmput(mm);
        }
        return -ENOMEM;
}
```

通过上述函数不但可以分配物理页面，而且可以用来释放物理页面，这可以通过参数 allocate 来区别，在此我们只需关注分配物理页面的情况。要分配物理页面的虚拟地址空间范围为(start ~ end)，函数前面的一些检查逻辑就不看了，我们只需直接看中间的 for 循环。

```
    for (page_addr = start; page_addr < end; page_addr += PAGE_SIZE) {
        int ret;
        struct page **page_array_ptr;
        page = &proc->pages[(page_addr - proc->buffer) / PAGE_SIZE];
        BUG_ON(*page);
        *page = alloc_page(GFP_KERNEL | __GFP_ZERO);
        if (*page == NULL) {
            printk(KERN_ERR "binder: %d: binder_alloc_buf failed "
                   "for page at %p\n", proc->pid, page_addr);
            goto err_alloc_page_failed;
        }
        tmp_area.addr = page_addr;
        tmp_area.size = PAGE_SIZE + PAGE_SIZE /* guard page? */;
        page_array_ptr = page;
        ret = map_vm_area(&tmp_area, PAGE_KERNEL, &page_array_ptr);
        if (ret) {
            printk(KERN_ERR "binder: %d: binder_alloc_buf failed "
                   "to map page at %p in kernel\n",
                   proc->pid, page_addr);
            goto err_map_kernel_failed;
        }
        user_page_addr =
            (uintptr_t)page_addr + proc->user_buffer_offset;
        ret = vm_insert_page(vma, user_page_addr, page[0]);
        if (ret) {
            printk(KERN_ERR "binder: %d: binder_alloc_buf failed "
                   "to map page at %lx in userspace\n",
                   proc->pid, user_page_addr);
            goto err_vm_insert_page_failed;
        }
        /* vm_insert_page does not seem to increment the refcount */
    }
```

在上述代码中，首先调用函数 alloc_page()分配一个物理页面，此函数返回一个结构体 page 物理页面描述符，根据这个描述的内容初始化好结构体 vm_struct tmp_area，然后通过 map_vm_area 将这个物理页面插入到 tmp_area 描述的内核空间去，接着通过 page_addr + proc->user_buffer_offset 获得进程虚拟空间地址，并通过函数 vm_insert_page()将这个物理页面插入到进程地址空间去，参数 vma 表示要插入的进程的地址空间。

我们再次回到文件 frameworks/base/cmds/servicemanager/service_manager.c 中的 main()函数，接下来需要调用 binder_become_context_manager 来通知 Binder 驱动程序自己是 Binder 机制的上

下文管理者，即守护进程。函数binder_become_context_manager()位于文件frameworks/base/cmds/servicemanager/binder.c中，具体代码如下。

```
int binder_become_context_manager(struct binder_state *bs){
    return ioctl(bs->fd, BINDER_SET_CONTEXT_MGR, 0);
}
```

在此通过调用 ioctl 文件操作函数通知 Binder 驱动程序自己是守护进程，命令号是BINDER_SET_CONTEXT_MGR，并没有任何参数。BINDER_SET_CONTEXT_MGR定义如下。

```
#define BINDER_SET_CONTEXT_MGR      _IOW('b', 7, int)
```

这样就进入到 Binder 驱动程序的函数 binder_ioctl()，在此只关注如下 BINDER_SET_CONTEXT_MGR命令即可：

```
static long binder_ioctl(struct file *filp, unsigned int cmd, unsigned long arg)
{
    int ret;
    struct binder_proc *proc = filp->private_data;
    struct binder_thread *thread;
    unsigned int size = _IOC_SIZE(cmd);
    void __user *ubuf = (void __user *)arg;
    /*printk(KERN_INFO "binder_ioctl: %d:%d %x %lx\n", proc->pid, current->pid,
cmd, arg);*/
    ret             =           wait_event_interruptible(binder_user_error_wait,
binder_stop_on_user_error < 2);
    if (ret)
        return ret;
    mutex_lock(&binder_lock);
    thread = binder_get_thread(proc);
    if (thread == NULL) {
        ret = -ENOMEM;
        goto err;
    }
    switch (cmd) {
        ......
    case BINDER_SET_CONTEXT_MGR:
        if (binder_context_mgr_node != NULL) {
            printk(KERN_ERR "binder: BINDER_SET_CONTEXT_MGR already set\n");
            ret = -EBUSY;
            goto err;
        }
        if (binder_context_mgr_uid != -1) {
            if (binder_context_mgr_uid != current->cred->euid) {
                printk(KERN_ERR "binder: BINDER_SET_"
                    "CONTEXT_MGR bad uid %d != %d\n",
                    current->cred->euid,
                    binder_context_mgr_uid);
                ret = -EPERM;
                goto err;
            }
        } else
            binder_context_mgr_uid = current->cred->euid;
```

```
        binder_context_mgr_node = binder_new_node(proc, NULL, NULL);
        if (binder_context_mgr_node == NULL) {
            ret = -ENOMEM;
            goto err;
        }
        binder_context_mgr_node->local_weak_refs++;
        binder_context_mgr_node->local_strong_refs++;
        binder_context_mgr_node->has_strong_ref = 1;
        binder_context_mgr_node->has_weak_ref = 1;
        break;
       ...
    default:
        ret = -EINVAL;
        goto err;
    }
    ret = 0;
err:
    if (thread)
        thread->looper &= ~BINDER_LOOPER_STATE_NEED_RETURN;
    mutex_unlock(&binder_lock);
    wait_event_interruptible(binder_user_error_wait,
binder_stop_on_user_error < 2);
    if (ret && ret != -ERESTARTSYS)
        printk(KERN_INFO "binder: %d:%d ioctl %x %lx returned %d\n", proc->pid,
current->pid, cmd, arg, ret);
    return ret;
}
```

在分析函数 binder_ioctl()前，需要先弄明白如下两个数据结构。

(1) 结构体 binder_thread：表示一个线程，这里就是执行 binder_become_context_manager()函数的线程。

```
struct binder_thread {
    struct binder_proc *proc;
    struct rb_node rb_node;
    int pid;
    int looper;
    struct binder_transaction *transaction_stack;
    struct list_head todo;
    uint32_t return_error; /* Write failed, return error code in read buf */
    uint32_t return_error2; /* Write failed, return error code in read */
        /* buffer. Used when sending a reply to a dead process that */
        /* we are also waiting on */
    wait_queue_head_t wait;
    struct binder_stats stats;
};
```

在上述结构体中，proc 表示是这个线程所属的进程。结构体 binder_proc 中，成员变量 thread 的类型是 rb_root，表示一棵红黑树，把属于这个进程的所有线程都组织起来，结构体 binder_thread 的成员变量 rb_node 就是用来链入这棵红黑树的节点了。looper 成员变量表示线程的状态，它可以取下面的值。

```
enum {
    BINDER_LOOPER_STATE_REGISTERED  = 0x01,
    BINDER_LOOPER_STATE_ENTERED     = 0x02,
    BINDER_LOOPER_STATE_EXITED      = 0x04,
    BINDER_LOOPER_STATE_INVALID     = 0x08,
    BINDER_LOOPER_STATE_WAITING     = 0x10,
    BINDER_LOOPER_STATE_NEED_RETURN = 0x20
};
```

至于其余的成员变量，transaction_stack 表示线程正在处理的事务，todo 表示发往该线程的数据列表，return_error 和 return_error2 表示操作结果返回码，wait 用来阻塞线程等待某个事件的发生，stats 用来保存一些统计信息。这些成员变量遇到的时候再分析它们的作用。

(2) 数据结构 binder_node：表示一个 binder 实体，定义如下。

```
struct binder_node {
    int debug_id;
    struct binder_work work;
    union {
        struct rb_node rb_node;
        struct hlist_node dead_node;
    };
    struct binder_proc *proc;
    struct hlist_head refs;
    int internal_strong_refs;
    int local_weak_refs;
    int local_strong_refs;
    void __user *ptr;
    void __user *cookie;
    unsigned has_strong_ref : 1;
    unsigned pending_strong_ref : 1;
    unsigned has_weak_ref : 1;
    unsigned pending_weak_ref : 1;
    unsigned has_async_transaction : 1;
    unsigned accept_fds : 1;
    int min_priority : 8;
    struct list_head async_todo;
};
```

由此可见，rb_node 和 dead_node 组成了一个联合体，具体来说分为如下两种情形。

- 如果这个 Binder 实体还在正常使用，则使用 rb_node 来连入“proc->nodes”所表示的红黑树的节点，这棵红黑树用来组织属于这个进程的所有 Binder 实体；
- 如果这个 Binder 实体所属的进程已经销毁，而这个 Binder 实体又被其他进程所引用，则这个 Binder 实体通过 dead_node 进入到一个哈希表中去存放。proc 成员变量就是表示这个 Binder 实例所属于进程了。

refs 成员变量把所有引用了该 Binder 实体的 Binder 引用连接起来构成一个链表。internal_strong_refs、local_weak_refs 和 local_strong_refs 表示这个 Binder 实体的引用计数。ptr 和 cookie 成员变量分别表示这个 Binder 实体在用户空间的地址以及附加数据。其余的成员变量就不描述了，遇到的时候再分析。

接下来回到函数 binder_ioctl()中，首先是通过“filp->private_data”获得 proc 变量，此处的

函数 binder_mmap()是一样的，然后通过函数 binder_get_thread()获得线程信息，此函数的代码如下。

```
static struct binder_thread *binder_get_thread(struct binder_proc *proc)
{
    struct binder_thread *thread = NULL;
    struct rb_node *parent = NULL;
    struct rb_node **p = &proc->threads.rb_node;

    while (*p) {
        parent = *p;
        thread = rb_entry(parent, struct binder_thread, rb_node);

        if (current->pid < thread->pid)
            p = &(*p)->rb_left;
        else if (current->pid > thread->pid)
            p = &(*p)->rb_right;
        else
            break;
    }
    if (*p == NULL) {
        thread = kzalloc(sizeof(*thread), GFP_KERNEL);
        if (thread == NULL)
            return NULL;
        binder_stats.obj_created[BINDER_STAT_THREAD]++;
        thread->proc = proc;
        thread->pid = current->pid;
        init_waitqueue_head(&thread->wait);
        INIT_LIST_HEAD(&thread->todo);
        rb_link_node(&thread->rb_node, parent, p);
        rb_insert_color(&thread->rb_node, &proc->threads);
        thread->looper |= BINDER_LOOPER_STATE_NEED_RETURN;
        thread->return_error = BR_OK;
        thread->return_error2 = BR_OK;
    }
    return thread;
}
```

在上述代码中，把当前线程 current 的 pid 作为键值，在进程 proc->threads 表示的红黑树中进行查找，看是否已经为当前线程创建过了 binder_thread 信息。在这个场景下，由于当前线程是第一次进到这里，所以肯定找不到，即*p == NULL 成立，于是，就为当前线程创建一个线程上下文信息结构体 binder_thread，并初始化相应成员变量，并插入到 proc->threads 所表示的红黑树中去，下次要使用时就可以从 proc 中找到了。注意，这里的 thread->looper = BINDER_LOOPER_STATE_NEED_RETURN。

再回到函数 binder_ioctl()中，接下来会有两个全局变量 binder_context_mgr_node 和 binder_context_mgr_uid，定义如下。

```
static struct binder_node *binder_context_mgr_node;
static uid_t binder_context_mgr_uid = -1;
```

其中 binder_context_mgr_node 用来表示 Service Manager 实体，binder_context_mgr_uid 表示

Service Manager 守护进程的 uid。在这个场景下，由于当前线程是第一次进到这里，所以 binder_context_mgr_node 为 NULL，binder_context_mgr_uid 为-1，于是初始化 binder_context_mgr_uid 为 current->cred->euid，这样当前线程就成为 Binder 机制的守护进程了，并且通过 binder_new_node 为 Service Manager 创建 Binder 实体。

```
static struct binder_node *
binder_new_node(struct binder_proc *proc, void __user *ptr, void __user *cookie)
{
    struct rb_node **p = &proc->nodes.rb_node;
    struct rb_node *parent = NULL;
    struct binder_node *node;
    while (*p) {
        parent = *p;
        node = rb_entry(parent, struct binder_node, rb_node);
        if (ptr < node->ptr)
            p = &(*p)->rb_left;
        else if (ptr > node->ptr)
            p = &(*p)->rb_right;
        else
            return NULL;
    }
    node = kzalloc(sizeof(*node), GFP_KERNEL);
    if (node == NULL)
        return NULL;
    binder_stats.obj_created[BINDER_STAT_NODE]++;
    rb_link_node(&node->rb_node, parent, p);
    rb_insert_color(&node->rb_node, &proc->nodes);
    node->debug_id = ++binder_last_id;
    node->proc = proc;
    node->ptr = ptr;
    node->cookie = cookie;
    node->work.type = BINDER_WORK_NODE;
    INIT_LIST_HEAD(&node->work.entry);
    INIT_LIST_HEAD(&node->async_todo);
    if (binder_debug_mask & BINDER_DEBUG_INTERNAL_REFS)
        printk(KERN_INFO "binder: %d:%d node %d u%p c%p created\n",
               proc->pid, current->pid, node->debug_id,
               node->ptr, node->cookie);
    return node;
}
```

在这里传进来的 ptr 和 cookie 的值都为 NULL。上述函数会首先检查 proc->nodes 红黑树中是否已经存在以 ptr 为键值的 node，如果已经存在则返回 NULL。在这个场景下，由于当前线程是第一次进入到这里，所以肯定不存在，于是就新建了一个 ptr 为 NULL 的 binder_node，并且初始化其他成员变量，并插入到 proc->nodes 红黑树中去。

当 binder_new_node 返回到函数 binder_ioctl()后，会把新建的 binder_node 指针保存在 binder_context_mgr_node 中，然后又初始化 binder_context_mgr_node 的引用计数值。这样执行 BINDER_SET_CONTEXT_MGR 命令完毕，在函数 binder_ioctl()返回前执行下面的语句。

```
if (thread)
```

```
        thread->looper &= ~BINDER_LOOPER_STATE_NEED_RETURN;
```

在执行 binder_get_thread 时，thread->looper = BINDER_LOOPER_STATE_NEED_RETURN，执行了这条语句后，thread->looper = 0。

再次回到文件 frameworks/base/cmds/servicemanager/service_manager.c 中的 main()函数，接下来需要调用函数 binder_loop()进入循环，等待客户端发送请求。函数 binder_loop()定义在文件 frameworks/base/cmds/servicemanager/binder.c 中。

```
void binder_loop(struct binder_state *bs, binder_handler func)
{
    int res;
    struct binder_write_read bwr;
    unsigned readbuf[32];
    bwr.write_size = 0;
    bwr.write_consumed = 0;
    bwr.write_buffer = 0;

    readbuf[0] = BC_ENTER_LOOPER;
    binder_write(bs, readbuf, sizeof(unsigned));
    for (;;) {
        bwr.read_size = sizeof(readbuf);
        bwr.read_consumed = 0;
        bwr.read_buffer = (unsigned) readbuf;
        res = ioctl(bs->fd, BINDER_WRITE_READ, &bwr);
        if (res < 0) {
            LOGE("binder_loop: ioctl failed (%s)\n", strerror(errno));
            break;
        }
        res = binder_parse(bs, 0, readbuf, bwr.read_consumed, func);
        if (res == 0) {
            LOGE("binder_loop: unexpected reply?!\n");
            break;
        }
        if (res < 0) {
            LOGE("binder_loop: io error %d %s\n", res, strerror(errno));
            break;
        }
    }
}
```

在上述代码中，首先通过函数 binder_write()执行 BC_ENTER_LOOPER 命令以告诉 Binder 驱动程序，Service Manager 马上要进入循环。在此还需要理解设备文件“/dev/binder”操作函数 ioctl 的操作码 BINDER_WRITE_READ，首先看其定义。

```
#define BINDER_WRITE_READ           _IOWR('b', 1, struct binder_write_read)
```

此 io 操作码有一个形式为 struct binder_write_read 的参数：

```
struct binder_write_read {
    signed long write_size; /* bytes to write */
    signed long write_consumed; /* bytes consumed by driver */
    unsigned long   write_buffer;
```

```
    signed long read_size;  /* bytes to read */
    signed long read_consumed;  /* bytes consumed by driver */
    unsigned long   read_buffer;
};
```

用户空间程序和 Binder 驱动程序交互时，大多数是通过 BINDER_WRITE_READ 命令实现的，write_bufffer 和 read_buffer 所指向的数据结构还指定了具体要执行的操作，write_bufffer 和 read_buffer 所指向的结构体是 binder_transaction_data，定义此结构体的代码如下：

```
struct binder_transaction_data {
    /* The first two are only used for bcTRANSACTION and brTRANSACTION,
     * identifying the target and contents of the transaction.
     */
    union {
        size_t  handle; /* target descriptor of command transaction */
        void    *ptr;   /* target descriptor of return transaction */
    } target;
    void        *cookie;    /* target object cookie */
    unsigned int    code;       /* transaction command */

    /* General information about the transaction. */
    unsigned int    flags;
    pid_t       sender_pid;
    uid_t       sender_euid;
    size_t      data_size;  /* number of bytes of data */
    size_t      offsets_size;   /* number of bytes of offsets */

    /* If this transaction is inline, the data immediately
     * follows here; otherwise, it ends with a pointer to
     * the data buffer.
     */
    union {
        struct {
            /* transaction data */
            const void  *buffer;
            /* offsets from buffer to flat_binder_object structs */
            const void  *offsets;
        } ptr;
        uint8_t buf[8];
    } data;
};
```

到此为止，我们从源代码一步一步地分析完 Service Manager 是如何成为 Android 进程间通信(IPC)机制 Binder 守护进程的了。在接下来的内容中，简要总结 Service Manager 成为 Android 进程间通信(IPC)机制 Binder 守护进程的过程。

(1) 打开/dev/binder 文件。

```
open("/dev/binder", O_RDWR);
```

(2) 建立 128KB 的内存映射。

```
mmap(NULL, mapsize, PROT_READ, MAP_PRIVATE, bs->fd, 0);
```

(3) 通知 Binder 驱动程序其是守护进程。

```
binder_become_context_manager(bs);
```

(4) 进入循环等待请求的到来。

```
binder_loop(bs, svcmgr_handler);
```

在这个过程中，在 Binder 驱动程序中建立了一个 struct binder_proc 结构、一个 struct binder_thread 结构和一个 struct binder_node 结构，这样，Service Manager 就在 Android 系统的进程间通信机制 Binder 担负起守护进程的职责了。

10.3.3 分析 Server 和 Client 获得 Service Manager 的过程

作为守护进程，Service Manager 的职责是为服务器和客户端服务。那么，服务器和客户端如何获得 Service Manager 接口，进而享受它提供的服务呢？在接下来的内容中，将和大家一起分析服务器和客户端获得 Service Manager 的过程。

众所周知，Service Manager 在 Binder 机制中既充当守护进程的角色，同时它也充当着服务器的角色，但是它又与一般的服务器不一样。对于普通的服务器来说，客户端如果想要获得服务器的远程接口，必须通过 Service Manager 远程接口提供的 getService 接口来获得，这本身就是一个使用 Binder 机制来进行进程间通信的过程。而对于 Service Manager 这个服务器来说，客户端如果想要获得 Service Manager 远程接口，却不必通过进程间通信机制来获得，因为 Service Manager 远程接口是一个特殊的 Binder 引用，它的引用句柄一定是 0。

获取 Service Manager 远程接口的函数是 defaultServiceManager()，此函数声明在文件 frameworks/base/include/binder/IServiceManager.h 中，代码如下。

```
sp<IServiceManager> defaultServiceManager();
```

函数 defaultServiceManager()在 frameworks/base/libs/binder/IServiceManager.cpp 文件中实现。

```
sp<IServiceManager> defaultServiceManager()
{
    if (gDefaultServiceManager != NULL) return gDefaultServiceManager;
    {
        AutoMutex _l(gDefaultServiceManagerLock);
        if (gDefaultServiceManager == NULL) {
            gDefaultServiceManager = interface_cast<IServiceManager>(
                ProcessState::self()->getContextObject(NULL));
        }
    }
    return gDefaultServiceManager;
}
```

其中 gDefaultServiceManagerLock 和 gDefaultServiceManager 是全局变量，定义在文件 frameworks/base/libs/binder/Static.cpp 中：

```
Mutex gDefaultServiceManagerLock;
sp<IServiceManager> gDefaultServiceManager;
```

从上述函数可以看出，gDefaultServiceManager 是单例模式，在调用函数 defaultServiceManager()

时，如果已经创建 gDefaultServiceManager，则直接返回，否则通过 interface_cast<IServiceManager>(ProcessState::self()->getContextObject(NULL))来创建一个，并保存在 gDefaultServiceManager 全局变量中。

在 Binder 机制中，类 BpServiceManager 继承了类 BpInterface<IServiceManager>，BpInterface 是一个模板类，定义在文件 frameworks/base/include/binder/IInterface.h 中。

```
template<typename INTERFACE>
class BpInterface : public INTERFACE, public BpRefBase {
public:
    BpInterface(const sp<IBinder>& remote);
protected:
    virtual IBinder* onAsBinder();
};
```

类 IServiceManager 继承了类 IInterface，而类 IInterface 和类 BpRefBase 又分别继承了类 RefBase。在类 BpRefBase 中有一个名为 mRemote 的成员变量，它的类型是 IBinder*，实现类为 BpBinder，表示一个 Binder 引用，引用句柄值保存在 BpBinder 类的 mHandle 成员变量中。类 BpBinder 通过类 IPCThreadState 来和 Binder 驱动程序并互，而 IPCThreadState 又通过它的成员变量 mProcess 来打开/dev/binder 设备文件，mProcess 成员变量的类型为 ProcessState。ProcessState 类打开设备/dev/binder 之后，将打开文件描述符保存在 mDriverFD 成员变量中，以供后续使用。

在理解了上述概念后，接下来就可以继续分析创建 Service Manager 远程接口的过程了，我们的最终目的是要创建一个 BpServiceManager 实例，并且返回它的 IServiceManager 接口。下面是创建 Service Manager 远程接口的主要语句。

```
        gDefaultServiceManager = interface_cast<IServiceManager>(
            ProcessState::self()->getContextObject(NULL));
```

上述代码虽然看似简短，但是暗藏玄机。首先是调用函数 ProcessState::self()，函数 self()是 ProcessState 的静态成员函数，其作用是返回一个全局唯一的 ProcessState 实例变量，这就是单例模式，这个变量名为 gProcess。如果尚未创建 gProcess，就会执行创建操作，在 ProcessState 的构造函数中，会通过文件操作函数 open()打开设备文件“/dev/binder”，并且返回来的设备文件描述符保存在成员变量 mDriverFD 中。

接着调用函数 gProcess->getContextObject()获得一个句柄值为 0 的 Binder 引用，即 BpBinder，于是创建 Service Manager 远程接口的语句可以简化为下面的形式。

```
gDefaultServiceManager = interface_cast<IServiceManager>(new BpBinder(0));
```

再来看函数 interface_cast<IServiceManager>的具体实现，这是一个模板函数，定义在文件 framework/base/include/binder/IInterface.h 中。

```
template<typename INTERFACE>
inline sp<INTERFACE> interface_cast(const sp<IBinder>& obj) {
   return INTERFACE::asInterface(obj);
}
```

这里的 INTERFACE 是 IServiceManager，调用了函数 IServiceManager::asInterface()。函数 IServiceManager::asInterface()是通过 DECLARE_META_INTERFACE(ServiceManager)宏在类 IServiceManager 中声明的，它位于文件 framework/base/include/binder/IServiceManager.h 中。

```
DECLARE_META_INTERFACE(ServiceManager);
```

展开后显示为：

```
#define DECLARE_META_INTERFACE(ServiceManager)                          \
    static const android::String16 descriptor;                          \
    static android::sp<IServiceManager> asInterface(                     \
    const android::sp<android::IBinder>& obj);                           \
    virtual const android::String16& getInterfaceDescriptor() const;     \
    IServiceManager();                                                   \
    virtual ~IServiceManager();
```

IServiceManager::asInterface 的实现是通过宏 IMPLEMENT_META_INTERFACE (ServiceManager, "android.os.IServiceManager")定义的，它位于文件 framework/base/libs/binder/IServiceManager.cpp 中。

```
IMPLEMENT_META_INTERFACE(ServiceManager, "android.os.IServiceManager");
```

展开后的代码如下。

```
#define IMPLEMENT_META_INTERFACE(ServiceManager, "android.os.IServiceManager")
\
   const                                                    android::String16
IServiceManager::descriptor("android.os.IServiceManager");
   const android::String16&
   IServiceManager::getInterfaceDescriptor(){
const
   return IServiceManager::descriptor;
   }
   android::sp<IServiceManager> IServiceManager::asInterface(
   const android::sp<android::IBinder>& obj)
   {
   android::sp<IServiceManager> intr;
   if (obj != NULL) {
   intr = static_cast<IServiceManager*>(
   obj->queryLocalInterface(
   IServiceManager::descriptor).get());
   if (intr == NULL) {
   intr = new BpServiceManager(obj);
   }
   }
   return intr;
   }
   IServiceManager::IServiceManager() { }
   IServiceManager::~IServiceManager() { }
IServiceManager::asInterface 的具体实现如下：
android::sp<IServiceManager>                   IServiceManager::asInterface(const
android::sp<android::IBinder>& obj)
{
   android::sp<IServiceManager> intr;

   if (obj != NULL) {
       intr = static_cast<IServiceManager*>(
                   obj->queryLocalInterface(IServiceManager::descriptor).get());

       if (intr == NULL) {
```

```
            intr = new BpServiceManager(obj);
        }
    }
    return intr;
}
```

此处传进来的参数 obj 就是刚才创建的 new BpBinder(0)，类 BpBinder 中的成员函数 queryLocalInterface()继承自基类 IBinder，函数 IBinder::queryLocalInterface()位于文件 framework/base/libs/binder/Binder.cpp 中。

```
sp<IInterface>  IBinder::queryLocalInterface(const String16& descriptor)
{
    return NULL;
}
```

由此可见，在函数 IServiceManager::asInterface()中会调用下面的语句：

```
intr = new BpServiceManager(obj);
```

即

```
intr = new BpServiceManager(new BpBinder(0));
```

回到 defaultServiceManager()函数中，最终结果如下。

```
gDefaultServiceManager = new BpServiceManager(new BpBinder(0));
```

这样，创建 Service Manager 远程接口完毕，它本质上是一个 BpServiceManager，包含了一个句柄值为 0 的 Binder 引用。

在 Android 系统的 Binder 机制中，服务器和客户端拿到这个 Service Manager 远程接口后怎么用呢？具体说明如下。

(1) 对于服务器来说，就是调用接口 IServiceManager::addService 和 Binder 驱动程序进行交互，即调用 BpServiceManager::addService 。而 BpServiceManager::addService 又会调用通过其基类 BpRefBase 的成员函数 remote()获得原先创建的 BpBinder 实例，接着调用成员函数 BpBinder::transact()。在函数 BpBinder::transact()中，又会调用成员函数 IPCThreadState::transact()，这里就是最终与 Binder 驱动程序交互的地方了。回忆一下前面的类图，IPCThreadState 有一个 PorcessState 类型的成中变量 mProcess，而 mProcess 有一个成员变量 mDriverFD，它是设备文件/dev/binder 的打开文件描述符，所以 IPCThreadState 相当于间接地在拥有了设备文件“/dev/binder”的打开文件描述符，于是便可以与 Binder 驱动程序进行交互。

(2) 对于客户端来说，就是调用 IServiceManager::getService 这个接口来和 Binder 驱动程序交互了。具体过程跟上述服务器使用 Service Manager 的方法一样的，在此不再介绍。

第 11 章　JNI 接口

JNI 是 Java Native Interface 标准的缩写，是 Java 平台的一部分。JNI 是本地编程接口，它使得在 Java 虚拟机内部运行的 Java 代码能够与用其他编程语言(如 C、C++和汇编语言)编写的应用程序和库进行交互操作。本章将详细讲解 JNI 接口的基本知识，为读者步入本书后面知识的学习打下基础。

11.1　JNI 技术基础

本节将首先讲解 JNI 技术的基础知识，为读者步入本书后面知识的学习打下基础。

11.1.1　JNI 概述

由于 Android 的应用层的类都是以 Java 代码编写的，这些 Java 类编译为 Dex 型式的 Bytecode 后，必须靠 Dalvik 虚拟机来执行。虚拟机在 Android 平台中扮演着很重要的角色。

此外，在执行 Java 类的过程中，如果 Java 类需要与 C 组件沟通，虚拟机就会去载入 C 组件，然后让 Java 的函数顺利地调用 C 组件的函数。此时，虚拟机起着桥梁的作用，让 Java 与 C 组件能通过标准的 JNI 界面相互沟通。

主要的 JNI 代码放在以下的路径中。

```
frameworks/base/core/jni/
```

上述路径中的内容被编译成库 libandroid_runtime.so，这是个普通的动态库，放置在目标系统的/system/lib 目录下。此外，Android 还有其他的 JNI 库。JNI 库中的各个文件，实际上就是普通的 C++源文件；在 Android 中实现的 JNI 库，需要连接动态库 libnativehelper.so。

11.1.2　JNI 带来了什么

Java 的成功在很大程度上得益于 API 的丰富和设计的良好，Java API 为广大开发人员节省了大量的时间并提高了开发效率，使得项目的交付更为敏捷。但是 API 注定存在其局限性，所以我们在如下情形需要用到JNI。

(1) 所开发的应用程序要用到与平台相关的属性，而Java标准类库不支持对这些属性的处理。

(2) 已经拥有了用其他编程语言实现的应用程序或库，希望用Java 直接调用这些实现。

(3) 程序的某个模块对运行的时间效率要求很高，从而希望用较低级的语言(如汇编)来实现，同时希望在Java应用程序中使用这个模块。

从目前市场上对 JNI 应用的案例来看，最主要的应用场景一般是源于上面的第二点原因，在已有类库的基础上进行开发平台的迁移。近来比较热门的Android移动终端OS平台就是基于JNI技术来实现的。从其本质上说，Android的核是Linux内核的子集，基于该内核使用Java平台进行了良好的封装，提供给开发人员一个高可用性的SDK模板。开发人员只需了解Java平台的特性，根据API Documentation就完全可以开始编码了，并不需要知道其内部的实现机制，当然此举更是从根本上劫持了诸多原本不属于该开发阵营中的开发人员，任何熟悉Java平台开发的开发人员顿时全成为了Android平台开发的潜在用户。

这就是JNI给我们带来的好处，借助Java的跨平台特性，以及开发阵营的强大，各大企业和机构基于已有的类库和程序进行二次封装，不仅能延续产品的持续发展，还能扩大二次开发人员的阵营。

11.1.3 JNI的结构

当一个Java程序调用本地方法时，被调用的方法会被强制接收两个附加在调用方法上的参数。第一个参数是JNIEnv指针，第二个参数是指向调用者的对象或类的参考引用。其中JNIEnv是一个指针，它的值指向另一个指针。这第二个指针指向了一个函数表，它实际上是一个指针数值。在函数表里面的每个指针都指向一个 JNI 接口函数。为了调用接口函数，我们必须在函数表里面得到正确的存放位置。让我们看看如何通过两个步骤得到这个值。

(1) 首先我们要找到第二个指针的值，换句话说，我们要得到JNIEnv指向的位置里面的内容，我们可以利用下面的代码。

```
mov ebx, JNIEnv mov eax, [ebx]
```

第一个指令把JNIEnv的内容放入ebx寄存器，然后把ebx这个地址指向位置存放的值放入eax。因为ebx指向的内容和JNIEnv的相同，所以eax现在有了JNIEnv指向的位置的值，这意味着现在的eax有了函数表的起始地址。

(2) 下一步我们需要从函数表的项目中取出指向我们想调用的接口函数的值。为了做到这一点，我们必须把函数索引乘以4，因为每个指针是4字节长度，然后把结果加上我们在前面存在的eax里面的函数表起始地址。下面是实现代码。

```
mov ebx, eax ; save pointer to function table mov eax, index ; move the value of index
into eax mov ecx, 4 mul ecx ; multiply index by 4 add ebx, eax ; ebx points to the desired
entry mov eax, [ebx] ; eax points to the desired function
```

寄存器eax里面的内容现在可以用来调用函数了。

如图11-1所示为存取JNI接口的过程。

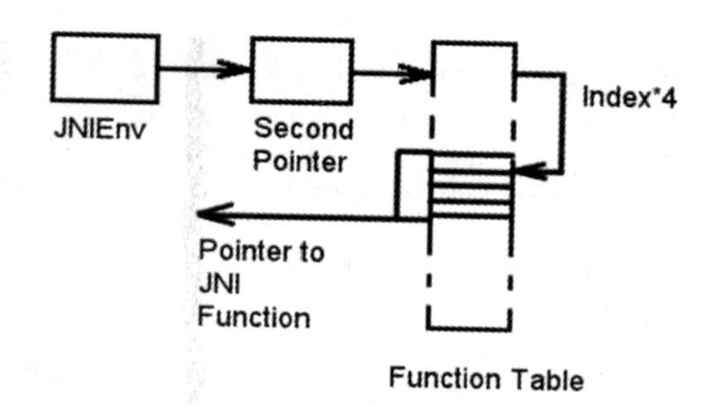

图 11-1　存取 JNI 接口的过程

11.1.4　JNI 的实现方式

实现 JNI 需要在 Java 源代码中声明，在 C++代码中实现 JNI 的各种方法，并把这些方法注册到系统中。实现 JNI 的核心是 JNINativeMethod 结构体，实现代码如下。

```
typedef struct {
     const char* name;
     const char* signature;
     void* fnPtr;
} JNINativeMethod;
```

其中第一个变量 name 是 Java 中 JNI 函数的名字，第二个变量 signature 用字符串描述函数参数和返回值，第三个变量 fnPtr 是 JNI 函数 C 指针。

在 Java 代码中，定义的函数由 JNI 实现时，需要指定函数为 native。

在应用程序中使用 JNI，可以通过代码中的"/development/samples/SimpleJNI"来分析。

(1)　分析顶层文件 Android.mk。

```
   LOCAL_PACKAGE_NAME := SimpleJNI     //生成 PACKAGE 的名字，在 out\target\product\
smdk6410\obj\APPS
//生成 JNI 共享库的名字，在 smdk6410\obj\SHARED_LIBRARIES
   LOCAL_JNI_SHARED_LIBRARIES := libsimplejni
   include $(BUILD_PACKAGE)                //以生成 APK 的方式编译
   include $(call all-makefiles-under,$(LOCAL_PATH))  //调用下层 makefile
```

(2)　分析 JNI 目录下的文件 Android.mk。

```
   LOCAL_SRC_FILES:= \                             //JNI 的 C++源文件
        native.cpp
   include $(BUILD_SHARED_LIBRARY)          //以共享库方式编译
```

11.1.5　JNI 的代码实现和调用

首先看文件 native.cpp 的实现代码。

```
   static jint add(JNIEnv *env, jobject thiz, jint a, jint b){} //定义 Java 方法 add
   //目标 Java 类路径
   static const char *classPathName = "com/example/android/simplejni/Native";
   static JNINativeMethod methods[] = {                       //本地实现方法列表
        {"add", "(II)I", (void*)add },
```

```
    };
    static int registerNativeMethods(JNIEnv* env, const char* className,
    JNINativeMethod* gMethods, int numMethods){}  //为调用的某个 Java 类注册本地 JNI 函数
    static int registerNatives(JNIEnv* env){}                   //为当前平台注册所有类及 JNI 函数
    jint JNI_OnLoad(JavaVM* vm, void* reserved)          //为当前虚拟机平台注册本地 JNI
```

在上述代码中，从下到上依次调用三个 JNI 函数。

再看文件 SimpleJNI.java 的代码。

```
    package com.example.android.simplejni;  //Java 包，跟文件路径对应
    import android.app.Activity;
    import android.os.Bundle;
    import android.widget.TextView;      //需要包含的类，以便调用函数
public class SimpleJNI extends Activity {
    /** Called when the activity is first created. */
    @Override
    public void onCreate(Bundle savedInstanceState) {
        super.onCreate(savedInstanceState);
        TextView tv = new TextView(this);
        int sum = Native.add(2, 3); //调用 Native 类的函数 add，该 add 就是 JNI 函数，由 CPP 实现
        tv.setText("2 + 3 = " + Integer.toString(sum));
        setContentView(tv);      //在屏幕上显示
    }
}
class Native {
    static {
     // The runtime will add "lib" on the front and ".o" on the end of
     // the name supplied to loadLibrary.
        System.loadLibrary("simplejni");  //载入由native.cpp 生成的动态库,全名是 lib+simplejni+.o
    }
    static native int add(int a, int b);//声明动态库中实现的 JNI 函数 add，供 Java 调用
}
```

当编译生成 Java 包后，将其安装到 MID 上，运行后得到 2+3=5。

11.2 JNI 技术的功能

在 Dalvik 虚拟机中，通常使用 JNI 调用 C/C++开发的共享库。JNI 技术的出现主要是基于三个方面的应用需求。

- ❑ 解决性能问题。
- ❑ 解决本地平台接口调用问题。
- ❑ 嵌入式开发应用。

下面将详细讲解解决上述三个方面应用的过程。

11.2.1 解决性能问题

Java 具有平台无关性，这使人们在开发企业级应用时总是把它作为主要候选方案之一，但是在性能方面的因素又大大削弱了它的竞争力。为此，提高 Java 的性能就显得十分重要。Sun

公司及 Java 的支持者们为提高 Java 的运行速度已经做出了许多努力，其中大多数集中在程序设计的方法和模式选择方面。由于算法和设计模式的优化是通用的，对 Java 有效的优化算法和设计模式，对其他编译语言也基本同样适用，因此不能从根本上改变 Java 程序与编译型语言在执行效率方面的差异。由此，于是人们开始引入 JIT(Just In Time，及时编译)的概念。它的基本原理如下。

(1) 首先通过 Java 编译器把 Java 源代码编译成平台无关的二进制字节码。

(2) 然后在 Java 程序真正执行之前，系统通过 JIT 编译器把 Java 的字节码编译为本地化机器码。

(3) 最后，系统执行本地化机器码，节省了对字节码进行解释的时间。

这样做的优点是大大提高了 Java 程序的性能，缩短了加载程序的时间；同时，由于编译的结果并不在程序运行间保存，因此也节约了存储空间。但其缺点是由于 JIT 编译器会对所有的代码都进行优化，因此同样也占用了很多时间。

动态优化技术是提高 Java 性能的另一个尝试。该技术试图通过把 Java 源程序直接编译成机器码，以充分利用 Java 动态编译和静态编译技术来提高 Java 的性能。该方法把输入的 Java 源码或字节码转换为经过高度优化的可执行代码和动态库 (Windows 中的".dll"格式的文件或 Unix 中的".so"格式的文件)。该技术能大大提高程序的性能，但却破坏了 Java 的可移植性。

JNI 技术由此闪亮登场。因为采用 JNI 技术只是针对一些严重影响 Java 性能的代码段，该部分可能只占源程序的极少部分，所以几乎可以不考虑该部分代码在主流平台之间移植的工作量。同时，也不必过分担心类型匹配问题，我们完全可以控制代码不出现这种错误。此外，也不必担心安全控制问题，因为 Java 安全模型已扩展为允许非系统类加载和调用本地方法。根据 Java 规范，从 JDK 1.2 开始，FindClass 将设法找到与当前的本地方法关联的类加载器。如果平台相关代码属于一个系统类，则无需涉及任何类加载器；否则，将调用适当的类加载器来加载和链接已命名的类。换句话说，如果在 Java 程序中直接调用 C/C++语言产生的机器码，该部分代码的安全性就由 Java 虚拟机控制。

11.2.2 解决本机平台接口调用问题

Java 以其跨平台的特性深受人们喜爱，而又正由于其跨平台的特性，使得它和本地机器之间的各种内部联系变得很少，从而约束了它的功能。解决 Java 对本地操作的一种方法就是 JNI。Java 通过 JNI 调用本地方法，而本地方法是以库文件的形式存放的(在 Windows 平台上是 dll 文件形式，在 Unix 机器上是 so 文件形式)。通过调用本地的库文件的内部方法，使 Java 可以实现和本地机器的紧密联系，调用系统级的各个接口方法。

11.2.3 嵌入式开发应用

"一次编程，到处使用"的 Java 软件概念原本就是针对网上嵌入式小型设备提出的，J2ME(Java 2 P1atform Micro Edition)是一款针对信息家电的 Java 版本，其技术日趋成熟，并已开始投入使用。随着 Java 虚拟机技术的有序开放，使得 Java 软件能够真正实现跨平台运行，即 Java 应用小程序能够在带有 Java 虚拟机 VM 的任何硬软件系统上执行。加上 Java 本身所具有的安全性、可靠性和可移植性等特点，对实现瘦身上网的信息家电等网络设备十分有利，同时对嵌入式设备特别是上网设备软件编程技术产生了很大的影响。也正是由于 JNI 解决了本机平台接口调用问题，于是 JNI 在嵌入式开发领域也是如火如荼。

11.3 在 Android 中使用 JNI

经过本章前面内容的学习，了解了 JNI 的基本知识。本节将详细讲解在 Android 系统中使用 JNI 的基本流程，为读者步入本书后面知识的学习打下基础。

11.3.1 使用 JNI 的流程

使用 JNI 的基本流程如下。

(1) 在工程下建立一个 JNI 目录，目录下建立一个 Android.mk 文件(可以到 ndk 文档中复制)。

(2) 在 Java 文件中建立需要的 native(本地)方法

(3) 在工程的 bin/classes 目录下用 javah 生成所要的头文件

(4) 将头文件 copy(复制)到 JNI 目录下，再建立一个“.c”格式文件，并且在该文件中实现头文件中的方法。

(5) 找到/cygdrive/d/workspace/工程名，使用 ndk-build 编译。

11.3.2 使用 JNI 技术来进行二次封装

使用 JNI 技术进行二次封装的基本流程如下。

(1) 编写并编译 Java 代码

使用 IDE 工具编写 Java 代码，例如保存在如下路径中。

```
E:\JavaWorkspace\Laputa\com\laputa\jni\test\HelloJNIWorld.java
```

演示文件 HelloJNIWorld.java 的代码如下。

```
package com.laputa.jni.test
public class HelloJNIWorld{
public native void sayHello();
public static void main(String[] args){
HelloJNIWorld hello = new HelloJNIWorld();
hello.sayHello();
}
}
```

进入 E:\JavaWorkspace\Laputa\，使用命令 javac com\laputa\jni\test\HelloJNIWorld.java 编译该文件，由于未指定编译结果路径，生成的 class 文件将保存在源文件同一目录下，得到如下文件。

```
E:\JavaWorkspace\Laputa\com\laputa\jni\test\HelloJNIWorld.class
```

(2) 生成 JNI 头文件

使用如下 javah 命令生成头文件。

```
javah -jni com.laputa.jni.test.HelloWorld
```

这样将会生成如下文件。

```
E:\JavaWorkspace\Laputa\com_laputa_jni_test_HelloJNIWorld.h
```

在生成头文件时需要注意如下两点。

- ❑ 在 javah －jni 后面需要写类的全限定名(自行查阅资料了解全限定名相关知识)，并且执行该命令的当前目录下要能找到全限定名中的路径，也就是说执行命令的路径应该在包路径的上一层目录，这里我们将 com.laputa.jni.test 包保存在 E:\JavaWorkspace\Laputa 目录下，那么我们执行 javah 命令的路径也应该是 E:\JavaWorkspace\Laputa。
- ❑ 当未指定生成头文件的目标目录时，默认将头文件生成在当前目录下。头文件的样式如下。

```
#include <jni.h>
/* Header for class com_laputa_jni_test_HelloJNIWorld */
#ifndef _Included_com_laputa_jni_test_HelloJNIWorld
#define _Included_com_laputa_jni_test_HelloJNIWorld
#ifdef __cplusplus
extern "C" {
#endif
JNIEXPORT void JNICALL Java_com_laputa_jni_test_HelloJNIWorld_sayHello
(JNIEnv *, jobject);
#ifdef __cplusplus
}
#endif
#endif
```

(3)　实现头文件对应的方法

接下来实现刚才生成的头文件中的 sayHello 方法，至于方法名为何这么长，主要是因为 JNI 就是通过这样的机制来识别方法签名的。在开发过程中需要注意的是，对于 Java 文件中的 native 方法最好不要使用重载，因为重载后的 native 方法生成的头文件中的方法将会非常之长，重载的方法名中将会包含其参数信息，例如在 HelloJNIWorld.java 中添加一个 public native void sayHello(String str);方法，其生成的头文件中对应方法将会如下。

```
JNIEXPORT   void   JNICALL   Java_com_laputa_jni_test_HelloJNIWorld_sayHello__Ljava_
lang_String_2
(JNIEnv *, jobject, jstring);
```

这会让我们在查看代码时感到迷惑，所以建议在需要重载时直接使用其他的名称，放弃重载为后期维护提供可读性更高的代码。

接下来就可以开始实现我们需要的方法了，例如 Java 代码中需要调用 sayHello 这个本地方法，那么我们新建一个对应的 cpp 文件，将方法签名复制至 cpp 文件中，实现该方法。

```
#include "com_laputa_jni_test_HelloJNIWorld.h"
#include <iostream>
using namespace
std;
JNIEXPORT void JNICALL Java_com_laputa_jni_test_HelloJNIWorld_sayHello
(
JNIEnv *, jobject)
{
```

```
std::cout << "Hello JNI World" << std::endl;
}
```

(4) 编译链接库并添加至系统 Path 变量中

使用合适的编译器(VC/GCC)进行编译和链接，生成合适的链接库(dll 或者 so 文件)。在编译过程中可能出现头文件包含出现错误的问题，主要是因为在生成的 JNI 头文件中有如下代码语句：

```
#include <jni.h>
```

编译器会到系统路径下去查找外部头文件，因此需要我们在编译的 IDE 或者脚本中指定该文件所在的目录为编译时 Include 路径，另外在文件 jni.h 中可能需要使用到与平台相关的一些文件，例如在 Windows 平台下需要使用到文件 jni_md.h，该文件处于 JDK 安装目录的 include 目录下的 win32 路径下(其他平台也处于 include 的相应目录下)，需要将这个文件所在的目录也添加到编译时的 Include 路径中，保证编译通过。将该文件加入系统 Path 目录下(不同的平台使用其特定方式进行添加，在不是 Windows 平台下使用 export 命令设置名为 LD_LIBRARY_PATH 的路径参数值为库文件所在目录)，以便 Java 程序能加载该库文件。当 Java 加载库文件时，需要库文件在系统的 Path 下。

(5) 在 Java 程序中加载库文件并执行代码

在 Java 程序中使用 System.loadLibrary(String libName)加载系统路径下的库文件(忽略后缀名)。加载库文件的代码可以使用静态域进行加载，使得类在加载之初就加载库文件，并且之后在当前 Java 虚拟机实例中共享使用，不需重复加载库文件。在代码中添加下面的代码：

```
static{
System.loadLibrary("HelloJNIWorld");
}
```

重新编译并执行代码，在程序将在控制台中会输出如下内容：

```
Hello JNI World
```

上述就是 HelloWorld 的整个编码过程了。这是一个非常简单的例程，当然在实际的产品设计中会使用更多的一些技巧和设计原则。

11.3.3 Android JNI 使用的数据结构 JNINativeMethod

在 Andoird 系统中，使用了一种不同传统 Java JNI 的方式来定义其 native 的函数。其中很重要的区别是，Andorid 使用了一种 Java 和 C 函数的映射表数组，并在其中描述了函数的参数和返回值。这个数组的类型是 JNINativeMethod，定义代码如下。

```
typedef struct {
const char* name;
const char* signature;
void* fnPtr;
} JNINativeMethod;
```

- 变量 name：是 Java 中函数的名字。
- 变量 signature：用字符串是描述了函数的参数和返回值。

❑ 变量 fnPtr：是函数指针，指向 C 函数。

其中比较难以理解的是第二个参数，代码如下。

```
"()V"
"(II)V"
"(Ljava/lang/String;Ljava/lang/String;)V"
```

实际上这些字符是与函数的参数类型一一对应的，具体说明如下。

❑ "()"：里面的字符：表示参数，后面的则代表返回值。例如"()V" 就表示 void Func();。

❑ "(II)V"：表示 void Func(int, int);。

具体的每一个字符的对应关系如下。

字符	Java 类型	C 类型
V	void	void
Z	jboolean	boolean
I	jint	int
J	jlong	long
D	jdouble	double
F	jfloat	float
B	jbyte	byte
C	jchar	char
S	jshort	short

数组则以“[”开始，用两个字符表示：

[I	jintArray	int[]
[F	jfloatArray	float[]
[B	jbyteArray	byte[]
[C	jcharArray	char[]
[S	jshortArray	short[]
[D	jdoubleArray	double[]
[J	jlongArray	long[]
[Z	jbooleanArray	boolean[]

上面的都是基本类型。如果 Java 函数的参数是 class，则以“L”开头，以“;”结尾，中间是用“/”隔开的包及类名。而其对应的 C 函数名的参数则为 jobject。

如果 Java 函数位于一个嵌入类，则用$作为类名间的分隔符。代码如下。

```
(Ljava/lang/String;Landroid/os/FileUtils$FileStatus;)Z
```

11.3.4 通过 JNI 实现 Java 对 C/C++函数的调用

在接下来的内容中，以一段简单的“HelloWorld”程序为例，讲解 Android 是如何通过 JNI 实现 Java 对 C/C++函数的调用过程。

(1) 使用 Java 编写能够输出“HelloWorld”的 Android 应用程序，演示代码如下。

```
package com.lucyfyr;
import android.app.Activity;
```

```
import android.os.Bundle;
import android.util.Log;

public class HelloWorld extends Activity {
/** Called when the activity is first created. */
@Override
public void onCreate(Bundle savedInstanceState) {
  super.onCreate(savedInstanceState);
  setContentView(R.layout.main);
  Log.v("dufresne", printJNI("I am HelloWorld Activity"));
}
  static
  {
    //加载库文件
    System.loadLibrary("HelloWorldJni");
  }
   //声明原生函数 参数为String类型 返回类型为String
  private native String printJNI(String inputStr);
}
```

这一步骤可以使用 Eclipse 生成一个 App，因为 Eclipse 会自动为我们编译此 Java 文件，并在后面的步骤中要用到。

(2) 生成共享库的头文件。先进入到 eclipse 生成的 Android Project 的如下目录中。

```
/HelloWorld/bin/classes/com/lucyfyr/
```

在里面可以看到里面后很多后缀为.class 的文件，这就是 Eclipse 为我们自动编译好了的 Java 文件，其中就有文件 HelloWorld.class。然后退回到 classes 一级目录。

```
/HelloWorld/bin/classes/
```

并执行如下命令。

```
javah com.lucyfyr.HelloWorld
```

这样会生成文件。

```
com_lucyfyr_HelloWorld.h
```

演示代码如下。

```
#include <jni.h>
/* Header for class com_lucyfyr_HelloWorld */
#ifndef _Included_com_lucyfyr_HelloWorld
#define _Included_com_lucyfyr_HelloWorld
#ifdef __cplusplus
extern "C" {
#endif
/*
* Class: com_lucyfyr_HelloWorld
* Method: printJNI
* Signature: (Ljava/lang/String;)Ljava/lang/String;
*/
JNIEXPORT jstring JNICALL Java_com_lucyfyr_HelloWorld_printJNI
(JNIEnv *, jobject, jstring);
```

```
#ifdef __cplusplus
}
#endif
#endif
```

此时可以看到自动生成对应的函数 Java_com_lucyfyr_HelloWorld_printJNI，其名字格式如下。

```
Java_ + 包名(com.lucyfyr) + 类名(HelloWorld) + 接口名(printJNI)
```

我们必须按此 JNI 命名规范来操作，Java 虚拟机就可以在类 com.simon.HelloWorld 中调用 printJNI 接口时自动找到这个 C 实现的 Native 函数调用。当然如果函数名太长，可以在“.c”文件中通过函数名映射表来实现简化。

(3) 实现 JNI 原生函数源文件，新建文件 com_lucyfyr_HelloWorld.c，演示代码如下。

```
#include <jni.h>
#define LOG_TAG "HelloWorld"
#include <utils/Log.h>
/* Native interface, it will be call in java code */
JNIEXPORT jstring JNICALL Java_com_lucyfyr_HelloWorld_printJNI(JNIEnv *env, jobject
obj,jstring inputStr)
{
 LOGI("dufresne Hello World From libhelloworld.so!");
 // 从 instring 字符串取得指向字符串 UTF 编码的指针
 const char *str =
 (const char *)(*env)->GetStringUTFChars( env,inputStr, JNI_FALSE );
 LOGI("dufresne--->%s",(const char *)str);
 // 通知虚拟机本地代码不再需要通过 str 访问 Java 字符串。
 (*env)->ReleaseStringUTFChars(env, inputStr, (const char *)str );
 return (*env)->NewStringUTF(env, "Hello World! I am Native interface");
}

/* This function will be call when the library first be load.
* You can do some init in the libray. return which version jni it support.
*/
jint JNI_OnLoad(JavaVM* vm, void* reserved)
{
 void *venv;
 LOGI("dufresne----->JNI_OnLoad!");
 if ((*vm)->GetEnv(vm, (void**)&venv, JNI_VERSION_1_4) != JNI_OK) {
  LOGE("dufresne--->ERROR: GetEnv failed");
  return -1;
 }
 return JNI_VERSION_1_4;
}
```

其中函数 OnLoadJava_com_lucyfyr_HelloWorld_printJNI()用于实现日志输出，在此需要注意 JNI 中的日志输出的不同。

JNI_OnLoad 函数是符合 JNI 规范定义的，当共享库第一次被加载的时候会被回调，在这个函数里可以进行一些初始化工作，比如注册函数映射表，缓存一些变量等，最后返回当前环境所支持的 JNI 环境。本例只是简单的返回当前 JNI 环境。

(4) 编译生成 so 库。

编译文件 com_lucyfyr_HelloWorld.c 生成 so 库，可以和 app 一起编译，也可以单独编译。在当前目录下建立 JNI 文件夹：HelloWorld/jni/，然后在里面建立文件 Android.mk，并将文件 com_lucyfyr_HelloWorld.c 和文件 com_lucyfyr_HelloWorld.h 复制进去。

编写编译生成 so 库的 Android.mk 文件。

```
LOCAL_PATH:= $(call my-dir)
# 一个完整模块编译
include $(CLEAR_VARS)
LOCAL_SRC_FILES:=com_lucyfyr_HelloWorld.c
LOCAL_C_INCLUDES := $(JNI_H_INCLUDE)
LOCAL_MODULE := libHelloWorldJni
LOCAL_SHARED_LIBRARIES := libutils
LOCAL_PRELINK_MODULE := false
LOCAL_MODULE_TAGS :=optional
include $(BUILD_SHARED_LIBRARY)
```

对各个系统变量的具体说明如下。

- LOCAL_PATH：编译时的目录。
- $(call 目录，目录….)：引入操作符，如该目录下有个文件夹名称 src，则可以这样写 $(call src)，那么就会得到 src 目录的完整路径。
- include $(CLEAR_VARS)：清除之前的一些系统变量。
- LOCAL_MODULE：编译生成的目标对象。
- LOCAL_SRC_FILES：编译的源文件。
- LOCAL_C_INCLUDES：需要包含的头文件目录。
- LOCAL_SHARED_LIBRARIES：链接时需要的外部库。
- 1LOCAL_PRELINK_MODULE：是否需要 prelink 处理。
- include$(BUILD_SHARED_LIBRARY)：指明要编译成动态库。

接下来开始编译此模块，输入如下编译命令。

```
./makeMtk mm packages/apps/HelloWorld/jni/
```

上面是笔者的工程根目录编译命令，具体编译方式根据自己系统要求执行。编译后会输出如下结果。

```
libHelloWorldJni.so (system/lib 中视具体而定)
```

此时的库文件已经编译好并可以使用了，如果在 Eclipse 中模拟器上使用，需要将 libHelloWorldJni.so 导入到 system/lib 下，或者对应 app 的 data/data/com.lucyfyr/lib/下。在导入到 system/lib 下的时候，虽然始终提示“out of memory”，但是可以导入到 data/data/com.lucyfyr/lib/ 下使用。

接下来看一下 HelloWorld 中 Android.mk 文件的配置，其中存在：

```
include $(LOCAL_PATH)/jni/Android.mk                ///表示编译库文件
LOCAL_JNI_SHARED_LIBRARIES := libHelloWorldJni      ///表示 app 依赖库，打包的时候会一起打包。
```

(5) 验证执行。

将编译好的 apk 安装到手机上，当使用 adb 命令传到手机上时，需要自己去导入库文件

libHelloWorldJni.so 到 data/data/com.lucyfyr/lib/。

如果使用 adb install 方式安装则会自动导入，启动 HelloWorld，输入下面的命令：

```
adb logcat |grep dufresne
```

输出如下的日志。

```
I/HelloWorld(28500): dufresne Hello World From libhelloworld.so!
I/HelloWorld(28500): dufresne--->I am HelloWorld Activity
V/dufresne(28500): Hello World! I am Native interface
```

由此可见，完全符合调用的打印顺序。这样通过一个简单的演示代码，学习了 Android 如何编写编译 C 库文件，以及如何使用库文件的过程。对于 JNI 的使用，其中还涉及到了 C++接口的调用、函数名注册、参数类型的匹配、JNI 如何调用 Java 中的方法 java<--->JNI 等知识。

11.3.5 调用 Native(本地)方法传递参数并且返回结果

下面动手来实现使用 JNI 调用本地方法，演示 Java 调用 Native 本地方法传递参数并且返回结果的具体流程。

(1) 编写 Java 端代码

首先定义一个 Java 类，演示代码如下。

```
public class TestNativeDemo {
    // 声明本地方法
    public native String testJni(String arg);
    static {
        // 加载 DLL 文件
        System.loadLibrary("TestNativeDemoCPP");
    }
    public static void main(String args[]) {
        TestNativeDemo ob = new TestNativeDemo();
        // 调用本地方法
        String result = ob.testJni("Hello,Jni"); // call a native method
        System.out.println("TestNativeDemo.testJni=" + result);
    }
}
```

编译上述代码，在生成 TestNativeDemo.class 的 bin 目录下执行 javah TestNativeDemo 命令，这样可以生成头文件 TestNativeDemo.h。

```
#include <jni.h>
/* Header for class TestNativeDemo */
#ifndef _Included_TestNativeDemo //避免重复包含头文件
#define _Included_TestNativeDemo
#ifdef __cplusplus //c++编译环境中才会定义__cplusplus
extern "C" { //告诉编译器下面的函数是 c 语言函数(因为 c++和 c 语言对函数的编译转换不一样，主要是 c++中存在重载)
#endif
/*
 * Class:     TestNativeDemo
 * Method:    testJni
```

```
 * Signature: (Ljava/lang/String;)Ljava/lang/String;
 */
JNIEXPORT jstring JNICALL Java_TestNativeDemo_testJni
  (JNIEnv *, jobject, jstring);

#ifdef __cplusplus
}
#endif
#endif
```

(2) 生成DLL库

先打开Visual Studio 2010，创建一个名称为TestNativeDemoCpp的C++ Win32项目。在向导的应用程序类型处选择DLL，单击“完成”按钮，设置Release+Win32编译配置。

然后将签名生成的文件TestNativeDemo.h复制到TestNativeDemoCpp项目的根目录下，然后在Visual Studio 2010中右键单击头文件文件夹添加现有项把这个头文件包含进来。最后编辑文件TestNativeDemoCpp.cpp。

```
// TestNativeDemoCpp.cpp : 定义 DLL 应用程序的导出函数
#include "stdafx.h"
#include <jni.h>
#include "TestNativeDemo.h"
#include <stdio.h>
JNIEXPORT jstring JNICALL Java_TestNativeDemo_testJni (JNIEnv *env,jobject obj,jstring
pString){
    //从jstring中获取本地方法传递的字符串
     const char *nativeString = env->GetStringUTFChars(pString, 0);
     printf("%s", nativeString);
     //DON'T FORGET THIS LINE!!!
     env->ReleaseStringUTFChars(pString, nativeString);
     return pString;
}
```

Visual Studio 2010开发环境默认不会识别jni.h头文件，在JDK中找到文件jni.h，并添加文件jni.h所在目录到当前工作路径，方法是右击项目，依次选择“属性”→“通用属性”→C/C++→“常规项”，在右边的附加包含目录中把下面内容添加进来。

```
%JAVA_HOME%/include 和%JAVA_HOME%/include/win32
```

右击项目的资源文件加入“资源-版本”信息。编译项目，在项目的Release下面找到TestNativeDemoCpp.dll文件，也有可能在项目的上层目录的release下边，跟设置有关。

(3) 运行Java调用DLL程序

把第(2)步生成的TestNativeDemoCpp.dll文件复制到第一步产生TestNativeDemo.class的同一目录，然后执行如下命令。

```
java TestNativeDemo
```

这样会输出如下结果。

```
Hello,JniTestNativeDemo.testJni=Hello,Jni
```

11.3.6　使用 JNI 调用 C/C++开发的共享库

在接下来的内容中，将通过演示代码来讲解在 Android 中使用 JNI 调用用 C/C++开发的共享库的流程。

(1) 使用 Eclipse 中新建 Android 工程。

- 工程名：JNItest。
- Package 名：com.ura.test。
- Activity 名：JNItest。
- 应用程序名：JNItest。

(2) 编写布局文件 main.xml，演示代码如下。

```
  <?xml version="1.0" encoding="utf-8"?>
      <LinearLayout   xmlns:android="http://schemas.android.com/apk/res/android"
            android:orientation="vertical"
           android:layout_width="fill_parent"
           android:layout_height="fill_parent"
        >
     <TextView
        android:id="@+id/JNITest"
        android:layout_width="fill_parent"
       android:layout_height="wrap_content"
       android:text="@string/JNITest"
       />
</LinearLayout>
```

(3) 编写文件 strings.xml，演示代码如下。

```
<?xml version="1.0" encoding="utf-8"?>
 <resources>
        <string name="JNITest">Hello World, JNItest!</string>
        <string name="app_name">JNItest</string>
 </resources>
```

(4) 编辑 Java 文件，演示代码如下。

```
package com.ura.test;
importandroid.app.Activity;
import android.os.Bundle;
importandroid.widget.TextView;
public
class JNItest extends Activity {
/** Called whenthe activity is first created. */
static {
System.loadLibrary("JNITest");
}
public native static StringGetTest();
@Override
public
void onCreate(BundlesavedInstanceState) {
    super.onCreate(savedInstanceState);
```

```
    setContentView(R.layout.main);
    String str =GetTest();
    TextViewJNITest = (TextView)findViewById(R.id.JNITest);
    JNITest.setText(str);
     }
}
```

(5) 进入工程的主目录下，然后用 javah 工具生成 C/C++头文件，如图 11-2 所示。

```
D:\android\demo\JNItest>javah -classpath bin -d jni com.ura.test.JNItest
```

图 11-2 生成 C/C++头文件

然后将在主目录下生成 JNI 文件夹，如图 11-3 所示。

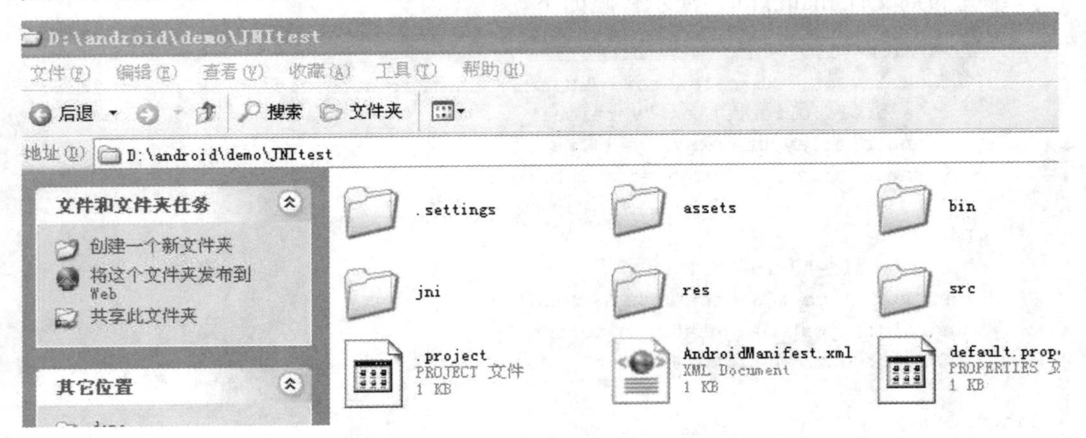

图 11-3 生成 JNI 文件夹

可以发现在里面有一个如图 11-4 所示的文件。

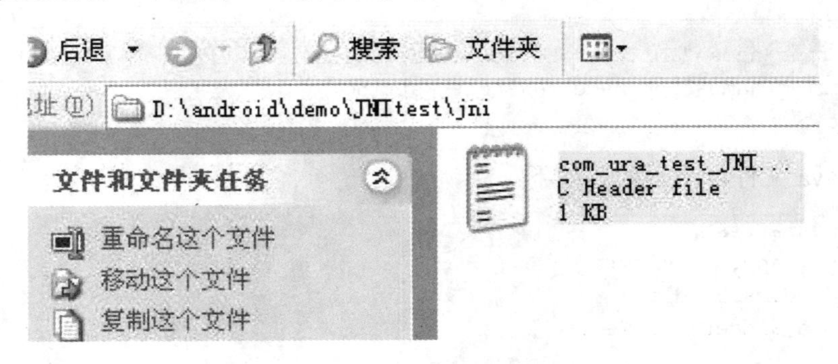

图 11-4 jni 目录下的文件

头文件的内容如下。

```
/* DO NOT EDIT THIS FILE - it is machine generated */
#include <jni.h>
/* Header for class com_ura_test_JNItest */

#ifndef _Included_com_ura_test_JNItest
#define _Included_com_ura_test_JNItest
#ifdef __cplusplus
```

```
extern "C" {
#endif
/*
* Class:     com_ura_test_JNItest
* Method:    GetTest
* Signature: ()Ljava/lang/String;
*/
JNIEXPORT jstring JNICALL Java_com_ura_test_JNItest_GetTest
  (JNIEnv *, jclass);

#ifdef __cplusplus
}
#endif
#endif
```

(6) 在 JNI 文件夹下编写 C/C++文件，演示代码如下。

```
#include <stdio.h>
#include <stdlib.h>
#include <utils/Log.h>
#include "com_ura_test_JNItest.h"
JNIEXPORT jstring JNICALL Java_com_ura_test_JNItest_GetTest
  (JNIEnv *env, jclass obj)
{
              LOGD("Hello LIB!/n");
   return (*env)->NewStringUTF(env, "JNITest Native String");
}
```

(7) 在 JNI 文件夹下编写文件 android.mk，演示代码如下。

```
LOCAL_PATH:= $(call my-dir)
include $(CLEAR_VARS)
LOCAL_SRC_FILES:= /
   com_ura_test_JNItest.c
LOCAL_C_INCLUDES := /
   $(JNI_H_INCLUDE)
LOCAL_SHARED_LIBRARIES := libutils
LOCAL_PRELINK_MODULE := false
LOCAL_MODULE := libJNITest
include $(BUILD_SHARED_LIBRARY)
```

(8) 编译生成动态库，在 ubuntu 的 Android 源码下面新建文件夹。

```
~/myandroid/external/libJNITest
```

将文件夹 jni 中编写好的头文件、C/C++源文件和 make 文件复制上面的目录中，然后在 ubuntu 中执行如下的命令。

```
Cd myandroid
. ./build/envsetup.sh
Cd external/libJNITest/
Mm
```

操作命令如图 11-5 所示。

```
croft@croft-desktop:/usr/local/master_google_platform/external/libJNITest$ ls
Android.mk  com_ura_test_JNItest.c  com_ura_test_JNItest.h
croft@croft-desktop:/usr/local/master_google_platform/external/libJNITest$ mm
============================================
PLATFORM_VERSION_CODENAME=AOSP
PLATFORM_VERSION=AOSP
TARGET_PRODUCT=generic
TARGET_BUILD_VARIANT=eng
TARGET_SIMULATOR=
TARGET_BUILD_TYPE=release
TARGET_BUILD_APPS=
TARGET_ARCH=arm
HOST_ARCH=x86
HOST_OS=linux
HOST_BUILD_TYPE=release
BUILD_ID=OPENMASTER
============================================
make: Entering directory `/usr/local/master_google_platform'
target thumb C: libJNITest <= external/libJNITest/com_ura_test_JNItest.c
target SharedLib: libJNITest (out/target/product/generic/obj/SHARED_LIBRARIES/li
bJNITest_intermediates/LINKED/libJNITest.so)
target Non-prelinked: libJNITest (out/target/product/generic/symbols/system/lib/
libJNITest.so)
target Strip: libJNITest (out/target/product/generic/obj/lib/libJNITest.so)
Install: out/target/product/generic/system/lib/libJNITest.so
make: Leaving directory `/usr/local/master_google_platform'
croft@croft-desktop:/usr/local/master_google_platform/external/libJNITest$
```

图 11-5　操作命令

编译成功的后会在下面的目录中生成 libJNITest.so 文件。

```
~myandroid/out/target/product/generic/system/lib/
```

然后将文件 libJNITest.so 复制到 Android SDK 主目录中的 tools 文件夹下。

(9)　在模拟器中执行程序。

启动模拟器，进入 SDK 主目录下的 tools 文件夹，如图 11-6 所示。

```
D:\android\android-sdk-windows\tools>
```

图 11-6　进入 SDK 主目录下的 tools 文件夹

输入 adbdevices 命令，如图 11-7 所示。

```
D:\android\android-sdk-windows\tools>adb devices
List of devices attached
emulator-5554   device
```

图 11-7　输入 adbdevices

然后输入 adb remount 命令，如图 11-8 所示。

```
D:\android\android-sdk-windows\tools>adb remount
remount succeeded
```

图 11-8　输入 adb remount 命令

然后输入 adb push libJNITest.so /system/lib 命令，如图 11-9 所示。

```
D:\android\android-sdk-windows\tools>adb push libJNITest.so /system/lib
39 KB/s (0 bytes in 5064.000s)
```

图 11-9　输入 adb remount 命令

如果成功，则可以看到如图 11-10 所示的界面。

Threads | Heap | Allocation Tracker | File Explorer

Name	Size	Date	Time	Permiss...	Info
fonts		2010-11-15	10:00	drwxr-xr-x	
framework		2010-11-15	14:07	drwxr-xr-x	
lib		2010-11-23	09:17	drwxr-xr-x	
egl		2010-11-15	12:59	drwxr-xr-x	
hw		2010-11-15	12:58	drwxr-xr-x	
invoke_mock_media_player.so	5524	2010-11-15	12:58	-rw-r--r--	
libEGL.so	36100	2010-11-15	12:58	-rw-r--r--	
libETC1.so	9240	2010-11-15	12:55	-rw-r--r--	
libFFTEm.so	198080	2010-11-15	13:02	-rw-r--r--	
libGLESv1_CM.so	21424	2010-11-15	12:58	-rw-r--r--	
libGLESv2.so	17328	2010-11-15	12:58	-rw-r--r--	
libJNITest.so	5064	2010-11-23	07:51	-rw-rw-rw-	
libSR_AudioIn.so	17700	2010-11-15	12:59	-rw-r--r--	
libacc.so	38948	2010-11-15	12:58	-rw-r--r--	
libandroid_runtime.so	477656	2010-11-15	12:59	-rw-r--r--	
libandroid_servers.so	18172	2010-11-15	13:31	-rw-r--r--	
libaudioflinger.so	213652	2010-11-15	12:59	-rw-r--r--	

图 11-10　成功后的界面

上面开的模拟器不要关闭，关掉再开动态库就没有了，模拟器中的 system 是只读的。

(10) 运行程序。

运行 Eclipse 下的 JNITest 工程，运行效果如图 11-11 所示。

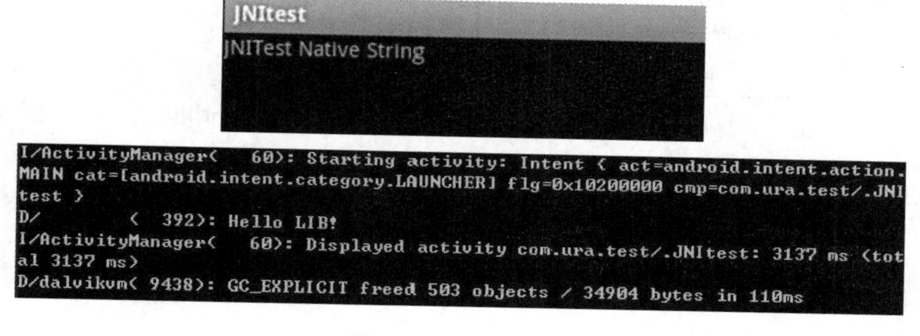

图 11-11　运行效果

11.3.7　使用线程及回调更新 UI

在 Android 使用 JNI 时，为了能够使 UI 线程即主线程与工作线程分开，经常要创建工作线程，然后在工作线程中调用 C/C++函数。为了在 C/C++函数中更新 Android 的 UI，有时会经常使用回调。为了保证 C/C++的工作函数以及回调函数都能轻易同时被 Java 的 UI 线程和创建的工作线程识别，在声明 native 时经常要将其声明成静态函数但是用静态函数更新 UI 时会出现麻烦。在下面的内容中，将通过演示代码来讲解使用线程及回调更新 UI 的思路。

(1) 编写 Java 文件 EagleUI.java，演示代码如下。

```
 package eagle.test;
public class EagleUI extends Activity
{
   TextView      mTextView;
   MainHandler   mMainHandler;
```

```
static MainHandler mHandler;
//----------------------------------------------------------
static
{
  System.loadLibrary("EagleZip");// 声明所要调用的库名称
}
//----------------------------------------------------------
@Override
public void onCreate(Bundle savedInstanceState)
{
    super.onCreate(savedInstanceState);
    mTextView=(TextView)findViewById(R.id.MyTextView);
    mMainHandler=new MainHandler();
    mHandler=mMainHandler;
    WorkThread tThread = new WorkThread ();
    new Thread(tThread).start();
}
//----------------------------------------------------------
public static void myCallbackFunc(String nMsg)
{
     Message tMsg=new Message();
     Bundle tBundle=new Bundle();
     tBundle.putString("CMD", nMsg);
     tMsg.setData(tBundle);
     mHandler.sendMessage(tMsg);
}
//----------------------------------------------------------
public static native String myJni(String nParam);// 对要调用的方法做本地声明
//----------------------------------------------------------
public class zipThread implements Runnable
{
    @Override
    public void run()
    {
        myJni("Eagle  is great");
    }
}
//----------------------------------------------------------
class MainHandler extends Handler
{
    public MainHandler(){}
    public MainHandler(Looper L)
    {
       super(L);
    }
    public void handleMessage(Message nMsg)
    {
       super.handleMessage(nMsg);
       Bundle tBundle=nMsg.getData();
       String tCmd=tBundle.getString("CMD");
       EagleUI.this.mTextView.setText(tCmd);
    }
```

```
    }
}
```

(2) 再看对应的 C/C++代码，演示代码如下。

```
#include <jni.h>
jclass  gJniClass;
jmethodID gJinMethod;
//-----------------------------------------------------------------
JNIEXPORT jstring JNICALL
Java_eagle_test_EagleUI_myJni(JNIEnv* env, jclass cls,jstring param)
{
    char   tChar[256];
    const char  *tpParam;
    gJniClass = cls;
    gJinMethod = 0;
gJinMethod=(*env)->GetStaticMethodID(env,gJniClass,"myCallbackFunc","(Ljava/lang/Str
ing;)V");
    if(gJinMethod == 0 || gJinMethod == NULL)
       return (*env)->NewStringUTF(env, "-2");
    strcpy(tChar,"Hello Eagle");
    (*env)->CallStaticVoidMethod(env,gJniClass,gJinMethod,(*env)->NewStringUTF(env,
tChar));
    DisplayCallBack(env,tChar);
    tpParam =(*env)->GetStringUTFChars(env,param,0);
    return param;
}
//-----------------------------------------------------------------
void DisplayCallBack(JNIEnv* env,char nMsg[])
{
    char tChars[256];
    strcpy(tChars,nMsg);
    (*env)->CallStaticVoidMethod(env,gJniClass,gJinMethod,(*env)->NewStringUTF(env,
tChars));
}
```

11.3.8　使用 JNI 实现 Java 与 C 之间传递数据

在接下来的内容中，将详细讲解在 Android 系统中使用 JNI 实现 Java 与 C 之间传递数据的过程。通过下面的演示代码，分别讲解了传递整形、字符串和数组在 C 语言中处理的方法。

(1) 声明 native(本地)方法，例如下面的演示代码。

```
public class DataProvider {
    // 两个 java 中的 int 传递 c 语言 ， c 语言处理这个相加的逻辑,把相加的结果返回给 java
    public native int add(int x ,int y);
    //把一个 java 中的字符串传递给 c 语言， c 语言处理下字符串，处理完毕返回给 java
    public native String sayHelloInC(String s);
    //把一个 java 中 int 类型的数组传递给 c 语言，c 语言里面把数组的每一个元素的值都增加 5,
    //然后在把处理完毕的数组，返回给 java
    public native int[] intMethod(int[] iNum);
}
```

(2) 上述本地方法要在C实现的头文件中实现头文件可以理解为要在C中实现的方法。其中 JENEnv* 代表的是 Java 环境，通过这个环境可以调用 Java 的方法，jobject 表示哪个对象调用了这个C语言的方法，thiz 表示当前的对象。

```
/* DO NOT EDIT THIS FILE - it is machine generated */
#include <jni.h>
/* Header for class cn_itcast_ndk3_DataProvider */

#ifndef _Included_cn_itcast_ndk3_DataProvider
#define _Included_cn_itcast_ndk3_DataProvider
#ifdef __cplusplus
extern "C" {
#endif
/*
 * Class:     cn_itcast_ndk3_DataProvider
 * Method:    add
 * Signature: (II)I
 */
JNIEXPORT jint JNICALL Java_cn_itcast_ndk3_DataProvider_add
  (JNIEnv *, jobject, jint, jint);

/*
 * Class:     cn_itcast_ndk3_DataProvider
 * Method:    sayHelloInC
 * Signature: (Ljava/lang/String;)Ljava/lang/String;
 */
JNIEXPORT jstring JNICALL Java_cn_itcast_ndk3_DataProvider_sayHelloInC
  (JNIEnv *, jobject, jstring);

/*
 * Class:     cn_itcast_ndk3_DataProvider
 * Method:    intMethod
 * Signature: ([I)[I
 */
JNIEXPORT jintArray JNICALL Java_cn_itcast_ndk3_DataProvider_intMethod
  (JNIEnv *, jobject, jintArray);

#ifdef __cplusplus
}
#endif
#endif
```

(3) 在C代码中除了要引用头文件外，还要引入日志信息，以方便在C中进行调试。

```
//引入头文件
#include "cn_itcast_ndk3_DataProvider.h"
#include <string.h>
//导入日志头文件
#include <android/log.h>
//修改日志tag中的值
#define LOG_TAG "logfromc"
//日志显示的等级
```

```
#define LOGD(...) __android_log_print(ANDROID_LOG_DEBUG, LOG_TAG, __VA_ARGS__)
#define LOGI(...) __android_log_print(ANDROID_LOG_INFO, LOG_TAG, __VA_ARGS__)

// Java 中的 jstring，转化为 C 的一个字符数组
char*  Jstring2CStr(JNIEnv*  env,  jstring  jstr)
{
     char*  rtn  =  NULL;
     jclass  clsstring  =  (*env)->FindClass(env,"java/lang/String");
     jstring  strencode  =  (*env)->NewStringUTF(env,"GB2312");
     jmethodID  mid  =  (*env)-> GetMethodID(env,clsstring,
"getBytes",  "(Ljava/lang/String;)[B");
     jbyteArray  barr=  (jbyteArray)(*env)->CallObjectMethod(env,jstr,mid,strencode);
// String .getByte("GB2312");
     jsize  alen  =  (*env)->GetArrayLength(env,barr);
     jbyte*  ba  =  (*env)->GetByteArrayElements(env,barr,JNI_FALSE);
     if(alen  >  0)
     {
      rtn  =  (char*)malloc(alen+1);          //new  char[alen+1]; "\0"
      memcpy(rtn,ba,alen);
      rtn[alen]=0;
     }
     (*env)->ReleaseByteArrayElements(env,barr,ba,0);  //释放内存

    return rtn;
}

//处理整形相加
JNIEXPORT jint JNICALL Java_cn_itcast_ndk3_DataProvider_add
  (JNIEnv * env, jobject obj, jint x, jint y){
    //打印 Java 传递过来的 jstring ;
    LOGI("log from c code ");
    LOGI("x= %ld",x);
    LOGD("y= %ld",y);
    return x+y;
}

//处理字符串追加
JNIEXPORT jstring JNICALL Java_cn_itcast_ndk3_DataProvider_sayHelloInC
  (JNIEnv * env, jobject obj, jstring str){

    char* p =  Jstring2CStr(env,str);
    LOGI("%s",p);
    char* newstr = "append string";

    //strcat(dest, sorce) 把 sorce 字符串添加到 dest 字符串的后面
    LOGI("END");
    return (*env)->NewStringUTF(env, strcat(p,newstr));
}

//处理数组中的每一个元素
JNIEXPORT jintArray JNICALL Java_cn_itcast_ndk3_DataProvider_intMethod
  (JNIEnv * env, jobject obj, jintArray arr){
```

```
    // 1.获取到 arr 的大小

    int len = (*env)->GetArrayLength(env, arr);
    LOGI("len=%d", len);

    if(len==0){
     return arr;
    }
    //取出数组中第一个元素的内存地址
    jint* p = (*env)-> GetIntArrayElements(env,arr,0);
    int i=0;
    for(;i<len;i++){
     LOGI("len=%ld", *(p+i));//取出的每个元素
     *(p+i) += 5; //取出的每个元素加 5
    }
    return arr;
}
```

(4) 编写 Android.mk 文件，演示代码如下。

```
LOCAL_PATH := $(call my-dir)
include $(CLEAR_VARS)
LOCAL_MODULE    := Hello
LOCAL_SRC_FILES := Hello.c
#增加 log 函数对应的 log 库  liblog.so  libthread_db.a
LOCAL_LDLIBS += -llog
include $(BUILD_SHARED_LIBRARY)
```

(5) 编写 Java 代码，用于载入动态库，并调用 native 代码。

```
static{
        System.loadLibrary("Hello");
    }
    DataProvider dp;

    @Override
    public void onCreate(Bundle savedInstanceState) {
        super.onCreate(savedInstanceState);
        setContentView(R.layout.main);
        dp = new DataProvider();
    }

    //add 对应的事件
    public void add(View view){
     //执行 C 语言处理数据
     int result = dp.add(3, 5);
     Toast.makeText(this, "相加的结果"+ result, 1).show();
    }
```

(6) 接下来开始看在 C 中回调 Java 方法，首先声明 native 方法：

```
public class DataProvider{
    public native void callCcode();
    public native void callCcode1();
```

```
    public native void callCcode2();

    ///C 调用 Java 中的空方法
    public void helloFromJava(){
        System.out.println("hello from java ");
    }
    //C 调用 Java 中的带两个 int 参数的方法
    public int Add(int x,int y){
        System.out.println("相加的结果为"+ (x+y));
        return x+y;
    }
    //C 调用 Java 中参数为 string 的方法
    public void printString(String s){
        System.out.println("in java code "+ s);
    }
}
```

头文件可以用 JDK 自带的 javah 进行自动生成，使用“javap –s”命令可以获取方法的签名。

(7) C 代码实现回调的过程需要三个步骤，首先要要获取某个对象，然后获取对象里面的方法，最后调用这个方法。

```
#include "cn_itcast_ndk4_DataProvider.h"
#include <string.h>
#include <android/log.h>
#define LOG_TAG "logfromc"
#define LOGD(...) __android_log_print(ANDROID_LOG_DEBUG, LOG_TAG, __VA_ARGS__)
#define LOGI(...) __android_log_print(ANDROID_LOG_INFO, LOG_TAG, __VA_ARGS__)

//1.调用 Java 中的无参 helloFromJava 方法
JNIEXPORT void JNICALL Java_cn_itcast_ndk4_DataProvider_callCcode
  (JNIEnv * env , jobject obj){
    // 获取到 DataProvider 对象
    char* classname = "cn/itcast/ndk4/DataProvider";
    jclass dpclazz = (*env)->FindClass(env,classname);
    if (dpclazz == 0) {
            LOGI("not find class!");
        } else
            LOGI("find class");
    //第三个参数 和第四个参数 是方法的签名,第三个参数是方法名，第四个参数是根据返回值和参数生成的
    //获取到 DataProvider 要调用的方法
    jmethodID methodID = (*env)->GetMethodID(env,dpclazz,"helloFromJava","()V");
    if (methodID == 0) {
            LOGI("not find method!");
        } else
            LOGI("find method");
    //调用这个方法
    (*env)->CallVoidMethod(env, obj,methodID);
}

// 2.调用 Java 中的 printString 方法传递一个字符串
JNIEXPORT void JNICALL Java_cn_itcast_ndk4_DataProvider_callCcode1
```

```
  (JNIEnv * env, jobject obj){
    LOGI("in code");
    // 获取到 DataProvider 对象
    char* classname = "cn/itcast/ndk4/DataProvider";
    jclass dpclazz = (*env)->FindClass(env,classname);
    if (dpclazz == 0) {
            LOGI("not find class!");
        } else
            LOGI("find class");
    // 获取到要调用的 method
    jmethodID                                methodID                                     =
(*env)->GetMethodID(env,dpclazz,"printString","(Ljava/lang/String;)V");
    if (methodID == 0) {
            LOGI("not find method!");
        } else
            LOGI("find method");

    //调用这个方法
    (*env)->CallVoidMethod(env, obj,methodID,(*env)->NewStringUTF(env,"haha"));
}

// 3. 调用 Java 中的 add 方法 , 传递两个参数 jint x,y
JNIEXPORT void JNICALL Java_cn_itcast_ndk4_DataProvider_callCcode2
  (JNIEnv * env, jobject obj){
    char* classname = "cn/itcast/ndk4/DataProvider";
    jclass dpclazz = (*env)->FindClass(env,classname);
    jmethodID methodID = (*env)->GetMethodID(env,dpclazz,"Add","(II)I");
    (*env)->CallIntMethod(env, obj,methodID,3l,4l);
}
```

11.4 Dalvik 虚拟机的 JNI 测试函数

在 Dalvik 虚拟机中提供了一些 JNI 的调用测试函数，以便确认 JNI 的机制是否可以运行，JNI 调用效率是否达到设计的目标。它是通过函数 registerSystemNatives()实现初始化，然后调用函数 jniRegisterSystemMethods()来设置 JNI 函数。

JNI 的测试函数代码如下。

```
/*
* JNI registration
*/
staticJNINativeMethodgMethods[] = {
/*name, signature, funcPtr */
{ "emptyJniStaticMethod0", "()V", emptyJniStaticMethod0 },
{ "emptyJniStaticMethod6", "(IIIIII)V",emptyJniStaticMethod6 },
{ "emptyJniStaticMethod6L",
"(Ljava/lang/String;[Ljava/lang/String;[[I"

"Ljava/lang/Object;[Ljava/lang/Object;[[[[Ljava/lang/Object;)V",
```

```
emptyJniStaticMethod6L },
};
```

上述代码是提供 JNI 测试函数的接口和相关实现的 C 函数入口。

```
intregister_org_apache_harmony_dalvik_NativeTestTarget(JNIEnv*env)
{
intresult = jniRegisterNativeMethods(env,
"org/apache/harmony/dalvik/NativeTestTarget",
gMethods,NELEM(gMethods));
```

通过上述代码，把 JNI 调用接口设置到包 org.apache.harmony.dalvik.NativeTestTarget 中，这样在 Java 的应用程序里就可以调用了。

```
if(result != 0) {
/*print warning, but allow to continue */
LOGW("WARNING:NativeTestTarget not registered\n");
(*env)->ExceptionClear(env);
}
return0;
}
/*
* public static voidemptyJniStaticMethod0()
*
* For benchmarks, a do-nothingJNI method with no arguments.
*/
staticvoidemptyJniStaticMethod0(JNIEnv*env, jclassclazz)
{
//This space intentionally left blank.
}
```

由此可见，这些系统函数的代码都是空的结构，没有真实的代码运行就可以用来测试 JNI 是否可以工作，测试 JNI 调用的时间需要多少，可以提供准确的时间。

11.5 总结 Android 中 JNI 编程的一些技巧

经过本章前面内容的学习，在 Android 中使用 JNI 技术的核心内容介绍完毕。本节将总结在 Android 中使用 JNI 技术的一些技巧。在此首先要强调的是，native 方法不但可以传递 Java 的基本类型做参数，还可以传递更复杂的类型，比如 String、数组，甚至是自定义的类。这一切都可以在文件 jni.h 中找到答案。

11.5.1 传递 Java 的基本类型

用过 Java 的读者应该知道，Java 中的基本类型包括 boolean，byte，char，short，int，long，float，double 等，如果用这几种类型做 native 方法的参数，当我们通过 javah -jni 生成.h 文件时，只要看一下生成的.h 文件，就会一清二楚，这些类型分别对应的类型是 jboolean、jbyte、jchar、jshort、jint、jlong、jfloat、jdouble。这几种类型几乎都可以当成对应的 C++类型来用。

11.5.2 传递 String 参数

Java 的 String 和 C++的 string 是不能对等起来的，所以处理起来比较麻烦。先看一个例子：

```
class Prompt {
  // native method that prints a prompt and reads a line
  private native String getLine(String prompt);
  public static void main(String args[]) {
     Prompt p = new Prompt();
     String input = p.getLine("Type a line: ");
     System.out.println("User typed: " + input);
  }
  static {
     System.loadLibrary("Prompt");
  }
}
```

在这个例子中，我们要实现如下 native 方法：

```
String getLine(String prompt);
```

此方法的功能是读入一个 String 参数，返回一个 String 值。

通过执行 javah -jni 得到的头文件的演示代码如下：

```
#include <jni.h>
#ifndef _Included_Prompt
#define _Included_Prompt
#ifdef __cplusplus
extern "C" {
#endif
JNIEXPORT jstring JNICALL Java_Prompt_getLine(JNIEnv *env, jobject this, jstring prompt);
#ifdef __cplusplus
}
#endif
#endif
```

jstring 是 JNI 中对应于 String 的类型，但是和基本类型不同的是，jstring 不能直接当作 C++的 string 用。如果用如下格式：

```
cout << prompt << endl;
```

此时编译器会输出错误信息。

其实要处理 jstring 有很多种方式，这里只讲一种我认为最简单的方式，看下面的例子。

```
#include "Prompt.h"
#include <iostream>
JNIEXPORT jstring JNICALL Java_Prompt_getLine(JNIEnv *env, jobject obj, jstring prompt)
{
   const char* str;
   str = env->GetStringUTFChars(prompt, false);
   if(str == NULL) {
      return NULL; /* OutOfMemoryError already thrown */
   }
```

```
    std::cout << str << std::endl;
    env->ReleaseStringUTFChars(prompt, str);
    char* tmpstr = "return string succeeded";
    jstring rtstr = env->NewStringUTF(tmpstr);
    return rtstr;
}
```

在上面的例子中，作为参数的 prompt 不能直接被 C++程序使用，先实现了如下转换。

```
str = env->GetStringUTFChars(prompt, false);
```

这样将 jstring 类型变成一个 char*类型。

在返回的时候，要生成一个 jstring 类型的对象，也必须通过如下命令。

```
jstring rtstr = env->NewStringUTF(tmpstr);
```

这里用到的 GetStringUTFChars 和 NewStringUTF 都是 JNI 提供的处理 String 类型的函数，还有其他的函数这里就不一一列举了。

11.5.3　传递数组类型

和 String 一样，JNI 为 Java 基本类型的数组提供了 j*Array 类型，比如 int[]对应的就是 jintArray。来看一个传递 int 数组的例子。

```
JNIEXPORT jint JNICALL Java_IntArray_sumArray(JNIEnv *env, jobject obj, jintArray arr)
{
   jint *carr;
   carr = env->GetIntArrayElements(arr, false);
   if(carr == NULL) {
      return 0; /* exception occurred */
   }
   jint sum = 0;
   for(int i=0; i<10; i++) {
      sum += carr[i];
   }
   env->ReleaseIntArrayElements(arr, carr, 0);
   return sum;
}
```

在上述代码中，函数 GetIntArrayElements()和 ReleaseIntArrayElements()是 JNI 提供用于处理 int 数组的函数。如果试图用 arr[i]的方式去访问 jintArray 类型，毫无疑问会出错。JNI 还提供了另一对函数 GetIntArrayRegion()和 ReleaseIntArrayRegion()访问 int 数组，在此就不介绍了，对于其他基本类型的数组，方法类似。

11.5.4　二维数组和 String 数组

在 JNI 中，二维数组和 String 数组都被视为 object 数组。下面仍然用一个例子来说明，这次是一个二维 int 数组，作为返回值。

```
JNIEXPORT jobjectArray JNICALL Java_ObjectArrayTest_initInt2DArray(JNIEnv *env, jclass
cls, int size)
```

```
{
    jobjectArray result;
    jclass intArrCls = env->FindClass("[I");
    result = env->NewObjectArray(size, intArrCls, NULL);
    for (int i = 0; i < size; i++) {
        jint tmp[256]; /* make sure it is large enough! */
        jintArray iarr = env->NewIntArray(size);
        for(int j = 0; j < size; j++) {
            tmp[j] = i + j;
        }
        env->SetIntArrayRegion(iarr, 0, size, tmp);
        env->SetObjectArrayElement(result, i, iarr);
        env->DeleteLocalRef(iarr);
    }
    return result;
}
```

上面代码中的第三行：

```
jobjectArray result;
```

因为要返回值，所以需要新建一个 jobjectArray 对象。

```
jclass intArrCls = env->FindClass("[I"];
```

这样做的目的是创建一个 jclass 的引用，因为 result 的元素是一维 int 数组的引用，所以 intArrCls 必须是一维 int 数组的引用，这一点是如何保证的呢？注意 FindClass 的参数"[I"，JNI 就是通过它来确定引用的类型的，I 表示是 int 类型，[标识是数组。对于其他的类型，都有相应的表示方法。

- Z：boolean
- B：byte
- C：char
- S：short
- I：int
- J：long
- F：float
- D：double

String 是通过"Ljava/lang/String;"表示的，那相应的 String 数组就应该是"[Ljava/lang/String;"。继续回到上述代码，下面代码的作用是为 result 分配空间。

```
result = env->NewObjectArray(size, intArrCls, NULL);
```

下面代码的作用是为一维 int 数组 iarr 分配空间。

```
jintArray iarr = env->NewIntArray(size);
```

下面代码的作用是为 iarr 赋值。

```
env->SetIntArrayRegion(iarr, 0, size, tmp);
```

下面代码的作用是为 result 的第 i 个元素赋值。

```
env->SetObjectArrayElement(result, i, iarr);
```

通过上述步骤，就创建了一个二维 int 数组，并赋值完毕，这样就可以做为参数返回了。

如果了解了上面介绍的这些内容，基本上可以完成大部分的任务了。虽然在操作数组类型，尤其是二维数组和 String 数组的时候，比起在单独的语言中编程要麻烦，但既然我们享受了跨语言编程的好处，必然要付出一定的代价。

在此有一点要补充的是，上面用到的函数调用方式都是针对 C++的。如果要在 C 环境中使用，所有的 env->都要被替换成(*env)->，而且后面的函数中需要增加一个参数 env，具体可参看文件 jni.h 的代码。另外还有些省略的内容，可以参考 JNI 的文档：Java Native Interface 6.0 Specification，这内容在 JDK 的文档里就可以找到。如果要进行更深入的 JNI 编程，需要仔细阅读这个文档。在接下来的高级篇，也会讨论更深入的话题。

关于 JNI 编程更深入的话题，包括在 native 方法中访问 Java 类的域和方法，将 Java 中自定义的类作为参数和返回值传递等。了解这些内容，将会对 JNI 编程有更深入的理解，写出的程序也更清晰，易用性更好。

(1) 在一般的 Java 类中定义 native 方法

在签名档演示代码中，都是将 native 方法放在 main 方法的 Java 类中，实际上，完全可以在任何类中定义 native 方法。这样，对于外部来说，这个类和其他的 Java 类没有任何区别。

(2) 访问 Java 类的域和方法

native 方法虽然是 native 的，但毕竟是方法，那么就应该同其他方法一样，能够访问类的私有域和方法。实际上，JNI 的确可以做到这一点，我们通过几个例子来说明。

```
public class ClassA {
    String str_ = "abcde";
    int number_;
    public native void nativeMethod();
    private void javaMethod() {
System.out.println("call java method succeeded");
    }
    static {
System.loadLibrary("ClassA");
    }
}
```

在这个例子中，我们在一个没有 main 方法的 Java 类中定义了 native 方法。我们将演示如何在 nativeMethod()中访问域 str_、number_和方法 javaMethod()、nativeMethod()的 C++实现如下。

```
JNIEXPORT void JNICALL Java_testclass_ClassCallDLL_nativeMethod(JNIEnv *env, jobject obj)
{
    // access field
    jclass cls = env->GetObjectClass(obj);
    jfieldID fid = env->GetFieldID(cls, "str_", "Ljava/lang/String;");
    jstring jstr = (jstring)env->GetObjectField(obj, fid);
    const char *str = env->GetStringUTFChars(jstr, false);
    if(std::string(str) == "abcde")
        std::cout << "access field succeeded" << std::endl;
    jint i = 2468;
    fid = env->GetFieldID(cls, "number_", "I");
```

```
    env->SetIntField(obj, fid, i);
    // access method
    jmethodID mid = env->GetMethodID(cls, "javaMethod", "()V");
    env->CallVoidMethod(obj, mid);
}
```

在上述代码中，通过如下两行代码获得str_的值。

```
jfieldID fid = env->GetFieldID(cls, "str_", "Ljava/lang/String;");
jstring jstr = (jstring)env->GetObjectField(obj, fid);
```

上述第一行代码用于获得str_的id，在函数GetFieldID()的调用中需要指定str_的类型，第二行代码通过str_的id获得它的值，当然我们读到的是一个jstring类型，并不能直接显示，而是需要转化为char*类型。

接下来我们看如何给Java类的域赋值，看下面两行代码：

```
fid = env->GetFieldID(cls, "number_", "I");
env->SetIntField(obj, fid, i);
```

其中第一行代码同前面一样，用于获得number_的id，第二行我们通过函数SetIntField()将i的值赋给number_，其他类似的函数可以参考JDK的文档。

访问javaMethod()的过程同访问域类似，代码如下。

```
jmethodID mid = env->GetMethodID(cls, "javaMethod", "()V");
env->CallVoidMethod(obj, mid);
```

在此需要强调的是，在GetMethodID中，我们需要指定javaMethod方法的类型，域的类型很容易理解，方法的类型如何定义呢，在上面的例子中用()V，V表示返回值为空，()表示参数为空。如果是更复杂的函数类型如何表示？看下面的代码。

```
long f (int n, String s, int[] arr);
```

这个函数的类型符号是(ILjava/lang/String;[I)J，I表示int类型，Ljava/lang/String;表示String类型，[I表示int数组，J表示long。这些都可以在文档中查到。

(3) 在native方法中使用用户定义的类

JNI不仅能使用Java的基础类型，还能使用用户定义的类，这样灵活性就大多了。大体上使用自定义的类和使用Java的基础类(比如String)没有太大的区别，关键的一点是，如果要使用自定义类，首先要能访问类的构造函数。下面这一段代码在native方法中使用了自定义的Java类ClassB。

```
jclass cls = env->FindClass("Ltestclass/ClassB;");
jmethodID id = env->GetMethodID(cls, "<init>", "(D)V");
jdouble dd = 0.033;
jvalue args[1];
args[0].d = dd;
jobject obj = env->NewObjectA(cls, id, args);
```

首先要创建一个自定义类的引用，通过FindClass函数来完成，参数同前面介绍的创建String对象的引用类似，只不过类名称变成自定义类的名称。然后通过GetMethodID函数获得这个类的构造函数，注意这里方法的名称是"<init>"，它表示这是一个构造函数。

```
jobject obj = env->NewObjectA(cls, id, args);
```

这样便生成了一个 ClassB 的对象，args 是 ClassB 的构造函数的参数，是 jvalue*类型。

通过以上介绍的三部分内容，native 方法已经看起来完全像 Java 自己的方法了，至少在主要功能上是齐备了，只是实现上稍麻烦。而了解了这些，读者用 JNI 编程的水平也会更上一层楼。下面要讨论的话题也是一个重要内容，至少如果没有它，我们的程序只能停留在演示阶段，不具有实用价值。

(4)　异常处理

在 C++和 Java 的编程中，异常处理都是一个重要的内容。但是在 JNI 中，麻烦就来了，native 方法是通过 C++实现的，如果在 native 方法中发生了异常，如何传导到 Java 呢？JNI 提供了实现这种功能的机制。我们可以通过下面这段代码抛出一个 Java 可以接收的异常，

```
jclass errCls;
env->ExceptionDescribe();
env->ExceptionClear();
errCls = env->FindClass("java/lang/IllegalArgumentException");
env->ThrowNew(errCls, "thrown from C++ code");
```

如果要抛出其他类型的异常，替换掉 FindClass 的参数即可。这样在 Java 中就可以接收到 native 方法中抛出的异常。

第 12 章　JIT 编译

从 Android 2.2 版本开始，Dalvik 虚拟机新增了 JIT 编译器，此编译器能提高 Android 上 Java 程序的性能。本章将详细讲解 JIT 编译器的基本知识，为读者步入本书后面知识的学习打下基础。

12.1　JIT 简介

本节将简要介绍 JIT 技术的基本知识，为读者步入本书后面知识的学习打下基础。

12.1.1　JIT 概述

Google 公司声称：自从 Android 虚拟机 Dalvik 使用了 JIT 技术后，使其运行速度快了 5 倍。Dalvik 虚拟机解释并执行程序，JIT 技术主要是对多次运行的代码进行编译，当再次调用时使用编译后的机器码，而不是每次都解释，以节约时间。5 倍是测试程序测出的值，并不是说程序的运行速度也能达到 5 倍，这是因为测试程序有很多的重复调用和循环，而一般程序的主要是顺序执行的，而且它是一边运行，一边编译，一开始的时候提速不多，所以真正运行程序速度的提高并不是特别明显。

JIT 的全称是 just-in-time compilation，是对代码的动态编译/翻译。JIT 编译器是一个 tracing JIT(也叫 trace-based JIT)，主要以“trace”为单位来决定要编译的内容；目前也同时支持以整个方法为单位的编译。在程序运行时将某种形式的源翻译为目标代码，“源”可能是高级语言的文本形式的源码，不过更常见的是字节码或者说是虚拟机指令形式的；而目标代码一般是实际的机器指令。

JIT 跟传统的静态编译器最大的不同在于，前者是在用户程序运行过程中进行编译的，而传统静态编译器则是在用户程序运行之前先完成编译。为此在许多取舍上两者都有所不同。JIT 能够承受开销较小的编译工作，而传统静态编译器可以看作能够承受无限的编译开销。早期的 JIT 编译器受到编译开销的限制，就只能生成质量一般的代码。

现在许多动态编译器已经算不上原本意义上的“JIT”了——just-in-time 是指“刚好赶上”，

一般就是说在某个函数/方法(也可能是别的编译单元)初次执行时就对它进行编译，生成的目标代码刚好赶上该函数/方法的执行。而现在的一些混合执行模式的虚拟机/动态编译系统中，函数/方法或许一开始是在解释器里执行的，等一阵子才会被动态编译，按原本“JIT”的意思来说就已经太迟了，并不是“刚好赶上”，不过 JIT 更多的已经成为一种惯用称谓，也就不必那么在意这个小细节。

JIT 编译器是一个连续体，一端是编译速度非常快，但只能生成质量一般的代码的编译器；另一端是编译速度较慢，而生成高度优化代码的编译器。

JIT 编译器可以分为许多小类别，最简单的一类快速 JIT 编译器可以是基于模板的，也就是每个字节码对应一个固定的目标代码模式。所谓“编译”是指在这种 JIT 编译器中，简单地根据源程序把预置的模板串在一起的过程。整个过程基本上不对代码做分析工作，也不做优化工作。解释器也是一个连续体，从最简单、最慢的行解释器到相对高速的 context-threading、inline-threading 等。高速的解释器与基于模板的 JIT 编译器正好接上，都会在运行时生成新的目标代码用于执行用户程序。所以把视野再放开一点的话，从解释器到动态编译器也构成了一个连续体。解释器与动态编译器的分水岭，在于用户程序中的指令分派(instruction dispatch)是用软件来做还是直接由硬件实现。一个解释器如果优化到完全消除了用户程序的指令分派在软件一侧的开销，就可以称之为编译系统了。

在一个从 Java 源码编译到 JVM 字节码的编译器(如 javac、ECJ)的过程中，一个“编译单元”(CompilationUnit)指的是一个 Java 源文件。而在 Dalvik VM 的 JIT 中也有一个名为“CompilationUnit”的结构体，这个千万不能跟 Java 源码级的编译单元弄混了——它在这里指的就是一个“trace”。

许多早期的 JIT 编译器以“函数”或者“方法”为单位进行编译，并通过函数/方法内联来降低调用成本、扩大优化的作用域。但一个函数/方法中也可能存在热路径与冷路径的区别，如果以函数/方法为粒度来编译，很可能会在冷路径上浪费了编译的时间和空间，却没有得到执行速度的提升。为此许多 JIT 编译器会记录方法内分支的执行频率，在 JIT 编译时只对热路径编译，将冷路径生成为“uncommon trap”，等真的执行到冷路径时跳回到解释器或其他备用实行方式继续。

Tracing JIT 能够更简单有效的获取到涉及循环的热代码中的执行路径，该编译器的中间表示分为两种，分别是 MIR(middle-level intermediate representation)与 LIR(low-level intermediate representation)。MIR 与 LIR 节点各自形成链表，分别被组织在 BasicBlock 与 ConpilationUnit 中。具体编译流程如下。

(1) 创建 CompilationUnit 对象来存放一次编译中需要的信息。

(2) 将 dex 文件中的 Dalvik 字节码解码为 DecodedInstruction，并创建对应的 MIR 节点。

(3) 定位基本块的边界，并创建相应的 BasicBlock 对象，将 MIR 塞进去。

(4) 确定控制流关系，将基本块连接起来构成控制流图(CFG)，并添加恢复解释器状态和异常处理用的基本块。

(5) 将基本块都加到 CompilationUnit 里去。

(6) 将 MIR 转换为 LIR(带有局部优化和全局优化)。

(7) 从 LIR 生成机器码。

从上述编译流程来看，真正与 CPU 架构相关的是步骤(5)～(7)个，因为 LIR 是与 CPU 密切相关的汇编级指令集。而步骤(1)～(4)则是 dex 字节码到 MIR 的转换，可以视为 JIT 中与 CPU 架构无关的部分。因此，将 JIT 移植到一个新的架构上去，应该模拟实现一套 LIR 指令集，以及重新现实对 LIR 指令进行处理的函数。这里，工作量集中体现在 compiler/codegen/TARGET_ARCH/，可以从 MIPS 中代码中看到移植该部分的工作量(C 代码)。另外，从上述分析的相关的汇编也是工作量的一部分。

Dalvik 虚拟机的运行流程(含 JIT)如图 12-1 所示。

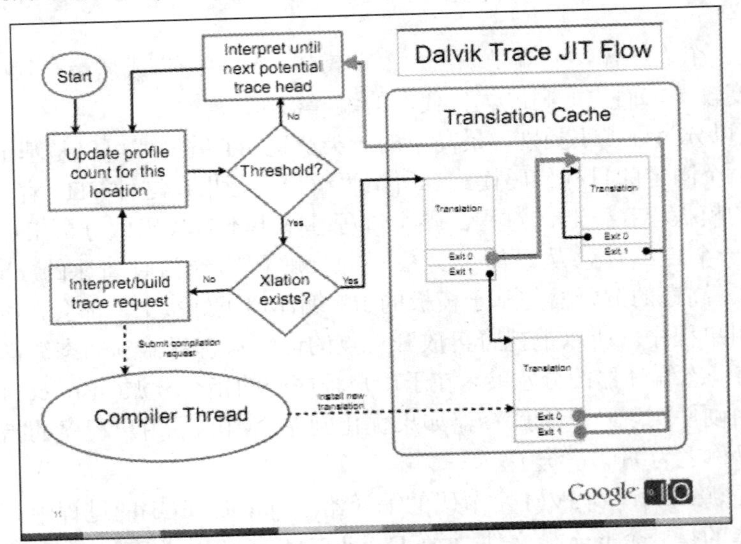

图 12-1　Dalvik 虚拟机的运行流程

要想让 Java 程序能够在 Android 上运行，在由源码编译为 JVM 字节码后，还需要经过 dx 的处理，从 Java 虚拟机字节码转换为 Dalvik 虚拟机字节码。dx 在转换过程中已经做过一些优化了，所以可以理解为什么 Dalvik 虚拟机中的 JIT 在 MIR 层面基本上没做优化。

不过现在的 Dalvik 虚拟机的 JIT 的完成度还很低，局部优化只有冗余 load/store 消除，全局优化只有冗余分支消除。dx 本身并没有做像是循环不变量外提之类的优化，所以就算有了 JIT，Dalvik 虚拟机生成出来的代码质量也不会很好，目前能看到的最明显的效果只是把解释器中指令分派的开销给消除掉了而已。

12.1.2 Java 虚拟机主要的优化技术

(1) JIT

JIT 最开始是指在执行前编译，但是到现在已经发展成为，一开始解释执行，只有被多次调用的程序段才被编译，编译后存放在内存中，下次直接执行编译后的机器码。

- method 方式：以函数或方法为单位进行编译。
- trace 方式：以 trace 为单位进行编译(可以把循环中的内容作为单位编译)，此方法也包含 method。

(2) AOT(Ahead Of Time)

在程序下载到本地时就编译成机器码，并存储在本地存在硬盘上，以加快运行程度，用此种方式，可执行的程序会变大四五倍。

12.1.3　Dalvik 虚拟机中 JIT 的实现

每启动一个应用程序，都会相应地启动一个 Dalvik 虚拟机，启动时会建立 JIT 线程，该线程会一直在后台运行。当某段代码被调用时，虚拟机会判断它是否需要编译成机器码，如果需要，就做一个标记，JIT 线程不断地判断此标记，如果发现被设定就把它编译成机器码，并将其机器码地址及相关信息放入 entry table 中，下次执行到此就跳到机器码段执行，而不再解释执行，从而提高了应用程序的运行速度。

12.2　Dalvik 虚拟机对 JIT 的支持

为了对 JIT 编译器提供良好的支持，在 Dalvik 虚拟机原本的解释器里进行了相应的修改，添加了新的方法入口和 profile 处理。例如在文件 vm/mterp/armv5te/header.S 中添加了如下粗体代码，这表示新添加了一些宏。

```
#define GOTO_OPCODE(_reg)       add    pc, rIBASE, _reg, lsl #${handler_size_bits}
#define GOTO_OPCODE_IFEQ(_reg)  addeq  pc, rIBASE, _reg, lsl #${handler_size_bits}
#define GOTO_OPCODE_IFNE(_reg)  addne  pc, rIBASE, _reg, lsl #${handler_size_bits}

/*
 * Get/set the 32-bit value from a Dalvik register.
 */
#define GET_VREG(_reg, _vreg)   ldr    _reg, [rFP, _vreg, lsl #2]
#define SET_VREG(_reg, _vreg)   str    _reg, [rFP, _vreg, lsl #2]

#if defined(WITH_JIT)
#define GET_JIT_ENABLED(_reg)       ldr    _reg,[rGLUE,#offGlue_jitEnabled]
#define GET_JIT_PROF_TABLE(_reg)    ldr    _reg,[rGLUE,#offGlue_pJitProfTable]
#endif
```

并且在一些指令的处理代码中也有对它的应用，例如下面的比较指令。

```
%verify  "branch taken"
%verify "branch not taken"
    /*
     * Generic two-operand compare-and-branch operation.  Provide a "revcmp"
     * fragment that specifies the *reverse* comparison to perform, e.g.
     * for "if-le"  you would use  "gt" .
     *
     * For: if-eq, if-ne, if-lt, if-ge, if-gt, if-le
     */
    /* if-cmp vA, vB, +CCCC */
    mov     r0, rINST, lsr #8           @ r0<- A+
    mov     r1, rINST, lsr #12          @ r1<- B
    and     r0, r0, #15
    GET_VREG(r3, r1)                    @ r3<- vB
    GET_VREG(r2, r0)                    @ r2<- vA
    mov     r9, #4                      @ r0<- BYTE branch dist for not-taken
    cmp     r2, r3                      @ compare (vA, vB)
```

```
    b${revcmp}  1f                      @ branch to 1  if comparison failed
    FETCH_S(r9, 1 )                     @ r9<- branch offset, in code units
    movs    r9, r9, asl #1              @ convert to bytes, check sign
    bmi     common_backwardBranch       @ yes, do periodic checks
1 :
#if defined(WITH_JIT)
    GET_JIT_PROF_TABLE(r0)
    FETCH_ADVANCE_INST_RB(r9)           @ update rPC, load rINST
    b       common_testUpdateProfile
#else
    FETCH_ADVANCE_INST_RB(r9)           @ update rPC, load rINST
    GET_INST_OPCODE(ip)                 @ extract opcode from rINST
    GOTO_OPCODE(ip)                     @ jump to next instruction
#endif
```

并且在文件 vm/interp/InterpDefs.h 中，新添加了如下对方法入口的注释。

```
/*
 * There are six entry points from the compiled code to the interpreter:
 * 1) dvmJitToInterpNormal: find if there is a corresponding compilation for
 *    the new dalvik PC. If so, chain the originating compilation with the
 *    target then jump to it.
 * 2) dvmJitToInterpInvokeNoChain: similar to 1) but don't chain. This is
 *    for handling 1-to-many mappings like virtual method call and
 *    packed switch.
 * 3) dvmJitToInterpPunt: use the fast interpreter to execute the next
 *    instruction(s) and stay there as long as it is appropriate to return
 *    to the compiled land. This is used when the jit'ed code is about to
 *    throw an exception.
 * 4) dvmJitToInterpSingleStep: use the portable interpreter to execute the
 *    next instruction only and return to pre-specified location in the
 *    compiled code to resume execution. This is mainly used as debugging
 *    feature to bypass problematic opcode implementations without
 *    disturbing the trace formation.
 * 5) dvmJitToTraceSelect: if there is a single exit from a translation that
 *    has already gone hot enough to be translated, we should assume that
 *    the exit point should also be translated (this is a common case for
 *    invokes).  This trace exit will first check for a chaining
 *    opportunity, and if none is available will switch to the debug
 *    interpreter immediately for trace selection (as if threshold had
 *    just been reached).
 * 6) dvmJitToPredictedChain: patch the chaining cell for a virtual call site
 *    to a predicted callee.
 */
```

mterp 解释器的统一方法入口是 dvmMterpStdRun()。这个方法入口在 mterp 的平台相关代码的 entry.S 里定义。

12.3 汇编代码和改动

本节将简要讲解 JIT 汇编代码的内容和对 C 文件的改动过程，为读者步入本书后面知识的学习打下基础。

12.3.1　汇编部分代码

与架构相关的编译模板文件如下。

```
/template/out/Compiler/TemplateAsm-unicore32S.S
```

该文件的内容比较多，工作量比较大。文件 TemplateAsm-unicore32S.S 会产生脚本，主要工作量体现在生产该文件的源文件，源码目录如下。

```
/dalvik/vm/compiler/template
```

该部分内容的处理与 mterp 解释器中汇编的处理方式相似，用一个脚本把所有汇编内容汇集到一个文件中。

再看如下目录。

```
dalvik/vm/mterp/##ARCH##/
```

该目录是解释器的实现，因为 JIT 与解释器并不是独立工作的，因此解释器中有不少针对 JIT 状态处理的函数，代码块使用#if defined(WITH_JIT)来控制。代码量主要体现在文件 footer.S 中。

12.3.2　对 C 文件的改动

JIT 对 C 代码的改动有很多，其中主要集中有如下几个文件。

- ArchUtility.c。
- Assemble.c。
- CodegenDriver.c。
- MipsLIR.h(重写)。
- MipsFP.c(重写)。
- RallocUtil.c。

这些改动是 MIPS 对 JIT 的优化，与 MIPS 架构是紧密相连的。从架构上看，UNICORE 与 ARM 的架构比较相近，但 JIT 中有大量的 16 位 Thumb 指令。MIPS 指令长度为 32 位，但架构相似度较低。

MIPS 可借鉴的是 compiler 模拟 32 位指令集的工作量评估及后期移植指导。在 MIPS 代码中使用了大量的 assert()，初步判断为调试所用，在移植过程中可以借鉴这些调试点。

从注释和数据命名特征分析，MIPS 是以 ARM 为原型对 JIT 进行的移植，移植过程中加入了 MIPS 架构的特殊，鉴于 UNICORE 架构与 ARM 架构的相近性，初步调研结果为以参考 ARM 为主，借鉴 MIPS 为辅对 JIT 进行移植，认真阅读每一行注释，仔细推敲每个函数命名。

12.4　Dalvik 虚拟机中的源码分析

在 Dalvik 虚拟机的 vm\mterp 目录下，保存了和 JIT 编译相关的核心源码。本节将简要分析

Dalvik 虚拟机中的 JIT 源码，为读者步入本书后面知识的学习打下基础。

12.4.1 入口文件

首先看文件 vm/interp/Jit.c，此文件提供了外界调用的入口。接下来开始分析这个文件的源码。

(1) 函数 dvmJitStartup(void)，用于创建 JIT 编译，为编译工作做好准备。主要代码如下。

```
int dvmJitStartup(void)
{
    unsigned int i;
    bool res = true;  /* Assume success */

    // 开始创建编译器*/
    res &= dvmCompilerStartup();

    dvmInitMutex(&gDvmJit.tableLock);
    if (res && gDvm.executionMode == kExecutionModeJit) {
        JitEntry *pJitTable = NULL;
        unsigned char *pJitProfTable = NULL;
        assert(gDvm.jitTableSize &&
            !(gDvm.jitTableSize & (gDvmJit.jitTableSize - 1))); // Power of 2?
        dvmLockMutex(&gDvmJit.tableLock);
        pJitTable = (JitEntry*)
                  calloc(gDvmJit.jitTableSize, sizeof(*pJitTable));
        if (!pJitTable) {
            LOGE("jit table allocation failed\n");
            res = false;
            goto done;
        }
        /*
         * NOTE：该文件表必须只分配一次，在全局范围内.
         * Profiling is turned on and off by nulling out gDvm.pJitProfTable
         * and then restoring its original value.  However, this action
         * is not syncronized for speed so threads may continue to hold
         * and update the profile table after profiling has been turned
         * off by null'ng the global pointer.  Be aware.
         */
        pJitProfTable = (unsigned char *)malloc(JIT_PROF_SIZE);
        if (!pJitProfTable) {
            LOGE("jit prof table allocation failed\n");
            res = false;
            goto done;
        }
        memset(pJitProfTable,0,JIT_PROF_SIZE);
        for (i=0; i < gDvmJit.jitTableSize; i++) {
          pJitTable[i].u.info.chain = gDvmJit.jitTableSize;
        }
        /* Is chain field wide enough for termination pattern? */
        assert(pJitTable[0].u.info.chain == gDvm.maxJitTableEntries);

done:
```

```
        gDvmJit.pJitEntryTable = pJitTable;
        gDvmJit.jitTableMask = gDvmJit.jitTableSize - 1;
        gDvmJit.jitTableEntriesUsed = 0;
        gDvmJit.pProfTableCopy = gDvmJit.pProfTable = pJitProfTable;
        dvmUnlockMutex(&gDvmJit.tableLock);
    }
    return res;
}
```

(2) 停止编译函数 dvmJitStopTranslationRequests()，如果一个固定的表或翻译缓冲区被填满，则调用这个函数停止编译，专业可以避免周期浪费未来的翻译要求。主要代码如下。

```
void dvmJitStopTranslationRequests()
{
    /*
     * Note 1: This won't necessarily stop all translation requests, and
     * operates on a delayed mechanism.  Running threads look to the copy
     * of this value in their private InterpState structures and won't see
     * this change until it is refreshed (which happens on interpreter
     * entry).
     * Note 2: This is a one-shot memory leak on this table. Because this is a
     * permanent off switch for Jit profiling, it is a one-time leak of 1K
     * bytes, and no further attempt will be made to re-allocate it.  Can't
     * free it because some thread may be holding a reference.
     */
    gDvmJit.pProfTable = gDvmJit.pProfTableCopy = NULL;
}
```

(3) 通过函数 dvmJitStats()转储调试和优化数据日志，主要代码如下。

```
void dvmJitStats()
{
    int i;
    int hit;
    int not_hit;
    int chains;
    if (gDvmJit.pJitEntryTable) {
        for (i=0, chains=hit=not_hit=0;
             i < (int) gDvmJit.jitTableSize;
             i++) {
            if (gDvmJit.pJitEntryTable[i].dPC != 0)
                hit++;
            else
                not_hit++;
            if (gDvmJit.pJitEntryTable[i].u.info.chain != gDvmJit.jitTableSize)
                chains++;
        }
        LOGD(
         "JIT: %d traces, %d slots, %d chains, %d maxQ, %d thresh, %s",
         hit, not_hit + hit, chains, gDvmJit.compilerMaxQueued,
         gDvmJit.threshold, gDvmJit.blockingMode ? "Blocking" : "Non-blocking");
#if defined(EXIT_STATS)
        LOGD(
```

```
        "JIT: Lookups: %d hits, %d misses; %d NoChain, %d normal, %d punt",
        gDvmJit.addrLookupsFound, gDvmJit.addrLookupsNotFound,
        gDvmJit.noChainExit, gDvmJit.normalExit, gDvmJit.puntExit);
#endif
    LOGD("JIT: %d Translation chains", gDvmJit.translationChains);
#if defined(INVOKE_STATS)
    LOGD("JIT: Invoke: %d chainable, %d pred. chain, %d native, "
        "%d return",
        gDvmJit.invokeChain, gDvmJit.invokePredictedChain,
        gDvmJit.invokeNative, gDvmJit.returnOp);
#endif
    if (gDvmJit.profile) {
        dvmCompilerSortAndPrintTraceProfiles();
    }
  }
}
```

(4) 通过函数 dvmJitShutdown(void)可以实现准时关机的功能，注意只做一次关机操作，不要试图重新启动。主要代码如下。

```
void dvmJitShutdown(void)
{
   /*编译线程关闭*/
   dvmCompilerShutdown();
   dvmCompilerDumpStats();
   dvmDestroyMutex(&gDvmJit.tableLock);
   if (gDvmJit.pJitEntryTable) {
      free(gDvmJit.pJitEntryTable);
      gDvmJit.pJitEntryTable = NULL;
   }
   if (gDvmJit.pProfTable) {
      free(gDvmJit.pProfTable);
      gDvmJit.pProfTable = NULL;
   }
}
```

(5) 核心函数 dvmJitShutdown(void)，此函数被 define 成 CHECK_JIT()，此函数的功能是判断在什么条件时认为需要编译。主要代码如下。

```
int dvmCheckJit(const u2* pc, Thread* self, InterpState* interpState)
{
   int flags,i,len;
   int switchInterp = false;
   int debugOrProfile = (gDvm.debuggerActive || self->suspendCount
#if defined(WITH_PROFILER)
                         || gDvm.activeProfilers
#endif
            );

   switch (interpState->jitState) {
      char* nopStr;
      int target;
      int offset;
```

```
        DecodedInstruction decInsn;
        case kJitTSelect:
            dexDecodeInstruction(gDvm.instrFormat, pc, &decInsn);
#if defined(SHOW_TRACE)
            LOGD("TraceGen: adding %s",getOpcodeName(decInsn.opCode));
#endif
            flags = dexGetInstrFlags(gDvm.instrFlags, decInsn.opCode);
            len = dexGetInstrOrTableWidthAbs(gDvm.instrWidth, pc);
            offset = pc - interpState->method->insns;
            if (pc != interpState->currRunHead + interpState->currRunLen) {
                int currTraceRun;
                /* We need to start a new trace run */
                currTraceRun = ++interpState->currTraceRun;
                interpState->currRunLen = 0;
                interpState->currRunHead = (u2*)pc;
                interpState->trace[currTraceRun].frag.startOffset = offset;
                interpState->trace[currTraceRun].frag.numInsts = 0;
                interpState->trace[currTraceRun].frag.runEnd = false;
                interpState->trace[currTraceRun].frag.hint = kJitHintNone;
            }
            interpState->trace[interpState->currTraceRun].frag.numInsts++;
            interpState->totalTraceLen++;
            interpState->currRunLen += len;
            if (  ((flags & kInstrUnconditional) == 0) &&
                  /* don't end trace on INVOKE_DIRECT_EMPTY  */
                  (decInsn.opCode != OP_INVOKE_DIRECT_EMPTY) &&
                  ((flags & (kInstrCanBranch |
                             kInstrCanSwitch |
                             kInstrCanReturn |
                             kInstrInvoke)) != 0)) {
                    interpState->jitState = kJitTSelectEnd;
#if defined(SHOW_TRACE)
            LOGD("TraceGen: ending on %s, basic block end",
                 getOpcodeName(decInsn.opCode));
#endif
            }
            if (decInsn.opCode == OP_THROW) {
                interpState->jitState = kJitTSelectEnd;
            }
            if (interpState->totalTraceLen >= JIT_MAX_TRACE_LEN) {
                interpState->jitState = kJitTSelectEnd;
            }
            if (debugOrProfile) {
                interpState->jitState = kJitTSelectAbort;
                switchInterp = !debugOrProfile;
                break;
            }
            if ((flags & kInstrCanReturn) != kInstrCanReturn) {
                break;
            }
            /* NOTE: intentional fallthrough for returns */
        case kJitTSelectEnd:
```

```
        {
            if (interpState->totalTraceLen == 0) {
                switchInterp = !debugOrProfile;
                break;
            }
            JitTraceDescription* desc =
              (JitTraceDescription*)malloc(sizeof(JitTraceDescription) +
                sizeof(JitTraceRun) * (interpState->currTraceRun+1));
            if (desc == NULL) {
                LOGE("Out of memory in trace selection");
                dvmJitStopTranslationRequests();
                interpState->jitState = kJitTSelectAbort;
                switchInterp = !debugOrProfile;
                break;
            }
            interpState->trace[interpState->currTraceRun].frag.runEnd =
                 true;
            interpState->jitState = kJitNormal;
            desc->method = interpState->method;
            memcpy((char*)&(desc->trace[0]),
                (char*)&(interpState->trace[0]),
                sizeof(JitTraceRun) * (interpState->currTraceRun+1));
#if defined(SHOW_TRACE)
            LOGD("TraceGen:  trace done, adding to queue");
#endif
            dvmCompilerWorkEnqueue(
                   interpState->currTraceHead,kWorkOrderTrace,desc);
            if (gDvmJit.blockingMode) {
                dvmCompilerDrainQueue();
            }
            switchInterp = !debugOrProfile;
        }
        break;
    case kJitSingleStep:
        interpState->jitState = kJitSingleStepEnd;
        break;
    case kJitSingleStepEnd:
        interpState->entryPoint = kInterpEntryResume;
        switchInterp = !debugOrProfile;
        break;
    case kJitTSelectAbort:
#if defined(SHOW_TRACE)
        LOGD("TraceGen:  trace abort");
#endif
        interpState->jitState = kJitNormal;
        switchInterp = !debugOrProfile;
        break;
    case kJitNormal:
        switchInterp = !debugOrProfile;
        break;
    default:
        dvmAbort();
```

```
    }
    return switchInterp;
}
```

在上述函数中，增加了目前跟踪请求的一个指令的时间，这只是在指令中实现的解释工作。一般来说，指示“建议”被添加到对当前跟踪之前解释。如果解释器成功地完成指令动作，则将被视为请求的一部分，这使我们能够审查在这之前的状态。如果中止查询指令，则会发生意想不到的事情，然而返回指令将会导致立即结束翻译工作，这一切都是在编译器回归前完成的。这样做的目的是针对特殊处理返回一定的解释，并对问题根源进行了描述。

(6) 通过 dvmJitGetCodeAddr(const u2* dPC)，如果在虚拟机指针中存在翻译的代码地址，则加速翻译这个进程。主要代码如下。

```
void* dvmJitGetCodeAddr(const u2* dPC)
{
    int idx = dvmJitHash(dPC);

    /* If anything is suspended, don't re-enter the code cache */
    if (gDvm.sumThreadSuspendCount > 0) {
        return NULL;
    }

    /* Expect a high hit rate on 1st shot */
    if (gDvmJit.pJitEntryTable[idx].dPC == dPC) {
#if defined(EXIT_STATS)
        gDvmJit.addrLookupsFound++;
#endif
        return gDvmJit.pJitEntryTable[idx].codeAddress;
    } else {
        int chainEndMarker = gDvmJit.jitTableSize;
        while (gDvmJit.pJitEntryTable[idx].u.info.chain != chainEndMarker) {
            idx = gDvmJit.pJitEntryTable[idx].u.info.chain;
            if (gDvmJit.pJitEntryTable[idx].dPC == dPC) {
#if defined(EXIT_STATS)
                gDvmJit.addrLookupsFound++;
#endif
                return gDvmJit.pJitEntryTable[idx].codeAddress;
            }
        }
    }
#if defined(EXIT_STATS)
    gDvmJit.addrLookupsNotFound++;
#endif
    return NULL;
}
```

(7) 通过 dvmJitLookupAndAdd(const u2* dPC) 判断是否有相对某段程序的字节码可用，如果有，则返回其地址；如果没有，则做标记，以通知编译线程对其进行编译。主要代码如下。

```
JitEntry *dvmJitLookupAndAdd(const u2* dPC)
{
    u4 chainEndMarker = gDvmJit.jitTableSize;
```

```
u4 idx = dvmJitHash(dPC);

/* Walk the bucket chain to find an exact match for our PC */
while ((gDvmJit.pJitEntryTable[idx].u.info.chain != chainEndMarker) &&
      (gDvmJit.pJitEntryTable[idx].dPC != dPC)) {
    idx = gDvmJit.pJitEntryTable[idx].u.info.chain;
}

if (gDvmJit.pJitEntryTable[idx].dPC != dPC) {
    /*
     * No match.  Aquire jitTableLock and find the last
     * slot in the chain. Possibly continue the chain walk in case
     * some other thread allocated the slot we were looking
     * at previuosly (perhaps even the dPC we're trying to enter).
     */
    dvmLockMutex(&gDvmJit.tableLock);
    /*
     * At this point, if .dPC is NULL, then the slot we're
     * looking at is the target slot from the primary hash
     * (the simple, and common case).  Otherwise we're going
     * to have to find a free slot and chain it.
     */
    MEM_BARRIER(); /* Make sure we reload [].dPC after lock */
    if (gDvmJit.pJitEntryTable[idx].dPC != NULL) {
        u4 prev;
        while (gDvmJit.pJitEntryTable[idx].u.info.chain != chainEndMarker) {
            if (gDvmJit.pJitEntryTable[idx].dPC == dPC) {
                /* Another thread got there first for this dPC */
                dvmUnlockMutex(&gDvmJit.tableLock);
                return &gDvmJit.pJitEntryTable[idx];
            }
            idx = gDvmJit.pJitEntryTable[idx].u.info.chain;
        }
        /* Here, idx should be pointing to the last cell of an
         * active chain whose last member contains a valid dPC */
        assert(gDvmJit.pJitEntryTable[idx].dPC != NULL);
        /* Linear walk to find a free cell and add it to the end */
        prev = idx;
        while (true) {
            idx++;
            if (idx == chainEndMarker)
                idx = 0;  /* Wraparound */
            if ((gDvmJit.pJitEntryTable[idx].dPC == NULL) ||
                (idx == prev))
                break;
        }
        if (idx != prev) {
            JitEntryInfoUnion oldValue;
            JitEntryInfoUnion newValue;
            /*
             * Although we hold the lock so that noone else will
             * be trying to update a chain field, the other fields
```

```
                * packed into the word may be in use by other threads.
                */
               do {
                   oldValue = gDvmJit.pJitEntryTable[prev].u;
                   newValue = oldValue;
                   newValue.info.chain = idx;
               } while (!ATOMIC_CMP_SWAP(
                       &gDvmJit.pJitEntryTable[prev].u.infoWord,
                       oldValue.infoWord, newValue.infoWord));
           }
       }
       if (gDvmJit.pJitEntryTable[idx].dPC == NULL) {
          /* Allocate the slot */
          gDvmJit.pJitEntryTable[idx].dPC = dPC;
          gDvmJit.jitTableEntriesUsed++;
       } else {
          /* Table is full */
          idx = chainEndMarker;
       }
       dvmUnlockMutex(&gDvmJit.tableLock);
   }
   return (idx == chainEndMarker) ? NULL : &gDvmJit.pJitEntryTable[idx];
}
```

(8) 通过 dvmJitSetCodeAddr(const u2* dPC, void *nPC, JitInstructionSetType set)将代码指针注册为 JIT 码。如果被编译的代码地址为空，则不能停止所有的线程工作，这样的程序被称为编译线程。主要代码如下。

```
void dvmJitSetCodeAddr(const u2* dPC, void *nPC, JitInstructionSetType set) {
   JitEntryInfoUnion oldValue;
   JitEntryInfoUnion newValue;
   JitEntry *jitEntry = dvmJitLookupAndAdd(dPC);
   assert(jitEntry);
   /* Note: order of update is important */
   do {
      oldValue = jitEntry->u;
      newValue = oldValue;
      newValue.info.instructionSet = set;
   } while (!ATOMIC_CMP_SWAP(
         &jitEntry->u.infoWord,
         oldValue.infoWord, newValue.infoWord));
   jitEntry->codeAddress = nPC;
}
```

(9) 通过 dvmJitCheckTraceRequest(Thread* self, InterpState* interpState)确定是否存在有效的“trace-bulding”活跃，如果需要中止和切换到快速翻译，则返回真，否则返回假。主要代码如下。

```
bool dvmJitCheckTraceRequest(Thread* self, InterpState* interpState)
{
   bool res = false;         /* Assume success */
   int i;
```

```
    if (gDvmJit.pJitEntryTable != NULL) {
        /* Two-level filtering scheme */
        for (i=0; i< JIT_TRACE_THRESH_FILTER_SIZE; i++) {
            if (interpState->pc == interpState->threshFilter[i]) {
                break;
            }
        }
        if (i == JIT_TRACE_THRESH_FILTER_SIZE) {
            /*
             * Use random replacement policy - otherwise we could miss a large
             * loop that contains more traces than the size of our filter array.
             */
            i = rand() % JIT_TRACE_THRESH_FILTER_SIZE;
            interpState->threshFilter[i] = interpState->pc;
            res = true;
        }
        /*
         * If the compiler is backlogged, or if a debugger or profiler is
         * active, cancel any JIT actions
         */
        if ( res || (gDvmJit.compilerQueueLength >= gDvmJit.compilerHighWater) ||
            gDvm.debuggerActive || self->suspendCount
#if defined(WITH_PROFILER)
                 || gDvm.activeProfilers
#endif
                                            ) {
            if (interpState->jitState != kJitOff) {
                interpState->jitState = kJitNormal;
            }
        } else if (interpState->jitState == kJitTSelectRequest) {
            JitEntry *slot = dvmJitLookupAndAdd(interpState->pc);
            if (slot == NULL) {
                /*
                 * Table is full.  This should have been
                 * detected by the compiler thread and the table
                 * resized before we run into it here.  Assume bad things
                 * are afoot and disable profiling.
                 */
                interpState->jitState = kJitTSelectAbort;
                LOGD("JIT: JitTable full, disabling profiling");
                dvmJitStopTranslationRequests();
            } else if (slot->u.info.traceRequested) {
                /* Trace already requested - revert to interpreter */
                interpState->jitState = kJitTSelectAbort;
            } else {
                /* Mark request */
                JitEntryInfoUnion oldValue;
                JitEntryInfoUnion newValue;
                do {
                    oldValue = slot->u;
                    newValue = oldValue;
                    newValue.info.traceRequested = true;
```

```
            } while (!ATOMIC_CMP_SWAP( &slot->u.infoWord,
                    oldValue.infoWord, newValue.infoWord));
        }
    }
    switch (interpState->jitState) {
        case kJitTSelectRequest:
            interpState->jitState = kJitTSelect;
            interpState->currTraceHead = interpState->pc;
            interpState->currTraceRun = 0;
            interpState->totalTraceLen = 0;
            interpState->currRunHead = interpState->pc;
            interpState->currRunLen = 0;
            interpState->trace[0].frag.startOffset =
                interpState->pc - interpState->method->insns;
            interpState->trace[0].frag.numInsts = 0;
            interpState->trace[0].frag.runEnd = false;
            interpState->trace[0].frag.hint = kJitHintNone;
            break;
        case kJitTSelect:
        case kJitTSelectAbort:
            res = true;
        case kJitSingleStep:
        case kJitSingleStepEnd:
        case kJitOff:
        case kJitNormal:
            break;
        default:
            dvmAbort();
    }
  }
  return res;
}
```

(10) 通过 dvmJitResizeJitTable(unsigned int size)调整 JIT 码，此处必须是 2 的幂。如果失败，则返回真，并停止所有的线程。主要代码如下。

```
bool dvmJitResizeJitTable( unsigned int size )
{
    JitEntry *pNewTable;
    JitEntry *pOldTable;
    u4 newMask;
    unsigned int oldSize;
    unsigned int i;

    assert(gDvm.pJitEntryTable != NULL);
    assert(size && !(size & (size - 1)));   /* Is power of 2? */

    LOGD("Jit: resizing JitTable from %d to %d", gDvmJit.jitTableSize, size);

    newMask = size - 1;

    if (size <= gDvmJit.jitTableSize) {
```

```
    return true;
}

pNewTable = (JitEntry*)calloc(size, sizeof(*pNewTable));
if (pNewTable == NULL) {
    return true;
}
for (i=0; i< size; i++) {
    pNewTable[i].u.info.chain = size;  /* Initialize chain termination */
}

/* Stop all other interpreting/jit'ng threads */
dvmSuspendAllThreads(SUSPEND_FOR_JIT);

pOldTable = gDvmJit.pJitEntryTable;
oldSize = gDvmJit.jitTableSize;

dvmLockMutex(&gDvmJit.tableLock);
gDvmJit.pJitEntryTable = pNewTable;
gDvmJit.jitTableSize = size;
gDvmJit.jitTableMask = size - 1;
gDvmJit.jitTableEntriesUsed = 0;
dvmUnlockMutex(&gDvmJit.tableLock);

for (i=0; i < oldSize; i++) {
    if (pOldTable[i].dPC) {
        JitEntry *p;
        u2 chain;
        p = dvmJitLookupAndAdd(pOldTable[i].dPC);
        p->dPC = pOldTable[i].dPC;
        /*
         * Compiler thread may have just updated the new entry's
         * code address field, so don't blindly copy null.
         */
        if (pOldTable[i].codeAddress != NULL) {
            p->codeAddress = pOldTable[i].codeAddress;
        }
        /* We need to preserve the new chain field, but copy the rest */
        dvmLockMutex(&gDvmJit.tableLock);
        chain = p->u.info.chain;
        p->u = pOldTable[i].u;
        p->u.info.chain = chain;
        dvmUnlockMutex(&gDvmJit.tableLock);
    }
}

free(pOldTable);

/* Restart the world */
dvmResumeAllThreads(SUSPEND_FOR_JIT);

return false;
```

```
}
```

(11) 通过 dvmJitd2l(double d)和 dvmJitf2l(float f)进行格式转换，分别将 double 格式和 float 格式设置为最大和最小的整数格式。主要代码如下。

```
s8 dvmJitd2l(double d)
{
    static const double kMaxLong = (double)(s8)0x7fffffffffffffffULL;
    static const double kMinLong = (double)(s8)0x8000000000000000ULL;
    if (d >= kMaxLong)
        return (s8)0x7fffffffffffffffULL;
    else if (d <= kMinLong)
        return (s8)0x8000000000000000ULL;
    else if (d != d) // NaN case
        return 0;
    else
        return (s8)d;
}

s8 dvmJitf2l(float f)
{
    static const float kMaxLong = (float)(s8)0x7fffffffffffffffULL;
    static const float kMinLong = (float)(s8)0x8000000000000000ULL;
    if (f >= kMaxLong)
        return (s8)0x7fffffffffffffffULL;
    else if (f <= kMinLong)
        return (s8)0x8000000000000000ULL;
    else if (f != f) // NaN case
        return 0;
    else
        return (s8)f;
}
```

12.4.2　核心函数

在文件 vm/compiler/compiler.c 中定义了核心函数的具体实现，下面分析这个文件的源码。

(1) 在虚拟机启动时会调用函数 dvmCompilerStartup(void)。主要代码如下。

```
bool dvmCompilerStartup(void)
{
    /* Make sure the BBType enum is in sane state */
    assert(CHAINING_CELL_NORMAL == 0);

    /* Architecture-specific chores to initialize */
    if (!dvmCompilerArchInit())
        goto fail;

    /*
     * Setup the code cache if it is not done so already. For apps it should be
     * done by the Zygote already, but for command-line dalvikvm invocation we
     * need to do it here.
     */
```

```
    if (gDvmJit.codeCache == NULL) {
        if (!dvmCompilerSetupCodeCache())
            goto fail;
    }

    /* Allocate the initial arena block */
    if (dvmCompilerHeapInit() == false) {
        goto fail;
    }

    dvmInitMutex(&gDvmJit.compilerLock);
    pthread_cond_init(&gDvmJit.compilerQueueActivity, NULL);
    pthread_cond_init(&gDvmJit.compilerQueueEmpty, NULL);

    dvmLockMutex(&gDvmJit.compilerLock);

    gDvmJit.haltCompilerThread = false;

    /* Reset the work queue */
    memset(gDvmJit.compilerWorkQueue, 0,
           sizeof(CompilerWorkOrder) * COMPILER_WORK_QUEUE_SIZE);
    gDvmJit.compilerWorkEnqueueIndex = gDvmJit.compilerWorkDequeueIndex = 0;
    gDvmJit.compilerQueueLength = 0;
    gDvmJit.compilerHighWater =
        COMPILER_WORK_QUEUE_SIZE - (COMPILER_WORK_QUEUE_SIZE/4);

    assert(gDvmJit.compilerHighWater < COMPILER_WORK_QUEUE_SIZE);
    if (!dvmCreateInternalThread(&gDvmJit.compilerHandle, "Compiler",
                                 compilerThreadStart, NULL)) {
        dvmUnlockMutex(&gDvmJit.compilerLock);
        goto fail;
    }
    /* Track method-level compilation statistics */
    gDvmJit.methodStatsTable =  dvmHashTableCreate(32, NULL);
    dvmUnlockMutex(&gDvmJit.compilerLock);
    return true;
fail:
    return false;
}
```

(2) 在虚拟机关闭时会调用函数dvmCompilerShutdown(void)。主要代码如下。

```
void dvmCompilerShutdown(void)
{
    void *threadReturn;
    if (gDvmJit.compilerHandle) {
        gDvmJit.haltCompilerThread = true;
        dvmLockMutex(&gDvmJit.compilerLock);
        pthread_cond_signal(&gDvmJit.compilerQueueActivity);
        dvmUnlockMutex(&gDvmJit.compilerLock);
        if (pthread_join(gDvmJit.compilerHandle, &threadReturn) != 0)
            LOGW("Compiler thread join failed\n");
        else
```

```
        LOGD("Compiler thread has shut down\n");
    }
}
```

(3) compilerThreadStart(void *arg)是线程函数，被 dvmCompilerStartup()调用，是在虚拟机运行过程中一直生存的线程，while 循环判断是否有代码需要编译，如果有，则调用 dvmCompilerDoWork()对其进行编译。主要代码如下。

```
static void *compilerThreadStart(void *arg)
{
    dvmLockMutex(&gDvmJit.compilerLock);
    /*
     * Since the compiler thread will not touch any objects on the heap once
     * being created, we just fake its state as VMWAIT so that it can be a
     * bit late when there is suspend request pending.
     */
    dvmChangeStatus(NULL, THREAD_VMWAIT);
    while (!gDvmJit.haltCompilerThread) {
        if (workQueueLength() == 0) {
            int cc;
            cc = pthread_cond_signal(&gDvmJit.compilerQueueEmpty);
            assert(cc == 0);
            pthread_cond_wait(&gDvmJit.compilerQueueActivity,
                              &gDvmJit.compilerLock);
            continue;
        } else {
            do {
                CompilerWorkOrder work = workDequeue();
                dvmUnlockMutex(&gDvmJit.compilerLock);
                /* Check whether there is a suspend request on me */
                dvmCheckSuspendPending(NULL);
                /* Is JitTable filling up? */
                if (gDvmJit.jitTableEntriesUsed >
                    (gDvmJit.jitTableSize - gDvmJit.jitTableSize/4)) {
                    dvmJitResizeJitTable(gDvmJit.jitTableSize * 2);
                }
                if (gDvmJit.haltCompilerThread) {
                    LOGD("Compiler shutdown in progress - discarding request");
                } else {
                    /* Compilation is successful */
                    if (dvmCompilerDoWork(&work)) {
                        dvmJitSetCodeAddr(work.pc, work.result.codeAddress,
                                          work.result.instructionSet);
                    }
                }
                free(work.info);
                dvmLockMutex(&gDvmJit.compilerLock);
            } while (workQueueLength() != 0);
        }
    }
    pthread_cond_signal(&gDvmJit.compilerQueueEmpty);
    dvmUnlockMutex(&gDvmJit.compilerLock);
```

```
    LOGD("Compiler thread shutting down\n");
    return NULL;
}
```

(4) 函数dvmCompilerSetupCodeCache(void)的功能是存储编译后的字节码。具体代码如下。

```
bool dvmCompilerSetupCodeCache(void)
{
    extern void dvmCompilerTemplateStart(void);
    extern void dmvCompilerTemplateEnd(void);

    /* Allocate the code cache */
    gDvmJit.codeCache = mmap(0, CODE_CACHE_SIZE,
                        PROT_READ | PROT_WRITE | PROT_EXEC,
                        MAP_PRIVATE | MAP_ANONYMOUS, -1, 0);
    if (gDvmJit.codeCache == MAP_FAILED) {
        LOGE("Failed to create the code cache: %s\n", strerror(errno));
        return false;
    }

    /* Copy the template code into the beginning of the code cache */
    int templateSize = (intptr_t) dmvCompilerTemplateEnd -
                    (intptr_t) dvmCompilerTemplateStart;
    memcpy((void *) gDvmJit.codeCache,
          (void *) dvmCompilerTemplateStart,
          templateSize);

    gDvmJit.templateSize = templateSize;
    gDvmJit.codeCacheByteUsed = templateSize;

    /* Flush dcache and invalidate the icache to maintain coherence */
    cacheflush((intptr_t) gDvmJit.codeCache,
            (intptr_t) gDvmJit.codeCache + CODE_CACHE_SIZE, 0);
    return true;
}
```

对上述函数有如下4点说明。

- gDvmJit.codeCache：使用mmap分配(1024x1024)，用于存在编译后的代码。
- gDvmJit.codeCacheByteUsed：codeCache的使用情况。
- gDvmJit.codeCacheFull：codeCache是否已写满。
- gDvmJit.pJitEntryTable：entry表，每个trace对应一个entry。

12.4.3 编译文件

在文件vm/compiler/Frongend.c中定义了两个方法，分别实现了两种编译方法。

(1) 通过函数dvmCompileMethod()实现method方法，即以函数或方法为单位进行编译。实现代码如下。

```
bool dvmCompileMethod(const Method *method, JitTranslationInfo *info)
{
```

```
const DexCode *dexCode = dvmGetMethodCode(method);
const u2 *codePtr = dexCode->insns;
const u2 *codeEnd = dexCode->insns + dexCode->insnsSize;
int blockID = 0;
unsigned int curOffset = 0;

BasicBlock *firstBlock = dvmCompilerNewBB(DALVIK_BYTECODE);
firstBlock->id = blockID++;

/* Allocate the bit-vector to track the beginning of basic blocks */
BitVector *bbStartAddr = dvmAllocBitVector(dexCode->insnsSize+1, false);
dvmSetBit(bbStartAddr, 0);

/*
 * Sequentially go through every instruction first and put them in a single
 * basic block. Identify block boundaries at the mean time.
 */
while (codePtr < codeEnd) {
    MIR *insn = dvmCompilerNew(sizeof(MIR), false);
    insn->offset = curOffset;
    int width = parseInsn(codePtr, &insn->dalvikInsn, false);
    bool isInvoke = false;
    const Method *callee;
    insn->width = width;

    /* Terminate when the data section is seen */
    if (width == 0)
        break;
    dvmCompilerAppendMIR(firstBlock, insn);
    /*
     * Check whether this is a block ending instruction and whether it
     * suggests the start of a new block
     */
    unsigned int target = curOffset;

    /*
     * If findBlockBoundary returns true, it means the current instruction
     * is terminating the current block. If it is a branch, the target
     * address will be recorded in target.
     */
    if (findBlockBoundary(method, insn, curOffset, &target, &isInvoke,
                          &callee)) {
        dvmSetBit(bbStartAddr, curOffset + width);
        if (target != curOffset) {
            dvmSetBit(bbStartAddr, target);
        }
    }

    codePtr += width;
    /* each bit represents 16-bit quantity */
    curOffset += width;
}
```

```
/*
 * The number of blocks will be equal to the number of bits set to 1 in the
 * bit vector minus 1, because the bit representing the location after the
 * last instruction is set to one.
 */
int numBlocks = dvmCountSetBits(bbStartAddr);
if (dvmIsBitSet(bbStartAddr, dexCode->insnsSize)) {
   numBlocks--;
}

CompilationUnit cUnit;
BasicBlock **blockList;

memset(&cUnit, 0, sizeof(CompilationUnit));
cUnit.method = method;
blockList = cUnit.blockList =
   dvmCompilerNew(sizeof(BasicBlock *) * numBlocks, true);

/*
 * Register the first block onto the list and start split it into block
 * boundaries from there.
 */
blockList[0] = firstBlock;
cUnit.numBlocks = 1;

int i;
for (i = 0; i < numBlocks; i++) {
   MIR *insn;
   BasicBlock *curBB = blockList[i];
   curOffset = curBB->lastMIRInsn->offset;

   for (insn = curBB->firstMIRInsn->next; insn; insn = insn->next) {
      /* Found the beginning of a new block, see if it is created yet */
      if (dvmIsBitSet(bbStartAddr, insn->offset)) {
         int j;
         for (j = 0; j < cUnit.numBlocks; j++) {
            if (blockList[j]->firstMIRInsn->offset == insn->offset)
               break;
         }

         /* Block not split yet - do it now */
         if (j == cUnit.numBlocks) {
            BasicBlock *newBB = dvmCompilerNewBB(DALVIK_BYTECODE);
            newBB->id = blockID++;
            newBB->firstMIRInsn = insn;
            newBB->startOffset = insn->offset;
            newBB->lastMIRInsn = curBB->lastMIRInsn;
            curBB->lastMIRInsn = insn->prev;
            insn->prev->next = NULL;
            insn->prev = NULL;
```

```
                /*
                 * If the insn is not an unconditional branch, set up the
                 * fallthrough link.
                 */
                if (!isUnconditionalBranch(curBB->lastMIRInsn)) {
                    curBB->fallThrough = newBB;
                }

                /* enqueue the new block */
                blockList[cUnit.numBlocks++] = newBB;
                break;
            }
        }
    }
}

if (numBlocks != cUnit.numBlocks) {
    LOGE("Expect %d vs %d basic blocks\n", numBlocks, cUnit.numBlocks);
    dvmAbort();
}

dvmFreeBitVector(bbStartAddr);

/* Connect the basic blocks through the taken links */
for (i = 0; i < numBlocks; i++) {
    BasicBlock *curBB = blockList[i];
    MIR *insn = curBB->lastMIRInsn;
    unsigned int target = insn->offset;
    bool isInvoke;
    const Method *callee;

    findBlockBoundary(method, insn, target, &target, &isInvoke, &callee);

    /* Found a block ended on a branch */
    if (target != insn->offset) {
        int j;
        /* Forward branch */
        if (target > insn->offset) {
            j = i + 1;
        } else {
            /* Backward branch */
            j = 0;
        }
        for (; j < numBlocks; j++) {
            if (blockList[j]->firstMIRInsn->offset == target) {
                curBB->taken = blockList[j];
                break;
            }
        }

        /* Don't create dummy block for the callee yet */
        if (j == numBlocks && !isInvoke) {
```

```
                LOGE("Target not found for insn %x: expect target %x\n",
                    curBB->lastMIRInsn->offset, target);
                dvmAbort();
            }
        }
    }
    /* Set the instruction set to use (NOTE: later components may change it) */
    cUnit.instructionSet = dvmCompilerInstructionSet(&cUnit);
    dvmCompilerMIR2LIR(&cUnit);
    dvmCompilerAssembleLIR(&cUnit, info);
    dvmCompilerDumpCompilationUnit(&cUnit);
    dvmCompilerArenaReset();
    return info->codeAddress != NULL;
}
```

(2) 通过函数 dvmCompileMethod()实现 trace 方法，即以 trace 为单位进行编译(可以把循环中的内容作为单位编译)，此方法也包含 method 方法。实现代码如下。

```
bool dvmCompileTrace(JitTraceDescription *desc, int numMaxInsts,
                  JitTranslationInfo *info)
{
    const DexCode *dexCode = dvmGetMethodCode(desc->method);
    const JitTraceRun* currRun = &desc->trace[0];
    unsigned int curOffset = currRun->frag.startOffset;
    unsigned int numInsts = currRun->frag.numInsts;
    const u2 *codePtr = dexCode->insns + curOffset;
    int traceSize = 0;  // # of half-words
    const u2 *startCodePtr = codePtr;
    BasicBlock *startBB, *curBB, *lastBB;
    int numBlocks = 0;
    static int compilationId;
    CompilationUnit cUnit;
    CompilerMethodStats *methodStats;

    compilationId++;
    memset(&cUnit, 0, sizeof(CompilationUnit));

    /* Locate the entry to store compilation statistics for this method */
    methodStats = analyzeMethodBody(desc->method);

    cUnit.registerScoreboard.nullCheckedRegs =
        dvmAllocBitVector(desc->method->registersSize, false);

    /* Initialize the printMe flag */
    cUnit.printMe = gDvmJit.printMe;

    /* Initialize the profile flag */
    cUnit.executionCount = gDvmJit.profile;

    /* Identify traces that we don't want to compile */
    if (gDvmJit.methodTable) {
        int len = strlen(desc->method->clazz->descriptor) +
```

```
            strlen(desc->method->name) + 1;
    char *fullSignature = dvmCompilerNew(len, true);
    strcpy(fullSignature, desc->method->clazz->descriptor);
    strcat(fullSignature, desc->method->name);
    int hashValue = dvmComputeUtf8Hash(fullSignature);
    /*
     * Doing three levels of screening to see whether we want to skip
     * compiling this method
     */
    /* First, check the full "class;method" signature */
    bool methodFound =
        dvmHashTableLookup(gDvmJit.methodTable, hashValue,
                           fullSignature, (HashCompareFunc) strcmp,
                           false) !=
        NULL;

    /* Full signature not found - check the enclosing class */
    if (methodFound == false) {
        int hashValue = dvmComputeUtf8Hash(desc->method->clazz->descriptor);
        methodFound =
            dvmHashTableLookup(gDvmJit.methodTable, hashValue,
                           (char *) desc->method->clazz->descriptor,
                           (HashCompareFunc) strcmp, false) !=
            NULL;
        /* Enclosing class not found - check the method name */
        if (methodFound == false) {
            int hashValue = dvmComputeUtf8Hash(desc->method->name);
            methodFound =
                dvmHashTableLookup(gDvmJit.methodTable, hashValue,
                               (char *) desc->method->name,
                               (HashCompareFunc) strcmp, false) !=
                NULL;
        }
    }

    /*
     * Under the following conditions, the trace will be *conservatively*
     * compiled by only containing single-step instructions to and from the
     * interpreter.
     * 1) If includeSelectedMethod == false, the method matches the full or
     *    partial signature stored in the hash table.
     *
     * 2) If includeSelectedMethod == true, the method does not match the
     *    full and partial signature stored in the hash table.
     */
    if (gDvmJit.includeSelectedMethod != methodFound) {
        cUnit.allSingleStep = true;
    } else {
        /* Compile the trace as normal */
        /* Print the method we cherry picked */
        if (gDvmJit.includeSelectedMethod == true) {
            cUnit.printMe = true;
```

```
        }
    }
}

/* Allocate the first basic block */
lastBB = startBB = curBB = dvmCompilerNewBB(DALVIK_BYTECODE);
curBB->startOffset = curOffset;
curBB->id = numBlocks++;
if (cUnit.printMe) {
    LOGD("--------\nCompiler: Building trace for %s, offset 0x%x\n",
         desc->method->name, curOffset);
}
/*
 * Analyze the trace descriptor and include up to the maximal number
 * of Dalvik instructions into the IR.
 */
while (1) {
    MIR *insn;
    int width;
    insn = dvmCompilerNew(sizeof(MIR),false);
    insn->offset = curOffset;
    width = parseInsn(codePtr, &insn->dalvikInsn, cUnit.printMe);
    /* The trace should never incude instruction data */
    assert(width);
    insn->width = width;
    traceSize += width;
    dvmCompilerAppendMIR(curBB, insn);
    cUnit.numInsts++;
    /* Instruction limit reached - terminate the trace here */
    if (cUnit.numInsts >= numMaxInsts) {
        break;
    }
    if (--numInsts == 0) {
        if (currRun->frag.runEnd) {
            break;
        } else {
            curBB = dvmCompilerNewBB(DALVIK_BYTECODE);
            lastBB->next = curBB;
            lastBB = curBB;
            curBB->id = numBlocks++;
            currRun++;
            curOffset = currRun->frag.startOffset;
            numInsts = currRun->frag.numInsts;
            curBB->startOffset = curOffset;
            codePtr = dexCode->insns + curOffset;
        }
    } else {
        curOffset += width;
        codePtr += width;
    }
}
/* Convert # of half-word to bytes */
```

```
methodStats->compiledDalvikSize += traceSize * 2;
/*
 * Now scan basic blocks containing real code to connect the
 * taken/fallthrough links. Also create chaining cells for code not included
 * in the trace.
 */
for (curBB = startBB; curBB; curBB = curBB->next) {
    MIR *lastInsn = curBB->lastMIRInsn;
    /* Hit a pseudo block - exit the search now */
    if (lastInsn == NULL) {
        break;
    }
    curOffset = lastInsn->offset;
    unsigned int targetOffset = curOffset;
    unsigned int fallThroughOffset = curOffset + lastInsn->width;
    bool isInvoke = false;
    const Method *callee = NULL;
    findBlockBoundary(desc->method, curBB->lastMIRInsn, curOffset,
                      &targetOffset, &isInvoke, &callee);
    /* Link the taken and fallthrough blocks */
    BasicBlock *searchBB;
    /* No backward branch in the trace - start searching the next BB */
    for (searchBB = curBB->next; searchBB; searchBB = searchBB->next) {
        if (targetOffset == searchBB->startOffset) {
            curBB->taken = searchBB;
        }
        if (fallThroughOffset == searchBB->startOffset) {
            curBB->fallThrough = searchBB;
        }
    }
    int flags = dexGetInstrFlags(gDvm.instrFlags,
                                 lastInsn->dalvikInsn.opCode);
    /*
     * Some blocks are ended by non-control-flow-change instructions,
     * currently only due to trace length constraint. In this case we need
     * to generate an explicit branch at the end of the block to jump to
     * the chaining cell.
     *
     * NOTE: INVOKE_DIRECT_EMPTY is actually not an invoke but a nop
     */
    curBB->needFallThroughBranch =
        ((flags & (kInstrCanBranch | kInstrCanSwitch | kInstrCanReturn |
                   kInstrInvoke)) == 0) ||
        (lastInsn->dalvikInsn.opCode == OP_INVOKE_DIRECT_EMPTY);
    /* Target block not included in the trace */
    if (curBB->taken == NULL &&
        (isInvoke || (targetOffset != curOffset))) {
        BasicBlock *newBB;
        if (isInvoke) {
            /* Monomorphic callee */
            if (callee) {
                newBB = dvmCompilerNewBB(CHAINING_CELL_INVOKE_SINGLETON);
```

```
            newBB->startOffset = 0;
            newBB->containingMethod = callee;
        /* Will resolve at runtime */
        } else {
            newBB = dvmCompilerNewBB(CHAINING_CELL_INVOKE_PREDICTED);
            newBB->startOffset = 0;
        }
    /* For unconditional branches, request a hot chaining cell */
    } else {
        newBB = dvmCompilerNewBB(flags & kInstrUnconditional ?
                                 CHAINING_CELL_HOT :
                                 CHAINING_CELL_NORMAL);
        newBB->startOffset = targetOffset;
    }
    newBB->id = numBlocks++;
    curBB->taken = newBB;
    lastBB->next = newBB;
    lastBB = newBB;
  }
  /* Fallthrough block not included in the trace */
  if (!isUnconditionalBranch(lastInsn) && curBB->fallThrough == NULL) {
      /*
       * If the chaining cell is after an invoke or
       * instruction that cannot change the control flow, request a hot
       * chaining cell.
       */
      if (isInvoke || curBB->needFallThroughBranch) {
          lastBB->next = dvmCompilerNewBB(CHAINING_CELL_HOT);
      } else {
          lastBB->next = dvmCompilerNewBB(CHAINING_CELL_NORMAL);
      }
      lastBB = lastBB->next;
      lastBB->id = numBlocks++;
      lastBB->startOffset = fallThroughOffset;
      curBB->fallThrough = lastBB;
  }
}
/* Now create a special block to host PC reconstruction code */
lastBB->next = dvmCompilerNewBB(PC_RECONSTRUCTION);
lastBB = lastBB->next;
lastBB->id = numBlocks++;
/* And one final block that publishes the PC and raise the exception */
lastBB->next = dvmCompilerNewBB(EXCEPTION_HANDLING);
lastBB = lastBB->next;
lastBB->id = numBlocks++;

if (cUnit.printMe) {
    LOGD("TRACEINFO (%d): 0x%08x %s%s 0x%x %d of %d, %d blocks",
        compilationId,
        (intptr_t) desc->method->insns,
        desc->method->clazz->descriptor,
        desc->method->name,
```

```
            desc->trace[0].frag.startOffset,
            traceSize,
            dexCode->insnsSize,
            numBlocks);
    }
    BasicBlock **blockList;
    cUnit.method = desc->method;
    cUnit.traceDesc = desc;
    cUnit.numBlocks = numBlocks;
    dvmInitGrowableList(&cUnit.pcReconstructionList, 8);
    blockList = cUnit.blockList =
        dvmCompilerNew(sizeof(BasicBlock *) * numBlocks, true);
    int i;
    for (i = 0, curBB = startBB; i < numBlocks; i++) {
        blockList[i] = curBB;
        curBB = curBB->next;
    }
    /* Make sure all blocks are added to the cUnit */
    assert(curBB == NULL);
    if (cUnit.printMe) {
        dvmCompilerDumpCompilationUnit(&cUnit);
    }
    /* Set the instruction set to use (NOTE: later components may change it) */
    cUnit.instructionSet = dvmCompilerInstructionSet(&cUnit);
    /* Convert MIR to LIR, etc. */
    dvmCompilerMIR2LIR(&cUnit);
    /* Convert LIR into machine code. */
    dvmCompilerAssembleLIR(&cUnit, info);
    if (cUnit.printMe) {
        if (cUnit.halveInstCount) {
            LOGD("Assembler aborted");
        } else {
            dvmCompilerCodegenDump(&cUnit);
        }
        LOGD("End %s%s, %d Dalvik instructions",
             desc->method->clazz->descriptor, desc->method->name,
             cUnit.numInsts);
    }
    /* Reset the compiler resource pool */
    dvmCompilerArenaReset();
    /* Free the bit vector tracking null-checked registers */
    dvmFreeBitVector(cUnit.registerScoreboard.nullCheckedRegs);
    if (!cUnit.halveInstCount) {
    /* Success */
        methodStats->nativeSize += cUnit.totalSize;
        return info->codeAddress != NULL;
    /* Halve the instruction count and retry again */
    } else {
        return dvmCompileTrace(desc, cUnit.numInsts / 2, info);
    }
}
```

(3) 通过parseInsn()解析dex字节码，实现代码如下。

```
static inline int parseInsn(const u2 *codePtr, DecodedInstruction *decInsn,
                          bool printMe)
{
    u2 instr = *codePtr;
    OpCode opcode = instr & 0xff;
    int insnWidth;

    // Don't parse instruction data
    if (opcode == OP_NOP && instr != 0) {
        return 0;
    } else {
        insnWidth = gDvm.instrWidth[opcode];
        if (insnWidth < 0) {
            insnWidth = -insnWidth;
        }
    }

    dexDecodeInstruction(gDvm.instrFormat, codePtr, decInsn);
    if (printMe) {
        LOGD("%p: %#06x %s\n", codePtr, opcode, getOpcodeName(opcode));
    }
    return insnWidth;
}
```

(4) 使用CompilerMethodStats *analyzeMethodBody()解析被追踪过的方法判断其是否被调用，分析出热路径(hot method)。实现代码如下。

```
static CompilerMethodStats *analyzeMethodBody(const Method *method)
{
    const DexCode *dexCode = dvmGetMethodCode(method);
    const u2 *codePtr = dexCode->insns;
    const u2 *codeEnd = dexCode->insns + dexCode->insnsSize;
    int insnSize = 0;
    int hashValue = dvmComputeUtf8Hash(method->name);
    CompilerMethodStats dummyMethodEntry; // For hash table lookup
    CompilerMethodStats *realMethodEntry; // For hash table storage
    /* For lookup only */
    dummyMethodEntry.method = method;
    realMethodEntry = dvmHashTableLookup(gDvmJit.methodStatsTable, hashValue,
                                         &dummyMethodEntry,
                                         (HashCompareFunc) compareMethod,
                                         false);
    /* Part of this method has been compiled before - just return the entry */
    if (realMethodEntry != NULL) {
        return realMethodEntry;
    }
    /*
     * First time to compile this method - set up a new entry in the hash table
     */
    realMethodEntry =
        (CompilerMethodStats *) calloc(1, sizeof(CompilerMethodStats));
```

```
    realMethodEntry->method = method;
    dvmHashTableLookup(gDvmJit.methodStatsTable, hashValue,
                       realMethodEntry,
                       (HashCompareFunc) compareMethod,
                       true);
    /* Count the number of instructions */
    while (codePtr < codeEnd) {
        DecodedInstruction dalvikInsn;
        int width = parseInsn(codePtr, &dalvikInsn, false);
        /* Terminate when the data section is seen */
        if (width == 0)
            break;
        insnSize += width;
        codePtr += width;
    }
    realMethodEntry->dalvikSize = insnSize * 2;
    return realMethodEntry;
}
```

12.4.4 BasicBlock 处理

文件 vm\compiler\IntermediateRep.c 的功能是，申请 BasicBlock 空间，组织 MIR instruction 到 BasicBlock 中尾或头的位置以及 LIR instruction 到 LIR 链表中的位置。主要代码如下。

```
#include "Dalvik.h"
#include "CompilerInternals.h"

/* Allocate a new basic block */
BasicBlock *dvmCompilerNewBB(BBType blockType)
{
    BasicBlock *bb = dvmCompilerNew(sizeof(BasicBlock), true);
    bb->blockType = blockType;
    return bb;
}

/* Insert an MIR instruction to the end of a basic block */
void dvmCompilerAppendMIR(BasicBlock *bb, MIR *mir)
{
    if (bb->firstMIRInsn == NULL) {
        assert(bb->firstMIRInsn == NULL);
        bb->lastMIRInsn = bb->firstMIRInsn = mir;
        mir->prev = mir->next = NULL;
    } else {
        bb->lastMIRInsn->next = mir;
        mir->prev = bb->lastMIRInsn;
        mir->next = NULL;
        bb->lastMIRInsn = mir;
    }
}

/*
```

```
 * Append an LIR instruction to the LIR list maintained by a compilation
 * unit
 */
void dvmCompilerAppendLIR(CompilationUnit *cUnit, LIR *lir)
{
    if (cUnit->firstLIRInsn == NULL) {
        assert(cUnit->lastLIRInsn == NULL);
        cUnit->lastLIRInsn = cUnit->firstLIRInsn = lir;
        lir->prev = lir->next = NULL;
    } else {
        cUnit->lastLIRInsn->next = lir;
        lir->prev = cUnit->lastLIRInsn;
        lir->next = NULL;
        cUnit->lastLIRInsn = lir;
    }
}

/*
 * Insert an LIR instruction before the current instruction, which cannot be the
 * first instruction.
 *
 * prevLIR <-> newLIR <-> currentLIR
 */
void dvmCompilerInsertLIRBefore(LIR *currentLIR, LIR *newLIR)
{
    if (currentLIR->prev == NULL)
        dvmAbort();
    LIR *prevLIR = currentLIR->prev;

    prevLIR->next = newLIR;
    newLIR->prev = prevLIR;
    newLIR->next = currentLIR;
    currentLIR->prev = newLIR;
}
```

12.4.5 内存初始化

文件vm\compiler\Utility.c的功能是实现内存初始化工作，具体来说有如下三个功能：

- 实现compilation tasks内存的分配。
- 实现对GrowableList的管理。
- 提供了compilation unit调试等一系列工具函数。

文件Utility.c的主要代码如下。

```
#include "Dalvik.h"
#include "CompilerInternals.h"
static ArenaMemBlock *arenaHead, *currentArena;
static int numArenaBlocks;

/* Allocate the initial memory block for arena-based allocation */
bool dvmCompilerHeapInit(void)
```

```
{
    assert(arenaHead == NULL);
    arenaHead =
        (ArenaMemBlock *) malloc(sizeof(ArenaMemBlock) + ARENA_DEFAULT_SIZE);
    if (arenaHead == NULL) {
        LOGE("No memory left to create compiler heap memory\n");
        return false;
    }
    currentArena = arenaHead;
    currentArena->bytesAllocated = 0;
    currentArena->next = NULL;
    numArenaBlocks = 1;
    return true;
}
/* Arena-based malloc for compilation tasks */
void * dvmCompilerNew(size_t size, bool zero)
{
    size = (size + 3) & ~3;
retry:
    /* Normal case - space is available in the current page */
    if (size + currentArena->bytesAllocated <= ARENA_DEFAULT_SIZE) {
        void *ptr;
        ptr = &currentArena->ptr[currentArena->bytesAllocated];
        currentArena->bytesAllocated += size;
        if (zero) {
            memset(ptr, 0, size);
        }
        return ptr;
    } else {
        /*
         * See if there are previously allocated arena blocks before the last
         * reset
         */
        if (currentArena->next) {
            currentArena = currentArena->next;
            goto retry;
        }
        /*
         * If we allocate really large variable-sized data structures that
         * could go above the limit we need to enhance the allocation
         * mechanism.
         */
        if (size > ARENA_DEFAULT_SIZE) {
            LOGE("Requesting %d bytes which exceed the maximal size allowed\n",
                 size);
            return NULL;
        }
        /* Time to allocate a new arena */
        ArenaMemBlock *newArena = (ArenaMemBlock *)
            malloc(sizeof(ArenaMemBlock) + ARENA_DEFAULT_SIZE);
```

```
        newArena->bytesAllocated = 0;
        newArena->next = NULL;
        currentArena->next = newArena;
        currentArena = newArena;
        numArenaBlocks++;
        LOGD("Total arena pages for JIT: %d", numArenaBlocks);
        goto retry;
    }
    return NULL;
}
/* Reclaim all the arena blocks allocated so far */
void dvmCompilerArenaReset(void)
{
    ArenaMemBlock *block;
    for (block = arenaHead; block; block = block->next) {
        block->bytesAllocated = 0;
    }
    currentArena = arenaHead;
}
/* Growable List initialization */
void dvmInitGrowableList(GrowableList *gList, size_t initLength)
{
    gList->numAllocated = initLength;
    gList->numUsed = 0;
    gList->elemList = (void **) dvmCompilerNew(sizeof(void *) * initLength,
                                               true);
}
/* Expand the capacity of a growable list */
static void expandGrowableList(GrowableList *gList)
{
    int newLength = gList->numAllocated;
    if (newLength < 128) {
        newLength <<= 1;
    } else {
        newLength += 128;
    }
    void *newArray = dvmCompilerNew(sizeof(void *) * newLength, true);
    memcpy(newArray, gList->elemList, sizeof(void *) * gList->numAllocated);
    gList->numAllocated = newLength;
    gList->elemList = newArray;
}
/* Insert a new element into the growable list */
void dvmInsertGrowableList(GrowableList *gList, void *elem)
{
    if (gList->numUsed == gList->numAllocated) {
        expandGrowableList(gList);
    }
    gList->elemList[gList->numUsed++] = elem;
}
/* Debug Utility - dump a compilation unit */
```

```
void dvmCompilerDumpCompilationUnit(CompilationUnit *cUnit)
{
    int i;
    BasicBlock *bb;
    LOGD("%d blocks in total\n", cUnit->numBlocks);
    for (i = 0; i < cUnit->numBlocks; i++) {
        bb = cUnit->blockList[i];
        LOGD("Block %d (insn %04x - %04x%s)\n",
             bb->id, bb->startOffset,
             bb->lastMIRInsn ? bb->lastMIRInsn->offset : bb->startOffset,
             bb->lastMIRInsn ? "" : " empty");
        if (bb->taken) {
            LOGD("  Taken branch: block %d (%04x)\n",
                 bb->taken->id, bb->taken->startOffset);
        }
        if (bb->fallThrough) {
            LOGD("  Fallthrough : block %d (%04x)\n",
                 bb->fallThrough->id, bb->fallThrough->startOffset);
        }
    }
}
/*
 * dvmHashForeach callback.
 */
static int dumpMethodStats(void *compilerMethodStats, void *totalMethodStats)
{
    CompilerMethodStats *methodStats =
        (CompilerMethodStats *) compilerMethodStats;
    CompilerMethodStats *totalStats =
        (CompilerMethodStats *) totalMethodStats;
    const Method *method = methodStats->method;
    totalStats->dalvikSize += methodStats->dalvikSize;
    totalStats->compiledDalvikSize += methodStats->compiledDalvikSize;
    totalStats->nativeSize += methodStats->nativeSize;
    /* Enable the following when fine-tuning the JIT performance */
#if 0
    int limit = (methodStats->dalvikSize >> 2) * 3;
    /* If over 3/4 of the Dalvik code is compiled, print something */
    if (methodStats->compiledDalvikSize >= limit) {
        LOGD("Method stats: %s%s, %d/%d (compiled/total Dalvik), %d (native)",
             method->clazz->descriptor, method->name,
             methodStats->compiledDalvikSize,
             methodStats->dalvikSize,
             methodStats->nativeSize);
    }
#endif
    return 0;
}
/*
 * Dump the current stats of the compiler, including number of bytes used in
```

```
 * the code cache, arena size, and work queue length, and various JIT stats.
 */
void dvmCompilerDumpStats(void)
{
    CompilerMethodStats totalMethodStats;

    memset(&totalMethodStats, 0, sizeof(CompilerMethodStats));
    LOGD("%d compilations using %d + %d bytes",
         gDvmJit.numCompilations,
         gDvmJit.templateSize,
         gDvmJit.codeCacheByteUsed - gDvmJit.templateSize);
    LOGD("Compiler arena uses %d blocks (%d bytes each)",
         numArenaBlocks, ARENA_DEFAULT_SIZE);
    LOGD("Compiler work queue length is %d/%d", gDvmJit.compilerQueueLength,
         gDvmJit.compilerMaxQueued);
    dvmJitStats();
    dvmCompilerArchDump();
    dvmHashForeach(gDvmJit.methodStatsTable, dumpMethodStats,
                   &totalMethodStats);
    LOGD("Code size stats: %d/%d (compiled/total Dalvik), %d (native)",
         totalMethodStats.compiledDalvikSize,
         totalMethodStats.dalvikSize,
         totalMethodStats.nativeSize);
}
```

12.4.6 对 JIT 源码的总结

经过前面对 JIT 编译源码的讲解，已经对此编译方式有了一个大体的了解。由此可以总结出如下从主函数到 JIT 的调用流程。

(1) AndroidRuntime::Start()。

(2) startVm()。

(3) _JNIEnv::CallStaticVoidMethod()。

(4) Check_CallStaticVoidMethodV()。

(5) CallStaticVoidMethodV()。

(6) dvmCallMethodV()。

(7) dvmInterpret()。

(8) dvmMterpStd()。

(9) dalvik_mterp()。

(10) Dalvik_java_lang_reflect_Method_invokeNative()。

(11) dvmInvokeMethod()。

(12) dvmInterpret()。

(13) dvmJitCheckTraceRequest()。

(14) dvmjitLookupAndAdd()。

从目前 JIT 的工作调研结果看，可以划分为 3 个大的方面，分别是汇编部分的移植、C 部分的移植以及 Dalvik 虚拟机调试。之所以将 Dalvik 虚拟机调试作为一个大的方面，原因有三个。

- JIT 的移植的工作量较大，涉及代码较多，找到一个好的调试方法对工作的进展与完成有着举足轻重的作用。(必须性)
- 在调研过程中发现，Google 公司的一些官方文档中涉及 Dalvik 虚拟机的调试，并有简单的实例。
- 在 Dalvik 虚拟机源码中天生就有调试的部分，包括：dalvik/tools/下的 gdbjithelper 与 dmtracedump，dalvik/vm 下的 Debug.c，vm/mterp/armv5te 中的 debug.c，/dalvik/vm/compiler/Loop.c 中用于调试的函数以及 MIPS 中的大量使用的 assert()。

第 13 章　异 常 管 理

所谓异常，是指程序在运行时发生的错误或者不正常的情况。异常对程序员来说是一件很麻烦的事情，需要程序员来进行检测和处理。但是无论是 Java 还是 Dalvik 虚拟机，都非常人性化，可以自动检测异常，并对异常进行捕获，并且通过程序可以对异常进行处理。在本章的内容中，将详细讲解 Java 虚拟机和 Dalvik 虚拟机处理异常的知识。

13.1　Java 中的异常处理

在程序设计里，异常处理就是提前编写程序处理可能发生的意外，如聊天工具需要连接网络，首先就是检查网络，对网络的各个程序进行捕获，然后对各个情况编写程序。如登录聊天系统后突然发现没有登录网络，异常可以向用户提示“网络有问题，请检查联网设备”，这种人文化的提醒就是通过异常处理来实现的。

13.1.1　认识异常

在编程过程中，首先应当尽可能地去避免错误和异常发生，对于不可避免、不可预测的情况则在考虑异常发生时如何处理。Java 中的异常用对象来表示。Java 对异常的处理是按异常分类处理的。异常的种类很多，每种异常都对应一个类型(class)，每个异常都对应一个异常(类的)对象。

那么究竟异常的对象从哪里来呢？异常主要有两个来源，一是 Java 运行时环境自动抛出系统生成的异常，而不管你是否愿意捕获和处理，它总要被抛出！比如除数为 0 的异常。二是程序员自己抛出的异常，这个异常可以是程序员自己定义的，也可以是 Java 中定义的，使用 throw 关键字抛出异常，这种异常常用来向调用者汇报异常的一些信息。

异常是针对方法来说的，抛出、声明抛出、捕获和处理异常都是在方法中进行的。

在 Java 应用程序中，异常处理通过 try、catch、throw、throws、finally 这 5 个关键字进行管理。基本过程是用 try 语句块包住要监视的语句，如果在 try 语句块内出现异常，则异常会被抛出，代码在 catch 语句块中可以捕获到这个异常并做处理；还有以部分系统生成的异常在 Java

运行时自动抛出。程序开发人员也可以通过 throws 关键字在方法上声明该方法要抛出异常，然后在方法内部通过 throw 抛出异常对象。finally 语句块会在方法执行 return 之前执行，Java 处理异常的一般结构如下。

```
try
{
程序代码
}catch(异常类型 1 异常的变量名 1)
{
程序代码
}catch(异常类型 2 异常的变量名 2)
{
程序代码
}finally
{
程序代码
}
```

13.1.2　Java 的异常处理机制

在编写 Java 程序时，要尽量做到程序的健壮性。所谓程序的健壮性，是指程序在多数情况下能够正常运行，返回预期的正确结果；如果偶尔遇到异常情况，程序也能采取周到的解决措施。而不健壮的程序则没有事先充分预计到可能出现的异常，或者没有提供强有力的异常解决措施，导致程序在运行时，经常莫名其妙地终止，或者返回错误的运行结果，而且难以检测出现异常的原因。

Java 虚拟机用方法调用栈(method invocation stack)来跟踪一系列的方法调用过程。该堆栈保存了每个调用方法的本地信息(比如方法的局部变量)。当一个新方法被调用时，Java 虚拟机把描述该方法的栈结构置入栈顶，位于栈顶的方法为正在执行的方法。如图 13-1 所示描述了方法调用栈的结构，图中方法的调用顺序为：main()方法调用 methodB()方法，methodB()方法调用 methodA()方法。

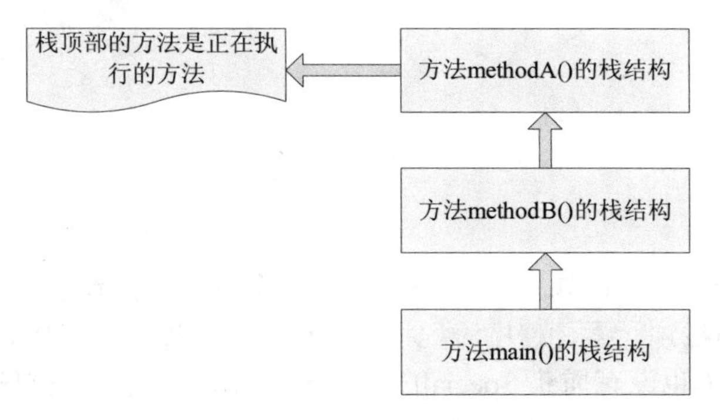

图 13-1　Java 虚拟机的方法调用栈

当方法 methodB()调用方法 methodA()时，如果方法中的代码块可能抛出异常，则有如下两种处理办法。

(1)　如果当前方法有能力自己解决异常，就在当前方法中通过 try-catch 语句捕获并处理异常，例如下面的代码。

```
public void methodA(int status){
  try{
//以下代码可能会抛出 SpecialException
if(status==-1)
  throw new SpecialException("Monster");
  }catch(SpecialException e){
处理异常
  }
}
```

(2) 如果当前方法没有能力自己解决异常，就在方法的声明处通过 throws 语句声明抛出异常，例如下面的代码。

```
public void methodA(int status) throws SpecialException{
  //以下代码可能会抛出 SpecialException
  if(status==-1)
throw new SpecialException("Monster");
}
```

当一个方法正常执行完毕，Java 虚拟机会从调用栈中弹出该方法的栈结构，然后继续处理前一个方法。如果在执行方法的过程中抛出异常，Java 虚拟机必须找到能捕获该异常的 catch 代码块。它首先察看当前方法是否存在这样的 catch 代码块，如果存在，就执行该 catch 代码块；否则，Java 虚拟机会从调用栈中弹出该方法的栈结构，继续到前一个方法中查找合适的 catch 代码块。

例如，当方法 methodA()抛出 SpecialException 异常时，如果在该方法中提供了捕获 SpecialException 的 catch 代码块，就执行这个异常处理代码块。如果方法 methodA()未捕获该异常，而是采用第二种方式声明抛出 SpecialException，那么 Java 虚拟机的处理流程将退回到上层调用方法 methodB()，再察看方法 methodB()中有没有捕获 SpecialException。如果在方法 methodB()中存在捕获该异常的 catch 代码块，就执行这个 catch 代码块，此时定义方法 methodB()的代码如下。

```
public void methodB(int status){
  try{
methodA(status);
  }catch(SpecialException e){
处理异常
  }
}
```

由此可见，在回溯过程中，如果 Java 虚拟机在某个方法中找到了处理该异常的代码块，则该方法的栈结构将成为栈顶元素，程序流程将转到该方法的异常处理代码部分继续执行。

如果方法 methodB()也没有捕获 SpecialException，而是声明抛出该异常，那么 Java 虚拟机的处理流程将退回到 main()方法，此时定义方法 methodB()的代码如下。

```
public void methodB(int status) throws SpecialException{
  methodA(status);
}
```

当 Java 虚拟机追溯到调用栈的最底部的方法，如果仍然没有找到处理该异常的代码块，将调用异常对象的 printStackTrace()方法，打印来自方法调用栈的异常信息，随后整个应用程序被终止。请读者看第一段演示代码，具体代码如下。

```
public class Sample{
  public void methodA(int status)throws SpecialException{
if(status==-1)
  throw new SpecialException("Monster");
System.out.println("methodA");
  }

  public void methodB(int status)throws SpecialException{
methodA(status);
System.out.println("methodB");
  }
  public static void main(String args[])throws SpecialException{
new Sample().methodB(-1);
  }
}
```

在上述代码中，类 SpecialException 表示某一种异常。运行上述代码后会打印输出如下异常信息。

```
Exception in thread "main" SpecialException: Monster
at Sample.methodA(Sample.java:4)
at Sample.methodB(Sample.java:10)
at Sample.main(Sample.java:15)
```

请读者再看第二段演示代码，这段代码是前面第一段代码的源程序，具体代码如下。

```
public class SpecialException extends Exception{
  public SpecialException(){}

  public SpecialException(String msg){
super(msg);
  }
}
```

13.1.3 Java 提供的异常处理类

在 Java 中有一个 lang 包，在此包里面有一个专门处理异常的类——Throwable，此类是所有异常的父类，每一个异常的类都是它的子类。其中 Error 和 Exception 这两个类十分重要，用得也较多，前者是用来定义那些通常情况下不希望被捕获的异常，而后者是程序能够捕获的异常情况。Java 中常用异常类的信息如表 13-1 所示。

表 13-1 Java 中的异常类

异常类名称	异常类含义
ArithmeticExeption	算术异常类
ArratIndexOutOfBoundsExeption	数组小标越界异常类
ArrayStroeException	将与数组类型不兼容的值赋值给数组元素时抛出的异常

续表

异常类名称	异常类含义
ClassCastException	类型强制转换异常类
ClassNotFoundException	为找到相应大类异常
EOFEException	文件已结束异常类
FileNotFoundException	文件未找到异常类
IllegalAccessException	访问某类被拒绝时抛出的异常类
InstantiationException	试图通过 newInstance()方法创建一个抽象类或抽象接口的实例时抛出异常类
IOEException	输入输出抛出异常类
NegativeArraySizeException	建立元素个数为负数的异常类
NullPointerException	空指针异常
NumberFormatException	字符串转换为数字异常类
NoSuchFieldException	字段未找到异常类
NoSuchMethodException	方法未找到异常类
SecurityException	小应用程序执行浏览器的安全设置禁止动作时抛出的异常类
SQLException	操作数据库异常类
StringIndexOutOfBoundsException	字符串索引超出范围异常类

13.2 处理 Java 异常的方式

Java 的异常处理可以让程序具有更好的容错性，程序更加健壮。当程序运行出现意外情形时，系统会自动生成一个 Exception 对象来通知程序，从而实现将“业务功能实现代码”和“错误处理代码”分离，提供更好的可读性。Java 中异常处理方式有 try/catch 捕获异常、throws 声明异常和 throw 抛出异常等，在出现异常后可以使用上述方式直接捕获并处理，也可以先不处理而是把它抛用上面的调用者。

13.2.1 使用 try…catch 处理异常

在编写 Java 程序，需要处理的异常一般放在 try 代码块里，然后创建 catch 代码块里。在 Java 语言中，用 try-catch 语句来捕获异常的格式如下。

```
try {
  可能会出现异常情况的代码
}catch (SQLException e) {
  处理操纵数据库出现的异常
}catch (IOException e) {
  处理操纵输入流和输出流出现的异常
}
```

对于以上代码，当程序操纵数据库出现异常时，Java 虚拟机将创建一个包含了异常信息的 SQLException 对象。catch (SQLException e)语句中的引用变量 e 引用这个 SQLException 对象。

13.2.2 在异常中使用 finally 关键字

使用 try…catch 处理异常时加上关键字 finally，可以将增大处理异常的功能。不管程序有无异常发生都将执行 finally 语句块的内容，这样使得一些不管在任何情况下都必须执行的步骤被执行，可以保证程序的健壮性。

由于异常会强制中断正常流程，这会使得某些不管在任何情况下都必须执行的步骤被忽略，从而影响程序的健壮性。例如老管开了一家小店，在店里上班的正常流程为：每天 9 点开门营业，工作 8 个小时，17 点关门下班。异常流程为：老管在工作时突然感到身体不适，于是提前下班。我们可以编写如下 work()方法表示老管的上班动作。

```
public void work()throws LeaveEarlyException {
  try{
9 点开门营业
每天工作 8 个小时  //可能会抛出 DiseaseException 异常
下午 17 关门下班
  }catch(DiseaseException e){
throw new LeaveEarlyException();
  }
}
```

假如老管在工作时突然感到身体不适，于是提前下班，那么流程会跳转到 catch 代码块，这意味着关门的操作不会被执行，这样的流程显然是不安全的，必须确保关门的操作在任何情况下都会被执行。在程序中应该确保占用的资源被释放，比如及时关闭数据库连接，关闭输入流，或者关闭输出流。finally 代码块能保证特定的操作总是会被执行，其语法格式如下。

```
public void work()throws LeaveEarlyException {
  try{
9 点开门营业
每天工作 8 个小时  //可能会抛出 DiseaseException 异常
  }catch(DiseaseException e){
throw new LeaveEarlyException();
  }finally{
下午 17 关门下班
  }
}
```

由此可见，在 Java 程序中，不管 try 代码块中是否出现异常，都会执行 finally 代码块。

13.2.3 访问异常信息

如果 Java 程序要在 catch 块中访问异常对象的相关信息，可以通过调用 catch 块后的异常形参的方法来获得。当 Java 程序在运行中决定调用某个 catch 块来处理该异常对象时，会将该异常对象赋给 catch 块后的异常形参，程序就可以通过该参数来获得该异常的相关信息。

在所有的 Java 异常对象中都包含了如下常用方法。

- ❑ getMassage()：返回该异常的详细描述字符串。
- ❑ printStackTrace()：将该异常的跟踪栈信息输出到标准错误输出。

- printStackTrace(PrintStream s)：将该异常的跟踪栈信息输出到指定输出。
- getStackTrace()：返回该异常的跟踪栈信息。

13.2.4 抛出异常

在很多时候程序对异常暂时不会处理，只是将异常抛出去交给父类，让父类处理异常。在Java程序中抛出异常的这一做法在编程过程中经常用到，本节将带领大家一起领略Java程序抛出异常的基本知识。

1. 使用throws抛出异常

抛出异常是指一个方法不处理这个异常，而是调用层次向上传递，谁调用这个方法，这个异常就由谁处理。在Java中可以使用throws来抛出异常，具体格式如下。

```
void methodName(int a)throws Exception
{
}
```

如果一个方法可能会出现异常，但没有能力处理这种异常，可以在此方法声明处用 throws子句来声明抛出异常，例如汽车在运行时可能会出现故障，汽车本身没办法处理这个故障，因此类Car的run()方法声明抛出CarWrongException异常：

```
public void run()throws CarWrongException{
if(车子无法刹车)throw new CarWrongException("车子无法刹车");
if(发动机无法启动)throw new CarWrongException("发动机无法启动");
}
```

类Worker的gotoWork()方法调用以上run()方法，gotoWork()方法捕获并处理CarWrongException异常，在异常处理过程中，又生成了新的迟到异常LateException，gotoWork()方法本身不会再处理LateExeption，而是声明抛出LateExeption异常。

```
public void gotoWork()throws LateException{
  try{
car.run();
  }catch(CarWrongException e){  //处理车子出故障的异常
//找人修车子
......
//创建一个LateException对象，并将其抛出
throw new LateException("因为车子出故障，所以迟到了");
  }
}
```

谁会来处理类Worker的gotoWork()方法抛出的LateException呢？显然是职工的老板，如果某职工上班迟到，那就扣他的工资。在一个方法可能会出现多种异常，使用throws子句可以声明抛出多个异常，例如下面的代码。

```
public void method() throws SQLException,IOException{…}
```

2. 使用throw抛出异常

在Java中也可以使用关键字throw抛出异常，把它抛给上一级调用的异常，抛出的异常可

以是异常引用，也可以是异常对象。throw 语句用于抛出异常，例如以下代码表明汽车在运行时会出现故障。

```
public void run()throws CarWrongException{
  if(车子无法刹车)
throw new CarWrongException("车子无法刹车");
  if(发动机无法启动)
   throw new CarWrongException("发动机无法启动");
}
```

值得注意的是，由 throw 语句抛出的对象必须是 java.lang.Throwable 类或者其子类的实例。例如下面的代码是不合法的。

```
throw new String("有人溺水啦，救命啊!"); //编译错误，String 类不是异常类型
```

关键字 throws 和 throw 尽管只有一个字母之差，却有着不同的用途，注意不要将两者混淆。

13.2.5 自定义异常

在前面讲解的这么多异常，都是系统自带，系统自己处理的，但是在很多时候需要程序员自定义异常。在 Java 程序中要想创建自定义异常，需要继承类 Throwable 或其子类 Exception。自定义异常让系统把它看成一种异常来对待，由于自定义异常继承 Throwable 类，所以也继承了它里面的方法。

Throwable 是 java.lang 包中一个专门用来处理异常的类。它有两个子类，即 Error 和 Exception，分别用来处理两组异常。类 Error 和 Exception 的具体说明如下。

(1) Error：用来处理程序运行环境方面的异常，比如，虚拟机错误、装载错误和连接错误，这类异常主要是和硬件有关的，而不是由程序本身抛出的。

(2) Exception：是 Throwable 的一个主要子类。Exception 下面还有子类，其中一部分子类分别对应于 Java 程序运行时遇到的各种异常的处理，其中包括隐式异常。比如，程序中除数为 0 引起的错误、数组下标越界错误等，这类异常也称为运行时异常，因为它们虽然是由程序本身引起的异常，但不是由程序主动抛出的，而是在程序运行中产生的。Exception 子类下面的另一部分子类对应于 Java 程序中的非运行时异常的处理，这些异常也称为显式异常。它们都是在程序中用语句抛出、并且也是用语句进行捕获的，比如，文件没找到引起的异常、类没找到引起的异常等。

Throwable 类及其子类中主要包括如下方法。

- ArithmeticException：由于除数为 0 引起的异常。
- ArrayStoreException：由于数组存储空间不够引起的异常。
- ClassCastException：当把一个对象归为某个类，但实际上此对象并不是由这个类创建的，也不是其子类创建的，则会引起异常。
- IllegalMonitorStateException：监控器状态出错引起的异常。
- NegativeArraySizeException：数组长度是负数，则产生异常。
- NullPointerException：程序试图访问一个空的数组中的元素或访问空的对象中的方法或变量时产生异常。
- OutofMemoryException：用 new 语句创建对象时，如系统无法为其分配内存空间，则

产生异常。

- SecurityException：由于访问了不应访问的指针，使安全性出问题而引起异常。
- IndexOutOfBoundsExcention：由于数组下标越界或字符串访问越界引起异常。
- IOException：由于文件未找到、未打开或者I/O操作不能进行而引起异常。
- ClassNotFoundException：未找到指定名字的类或接口引起异常。
- CloneNotSupportedException：程序中的一个对象引用Object类的clone方法，但此对象并没有连接Cloneable接口，从而引起异常。
- InterruptedException：当一个线程处于等待状态时，另一个线程中断此线程，从而引起异常。
- NoSuchMethodException：所调用的方法未找到，引起异常。
- Illega1AccessExcePtion：试图访问一个非public方法。
- StringIndexOutOfBoundsException：访问字符串序号越界，引起异常。
- ArrayIdexOutOfBoundsException：访问数组元素下标越界，引起异常。
- NumberFormatException：字符的UTF代码数据格式有错引起异常。
- IllegalThreadException：线程调用某个方法而所处状态不适当，引起异常。
- FileNotFoundException：未找到指定文件引起异常。
- EOFException：未完成输入操作即遇文件结束引起异常。

13.2.6 Java异常处理语句的规则

异常处理语句主要涉及try、catch、finally、throw和throws关键字，要正确使用它们，就必须遵守必要的语法规则。

(1) try代码块不能脱离catch代码块或finally代码块而单独存在。try代码块后面至少有一个catch代码块或finally代码块。以下代码会导致编译错误。

```
public static void main(String args[])throws SpecialException{
  try{
   new Sample().methodA(-1);
   System.out.println("main");
  } //编译错误，不允许出现孤立的try代码块

  System.out.println("Finally");
}
```

(2) try代码块后面可以有零个或多个catch代码块，还可以有零个或至多一个finally代码块。

(3) try代码块后面可以只跟finally代码块，例如：

```
public static void main(String args[])throws SpecialException{
  try{
   new Sample().methodA(-1);
   System.out.println("main");
  }finally{
   System.out.println("Finally");
  }
}
```

(4) 当 try 代码块后面有多个 catch 代码块时，Java 虚拟机会把实际抛出的异常对象依次和各个 catch 代码块声明的异常类型匹配，如果异常对象为某个异常类型或其子类的实例，就执行这个 catch 代码块，不会再执行其他的 catch 代码块。在以下代码中，code1 语句抛出 FileNotFoundException 异常，FileNotFoundException 类是 IOException 类的子类，而 IOException 类是 Exception 的子类。Java 虚拟机先把 FileNotFoundException 对象与 IOException 类匹配，因此，当出现 FileNotFoundException 时，程序的打印结果为“IOException”。

```
try{
  code1;  //可能抛出 FileNotFoundException
}catch(SQLException e){
  System.out.println("SQLException");
}catch(IOException e){
  System.out.println("IOException");
}catch(Exception e){
  System.out.println("Exception");
}
```

在以下程序中，如果出现 FileNotFoundException，打印结果为“Exception”，因为 FileNotFoundException 对象与 Exception 类匹配。

```
try{
code1;  //可能抛出 FileNotFoundException
}catch(SQLException e){
System.out.println("SQLException");
}catch(Exception e){
System.out.println("Exception");
}
```

(5) 如果一个方法可能出现受检查异常，要么用 try-catch 语句捕获，要么用 throws 子句声明将它抛出，否则会导致编译错误。例如下面的方法 method1()声明抛出 IOException，它是受检查异常，其他方法调用 method1()方法：

```
void method1() throws IOException{}  //合法

//编译错误，必须捕获或声明抛出 IOException
void method2(){
  method1();
}

//合法，声明抛出 IOException
void method3()throws IOException {
  method1();
}

//合法，声明抛出 Exception，IOException 是 Exception 的子类
void method4()throws Exception {
  method1();
}

//合法，捕获 IOException
void method5(){
```

```
try{
   method1();
 }catch(IOException e){…}
}

//编译错误，必须捕获或声明抛出Exception
void method6(){
  try{
    method1();
  }catch(IOException e){throw new Exception();}
}

//合法，声明抛出Exception
void method7()throws Exception{
 try{
  method1();
 }catch(IOException e){throw new Exception();}
}
```

判断一个方法可能会出现异常的依据是方法中是否有 throw 语句。例如，上面的方法 method7()中的 catch 代码块有 throw 语句。如果调用了其他方法，其他方法也会用 throws 子句声明抛出某种异常。例如，method3()方法调用了 method1()方法，而在 method1()方法中声明抛出 IOException，因此，在 method3()方法中可能会出现 IOException。

13.3 Java虚拟机的异常处理机制

异常(exception)是可以被硬件或软件检测到的要求进行特殊处理的异常事件。异常处理作为程序设计语言的组成部分，为开发可靠性软件系统提供了强有力的支持。Java 作为一种优秀的程序设计语言不仅具有面向对象、并发、平台中立等特点，同时也定义了灵活的异常处理机制，Java 虚拟机就是这一机制的具体实施者。异常处理作为现代程序设计语言的特点已被广泛采纳，它提高了程序运行的可靠性。但由于 Java 语言的特点，异常处理也带来了不小的麻烦。这主要体现在及时编译的情况下，异常处理的实现较为复杂。更重要的一点是由于字节码编译与及时编译是两个独立的过程，因此使及时编译的优化设计受到限制，当机器指令生成后，方法内代码的优化必然涉及到字节码与机器码之间的对应关系的调整、异常处理表的调整。在异常处理语句内部，机器代码的优化更要慎重，代码的删除和外提都可能会造成异常处理范围的改变。其次，异常处理也降低了程序的运行效率，为了提高运行效率有些及时编译器中删除了数组越界检查。

在本节将详细讲解 Java 的异常处理机制，并结合国产开放系统平台 COSIX 虚拟机异常处理的设计，深入探讨在解释执行和及时编译执行两种不同的情况下，异常处理设计与实现的关键技术。

13.3.1 Java异常处理机制基础

Java 在设计上与 C++有许多相同之处，它的异常处理机制基本上沿袭了 C++的规则。Java 的异常处理语句及抛出异常语句与相应的 C++的语句完全一样，它的异常处理也是静态绑定的，没被处理的异常是沿着方法调用栈向上传播的，异常处理完毕后程序的执行点转移到异常处理句柄的下一条语句。

Java 与 C++不同的是 Java 具有完善的异常类定义，Java 的异常类可分为三大类：Error、一般异常及 RuntimeException。当类动态连接失败或产生其他硬件错误时，虚拟机产生 Error 异常，一般的 Java 程序不会产生该异常，也不必对该类异常进行处理；RuntimeException 类的异常是虚拟机在运行时产生的，如算术运算异常、数组索引异常、引用异常等。由于该类异常在程序中普遍存在，因此用户没必要对它们进行检测、处理，编译程序在编译时也不会去检查该类异常，这些异常由虚拟机在运行时检测并对其进行处理；通常用户程序需要产生并提供异常处理句柄的异常为一般异常，一般异常与 Errors 不同，它不是严重的系统异常，也不是在程序中普遍存在的，因此在编译时编译器就会提示用户提供异常处理句柄，否则编译不会通过，例如 I/O 异常。

编译程序为含有异常处理语句的方法生成一异常处理表，该表指明了异常处理语句产生异常的字节码范围、异常处理句柄的地址以及产生的异常类型。

虚拟机是 Java 异常处理机制的微观实现，当虚拟机产生异常或程序执行时由字节码指令 athrow 产生异常时，异常处理程序都会根据所产生的异常类型及产生异常的当前程序点，在方法异常表中查找对应的异常处理句柄，方法异常表给出了某一程序段代码所产生的异常类型及其对应的异常处理句柄，若查到对应的异常处理句柄则执行该句柄，执行完毕后返回异常处理句柄的下一条语句，若没找到，则异常沿方法调用栈向上传播，将产生的异常传播给该方法的调用者。

13.3.2　COSIX 虚拟机异常处理的设计与实现

一般可以采用如下三种方法实现异常处理。

(1)　动态建立异常处理语句的数据结构链表。

(2)　使用静态的异常处理表，运行时查找该表，以搜寻异常处理句柄。

(3)　使用有两个返回值的函数。

其中 C++和 Ada 的异常处理使用了第 1 种方法，第 2 种方法较第 1 种可显著提高异常处理的效率，它在 C++及 Java 中得到了应用。在该方式下，编译器为每一方法提供异常处理表，由于有了异常处理表，就没有必要再为每一异常处理语句建立数据链表.当异常产生时，异常处理程序可直接查询异常表，快速定位异常处理句柄，若没找到，则将异常传播给上层方法，在它的异常查询表中继续查询。

第 3 种方法在某些 Java 虚拟机的及时编译设计时被采用。该处理形式虽然简单，但是编译过程较为复杂。由于方法间没有共享方法异常表，而使编译后的代码冗长，该方法适用于异常发生频繁的程序。

1. 解释执行时的异常处理

解释器的异常处理实现较为简单，由于对异常处理的编译是直接针对字节码的，因此异常的查找和传播都较及时编译方便得多。

Java 编译程序为有异常处理句柄的方法生成异常处理表，因此我们在实现时可直接利用这一个信息生成的方法异常表，方法异常表的数据结构如下。

```
MexceptionTable {
  int start-pc;//产生异常的指令起始范围
  int end-pc;//产生异常的指令终止范围
  int handler-pc;//异常处理句柄指针
  Hjava-lang-Class* catch-type;//异常类型
}
```

当产生异常时，异常处理程序根据产生该异常的指令位置及其产生的异常类型，在方法异常表中查找符合这两个条件的异常处理句柄。

Java 异常处理机制规定没有处理的异常要沿方法调用栈传播给上层调用方法，因此在程序的执行时我们应建立方法调用关系链表，以实现异常在方法调用栈中的逆向传播。方法调用链表的数据结构应能恢复方法的运行环境、并记录方法的运行状态。方法调用链表的数据结构如下。

```
…MethodCallList{
…u4 pc; //该方法的当前字节码指令指针
…ObjLock* lock; //该方法所在对象的对象锁
…methods* meth; //指向该方法在类中的位置
…jmp-buf jbuf; //设置解释器解释执行该方法时的运行环境
…MethodCallList* prev; //指向该方法的上层调用方法
…}
```

当异常产生时，异常处理程序根据 pc 值及产生的异常类型，在该方法的异常处理表(由 meth 获得)中查询对应的异常处理句柄，若没找到则异常传播给该方法的调用者(prev 指向的方法)，异常处理程序进行同样的查找，当找到对应的异常处理句柄时，异常处理程序恢复该句柄所在方法解释执行时的运行环境，并将该方法的字节码指令指针指向异常处理句柄，运行环境被恢复后解释器执行该异常处理句柄，之后，解释器继续执行其下面的其他语句。

我们一般用操作系统提供的库函数 setjmp 及 longjmp 来实现运行环境的保存与恢复。在方法调用链表数据结构中，lock 为该方法所属对象的对象锁，若该方法为静态方法，则 lock 为其所属类的类锁。该域是为同步方法设计的，对于同步方法异常处理完成后，应释放该对象(类)锁。

异常处理程序在进行异常处理时，将异常分为两大类，即内部异常与外部异常。内部异常主要指虚拟机在运行时检测到的异常，主要包括 Error 及 RuntimeException。例如虚拟机在类加载时需要进行类文件格式的检查，若类文件格式错误，虚拟机将产生 ClassFormatError 异常；虚拟机执行字节码指令时自动对数组下标进行检查，当数组范围越界时，虚拟机会产生 ArrayIndexOutOfBoundsException。当虚拟机检测到异常时，其触发异常程序的执行。外部异常一般指用户自定义的异常，字节码指令 athrow 产生外部异常并触发异常处理程序的执行。该异常存放在操作数栈的栈顶，如果在当前方法中找到了异常处理句柄，athrow 指令抛弃操作数栈上的所有数据，然后将抛出的异常对象压入栈，如果在当前方法中没找到异常处理句柄，则异常沿方法调用栈传播，直到找到处理该异常的方法。此时，处理该异常的方法的操作数栈被清除，并将异常对象压入到这个空的操作数栈，该传播过程中的其他方法栈都将被抛弃。不管内部异常还是外部异常，异常处理句柄都得由用户提供。

对于内部异常，有两个异常是比较特殊的，它们是 NullPointerException(空指针引用)、ArithmeticException(浮点溢出)，这两个异常可由硬件检测到，操作系统提供这两个异常的中断信号，因此在异常初始化时，可由库函数 signal 设置这两个异常的服务程序。

在对内部异常进行处理时，异常处理程序除了查找异常处理句柄并执行该句柄外，异常处理程序还应提供方法调用过程的全部信息，该信息包括方法调用栈中所有方法的当前字节码指令指针所在的类名、方法名及所处的源文件行号。该过程同样得逆向遍历方法调用链表的全部数据单元，由方法调用表数据结构中的 pc 值在方法的行号表中查找该 pc 值所对应的源文件行号，行号表内记录着字节码生成时字节码指令与源文件行号的对应关系，该表保存在类的方法表中，类名、方法名也可在方法表中查到。

以上介绍了解释执行时异常处理程序的设计，由于编译器在编译程序时提供了充足的异常处理信息，如方法异常处理表、方法行号表等，使得异常处理的过程较为简单。

2. 及时编译执行时的异常处理

在及时编译异常处理的设计上，一般采用与解释器的异常处理相同的设计方法。在解释执行时，由于解释器控制方法的全部活动，包括栈空间的分配，指令的执行，因此可显式地创建一个方法调用表(解释器创建)，供异常处理程序使用。但由于及时编译将字节码编译成本地码，方法的栈空间直接分配在线程的本地栈中，我们无法创建一个显式的数据结构去反映方法调用关系及记录方法的运行状态。因此，要处理异常在方法调用栈中的传播及异常句柄的查询，必须掌握本地方法栈的结构及字节码与本地代码之间的对应关系。

在及时编译时，首先应建立字节码与机器码之间的对应关系，在编译每条字节码时，我们将字节码所对应的机器码在本地方法代码中的偏移记录下来，我们可利用这个信息进行方法异常处理表的翻译，将异常处理表中字节码的指令偏移替换为对应的机器码的内存位置。同理，我们可翻译方法的行号表将源文件行号与字节码的对应关系转换为源文件行号同机器码之间的对应关系。下面的程序给出了异常处理表的翻译过程。

```
if(meth -> exception-table!=null){ //方法异常表非空
  for(I=0;I<meth->exception-table-len;I++){//exception-table-len 为异常表长度
    e=&meth->exception-table [I] ; //获取第 I 个异常表
    e->start-pc=nativeOffset [e->start-pc] +(int)nativeCodeBase;
    e->end-pc=nativeOffset [e->end-pc] +(int)nativeCodeBase;
    e->handler-pc=nativeOffset [e->handler-pc] +(int)nativeCodeBase;
  }
}
```

在上面的程序中，nativeCodeBase 是指针，指向编译后本地代码的起始位置，nativeOffset 为整型数组存放每一字节码在本地方法代码中的偏移。经转换后，e->start－pc，e->end－pc，e->handler－pc 被转换为对应字节码的本地码在内存中的地址。同理，可进行方法行号表转换。方法异常表及行号表的转换为异常处理提供了方便，异常处理程序可直接由这两个表查询异常处理句柄及异常信息，其查询过程与解释异常处理相同。

及时编译执行时，异常的传播处理较为复杂，这需要对本地方法栈的结构有一个清楚的认识。线程在创建时 Java 虚拟机为其分配一个固定的运行空间(可由用户指定)，线程的一切活动所需的空间都被分配在该空间中。对于及时编译，该空间存放本地方法栈，本地方法栈实际上就是传统的 C 栈。要实现异常在方法调用栈中的传播，我们就得解决如何确定产生异常方法栈的位置，及调用该方法的上层方法的栈位置。例如在图 13-2 中，给出了线程栈空间中方法栈存放的示意图，图 13-1 的方法调用过程为方法 1 调用方法 2，方法 2 调用方法 3。方法栈在线程空间中是连续存放的。线程空间也是一个连续的空间，它的起始与结束地址分别存放在线程背

景数据结构中。

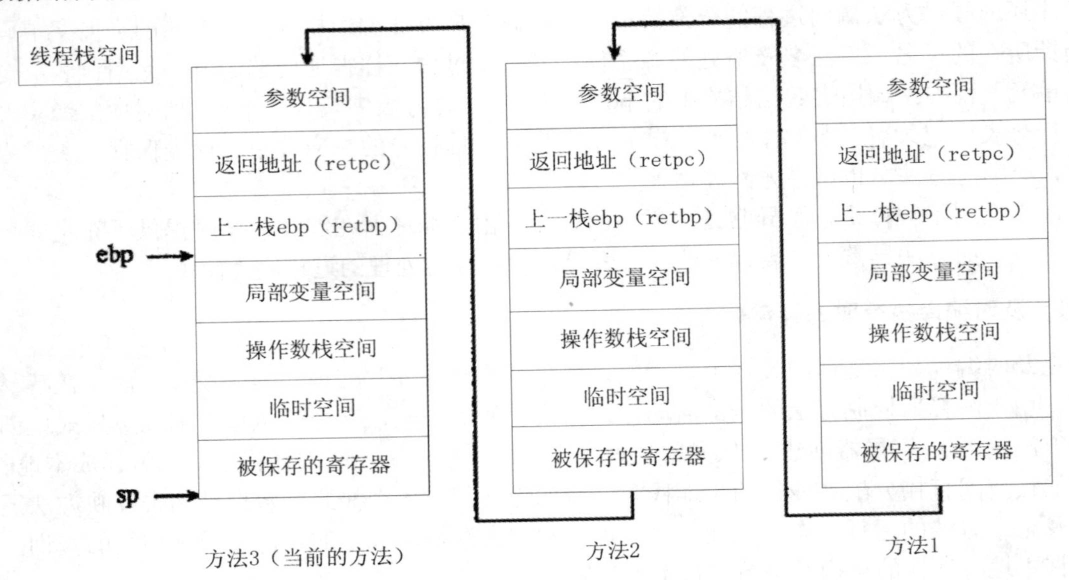

图 13-2　线程栈空间中方法栈存放的示意图

从图 13-2 中可知，方法栈空间的连接及方法的当前执行点分别是由方法栈中的数据 retbp 和 retpc 建立的。只要能获取这两个数据就能实现异常在方法中的传播。对于内部异常，虚拟机直接调用异常处理程序执行异常处理；用户产生的异常则在及时编译器编译异常产生指令 athrow 时产生调用异常处理程序的机器指令。异常处理程序执行时，异常处理程序的方法栈为当前栈，异常处理程序可根据其第 1 个方法参数的存储位置，减去 8 字节偏移得到其调用者方法栈的基址指针 retbp，第 1 个方法参数的存储位置减去 4 字节偏移得到调用方法的返回地址 retpc，retpc-1 即为调用点的指令地址；同理，在调用方法的 retbp 处又可以得到该方法的调用者的栈基址及返回地址。采用这种方式可实现异常在方法调用栈中的传播。因此，及时编译异常处理时方法调用关系链表的数据结构如下。

```
MethodCallList{
  int retbp; //上一方法栈的基址指针
  int retpc; //调用方法的返回地址
};
```

及时编译时异常处理的另一个烦琐的过程是如何确定调用点指令所属的类及方法。在以上的叙述中我们知道，retpc-1 为某方法调用其子方法的方法调用指令地址，因此应根据该地址信息去查询方法的异常处理表以获取异常处理句柄，但前提是如何先找到该方法。为了找到地址 retpc-1 所处的方法，我们不得不遍历所有的类及其方法，以判断该地址是否在某一方法代码内. 显然这一方法较为费时，当然我们也可设计复杂的数据结构记录指令与方法的查询关系以简化这一过程，但这确实没有必要，毕竟异常产生的次数很少，即便产生了异常，大多数情况下也要终止程序的执行，因此花费在这方面的时间可忽略不计。

在确定了异常如何传播及异常处理句柄如何查找后，下一步的任务就是如何调用异常处理句柄。在异常处理表中提供的只是异常句柄的地址，我们必须用汇编语言实现异常处理句柄的调用，调用程序如下，下段代码遵循的是汇编调用 C 子程序的规则。异常处理句柄 catch 的调用基本上与 C 函数的调用相同，异常对象可看成是其方法参数，但不同的是该参数并不被压入参数空间，它是在执行 catch 的第一条指令时被压入指定的局部变量空间。我们在及时编译时一般都是以基址寄存器的地址为基准进行数据的访问，因此应恢复异常句柄所属方法的基址寄存器，最后是执行异常处理句柄。

```
movl eobj,%%eax                              //异常对象引用存入 eax
movl retbp,%%ebp                             //恢复调用者方法的基址
jmp*handler pc                                   //调用异常处理句柄
```

本节我们讨论了及时编译执行时异常处理的关键技术，可以看出由于本地代码的存在，使得异常处理的过程变得较为复杂。

13.4　分析 Dalvik 虚拟机异常处理的源码

在 Dalvik 虚拟机的源码中，用于实现异常处理的核心文件是 Exception.c。在本节的内容中，将简要分析这个文件的源码，讲解 Dalvik 虚拟机实现异常处理的基本机制。

13.4.1　初始化虚拟机使用的异常 Java 类库

在文件 Exception.c 中，通过函数 dvmExceptionStartup()初始化虚拟机使用的异常 Java 类库。其实现源码如下。

```
bool dvmExceptionStartup(void)
{
    gDvm.classJavaLangThrowable =
        dvmFindSystemClassNoInit("Ljava/lang/Throwable;");
    gDvm.classJavaLangRuntimeException =
        dvmFindSystemClassNoInit("Ljava/lang/RuntimeException;");
    gDvm.classJavaLangError =
        dvmFindSystemClassNoInit("Ljava/lang/Error;");
    gDvm.classJavaLangStackTraceElement =
        dvmFindSystemClassNoInit("Ljava/lang/StackTraceElement;");
    gDvm.classJavaLangStackTraceElementArray =
        dvmFindArrayClass("[Ljava/lang/StackTraceElement;", NULL);
    if (gDvm.classJavaLangThrowable == NULL ||
        gDvm.classJavaLangStackTraceElement == NULL ||
        gDvm.classJavaLangStackTraceElementArray == NULL)
    {
        LOGE("Could not find one or more essential exception classes\n");
        return false;
    }
    /*
     * Find the constructor.  Note that, unlike other saved method lookups,
     * we're using a Method* instead of a vtable offset.  This is because
     * constructors don't have vtable offsets.  (Also, since we're creating
     * the object in question, it's impossible for anyone to sub-class it.)
     */
    Method* meth;
```

```
    meth = dvmFindDirectMethodByDescriptor(gDvm.classJavaLangStackTraceElement,
        "<init>", "(Ljava/lang/String;Ljava/lang/String;Ljava/lang/String;I)V");
    if (meth == NULL) {
        LOGE("Unable to find constructor for StackTraceElement\n");
        return false;
    }
    gDvm.methJavaLangStackTraceElement_init = meth;

    /* grab an offset for the stackData field */
    gDvm.offJavaLangThrowable_stackState =
        dvmFindFieldOffset(gDvm.classJavaLangThrowable,
            "stackState", "Ljava/lang/Object;");
    if (gDvm.offJavaLangThrowable_stackState < 0) {
        LOGE("Unable to find Throwable.stackState\n");
        return false;
    }
    /* and one for the message field, in case we want to show it */
    gDvm.offJavaLangThrowable_message =
        dvmFindFieldOffset(gDvm.classJavaLangThrowable,
            "detailMessage", "Ljava/lang/String;");
    if (gDvm.offJavaLangThrowable_message < 0) {
        LOGE("Unable to find Throwable.detailMessage\n");
        return false;
    }

    /* and one for the cause field, just 'cause */
    gDvm.offJavaLangThrowable_cause =
        dvmFindFieldOffset(gDvm.classJavaLangThrowable,
            "cause", "Ljava/lang/Throwable;");
    if (gDvm.offJavaLangThrowable_cause < 0) {
        LOGE("Unable to find Throwable.cause\n");
        return false;
    }
    return true;
}
```

13.4.2 抛出一个线程异常

在文件 Exception.c 中，通过函数 dvmThrowChainedException()创建一个抛出并抛出一个异常，在当前线程，抛出的正是设置线程的例外指针。如果我们有一个坏的异常层次正在抛出，如果初始化“丢失”，然后试图抛出一个异常将导致另一个例外情况。严重的是通常会允许“一连串”例外的情况，所以很难自动检测这一问题。因为这只发生在破碎的系统类中，所以不可能值得花周期检测。

函数 dvmThrowChainedException()的实现源码如下。

```
void dvmThrowChainedException(const char* exceptionDescriptor, const char* msg,
    Object* cause)
{
    ClassObject* excepClass;
```

```
    LOGV("THROW '%s' msg='%s' cause=%s\n",
        exceptionDescriptor, msg,
        (cause != NULL) ? cause->clazz->descriptor : "(none)");

    if (gDvm.initializing) {
        if (++gDvm.initExceptionCount >= 2) {
            LOGE("Too many exceptions during init (failed on '%s' '%s')\n",
                exceptionDescriptor, msg);
            dvmAbort();
        }
    }

    excepClass = dvmFindSystemClass(exceptionDescriptor);
    if (excepClass == NULL) {
        /*
         * We couldn't find the exception class.  The attempt to find a
         * nonexistent class should have raised an exception.  If no
         * exception is currently raised, then we're pretty clearly unable
         * to throw ANY sort of exception, and we need to pack it in.
         *
         * If we were able to throw the "class load failed" exception,
         * stick with that.  Ideally we'd stuff the original exception
         * into the "cause" field, but since we can't find it we can't
         * do that.  The exception class name should be in the "message"
         * field.
         */
        if (!dvmCheckException(dvmThreadSelf())) {
            LOGE("FATAL: unable to throw exception (failed on '%s' '%s')\n",
                exceptionDescriptor, msg);
            dvmAbort();
        }
        return;
    }
    dvmThrowChainedExceptionByClass(excepClass, msg, cause);
}
```

13.4.3 持续抛出进程

在文件 Exception.c 中，函数 dvmThrowChainedExceptionByClass()的功能是，如果当前有一个类的引用，则“开始/继续”抛出进程。其实现源码如下。

```
void dvmThrowChainedExceptionByClass(ClassObject* excepClass, const char* msg,
    Object* cause)
{
    Thread* self = dvmThreadSelf();
    Object* exception;
    /* make sure the exception is initialized */
    if (!dvmIsClassInitialized(excepClass) && !dvmInitClass(excepClass)) {
        LOGE("ERROR: unable to initialize exception class '%s'\n",
            excepClass->descriptor);
        if (strcmp(excepClass->descriptor, "Ljava/lang/InternalError;") == 0)
```

```
            dvmAbort();
        dvmThrowChainedException("Ljava/lang/InternalError;",
            "failed to init original exception class", cause);
        return;
    }
    exception = dvmAllocObject(excepClass, ALLOC_DEFAULT);
    if (exception == NULL) {
        /*
         * We're in a lot of trouble.  We might be in the process of
         * throwing an out-of-memory exception, in which case the
         * pre-allocated object will have been thrown when our object alloc
         * failed.  So long as there's an exception raised, return and
         * allow the system to try to recover.  If not, something is broken
         * and we need to bail out.
         */
        if (dvmCheckException(self))
            goto bail;
        LOGE("FATAL: unable to allocate exception '%s' '%s'\n",
            excepClass->descriptor, msg != NULL ? msg : "(no msg)");
        dvmAbort();
    }
    /*
     * 初始化异常.
     */
    if (gDvm.optimizing) {
        /* need the exception object, but can't invoke interpreted code */
        LOGV("Skipping init of exception %s '%s'\n",
            excepClass->descriptor, msg);
    } else {
        assert(excepClass == exception->clazz);
        if (!initException(exception, msg, cause, self)) {
            /*
             * Whoops.  If we can't initialize the exception, we can't use
             * it.  If there's an exception already set, the constructor
             * probably threw an OutOfMemoryError.
             */
            if (!dvmCheckException(self)) {
                /*
                 * We're required to throw something, so we just
                 * throw the pre-constructed internal error.
                 */
                self->exception = gDvm.internalErrorObj;
            }
            goto bail;
        }
    }
    self->exception = exception;

bail:
    dvmReleaseTrackedAlloc(exception, self);
}
```

13.4.4　抛出异常名

在文件 Exception.c 中，函数 initException()的功能是，使用虚线形式类描述符抛出异常名，并描述这一异常的发生原因。而函数 dvmThrowExceptionByClassWithClassMessage()和函数 dvmthrowexceptionwithmessagefromdescriptor()类似，但是它采取的是一个类的对象，而不是一个名字。这两个函数的实现源码如下。

```
void dvmThrowChainedExceptionWithClassMessage(const char* exceptionDescriptor,
    const char* messageDescriptor, Object* cause)
{
    char* message = dvmDescriptorToDot(messageDescriptor);
    dvmThrowChainedException(exceptionDescriptor, message, cause);
    free(message);
}
void dvmThrowExceptionByClassWithClassMessage(ClassObject* exceptionClass,
    const char* messageDescriptor)
{
    char* message = dvmDescriptorToName(messageDescriptor);
    dvmThrowExceptionByClass(exceptionClass, message);
    free(message);
}
```

13.4.5　找出异常的原因

在文件 Exception.c 中，函数 initException()的功能是，使用构造函数的方式初始化一个异常。如果初始化异常会导致另一个例外(例如，outofmemoryerror)被抛出，则返回一个错误。其实现源码如下。

```
static bool initException(Object* exception, const char* msg, Object* cause,
    Thread* self)
{
    enum {
        kInitUnknown,
        kInitNoarg,
        kInitMsg,
        kInitMsgThrow,
        kInitThrow
    } initKind = kInitUnknown;
    Method* initMethod = NULL;
    ClassObject* excepClass = exception->clazz;
    StringObject* msgStr = NULL;
    bool result = false;
    bool needInitCause = false;

    assert(self != NULL);
    assert(self->exception == NULL);

    /* if we have a message, create a String */
    if (msg == NULL)
```

```
        msgStr = NULL;
    else {
        msgStr = dvmCreateStringFromCstr(msg, ALLOC_DEFAULT);
        if (msgStr == NULL) {
            LOGW("Could not allocate message string \"%s\" while "
                    "throwing internal exception (%s)\n",
                    msg, excepClass->descriptor);
            goto bail;
        }
    }

    if (cause != NULL) {
        if (!dvmInstanceof(cause->clazz, gDvm.classJavaLangThrowable)) {
            LOGE("Tried to init exception with cause '%s'\n",
                cause->clazz->descriptor);
            dvmAbort();
        }
    }

    /*
     * The Throwable class has four public constructors:
     *  (1) Throwable()
     *  (2) Throwable(String message)
     *  (3) Throwable(String message, Throwable cause)  (added in 1.4)
     *  (4) Throwable(Throwable cause)                  (added in 1.4)
     *
     * The first two are part of the original design, and most exception
     * classes should support them.  The third prototype was used by
     * individual exceptions. e.g. ClassNotFoundException added it in 1.2.
     * The general "cause" mechanism was added in 1.4.  Some classes,
     * such as IllegalArgumentException, initially supported the first
     * two, but added the second two in a later release.
     *
     * Exceptions may be picky about how their "cause" field is initialized.
     * If you call ClassNotFoundException(String), it may choose to
     * initialize its "cause" field to null.  Doing so prevents future
     * calls to Throwable.initCause().
     *
     * So, if "cause" is not NULL, we need to look for a constructor that
     * takes a throwable.  If we can't find one, we fall back on calling
     * #1/#2 and making a separate call to initCause().  Passing a null ref
     * for "message" into Throwable(String, Throwable) is allowed, but we
     * prefer to use the Throwable-only version because it has different
     * behavior.
     *
     * java.lang.TypeNotPresentException is a strange case -- it has #3 but
     * not #2.  (Some might argue that the constructor is actually not #3,
     * because it doesn't take the message string as an argument, but it
     * has the same effect and we can work with it here.)
     */
    if (cause == NULL) {
        if (msgStr == NULL) {
```

```
            initMethod = dvmFindDirectMethodByDescriptor(excepClass, "<init>", "()V");
            initKind = kInitNoarg;
        } else {
            initMethod = dvmFindDirectMethodByDescriptor(excepClass, "<init>",
                            "(Ljava/lang/String;)V");
            if (initMethod != NULL) {
                initKind = kInitMsg;
            } else {
                /* no #2, try #3 */
                initMethod = dvmFindDirectMethodByDescriptor(excepClass, "<init>",
                                "(Ljava/lang/String;Ljava/lang/Throwable;)V");
                if (initMethod != NULL)
                    initKind = kInitMsgThrow;
            }
        }
    } else {
        if (msgStr == NULL) {
            initMethod = dvmFindDirectMethodByDescriptor(excepClass, "<init>",
                            "(Ljava/lang/Throwable;)V");
            if (initMethod != NULL) {
                initKind = kInitThrow;
            } else {
                initMethod   =   dvmFindDirectMethodByDescriptor(excepClass,   "<init>",
"()V");
                initKind = kInitNoarg;
                needInitCause = true;
            }
        } else {
            initMethod = dvmFindDirectMethodByDescriptor(excepClass, "<init>",
                            "(Ljava/lang/String;Ljava/lang/Throwable;)V");
            if (initMethod != NULL) {
                initKind = kInitMsgThrow;
            } else {
                initMethod = dvmFindDirectMethodByDescriptor(excepClass, "<init>",
                                "(Ljava/lang/String;)V");
                initKind = kInitMsg;
                needInitCause = true;
            }
        }
    }

    if (initMethod == NULL) {
        /*
         * We can't find the desired constructor.  This can happen if a
         * subclass of java/lang/Throwable doesn't define an expected
         * constructor, e.g. it doesn't provide one that takes a string
         * when a message has been provided.
         */
        LOGW("WARNING: exception class '%s' missing constructor "
            "(msg='%s' kind=%d)\n",
            excepClass->descriptor, msg, initKind);
        assert(strcmp(excepClass->descriptor,
```

```
                "Ljava/lang/RuntimeException;") != 0);
        dvmThrowChainedException("Ljava/lang/RuntimeException;",
            "re-throw on exception class missing constructor", NULL);
        goto bail;
    }

    /*
     * Call the constructor with the appropriate arguments.
     */
    JValue unused;
    switch (initKind) {
    case kInitNoarg:
        LOGVV("+++ exc noarg (ic=%d)\n", needInitCause);
        dvmCallMethod(self, initMethod, exception, &unused);
        break;
    case kInitMsg:
        LOGVV("+++ exc msg (ic=%d)\n", needInitCause);
        dvmCallMethod(self, initMethod, exception, &unused, msgStr);
        break;
    case kInitThrow:
        LOGVV("+++ exc throw");
        assert(!needInitCause);
        dvmCallMethod(self, initMethod, exception, &unused, cause);
        break;
    case kInitMsgThrow:
        LOGVV("+++ exc msg+throw");
        assert(!needInitCause);
        dvmCallMethod(self, initMethod, exception, &unused, msgStr, cause);
        break;
    default:
        assert(false);
        goto bail;
    }

    /*
     * It's possible the constructor has thrown an exception.  If so, we
     * return an error and let our caller deal with it.
     */
    if (self->exception != NULL) {
        LOGW("Exception thrown (%s) while throwing internal exception (%s)\n",
            self->exception->clazz->descriptor, exception->clazz->descriptor);
        goto bail;
    }

    /*
     * If this exception was caused by another exception, and we weren't
     * able to find a cause-setting constructor, set the "cause" field
     * with an explicit call.
     */
    if (needInitCause) {
        Method* initCause;
        initCause = dvmFindVirtualMethodHierByDescriptor(excepClass, "initCause",
```

```
        "(Ljava/lang/Throwable;)Ljava/lang/Throwable;");
    if (initCause != NULL) {
        dvmCallMethod(self, initCause, exception, &unused, cause);
        if (self->exception != NULL) {
            /* initCause() threw an exception; return an error and
             * let the caller deal with it.
             */
            LOGW("Exception thrown (%s) during initCause() "
                    "of internal exception (%s)\n",
                    self->exception->clazz->descriptor,
                    exception->clazz->descriptor);
            goto bail;
        }
    } else {
        LOGW("WARNING: couldn't find initCause in '%s'\n",
            excepClass->descriptor);
    }
  }
  result = true;
bail:
  dvmReleaseTrackedAlloc((Object*) msgStr, self);     // NULL is ok
  return result;
}
```

13.4.6 清除挂起的异常和等待初始化的异常

在文件 Exception.c 中，函数 dvmClearOptException()的功能是，清除挂起的异常和等待初始化的异常。在此使用了优化和验证码机制，如果没有发运行中的异常，则将“初始化”工作设置为避免进入“death-spin”模式。其实现源码如下。

```
void dvmClearOptException(Thread* self)
{
  self->exception = NULL;
  gDvm.initExceptionCount = 0;
}
```

13.4.7 包装“现在等待”异常的不同例外

在文件 Exception.c 中，函数 dvmWrapException()的功能是，包装“现在等待”异常的不同例外。在此使用一个未经声明的方法来检查异常，一个异常(未检查的)和代替挂起的失败相关。其实现源码如下。

```
void dvmWrapException(const char* newExcepStr)
{
  Thread* self = dvmThreadSelf();
  Object* origExcep;
  ClassObject* iteClass;
  origExcep = dvmGetException(self);
  dvmAddTrackedAlloc(origExcep, self);    // don't let the GC free it
  dvmClearException(self);                // clear before class lookup
```

```
    iteClass = dvmFindSystemClass(newExcepStr);
    if (iteClass != NULL) {
        Object* iteExcep;
        Method* initMethod;
        iteExcep = dvmAllocObject(iteClass, ALLOC_DEFAULT);
        if (iteExcep != NULL) {
            initMethod = dvmFindDirectMethodByDescriptor(iteClass, "<init>",
                        "(Ljava/lang/Throwable;)V");
            if (initMethod != NULL) {
                JValue unused;
                dvmCallMethod(self, initMethod, iteExcep, &unused,
                    origExcep);
                /* if <init> succeeded, replace the old exception */
                if (!dvmCheckException(self))
                    dvmSetException(self, iteExcep);
            }
            dvmReleaseTrackedAlloc(iteExcep, NULL);

            /* if initMethod doesn't exist, or failed... */
            if (!dvmCheckException(self))
                dvmSetException(self, origExcep);
        } else {
            /* leave OutOfMemoryError pending */
        }
    } else {
        /* leave ClassNotFoundException pending */
    }
    assert(dvmCheckException(self));
    dvmReleaseTrackedAlloc(origExcep, self);
}
```

13.4.8 输出跟踪当前异常的错误信息

在文件 Exception.c 中，通过函数 dvmPrintExceptionStackTrace()输出跟踪当前异常的错误信息，这是通过呼叫 JNI 异常描述实现的。其实现源码如下。

```
void dvmPrintExceptionStackTrace(void)
{
    Thread* self = dvmThreadSelf();
    Object* exception;
    Method* printMethod;

    exception = self->exception;
    if (exception == NULL)
        return;

    self->exception = NULL;
    printMethod = dvmFindVirtualMethodHierByDescriptor(exception->clazz,
                "printStackTrace", "()V");
    if (printMethod != NULL) {
        JValue unused;
```

```
        dvmCallMethod(self, printMethod, exception, &unused);
    } else {
        LOGW("WARNING: could not find printStackTrace in %s\n",
            exception->clazz->descriptor);
    }
    if (self->exception != NULL) {
        LOGI("NOTE: exception thrown while printing stack trace: %s\n",
            self->exception->clazz->descriptor);
    }
    self->exception = exception;
}
```

13.4.9　搜索和当前异常相匹配的方法

在文件 Exception.c 中，通过函数 findCatchInMethod()在方法列表中搜索和当前异常相匹配的方法。其实现源码如下。

```
static int findCatchInMethod(Thread* self, const Method* method, int relPc,
    ClassObject* excepClass)
{
    /*
     * Need to clear the exception before entry.  Otherwise, dvmResolveClass
     * might think somebody threw an exception while it was loading a class.
     */
    assert(!dvmCheckException(self));
    assert(!dvmIsNativeMethod(method));

    LOGVV("findCatchInMethod %s.%s excep=%s depth=%d\n",
        method->clazz->descriptor, method->name, excepClass->descriptor,
        dvmComputeExactFrameDepth(self->curFrame));

    DvmDex* pDvmDex = method->clazz->pDvmDex;
    const DexCode* pCode = dvmGetMethodCode(method);
    DexCatchIterator iterator;

    if (dexFindCatchHandler(&iterator, pCode, relPc)) {
        for (;;) {
            DexCatchHandler* handler = dexCatchIteratorNext(&iterator);

            if (handler == NULL) {
                break;
            }

            if (handler->typeIdx == kDexNoIndex) {
                /* catch-all */
                LOGV("Match on catch-all block at 0x%02x in %s.%s for %s\n",
                        relPc, method->clazz->descriptor,
                        method->name, excepClass->descriptor);
                return handler->address;
            }
            ClassObject* throwable =
```

```
        dvmDexGetResolvedClass(pDvmDex, handler->typeIdx);
    if (throwable == NULL) {
        /*
         * TODO: this behaves badly if we run off the stack
         * while trying to throw an exception.  The problem is
         * that, if we're in a class loaded by a class loader,
         * the call to dvmResolveClass has to ask the class
         * loader for help resolving any previously-unresolved
         * classes.  If this particular class loader hasn't
         * resolved StackOverflowError, it will call into
         * interpreted code, and blow up.
         *
         * We currently replace the previous exception with
         * the StackOverflowError, which means they won't be
         * catching it *unless* they explicitly catch
         * StackOverflowError, in which case we'll be unable
         * to resolve the class referred to by the "catch"
         * block.
         *
         * We end up getting a huge pile of warnings if we do
         * a simple synthetic test, because this method gets
         * called on every stack frame up the tree, and it
         * fails every time.
         *
         * This eventually bails out, effectively becoming an
         * uncatchable exception, so other than the flurry of
         * warnings it's not really a problem.  Still, we could
         * probably handle this better.
         */
        throwable = dvmResolveClass(method->clazz, handler->typeIdx,
            true);
        if (throwable == NULL) {
            /*
             * We couldn't find the exception they wanted in
             * our class files (or, perhaps, the stack blew up
             * while we were querying a class loader). Cough
             * up a warning, then move on to the next entry.
             * Keep the exception status clear.
             */
            LOGW("Could not resolve class ref'ed in exception "
                    "catch list (class index %d, exception %s)\n",
                    handler->typeIdx,
                    (self->exception != NULL) ?
                    self->exception->clazz->descriptor : "(none)");
            dvmClearException(self);
            continue;
        }
    }
    //LOGD("ADDR MATCH, check %s instanceof %s\n",
    //    excepClass->descriptor, pEntry->excepClass->descriptor);
    if (dvmInstanceof(excepClass, throwable)) {
        LOGV("Match on catch block at 0x%02x in %s.%s for %s\n",
```

```
                    relPc, method->clazz->descriptor,
                    method->name, excepClass->descriptor);
                return handler->address;
            }
        }
    }
    LOGV("No matching catch block at 0x%02x in %s for %s\n",
        relPc, method->name, excepClass->descriptor);
    return -1;
}
```

13.4.10 获取匹配的捕获块

在文件 Exception.c 中，通过函数 dvmFindCatchBlock()获取匹配的捕获块。其实现源码如下。

```
int dvmFindCatchBlock(Thread* self, int relPc, Object* exception,
    bool scanOnly, void** newFrame)
{
    void* fp = self->curFrame;
    int catchAddr = -1;

    assert(!dvmCheckException(self));

    while (true) {
        StackSaveArea* saveArea = SAVEAREA_FROM_FP(fp);
        catchAddr = findCatchInMethod(self, saveArea->method, relPc,
                    exception->clazz);
        if (catchAddr >= 0)
            break;

        /*
         * Normally we'd check for ACC_SYNCHRONIZED methods and unlock
         * them as we unroll.  Dalvik uses what amount to generated
         * "finally" blocks to take care of this for us.
         */

        /* output method profiling info */
        if (!scanOnly) {
            TRACE_METHOD_UNROLL(self, saveArea->method);
        }

        /*
         * Move up one frame.  If the next thing up is a break frame,
         * break out now so we're left unrolled to the last method frame.
         * We need to point there so we can roll up the JNI local refs
         * if this was a native method.
         */
        assert(saveArea->prevFrame != NULL);
        if (dvmIsBreakFrame(saveArea->prevFrame)) {
            if (!scanOnly)
                break;      // bail with catchAddr == -1
```

```
            /*
             * We're scanning for the debugger.  It needs to know if this
             * exception is going to be caught or not, and we need to figure
             * out if it will be caught *ever* not just between the current
             * position and the next break frame.  We can't tell what native
             * code is going to do, so we assume it never catches exceptions.
             *
             * Start by finding an interpreted code frame.
             */
            fp = saveArea->prevFrame;           // this is the break frame
            saveArea = SAVEAREA_FROM_FP(fp);
            fp = saveArea->prevFrame;           // this may be a good one
            while (fp != NULL) {
                if (!dvmIsBreakFrame(fp)) {
                    saveArea = SAVEAREA_FROM_FP(fp);
                    if (!dvmIsNativeMethod(saveArea->method))
                        break;
                }

                fp = SAVEAREA_FROM_FP(fp)->prevFrame;
            }
            if (fp == NULL)
                break;      // bail with catchAddr == -1

            /*
             * Now fp points to the "good" frame.  When the interp code
             * invoked the native code, it saved a copy of its current PC
             * into xtra.currentPc.  Pull it out of there.
             */
            relPc =
                saveArea->xtra.currentPc - SAVEAREA_FROM_FP(fp)->method->insns;
        } else {
            fp = saveArea->prevFrame;

            /* savedPc in was-current frame goes with method in now-current */
            relPc = saveArea->savedPc - SAVEAREA_FROM_FP(fp)->method->insns;
        }
    }

    if (!scanOnly)
        self->curFrame = fp;

    /*
     * The class resolution in findCatchInMethod() could cause an exception.
     * Clear it to be safe.
     */
    self->exception = NULL;

    *newFrame = fp;
    return catchAddr;
}
```

13.4.11　进行堆栈跟踪

在文件 Exception.c 中，通过函数 dvmFillInStackTraceInternal()对已经进行的异常进行堆栈跟踪。在许多情况下这个过程不会被检查，这使它保持在一个紧凑状态。当每次执行的时候，会清空原来的栈内的 trace 信息。然后在当前的调用位置处重新建立 trace 信息。函数 dvmFillInStackTraceInternal()的实现源码如下。

```
void* dvmFillInStackTraceInternal(Thread* thread, bool wantObject, int* pCount)
{
    ArrayObject* stackData = NULL;
    int* simpleData = NULL;
    void* fp;
    void* startFp;
    int stackDepth;
    int* intPtr;
    if (pCount != NULL)
        *pCount = 0;
    fp = thread->curFrame;
    assert(thread == dvmThreadSelf() || dvmIsSuspended(thread));
    /*
     * We're looking at a stack frame for code running below a Throwable
     * constructor.  We want to remove the Throwable methods and the
     * superclass initializations so the user doesn't see them when they
     * read the stack dump.
     *
     * TODO: this just scrapes off the top layers of Throwable.  Might not do
     * the right thing if we create an exception object or cause a VM
     * exception while in a Throwable method.
     */
    while (fp != NULL) {
        const StackSaveArea* saveArea = SAVEAREA_FROM_FP(fp);
        const Method* method = saveArea->method;
        if (dvmIsBreakFrame(fp))
            break;
        if (!dvmInstanceof(method->clazz, gDvm.classJavaLangThrowable))
            break;
        //LOGD("EXCEP: ignoring %s.%s\n",
        //         method->clazz->descriptor, method->name);
        fp = saveArea->prevFrame;
    }
    startFp = fp;
    /*
     * Compute the stack depth.
     */
    stackDepth = 0;
    while (fp != NULL) {
        const StackSaveArea* saveArea = SAVEAREA_FROM_FP(fp);
        if (!dvmIsBreakFrame(fp))
            stackDepth++;
        assert(fp != saveArea->prevFrame);
```

```
        fp = saveArea->prevFrame;
    }
    //LOGD("EXCEP: stack depth is %d\n", stackDepth);
    if (!stackDepth)
        goto bail;
    /*
     * We need to store a pointer to the Method and the program counter.
     * We have 4-byte pointers, so we use '[I'.
     */
    if (wantObject) {
        assert(sizeof(Method*) == 4);
        stackData = dvmAllocPrimitiveArray('I', stackDepth*2, ALLOC_DEFAULT);
        if (stackData == NULL) {
            assert(dvmCheckException(dvmThreadSelf()));
            goto bail;
        }
        intPtr = (int*) stackData->contents;
    } else {
        /* array of ints; first entry is stack depth */
        assert(sizeof(Method*) == sizeof(int));
        simpleData = (int*) malloc(sizeof(int) * stackDepth*2);
        if (simpleData == NULL)
            goto bail;
        assert(pCount != NULL);
        intPtr = simpleData;
    }
    if (pCount != NULL)
        *pCount = stackDepth;
    fp = startFp;
    while (fp != NULL) {
        const StackSaveArea* saveArea = SAVEAREA_FROM_FP(fp);
        const Method* method = saveArea->method;
        if (!dvmIsBreakFrame(fp)) {
            //LOGD("EXCEP keeping %s.%s\n", method->clazz->descriptor,
            //         method->name);
            *intPtr++ = (int) method;
            if (dvmIsNativeMethod(method)) {
                *intPtr++ = 0;      /* no saved PC for native methods */
            } else {
                assert(saveArea->xtra.currentPc >= method->insns &&
                        saveArea->xtra.currentPc <
                        method->insns + dvmGetMethodInsnsSize(method));
                *intPtr++ = (int) (saveArea->xtra.currentPc - method->insns);
            }
            stackDepth--;       // for verification
        }
        assert(fp != saveArea->prevFrame);
        fp = saveArea->prevFrame;
    }
    assert(stackDepth == 0);
bail:
    if (wantObject) {
```

```
        dvmReleaseTrackedAlloc((Object*) stackData, dvmThreadSelf());
        return stackData;
    } else {
        return simpleData;
    }
}
```

13.4.12　生成堆栈跟踪元素

函数 dvmGetStackTraceRaw()的功能是，通过调用原整数数据编码函数 dvmfillinstacktrace()生成堆栈跟踪元素。函数 dvmGetStackTraceRaw()的实现源码如下。

```
ArrayObject* dvmGetStackTraceRaw(const int* intVals, int stackDepth)
{
    ArrayObject* steArray = NULL;
    Object** stePtr;
    int i;
    /* init this if we haven't yet */
    if (!dvmIsClassInitialized(gDvm.classJavaLangStackTraceElement))
        dvmInitClass(gDvm.classJavaLangStackTraceElement);
    /* allocate a StackTraceElement array */
    steArray = dvmAllocArray(gDvm.classJavaLangStackTraceElementArray,
                    stackDepth, kObjectArrayRefWidth, ALLOC_DEFAULT);
    if (steArray == NULL)
        goto bail;
    stePtr = (Object**) steArray->contents;
    /*
     * Allocate and initialize a StackTraceElement for each stack frame.
     * We use the standard constructor to configure the object.
     */
    for (i = 0; i < stackDepth; i++) {
        Object* ste;
        Method* meth;
        StringObject* className;
        StringObject* methodName;
        StringObject* fileName;
        int lineNumber, pc;
        const char* sourceFile;
        char* dotName;
        ste = dvmAllocObject(gDvm.classJavaLangStackTraceElement,ALLOC_DEFAULT);
        if (ste == NULL)
            goto bail;
        meth = (Method*) *intVals++;
        pc = *intVals++;
        if (pc == -1)      // broken top frame?
            lineNumber = 0;
        else
            lineNumber = dvmLineNumFromPC(meth, pc);
        dotName = dvmDescriptorToDot(meth->clazz->descriptor);
        className = dvmCreateStringFromCstr(dotName, ALLOC_DEFAULT);
        free(dotName);
```

```
        methodName = dvmCreateStringFromCstr(meth->name, ALLOC_DEFAULT);
        sourceFile = dvmGetMethodSourceFile(meth);
        if (sourceFile != NULL)
            fileName = dvmCreateStringFromCstr(sourceFile, ALLOC_DEFAULT);
        else
            fileName = NULL;
        /*
         * Invoke:
         *  public StackTraceElement(String declaringClass, String methodName,
         *      String fileName, int lineNumber)
         * (where lineNumber==-2 means "native")
         */
        JValue unused;
        dvmCallMethod(dvmThreadSelf(), gDvm.methJavaLangStackTraceElement_init,
            ste, &unused, className, methodName, fileName, lineNumber);
        dvmReleaseTrackedAlloc(ste, NULL);
        dvmReleaseTrackedAlloc((Object*) className, NULL);
        dvmReleaseTrackedAlloc((Object*) methodName, NULL);
        dvmReleaseTrackedAlloc((Object*) fileName, NULL);
        if (dvmCheckException(dvmThreadSelf()))
            goto bail;
        *stePtr++ = ste;
    }
bail:
    dvmReleaseTrackedAlloc((Object*) steArray, NULL);
    return steArray;
}
```

13.4.13　将内容添加到堆栈跟踪日志中

在文件 Exception.c 中，函数 dvmLogRawStackTrace()的功能是，将获取的异常信息内容添加到堆栈跟踪日志中。函数 dvmLogRawStackTrace()的实现源码如下。

```
void dvmLogRawStackTrace(const int* intVals, int stackDepth)
{
    int i;
    /*
     * Run through the array of stack frame data.
     */
    for (i = 0; i < stackDepth; i++) {
        Method* meth;
        int lineNumber, pc;
        const char* sourceFile;
        char* dotName;
        meth = (Method*) *intVals++;
        pc = *intVals++;
        if (pc == -1)      // broken top frame?
            lineNumber = 0;
        else
            lineNumber = dvmLineNumFromPC(meth, pc);
        // probably don't need to do this, but it looks nicer
```

```
        dotName = dvmDescriptorToDot(meth->clazz->descriptor);
        if (dvmIsNativeMethod(meth)) {
            LOGI("\tat %s.%s(Native Method)\n", dotName, meth->name);
        } else {
            LOGI("\tat %s.%s(%s:%d)\n",
                dotName, meth->name, dvmGetMethodSourceFile(meth),
                dvmLineNumFromPC(meth, pc));
        }
        free(dotName);
        sourceFile = dvmGetMethodSourceFile(meth);
    }
}
```

13.4.14　打印输出为堆栈跟踪信息

在文件 Exception.c 中，函数 logStackTraceOf()的功能是，将异常日志信息直接打印输出为堆栈跟踪信息。函数 logStackTraceOf()的实现源码如下。

```
static void logStackTraceOf(Object* exception)
{
    const ArrayObject* stackData;
    StringObject* messageStr;
    int stackSize;
    const int* intVals;

    messageStr = (StringObject*) dvmGetFieldObject(exception,
                    gDvm.offJavaLangThrowable_message);
    if (messageStr != NULL) {
        char* cp = dvmCreateCstrFromString(messageStr);
        LOGI("%s: %s\n", exception->clazz->descriptor, cp);
        free(cp);
    } else {
        LOGI("%s:\n", exception->clazz->descriptor);
    }

    stackData = (const ArrayObject*) dvmGetFieldObject(exception,
                    gDvm.offJavaLangThrowable_stackState);
    if (stackData == NULL) {
        LOGI("  (no stack trace data found)\n");
        return;
    }

    stackSize = stackData->length / 2;
    intVals = (const int*) stackData->contents;

    dvmLogRawStackTrace(intVals, stackSize);
}
```